计 算 机 科 学 丛 书

原书第3版

数据库系统基础教程

(美) Jeffrey D. Ullman Jennifer Widom 著 岳丽华 金培权 万寿红 等译
斯坦福大学

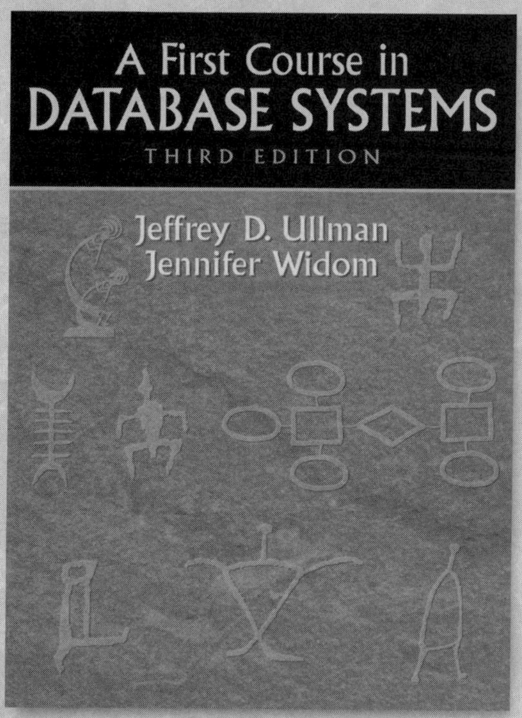

A First Course in Database Systems

Third Edition

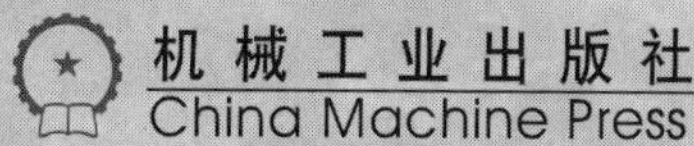

本书由斯坦福大学知名计算机科学家Jeffrey Ullman和Jennifer Widom合作编写。本书首先介绍流行的关系数据库和对象关系数据库内容，涉及关系数据模型、E/R模型、UML模型以及对象模型等高级数据模型。然后介绍了有关半结构化数据组织管理中比较流行的XML等内容，既包括了数据组织模型的内容，也给出了相关编程语言，如XPath、XQuery、XSLT等。

本书举例丰富翔实，既可用作大学本科、研究生计算机及相关专业数据库课程的教科书，也可用作数据库领域技术人员的参考书。

北京市版权局著作权合同登记　图字：01-2008-1786号。

图书在版编目（CIP）数据

数据库系统基础教程（原书第3版）/（美）厄尔曼（Ullman, J. D.）等著；岳丽华等译.—北京：机械工业出版社，2009.8（2022.4重印）

（计算机科学丛书）

书名原文：A First Course in Database Systems, Third Edition

ISBN 978-7-111-26828-4

Ⅰ.数…　Ⅱ.①厄…　②岳…　Ⅲ.数据库系统－教材　Ⅳ.TP311.13

中国版本图书馆CIP数据核字（2009）第057724号

机械工业出版社（北京市西城区百万庄大街22号　邮政编码　100037）

责任编辑：迟振春

三河市宏图印务有限公司印刷

2022年4月第1版第19次印刷

184mm×260mm · 21.75印张

标准书号：ISBN 978-7-111-26828-4

定价：79.00元

凡购本书，如有倒页、脱页、缺页，由本社发行部调换

本社购书热线：（010）68326294

译者序

数据库已是当今信息社会须臾不可脱离的重要工具，数据库的教学也就成为计算机科学与技术专业的一门必修课程。

Jeffrey D. Ullman教授是斯坦福大学计算机系的资深教授，自1980年编写了其第一本数据库教材《数据库系统原理》以来，已出版过多本数据库系统方面的教材。该书是他在斯坦福大学计算机系对大学生教授的第一门数据库课程（CS145）中使用的教材，Ullman教授在第2版出版4年后，对其作了更新又出版了第3版。与第2版相比，第3版不仅重新组织了章节从而使这本书的系统性更强，而且内容作了大幅度增加，包括了有关索引的介绍和目前XML数据库技术发展的新内容。

数据库技术发展到现在，其一个很大的变化是，数据库不仅要管理结构化的数据，而且要管理更多的半结构化的数据。本书正是从这个观点出发，将内容分成两大部分：首先仍然是流行的关系数据库和对象关系数据库内容，介绍了关系数据模型、E/R模型、UML模型以及对象模型等高级数据模型。然后介绍了有关半结构化数据组织管理中比较流行的XML等内容，既包括了数据组织模型的内容，也给出了相关编程语言，如XPath、XQuery、XSLT等。

该版本仍然保留了本教材的主要特点，举例丰富翔实，便于教师教学和自学者学习。书中在每一节后都给出了大量的练习题，并且标注了习题的难易程度，既便于教学安排，又便于学生循序渐进地掌握教学内容。另外，在Jeffrey D. Ullman教授的主页（http: //infolab. stanford. edu/~ullman/fcdb.html）上还有关于该课程实验的内容，这对于本课程的实验教学有很大帮助。

本书由岳丽华负责翻译审校了第1～7章，金培权负责翻译审校了第8～10章，万寿红负责翻译审校了第11～12章。另外，参加翻译工作的还有刘沾沾、向小岩、田明辉、赵旭剑、秦富童、卢科、孙逸雪、陈艳等。

限于水平，译文中难免有错误与不足之处，欢迎读者批评指正。

译者

2009年5月

前　言

在斯坦福大学，因为实行的是一年四学期制，所以数据库引论课被分为两门课程。第一门课程是CS145，该课程只要求学生学会使用数据库系统，而不要求知道DBMS实现的内容。CS145是CS245的预修课，CS245介绍DBMS实现。学生若想进一步学习数据库方面的课程，可以学习CS345（此课是理论课）、CS346（此课是DBMS实现实验课）以及CS347（此课介绍事务处理及分布式数据库）课程。

从1997年开始，我们已经出版了两本配套教材。《数据库系统基础教程》是为CS145课程编写的。《数据库系统实现》是为CS245课程以及部分CS346课程编写的。由于很多学校实行学期制，或者是将这两门数据库引论课组合成一门引论课，因此，我们感到有必要将上述两本书合成一本《数据库系统全书》。

然而，更多的学生是要学会如何使用数据库系统，而不是如何实现数据库系统，所以我们继续将《数据库系统全书》的前半部分作为《数据库系统基础教程》出版。在第3版中，介绍了很多新内容，并且对编写思路有所调整。当前，数据库系统有两个重要模型：关系模型和半结构模型（XML）。因此，我们决定将面向对象数据库从原来的单独一章改为设计和对象关系系统章节中的内容。

第3版结构

在简短的第1章介绍之后，第2～4章中讨论关系模型。第4章讨论高级模型，除了E/R模型之外，还讨论UML（统一建模语言）。第4章中还包括ODL的简单介绍，主要是将它用作关系数据库模式的设计语言。在本书的Web站点上有更多有关ODL和OQL的介绍。

本版更新了函数依赖和多值依赖的内容，并作为第3章的主题。这里，假定函数依赖在其右部有一组属性集。另外还给出了一些算法，包括“chase”，该算法允许对依赖进行操作。第3章对3NF作了进一步讨论，包括3NF综合算法，以明确3NF和BCNF之间的区别是什么。

第5章除了讨论上一版的关系代数内容外，还增加了上一版第10章中的Datalog部分内容。有关Datalog中的递归内容，或者放入网站，或者放入了本版第10章中有关SQL的递归中讨论。

第6～10章讨论SQL程序设计的有关内容，是由上一版第6、7、8章及部分第10章内容重新组织而成的。有关索引和视图的内容单独组织为第8章，并且讨论了一些重要的新课题，包括物化视图和索引的自动选择等。

第9章基于上一版的第8章（嵌入式SQL），并新增加了有关三层体系结构一节。另外，还扩展了对JDBC的讨论，并加入了新的PHP内容。

第10章收集了一些有关SQL的高级课题。除涵盖上一版第8章中有关授权的内容和第10章中有关SQL的递归的内容外，大部分内容是有关嵌套关系模型（上一版的第4章）和SQL的对象关系特征（上一版的第9章）的。

第11章和第12章讨论XML以及基于XML的系统。除了包括上一版第4章最后的部分内容外，其他内容都是新的。第11章讨论建模，包括DTD以及XML模式。第12章讨论程序设计，包括XPath、XQuery和XSLT等。

如何使用本书

本书的内容很适合一学期（半学年）有关数据库建模和程序设计的课程。如果只有四分之一学年的时间，那么需要省略某些内容。我们认为第2～7章是核心内容。虽然我们认为每一个学生都应该从第9章的一节中学会如何在宿主语言中嵌入SQL语句，但是剩余的5章可以按照意愿进行选择。

若如同我们在CS145课程中所做的那样，你想给学生一个真实的数据库应用设计和实现课程作业，则应该对本书的讲解顺序做某些调整，较早开始对SQL的介绍。虽然学生在做数据库设计时需要规范化知识，但可以推迟有关函数依赖的介绍。

预备知识

我们曾经将此书作为本科生和一年级研究生所修课程的教材。正常情况下，该课程是二年级课程，在此之前已学习过：（1）数据结构、算法、离散数学，（2）软件系统、软件工程和程序设计语言等。最重要的是学生至少要对如下内容有基本的理解：代数表达式和代数定律，逻辑，基本的数据结构，面向对象程序设计概念和程序设计环境。可是，我们认为最好修完标准的计算机科学专业三年级课程后再使用本书作教材。

习题

本书几乎在每一节都包括大量的习题，我们用感叹号对难题做了标记，对最难的习题用双感叹号做了标记。

网上支持

本书的网址是：

http: //infolab.stanford.edu/~ullman/fcdb.html

该网站包括勘误表及支持材料。这里还有我们每次教授CS145课程的笔记，包括相关的作业、课程实验及考卷等。另外，我们还把第3版中没有出现的第2版的材料放在网站上。

第2版和第3版的对照

下表列出了第2版章节与第3版章节的对照。

2版	3版	2版	3版	2版	3版	2版	3版	2版	3版
1.1	1.1	1.2	1.2	1.3	1.3	2.1	4.1	2.2	4.2
2.3	4.3	2.4	4.4	3.1	2.2	3.2	4.5	3.3	4.6
3.4	3.1	3.5	3.2	3.6	3.3～3.5	3.7	3.6～3.7	4.1	网上
4.2	4.9	4.3	4.9	4.4	4.10	4.5	10.3	4.6	11.1
4.7	11.2	5.1	2.2	5.2	2.4	5.3	5.1	5.4	5.2
5.5	2.5	6.1	6.1	6.2	6.2	6.3	6.3	6.4	6.4
6.5	6.5	6.6	2.3	6.7	8.1～8.2	7.1	7.1	7.2	7.2
7.3	7.3	7.4	7.4～7.5	8.1	9.3	8.2	9.4	8.3	9.2
8.4	9.5	8.5	9.6	8.6	6.6	8.7	10.1	9.1	网上
9.2	网上	9.3	网上	9.4	10.4	9.5	10.5	10.1	5.3
10.2	5.4	10.3	网上	10.4	10.2				

致谢

我们感谢与Donald Kossmann的讨论，特别是有关XML及其相关的程序设计系统内容的讨论。我们还要感谢Bobbie Cochrane 帮助我们理解上一版中有关触发器的语义。

有很多人曾帮助过我们，他们或是提供了本书及早期版本内容的最初材料，或是提供了本书或其他网上材料的勘误表等。对所有帮助过我们的人表示感谢，他们是：

Marc Abromowitz，Joseph H. Adamski, Brad Adelberg, Gleb Ashimov, Donald Aingworth, Teresa Almeida, Brian Babcock, Bruce Backer, Yunfan Bao, Jonathan Becker, Margaret Bentiez, Eberhard Bertsch, Larry Bonham, Phillip Bonnet, David Brokaw, Ed Burns, Alex Butler, Karen Butler, Mike Carey, Christopher Chan, Sudarshan Chawathe。

Per Christensen, Ed Chang, Surajit Chaudhuri, Ken Chen, Rada Chirkova, Nitin Chopra, Lewis Church, Jr., Bobbie Cochrane, Michael Cole, Alissa Cooper, Arturo Crespo, Linda DeMichiel, Matthew F. Dennis, Tom Dienstbier, Pearl D'Souza, Oliver Duschka, Xavier Faz, Greg Fichtenholtz, Bart Fisher, Simon Frettloeh, Jarl Friis。

John Fry, Chiping Fu, Tracy Fujieda, Prasanna Ganesan, Suzanne Garcia, Mark Gjol, Manish Godara, Seth Goldberg, Jeff Goldblat, Meredith Goldsmith, Luis Gravano, Gerard Guillemette, Himanshu Gupta, Petri Gynther, Jon Heggland, Rafael Hernandez, Masanori Higashihara, Antti Hjelt, Ben Holtzman, Steve Huntsberry。

Sajid Hussain, Leonard Jacobson, Thulasiraman Jeyaraman, Dwight Joe, Brian Jorgensen, Mathew P. Johnson, Sameh Kamel, Seth Katz, Pedram Keyani, Victor Kimeli, Ed Knorr, Yeong-Ping Koh, David Koller, Gyorgy Kovacs, Phillip Koza, Brian Kulman, Bill Labiosa, Sang Ho Lee, Younghan Lee, Miguel Licona。

Olivier Lobry, Chao-Jun Lu, Waynn Lue, John Manz, Arun Marathe, Philip Minami, Le-Wei Mo, Fabian Modoux, Peter Mork, Mark Mortensen, Ramprakash Narayanaswami, Hankyung Na, Mor Naaman, Mayur Naik, Marie Nilsson, Torbjorn Norbye, Chang-Min Oh, Mehul Patel, Soren Peen, Jian Pei。

Xiaobo Peng, Bert Porter, Limbek Reka, Prahash Ramanan, Nisheeth Ranjian, Suzanne Rivoire, Ken Ross, Tim Roughgarten, Mema Roussopoulos, Richard Scherl, Loren Shevitz, June Yoshiko Sison, Man Cho A. So, Elizabeth Stinson, Qi Su, Ed Swierk, Catherine Tornabene, Anders Uhl, Jonathan Ullman, Mayank Upadhyay。

Anatoly Varakin, Vassilis Vassalos, Krishna Venuturimilli, Vikram Vijayaraghavan, Terje Viken, Qiang Wang, Mike Wiacek, Kristian Widjaja, Janet Wu, Sundar Yamunachari, Takeshi Yokukawa, Bing Yu, Min-Sig Yun, Torben Zahle, Sandy Zhang。

J. D. U.

J. W.

2007年7月于斯坦福

目　录

第二部分 关系数据库程序设计

第三部分 半结构化数据的建模和程序设计

第1章　数据库系统世界

在当今的生活中数据库已是每一项业务的基础。无论何时访问一个提供信息的Web站点——不论这个站点是著名的Goolge、Yahoo!、Amozon.com还是成千上万较小的站点——都有一个数据库为用户的信息访问提供服务。企业也将其所有重要的记录存放在数据库中进行维护。数据库同样也应用在很多科学研究的核心中。天文学家、人类基因研究者、探索蛋白质医药性质的生化学家，以及其他很多科学活动中获取的数据也是用数据库表示的。

数据库的能力来自于已发展了数十年的知识和技术，这些知识和技术蕴藏在名为*数据库管理系统*（database management system）的软件中。该软件也叫做DBMS，或更通俗地称为“数据库系统”。DBMS是一个能有效建立和维护大量数据的强大工具，并且能安全地长期保存这些数据。数据库系统是最复杂的软件系统之一。本书中，读者将学习如何设计数据库，如何用各种程序语言和DBMS一起编写应用程序，以及如何设计DBMS本身。

1.1　数据库系统的发展

数据库是什么？本质上讲，数据库就是信息的集合。该集合可以存在很长时间，通常是很多年。一般来讲，*数据库*是指由DBMS管理的数据的集合。DBMS需要有如下功能：

1. 允许用户使用特殊的*数据定义语言*（data-definition language）建立新的数据库，并说明它们的*模式*（schema）即数据的逻辑结构。

2. 使用合适的*查询语言*（query language）或*数据操作语言*（data-manipulation language），为用户提供*查询*（query，“查询”是数据库关于数据申请的术语）和*更新*（modify）数据的能力。

3. 支持超大数据量（吉字节或更多）数据的长时间存储，并且在数据查询和更新时支持对数据的有效存取。

4. 具有*持久性*，在面对各种故障、错误或用户错误地使用数据库时，数据库的恢复保证了数据的一致性。

5. 控制多个用户对数据的同时存取，不允许一个用户的操作影响另一个用户（称作*独立性*，isolation），也不允许对数据的不完整操作（称作*原子性*，atomicity）。

1.1.1　早期的数据库管理系统

第一个商用数据库管理系统出现在20世纪60年代末。这些系统都是来自于文件系统，它们提供某些上面提到的第(3)项功能：文件系统可以长期地存储数据，并且允许存储大数据量数据。可是，如果数据不做备份，文件系统通常并不保证数据不会丢失。当不知道数据项在某个文件中的存储位置时，文件系统也不提供数据的有效访问。

文件系统不直接支持上述第(2)项功能，即没有对文件的查询语言。对第(1)项功能的支持（即数据模式的支持）也只限于文件目录结构的建立。对于功能(4)，文件系统也不能满足，没有备份的数据可能会丢失。最后，文件系统也不满足功能(5)。当有多个用户或进程对文件并发访问时，文件系统不能防止两个用户同时对同一个文件的修改，于是将出现一个用户的修改被丢失的情形。

DBMS第一批重要的应用是数据由很多小数据项组成，并且完成很多查询或修改。下面是一些例子。

1. 银行系统：维护账目，并且保证系统故障时不会损失金钱。

2. 飞机订票系统：如同银行系统，需要保证数据不会丢失，并且能够接受顾客发出的大量小操作。

3. 企业记录系统：雇员和税收记录、库存、销售记录，大量各种其他类型的信息，这些记录大多是关键数据。

早期的DBMS需要程序员直接面对数据的存储格式。这些数据库系统使用多个不同的数据模型描述数据库中的信息结构，主要有基于树结构的“层次”模型和基于图的“网状”模型。网状模型通过CODASYL（数据系统语言委员会）报告在20世纪60年代末被标准化㊀。

早期模型和系统的一个问题是不支持高级查询语言。例如，CODASYL查询语言的语句只允许用户通过数据元素间的指针，从一个数据元素跳到另一个数据元素。因此，即使是写一个非常简单的查询程序，用户也要花费很大的气力。

1.1.2　关系数据库系统

随着1970年Ted Codd著名论文的发表㊁，数据库系统有了重大的改变。Codd提出数据库系统应该将数据组织成表的形式呈现给用户。这种形式称作*关系*（relation）。在关系的后面，可能是一个复杂的数据结构，实现对各种查询问题的快速响应。但是，不同于早期数据库系统的程序员，关系数据库的程序员将不必关心数据的存储结构，查询可以用非常高级的语言表述，因此可以极大地增加数据库程序员的工作效率。本书的大部分内容都与数据库系统的关系模型相关。SQL（结构化查询语言）这一最重要的基于关系模型的查询语言，将广泛地应用在本书中。

到1990年，关系数据库系统已成为标准。但是，数据库领域在继续发展，数据管理的新课题、新方法不断出现。面向对象特征已经渗入关系模型。有些大型数据库已不再使用关系方法组织。后续部分将讨论数据库系统的某些新趋势。

1.1.3　越来越小的系统

最初，DBMS是运行在大型计算机上的既庞大又昂贵的软件系统。因为存储吉字节（gigabyte）数据需要大的计算机系统，所以大容量是必需的。如今，单个磁盘的容量就可达若干吉字节，DBMS运行在个人计算机上已成为可能。因此，关系模型数据库可以在非常小的机器上运行。而且，如同以前的电子表格和字处理系统，关系数据库正在成为计算机应用的普通工具。

另一个重要趋势是文档的应用，这些应用中常常使用XML（扩展的模型语言，eXtensible Modeling Language）。大量小文档的集合可以如同数据库，而对这些文档的查询和操作不同于原来的关系数据库系统。

1.1.4　越来越大的系统

另一方面，吉字节数据量还不够大。企业数据库里可以存储太字节（10^{12}字节）数据。而

㊀ CODASYL “Data Base Task Group” Apr. 1971报告，ACM，New York。

㊁ Codd, E. F., “大量共享数据库的关系模型”，COMM. ACM，13:6，pp. 377-387，1970。

且，还有很多存储帕字节（10^{15}字节）数据的数据库正在使用，一些重要的例子如下：

1. Google存储有帕字节数据。这些数据不是存放在传统DBMS中，而是用对搜索引擎优化的专用数据结构形式存储。

2. 卫星发送帕字节的数据存储在专用系统中。

3. 一张图片的存储空间大于上千个文字空间。1000个字可以用5到6千字节存储。而普通的一张图片需要更多存储空间。Flickr存储有数百万张图片，并支持对这些图片的查找。亚马逊的数据库也存储了数百万张产品图片。

4. 图片占有很多存储空间，电影占用的存储空间更大。一个小时的电影就需要一吉字节。YouTube站点拥有成千上万，或百万个电影供用户观看。

5. 对等（peer-to-peer）文件共享系统使用普通的大型计算机网络存储和分发各种数据。虽然网络中每个节点只能存储几百吉的数据，但整个网络中数据库的数据非常巨大。

1.1.5 信息集成

建立和维护数据库这个老问题现在变成了*信息集成*（information integration）问题：把包含在多个相关数据库中的信息连接在一起成为一个整个数据库。例如：一个具有多个分部的大公司，每个分部都建有各自独立的产品或雇员数据库。或许有些分部原来还是来自其他独立公司，他们有自己的行事方法。这些分部可能使用不同的DBMS，其信息具有不同的结构形式。他们可能使用不同的术语表达同一个事物，或者使用同一个术语表示不同的事物。事情可能更糟糕，已有的一些应用由于使用各自的数据库使得他们不可能被废弃。

结论是，有必要在已存在的数据库之上建立某种数据结构，以便于将分布在他们之中的信息整合。通常解决该问题的方法是创建*数据仓库*（data warehouse），通过合适的转换技术，将来自多个遗留数据库的信息周期性地复制到中央数据库。另一种方法是实现*协调器*（mediator）或*中间件*（middleware），其功能是支持各类数据库数据的整合模型，实现整合模型和实际数据库模型间的信息转换。

1.2 数据库管理系统概述

图1-1描述了一个完整的DBMS结构，其中单线框表示系统构成，双线框表示内存中的数据结构，实线表示控制和数据流，虚线只表示数据流。由于图很复杂，在此分几个步骤来考虑细节。首先，在顶部有两个命令源将命令发给DBMS：

1. 通常的用户和应用程序，发出查询数据或修改数据命令。

2. *数据库管理员*（Administrator），一个人或一批人，负责数据库结构或*模式*（schema）。

1.2.1 数据定义语言命令

第二种命令的处理比较简单，图1-1的右上方显示命令行踪的开始。例如，大学注册数据库的管理员或DBA，可以确定该数据库中应该有一个表或关系，该关系的列是由学生、该学生选修的课程和该学生该课程的成绩组成。DBA还可以确定有效成绩只能是A、B、C、D和F。这些结构和约束信息都是数据库模式的一部分。在图1-1中显示为由DBA输入。由于这些命令能深深地影响数据库，所以DBA必须具有特定的权限才能执行模式修改命令。模式修改*数据定义语言*（DDL）命令由DDL处理器分析，并且传送给执行引擎，然后执行引擎再通过索引/文件/记录管理器去修改*元数据*（metadata），也就是数据库的模式信息。

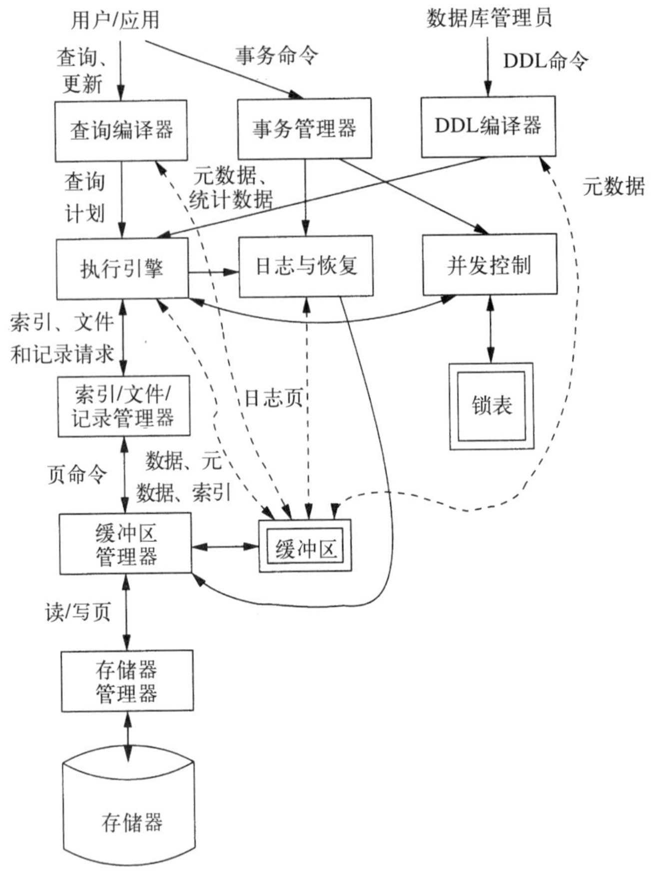

图1-1 数据库管理系统组成

1.2.2 查询处理概述

与DBMS交互最主要的工作是沿着图1-1左边的路径。用户或应用程序使用数据操作语言（DML）启动一些不影响数据库模式的操作，但是这些操作可能会影响数据库的内容（例如修改操作），或者是从数据库中抽取数据（例如查询操作）。DML语言由两个独立的子系统处理，有关这两个子系统的叙述如下。

查询处理

查询通过查询编译器（query compiler）完成语法分析和优化。编译的结果是查询计划（query plan）或是由DBMS执行并获得查询结果的操作序列，它们将被送给执行引擎（execution engine）。执行引擎向资源管理器发出一系列获取小块数据的请求，典型的小块数据关系是记录或元组。资源管理器知道数据文件（data file，存放关系的文件）、数据文件的格式和记录大小以及索引文件（index file）等。这些信息对于快速从数据文件中找到相应数据元素是有用的。

数据请求又被传送给缓冲区管理器（buffer manager）。缓冲区管理器的任务是从二级存储器（通常是磁盘，永久地保存数据）中获取数据送入主存缓冲区中。一般情况下，页或“磁盘块”是缓冲区和磁盘间的传送单位。

为了从磁盘中得到数据，缓冲区管理器与存储器管理器进行通信。存储器管理器可能包含操作系统命令，但是更典型的是DBMS直接向磁盘控制器发命令。

事务处理

查询或其他DML操作被组织成*事务*（transaction）。事务是必须原子性执行的单位，执行中的事务之间还必须互相隔离。任何一个查询或修改操作本身就可以是一个事务。另外，事务的执行必须*持久*（durable），也就是说任何已完成事务的作用必须被保持，即使是事务刚刚完成系统就失败时也应如此。事务处理器被分成两个主要部分：

1. *并发控制管理器*（concurrency-control manager）或*调度器*（scheduler），保证事务的原子性和独立性。

2. *日志*（logging）和*恢复管理器*（recovery manager），负责事务的持久性。

1.2.3 存储器和缓冲区管理器

数据库数据平常存储在二级存储器中。计算机系统中的“二级存储器”一般指磁盘。可是，对数据的操作只能在主存中执行。*存储器管理器*（storage manager）的任务就是控制数据在磁盘上的位置存放和在磁盘与主存间的移动。

在一个简单数据库系统中，存储器管理器可以就是操作系统下的文件系统。可是，为了提高效率，DBMS常常直接控制磁盘上的存储，至少是在某些环境下如此。*存储器管理器*保持跟踪磁盘上的文件位置，根据请求从缓冲区管理器中获取含有请求文件的一个或多个磁盘块。

*缓冲区管理器*负责把可用主存分割成*缓冲区*（buffer），缓冲区是包含若干个页面的区域，其中可以传输磁盘块。于是，所有需要从磁盘中获取信息的DBMS组件，都或是直接或是通过执行引擎的方式，与缓冲区和缓冲区管理器交互。各个组件可能需要的信息种类有：

1. *数据*：数据库本身的内容。

2. *元数据*：描述数据库结构及其约束的数据库模式。

3. *日志记录*：对数据库新近修改的信息，该信息支持数据库的持久性。

4. *统计数据*：由DBMS收集和存储的关于数据特征的数据。例如，数据库大小、数据库中的值、数据库中的各种关系和其他成分。

5. *索引*：支持对数据库中数据有效存取的数据结构。

1.2.4 事务处理

通常将一个或一组数据库操作组成一个*事务*。事务的执行满足原子性，并且与其他事务的执行互相隔离。另外，DBMS还要保证事务的持久性：已完成事务的工作永不丢失。*事务管理器*（transaction manager）接收来自应用的*事务命令*（transaction command），这些命令告诉事务管理器事务何时开始，何时结束，以及应用期望的信息（例如，某些应用可能不需要原子性）。事务处理器执行如下一些任务：

1. *记日志*（logging）：为了保证持久性，数据库的每一个变化都单独地记录在磁盘上。*日志管理器*（log manager）遵循一种设计原则，无论何时系统失败或“崩溃”，恢复管理器都能够通过检查日志中的修改记录，把数据库恢复到某个一致状态。日志管理器先把日志写入缓冲区，然后与缓冲区管理器协商以确保缓冲区在合适的时间被写入磁盘（磁盘数据可以在系统崩溃后幸存下来）。

2. *并发控制*（concurrency control）：事务必须独立执行。但是在大多数系统中，很多事务都是同时在执行。因此，调度器（并发控制管理器）必须保证多个事务的单个动作是按某个次序在执行，按该次序执行的效果应该与系统一次只执行一个事务一样。典型的调度器是通过在数据库的某些片断上加锁（lock）的方式工作。锁将防止两个事务用不正确的交互方式对同一数据片段存取。如图1-1所示，锁通常保存在主存的锁表（lock table）中，调度器通过阻止执行引擎对已加锁的数据库内容的存取来影响查询和其他数据库操作。

3. 消除死锁（deadlock resolution）：当事务通过调度器获取锁以竞争其所需的资源时，系统可能会陷入一种状态。在该状态中，因为每个事务需要的资源都被另一个事务占有，所以没有一个事务能够继续执行。此时，事务管理器有责任调解，并删除（“回滚”或“终止”）一个或多个事务，以便其他事务可以继续执行。

事务的ACID性质

正确实现的事务通常应满足以下“ACID性质”：

- “A”（atomicity）表示“原子性”，事务的操作要么全部被执行，要么全部不被执行。
- “I”（isolation）表示“独立性”，每个事务必须如同没有其他事务在同时执行一样被执行。
- “D”（durability）表示“持久性”，一旦事务已经完成，则该事务对数据库的影响就永远不会丢失。
- “C”（consistency）表示“一致性”。也就是说，所有数据库中数据元组之间的联系具有一致性约束，或说满足一致性期望（例如，事务执行结束后账户余额不能是负数），即期望事务能保持数据库的一致性。

1.2.5　查询处理器

用户可以感受到的最影响系统性能的DBMS部分是查询处理器（query processor）。图1-1中查询处理器用两个组件表示：

1. 查询编译器：它把查询转换成称作查询计划（query plan）的内部形式。查询计划是在数据上的操作序列。通常，查询计划中的操作用”关系代数”运算实现。2.4节将讨论关系代数。查询编译器主要由以下三个模块组成：

a) 查询分析器（query parser）：查询分析器是从查询的文本结构中构造一个查询树结构。

b) 查询预处理器（query preprocessor）：查询预处理器对查询进行语义检查（例如，确保查询中提到的关系确实存在），并且将查询语法树转换成表示初始查询计划的代数操作符树。

c) 查询优化器（query optimizer）：查询优化器将查询初始计划转换成在实际数据上执行最有效的操作序列。

查询编译器使用关于数据的元数据和统计数据，以确定哪种操作序列最快。例如，索引是一种特殊的便于数据存取的数据结构，如果索引存在，并且给定索引数据项值，则利用索引的查询计划将比其他计划更快。

2. 执行引擎（execution engine）：执行引擎负责执行选定查询计划的每一步。执行引擎与DBMS中的其他大多数组件都直接地或通过缓冲区交互访问。为了对数据进行操作，它必须从数据库中将数据取到缓冲区，必须与调度器交互访问以避免存取已加锁的数据，它还要与日志管理器交互访问以确保所有数据库的变化都正确地被日志记录。

1.3　本书概述

本书将数据库学习分成三部分，这一节给出每一部分大致包括的内容。

第一部分：关系数据库模型

关系模型是数据库系统学习的基础。介绍了基本概念后，便进入关系数据库理论。关系数据库理论包括函数依赖（functional dependencies），这是一种说明一类数据唯一地由另一类数据确定的形式化描述方法。还包括规范化（normalization），它表示用函数依赖和其他形式的依赖改进关系数据库设计的过程。

这一部分还讨论了高级的数据库设计方法。这种方法包括实体-关系（E/R）模型、统一模型语言（UML）和对象定义语言（ODL）。其目的是在关系DBMS设计实现之前，非形式化地探讨有关设计问题。

第二部分：关系数据库程序设计

这一部分讨论如何对关系数据库进行查询和更新。在介绍了基于代数和逻辑的（分别是关系代数和Datalog）抽象程序语言之后，专注于讨论关系数据库标准语言SQL。既介绍SQL的基本功能，也介绍它的一些特有功能，包括约束声明和触发器（主动数据库元素）、索引和其他增加性能的结构、将SQL语句组成事务、数据安全和私有性等。

该部分还讨论了SQL如何用于完整的系统。特别是如何将SQL与常用的或宿主（host）语言结合，通过SQL调用在数据库和常用语言之间传递数据。讨论了多种不同的数据连接方式，包括嵌入式SQL、持久存储模块（PSM）、调用级接口（CLI）、Java数据库连接（JDBC）和PHP。

第三部分：半结构化数据的建模和程序设计

Web的无处不在已使得层次结构数据管理重新获得重视，这是因为Web标准是基于嵌套的标记元素（半结构化数据，semistructured data）。这里引入了XML和它的模式标记文档类型定义（DTD）以及XML模式。也讨论了XML的三种查询语言：XPath、XQuery和可扩展的样式表语言转换（XSLT）。

1.4 参考文献

今天，联机可查询的资料基本覆盖了所有关于数据库系统的最新文章。因此，本书不打算给出完全的引用，而仅仅给出历史上重要的文章和主要的二级查询源或用户的综述。Michael ley[5]已给出了可查找的数据库研究论文的索引，并且最近被扩展为包含来自很多领域的参考。Alf-christian Achilles维护了一个与数据库领域有关的可查找的索引目录[3]。

对数据库领域技术有贡献的原型实现有很多，其中最有名的两个是IBM Almaden研究中心的System R项目[4]和伯克利大学的INGRES项目[7]。它们都是早期的关系数据库系统，并且作为主流数据库技术对关系型系统的建立有帮助。很多使该领域定型的研究文章可在文献[6]中找到。

2003年的“Lowell 报告”[1]是关于关系数据库系统一系列研究和指导报告中最新的一份。它也引用了早期的这类报告。

文献[2]和[8]中有更多关于数据库的理论。

1. S. Abiteboul et al., “The Lowell database research self-assessment,” *Comm. ACM* **48**:5 (2005), pp. 111–118. `http://research.microsoft.com/~gray/lowell/LowellDatabaseResearchSelfAssessment.htm`

2. S. Abiteboul, R. Hull, and V. Vianu, *Foundations of Databases*, Addison-Wesley, Reading, MA, 1995.

3. http://liinwww.ira.uka.de/bibliography/Database .

4. M. M. Astrahan et al., "System R: a relational approach to database management," *ACM Trans. on Database Systems* **1**:2, pp. 97–137, 1976.

5. http://www.informatik.uni-trier.de/~ley/db/index.html . A mirror site is found at http://www.acm.org/sigmod/dblp/db/index.html .

6. M. Stonebraker and J. M. Hellerstein (eds.), *Readings in Database Systems*, Morgan-Kaufmann, San Francisco, 1998.

7. M. Stonebraker, E. Wong, P. Kreps, and G. Held, "The design and implementation of INGRES," *ACM Trans. on Database Systems* **1**:3, pp. 189–222, 1976.

8. J. D. Ullman, *Principles of Database and Knowledge-Base Systems, Volumes I and II*, Computer Science Press, New York, 1988, 1989.

第一部分　关系数据库模型

第2章　关系数据模型

本章将介绍最重要的一种数据模型：二维表，或者称之为“关系”。首先从总体上对关系数据模型进行概述。我们给出关系的基本术语并且解释为什么可以用关系模型来描述各种典型的数据。接下来，介绍SQL语言中定义关系及其结构的部分。同时，本章也介绍关系代数。可以看到关系代数既可以作为一种查询语言——它使得可以对数据进行查询，同时它也是一种约束语言——它能对数据库中的数据施加各种形式的限制和约束。

2.1　数据模型概述

在学习数据库系统的过程中，“数据模型”是最基本的概念之一。在下面的简介中，定义了一些基本的术语并且提到几种最重要的数据模型。

2.1.1　什么是数据模型

数据模型（data model）是用于描述数据或信息的标记。它一般由三部分组成：

1. *数据结构*（structure of the data）：读者可能比较熟悉一些编程语言，比如C或者Java，它们有一些用来描述程序中数据结构的工具，比如数组、结构体（structs）或者对象。数据库系统中所讨论的数据结构指的是一种*物理数据模型*（physical data model），尽管它们与真正用来实现和执行数据的物理门电路有很大的差别。在数据库世界中，数据模型处于比数据结构高的层次上。有时为了强调这一点，把它们称为*概念模型*（conceptual model）。稍后将给出一些例子。

2. *数据操作*（operation on the data）：编程语言中，在数据上进行的任何处理都可以称为数据操作。但是在数据库数据模型中，只能在数据上附加一些有限的可执行的操作集。比如*查询*（query，检索信息的操作）、*修改*（modification，修改数据库操作）等。这些限制对于数据库系统来说并不是一个弱点，而是一个强有力的约束。通过这些约束操作，开发者就有可能在一个较高的层次上对数据库操作进行描述，从而使得数据库管理系统能够更有效地执行这些操作。作为对比，在一些通用编程语言（比如C）上，通常不可能将一些低效的算法（比如冒泡排序）优化到一个更有效的算法（比如快速排序）。

3. *数据上的约束*（constraint on the data）：在数据库系统中，数据模型通常有一种方法来描述数据上的约束。这些约束可能很简单（比如一周的每一天只能是从1～7的整数或者一部电影最多只能有一个名字），也可能非常复杂，我们将在7.2节和7.3节讨论这些约束。

2.1.2　一些重要的数据模型

现今，数据库系统中两种非常重要而且比较优秀的数据模型是：

1. 关系数据模型，包括对象关系模型的拓展。

2. 半结构化数据模型，包括XML和相关的标准。

第一种模型在现行的所有商业数据库管理系统中都有出现，它也是本章所要讨论的重点。第二种数据模型，其最主要的是XML，它是大多数关系DBMS的一个附加特征。第11章将讨论这种数据模型。

2.1.3 关系模型简介

关系模型是一种基于表的数据模型，图2-1就是一个关系表的例子。2.2节将详细讨论这种模型。图2-1中的关系或者表用来描述电影：电影的名字，电影制作的年份，电影的片长，以及电影所属的流派。这里只列举了三部电影的信息，但是可以想像在真正的数据库系统中，这张表会具有大量的数据行，一部电影对应一行数据。

title	*year*	*length*	*genre*
Gone With the Wind	1939	231	drama
Star Wars	1977	124	sciFi
Wayne's World	1992	95	comedy

图2-1　示例关系

关系模型的结构部分可能看起来很像C中的结构体数组，表的列的头部是字段名字，而每一行表示数组中一个结构体的值。然而，必须强调的是这种物理实现仅仅是表的一种可能的物理数据结构的实现方式。实际上，它并不是一种常见的描述关系的方法，而且对于数据库系统的研究有一大部分都是旨在解决如何来实现这样的数据表。它们主要的区别在于关系的规模——它们并不是作为主存结构来实现，当关系的规模很大时，其物理实现必须要考虑访问磁盘上关系的代价。

与关系模型联系在一起的操作形成了“关系代数”，2.4节将开始对其讨论。代数中的操作都是面向表的。例如，可以要求查询关系中某一列具有某个值的所有行。一个具体的例子是，可以从图2-1表示的表中找出所有流派值为“喜剧”的行。

关系数据模型的约束部分会在2.5节做一个简单的介绍，在第7章将会详细讨论。在这里简单地举一个例子来说明关系中的约束问题，比如要限定存在一个电影的流派列表，则所有的数据行最后一列的值必须属于这个流派表。或者限定（实际上不合理）任何两部电影的名字不能一样，因此在表中没有任两行第一列的值相同。

2.1.4 半结构化模型简介

半结构化数据类似树或者图，而非表或数组。目前半结构化数据最主要的体现就是XML，它利用一系列分层嵌套的标签元素来表述数据。它的标签与HTML里面的类似，用于标识不同数据片断所扮演的角色，这与关系模型中关系的列头部功能类似。举例来说，图2-1中的数据可以用XML“文档”的形式描述，如图2-2所示。

```
<Movies>
    <Movie title="Gone With the Wind">
        <Year>1939</Year>
        <Length>231</Length>
        <Genre>drama</Genre>
    </Movie>
    <Movie title="Star Wars">
        <Year>1977</Year>
        <Length>124</Length>
        <Genre>sciFi</Genre>
    </Movie>
    <Movie title="Wayne's World">
        <Year>1992</Year>
        <Length>95</Length>
        <Genre>comedy</Genre>
    </Movie>
</Movies>
```

图2-2　电影数据的XML文档

半结构化数据上的操作常常会涉及在隐含的树结构中跟踪路径，从一个标签元素开始跟踪到它的一个或多个嵌套子元素，然后再沿着路径跟踪嵌套在其中的子元素，如此一直跟踪下去。例如，从外层的<Movies>元素（见图2-2的整个文档）开始，遍历嵌套的每个<Movie>元素，即包含在标签<Movie>和</Movie>之间的部分。对于每个<Movie>元素，必须跟踪到它嵌套的<Genre>元素，才能知道哪些电影是属于“喜剧”这个流派。

半结构化数据上的约束通常涉及与一个标签相关联的数据值的类型。举例来说，与标签<Length>关联的数据值必须是整型还是可以为任意字符串类型？还有一类约束用来确定哪些标签必须嵌套在另一个标签下。比如，每个<Movie>元素是否一定需要有一个<Length>元素嵌套在其中？除了图2-2列出的标签，是否还有其他的标签可以嵌入<Movie>元素？一部电影能否属于两个流派？有关这些约束的问题将留待11.2节详细讨论。

2.1.5 其他数据模型

还有很多其他的数据模型和DBMS联系在一起，现在的趋势是将面向对象的特征加入到关系模型中。面向对象的关系有两种效果。

1. 数据可以具有结构，而不仅仅是基本数据元素，就像在图2-1中所看到的整型或者字符串。

2. 关系可以具有相关联的方法。

从某种意义上来说，这种被称作*对象关系模型*（object-relational model）的拓展类似于将C中的结构体扩充到C++中的对象的方法。对象关系模型将在10.3节介绍。

现在也有纯面向对象的数据库模型。在这些模型中，关系不再是主要的数据结构概念，而仅仅变成很多结构中的一种。面向对象数据库模型将在4.9节讨论。

在早期的DBMS中，用到了几种其他的模型，但是现在已经不再使用。*层次模型*（hierarchical model）是其中一种，它类似于半结构化数据模型，是一个基于树结构的模型。它的缺点是不像现代数据模型那样，它是真正在物理层次上进行操作，这样程序开发者不能在一个较高的层次上写出代码。另一种模型被称作*网状模型*（network model），它是一种基于图的位于物理层次上的模型。事实上，无论是层次模型还是现在的半结构化模型，都允许图结构，并不严格地仅局限使用树结构。但是，图的特征被直接融入网状模型，而不是像其他模型那样通过树。

2.1.6 几种建模方法的比较

即使从最简单的例子来看，半结构化模型比关系模型显然具有更大的灵活性。在接下来讨论图结构是怎样嵌入到树型半结构模型的时候，这种差别会表现得更明显。但是，关系模型仍然是DBMS采用最多的一种数据模型，通过本书的学习将会理解这是为什么。下面先做简单的解释。

由于数据库中数据规模通常很庞大，高效地访问和修改其中的数据就显得非常重要。同时，数据库中的数据对于开发者来说还必须具有易用性的特点。令人惊讶的是，上面说到的高效性和易用性在关系模型里面都能够得到有效的实现：

1. 它提供一种简单的、有限的方法来对数据进行建模，而且功能全面，因此现实中的任何事情都可以有效地进行模型化。

2. 它还提供了一套有限的但是又很有效的操作集。

这些限制性的条件正是关系模型的特征。在关系模型中，可以使用高级的程序语言，如SQL，使得开发者能够在较高的层次上进行开发。很少的几行SQL语句就可以完成数千行C代码才能完成的工作，或者是数百行网状模型或层次模型代码才能完成的数据访问工作。由于在关系模型中使用较强的有限的集合操作，短短的SQL程序可以被优化从而快速运行，或者是能够比其他语言代码运行得更快。

2.2 关系模型基础

关系模型为人们提供了单一一种描述数据的方法：一个称之为*关系*（relation）的二维表。将图2-1重新复制的图2-3就是一个关系的例子，该关系名是Movies。关系中的每一行对应一部电影实体，每一列对应电影实体的一个特征。本节将通过关系Movies介绍关系模型中的一些重要术语。

title	*year*	*length*	*genre*
Gone With the Wind	1939	231	drama
Star Wars	1977	124	sciFi
Wayne's World	1992	95	comedy

图2-3 关系Movies

2.2.1 属性

关系的列命名为*属性*（attribute），图2-3中的属性分别是title、year、length 和 genre。属性出现在列的顶部。通常，属性用来描述所在列的项目的语义。例如，length属性列表示了以分钟为单位的每部电影的播放时间。

2.2.2 模式

关系名和其属性集合的组合称为这个关系的*模式*（schema）。描述一个关系模式时，先给出一个关系名，其后是用圆括号括起的所有属性。这样，图2-3的Movies关系模式如下所示：

```
Movies(title, year, length, genre)
```

关系模式中的属性是集合，而不是列表。可是，为了讲述关系，常常赋予属性一个“标准”顺序。当需要介绍具有一组属性的关系模式时，如上面例子，常以这个标准次序显示关系或关系的任意一行。

在关系模型中，数据库是由一个或多个关系组成。数据库的关系模式集合叫做*关系数据库模式*（relational database schema），或者就称为*数据库模式*（database schema）。

2.2.3 元组

关系中除含有属性名所在行以外的其他行称作*元组*（tuple）。每个元组均有一个*分量*（component）对应于关系的每个属性。例如，图2-3中，第一个元组具有四个分量Gone With the Wind、1939、231和drama，它们分别对应于属性title、year、length和genre。若要单独表示一个元组，而不是把它作为关系的一部分时，常用逗号分开各个分量，并用圆括号括起来。例如：

```
(Gone With the Wind, 1939, 231, drama)
```

是图2-3的第一个元组。从这个形式可看到，当单独表示元组时，属性不出现，因此要给出元组所在关系的标志，这个标志通常就是属性在关系模式中的排列次序。

关系和属性的约定

通常的约定是，关系名以大写字母开头，属性名以小写字母开头。但是，在本书的后面某些章节里，要对关系进行一些抽象的讨论，在那种情况下，属性名的大小写不会影响问题的讨论，所以，会用单独的一个大写字母来表示关系和属性，比如，$R(A, B, C)$就表示一个具有三个属性的关系。

2.2.4 域

关系模型要求元组的每个分量具有原子性。也就是说，它必须属于某种元素类型，如

integer或string，而不能是记录、集合、列表、数组或其他任何可以被分解成更小分量的组合类型。

进一步假定与关系的每个属性相关联的是一个域（domain），即一个特殊的元素类型，关系中任一元组的分量值必须属于对应列的域。例如，图2-3关系Movies中四个分量对应的域分别是：string、integer、integer、string。

现在可以将每个属性的数据类型（或域）包含在一个关系模式中。方法是在每个属性后面加上冒号和数据类型，比如可以用如下的方式来描述关系Movies的模式：

```
Movies(title:string, year:integer, length:integer, genre:string)
```

2.2.5 关系的等价描述

关系是元组的集合，而不是元组的列表。因此关系中元组出现的顺序不是实质问题。例如，图2-3中三个元组有六种可能排列，却均表示同一个关系。

另外，关系的属性次序也可以任意排列，关系不会改变。但重新排序关系模式时，要记住属性是列标题。因此，改变属性的次序时，也要改变它们所在列的次序。与此同时，元组的分量也要进行相应的移动，其排列方式应与属性的排列方式一致。

year	*genre*	*title*	*length*
1977	sciFi	Star Wars	124
1992	comedy	Wayne's World	95
1939	drama	Gone With the Wind	231

图2-4 关系Movies的另一种表示

例如，图2-4是图2-3的行和列的多种排列方式中的一种。两个图表示的是同一个关系。更准确地说，这两个表是同一个关系的两种不同的表现形式。

2.2.6 关系实例

关系Movies不是静态的，而是会随时间改变。人们希望变化会通过关系的元组表现出来。例如：插入新元组将新电影加入到数据库中；对已存在的元组信息进行修改或更正；或者因为某种原因删除元组将某部电影从数据库中去掉等。

关系模式并不会经常改变。然而，在有些情况下需要对属性进行添加或删除。虽然在商业数据库系统中，模式可以改变，但代价很昂贵，因为这可能会导致需要重写上百万个元组以添加或删除元组分量。另外，若要添加一个属性，在已有的元组中为对应分量找到正确赋值也很困难，甚至是不可能的。

一个给定关系中元组的集合叫做关系的*实例*（instance）。例如，图2-3中的三个元组形成了关系Movies的一个实例。随着时间的流逝，Movies已经发生了改变，而且还将继续改变下去。例如，在1990年，Movies并不包括Wayne's World。然而，通常的数据库系统仅仅只维护关系的一个版本，即关系的"当前"元组集合。这个关系实例称作*当前实例*（current instance）⊖。

2.2.7 关系上的键

在关系模型中，可以对数据库模式的关系加很多约束，第7章中将进行具体的讨论。这里，仅仅讨论一种非常基本的约束：*键约束*。*键*由关系的一组属性集组成，通过定义键可以保证关系实例上任何两个元组的值在定义键的属性集上取值不同。

例2.1 关系Movies上的键由两个属性组成：title和year。也就是说，没有两部电影的制作年份和名字均相同。这里要注意，单独的title属性并不构成一个键，因为不同年份制作

⊖ 维护数据历史版本的数据库，因为是已过时存在的，所以被称为*临时数据库*（temporal database）。

的电影名字可能相同。例如，有三部电影名字均为King Kong，而它们的制作年份各不相同。同理，单独的year属性也不构成一个键，因为多部电影可以在同一年制作。 □

通常在形成键的属性或属性组下面画上下划线，用来表明它是键的组成部分。例如，关系Movies的模式可以写成如下形式：

Movies(<u>title</u>, <u>year</u>, length, genre)

需要注意的是，形成键的属性集的值对于关系的所有实例都具有唯一性，而不是只针对一个实例。举例来说，如果仅仅看图2-3的数据，可能认为属性单独的genre可以构成键，因为图2-3中的两个元组在genre分量上的值均不同。但是可以很容易地联想到，如果这个关系实例含有更多的电影，则将会有很多戏剧、喜剧，等等。于是就将会有多个元组在属性genre分量上值相同。因此，属性genre不能单独构成关系Movies上的键。

虽然可以断定属性title和year可以构成Movies中的键，然而现实中的数据库经常使用虚拟键，这样可以安全地对属性值做出所需要的假定。例如，通常公司会为每个雇员指派一个员工ID，该ID是具有唯一性的数字。ID的目的之一是保证公司数据库里的每个雇员都可以互相区别，即使多个雇员的姓名相同，但是每个雇员的ID号不相同。这样，雇员的ID属性就可以作为公司雇员关系的键。

在美国的公司里，通常每个雇员都会有一个社会安全号码。如果数据库中有一个社会安全号码属性，那么这个属性就可以作为雇员关系的键。注意，关系中可以有多个键的选择，对于雇员关系来说，雇员ID和社会安全号码都可以作为键。

创建一个属性用来作为键的思想在现实中应用得很广泛。除了员工ID之外，大学中用学生ID来区分每个学生，分别用驾驶执照号和机动车注册号来区分每个驾驶员和每辆机动车。毫无疑问，你可以找到更多这样的例子。

2.2.8 数据库模式示例

下面将以一个完整的数据库模式的例子来结束本节的内容。数据库的主题是电影，它是建立在本书一直讨论的Movies关系之上。数据库模式如图2-5所示。为了理解该数据库模式的含义，下面讨论该模式所列出的几个关系。

```
Movies(
    title:string,
    year:integer,
    length:integer,
    genre:string,
    studioName:string,
    producerC#:integer
)
MovieStar(
    name:string,
    address:string,
    gender:char,
    birthdate:date
)
StarsIn(
    movieTitle:string,
    movieYear:integer,
    starName:string
)
MovieExec(
    name:string,
    address:string,
    cert#:integer,
    netWorth:integer
)
Studio(
    name:string,
    address:string,
    presC#:integer
)
```

图2-5 关于电影的示例数据库模式

电影（Movies）

该关系是之前讨论的示例关系的一个扩展。它的键由title和year两个属性组成。这个关系里面新增了两个属性：studioName和producerC#。前者说明电影是由哪个电影公司制作，而后者是一个类型为整型的值，它描述了电影制作者的信息，该信息将会在下面的MovieExec关系中更详细地得到表述。

电影明星（MovieStar）

这是关于演员的一个关系。键为电影明星的名字name。虽然通常来讲，名字不足以区别一个人，但是作为电影演员来说，任何两个演员都不会用同一个名字，所以演员名适于作为键。更方便的方法是增加一个额外的属性作为键，就好像前面提到的社会安全号码。这样就可以为每个演员指派一个唯一的标号。同样的处理方法还将应用到电影制片上。另一个有趣之处是在关系MovieStar中出现了两种新的数据类型。属性性别是一个单独的字符，F或者M。而属性生日的类型则是“日期”类型（它是一个特殊的字符串形式）。

演出（StarsIn）

这个关系将电影与电影中的演员联系在一起。要注意的是，电影是以Movies的健属性title和year表示的（关系中分别用不同的属性movieTitle和movieYear来表示），演员是以MovieStar的键演员名字出现（关系中用属性starName表示）。最后由这三个属性共同组成该关系的键。这是相当合理的，关系StarsIn的两个不同的元组可能在上述三个属性中的任两个上具有相同值。例如，一个演员可能在一年内同时出现在两部电影里。于是，就存在两个不同的元组在movieYear和starName上相同，而在movieTitle上不同。

电影制片（MovieExec）

该关系提供电影制片者的信息（他们的姓名、住址及市场净资产）。该关系的键，则是为每个制片设计了一个“证书号”属性，包括电影制作者姓名（在关系Movies中出现）、电影公司主席（在关系Studio中出现）。这些属性都是整数类型，不同的属性指定给不同的制片人。

电影公司（Studio）

电影公司的有关信息在关系Studio中描述。这里认为没有任何两个电影公司拥有相同的名字，所以属性name可以作为关系的键。其他的属性还包括电影公司的地址以及电影公司主席的证书号。假设电影公司主席也一定是电影的制片者，所以他一定也会在关系MovieExec中出现。

2.2.9 习题

习题2.2.1 图2-6是可能构成部分银行数据库的两个关系实例。请指出：

a) 每个关系的属性。

b) 每个关系的元组。

c) 每个关系中一个元组的分量。

d) 每个关系的关系模式。

e) 数据库模式。

f) 每个属性的合适的域。

g) 每个关系的另一种等价描述。

习题2.2.2 在2.2.7节中提到创建属性以形成关系的键，并且给出了一些例子，请再列举出一些实例。

!!习题2.2.3 一共有多少种方式来描述下面的关系实例（考虑元组和属性的排列顺序）？

a) 与图2-6中的关系Accounts一样具有三个属性和三个元组的关系。

b) 具有四个属性和五个元组的关系。

c) 具有n个属性和m个元组的关系。

acctNo	*type*	*balance*
12345	savings	12000
23456	checking	1000
34567	savings	25

关系 Accounts

firstName	*lastName*	*idNo*	*account*
Robbie	Banks	901-222	12345
Lena	Hand	805-333	12345
Lena	Hand	805-333	23456

关系Customers

图2-6 银行数据库的两个关系

2.3 在SQL中定义关系模式

最普遍的用于描述和操纵关系数据库的语言是SQL(读作“sequel”)。最新的SQL标准称为SQL-99。现今的大多数商用数据库管理系统都只是实现了标准的一部分，而不是全部实现。SQL有两方面的内容：

1. 用于定义数据库模式的*数据定义*（Data-Definition）子语言。

2. 用于查询和更新数据库的*数据操纵*（Data-Manipulation）子语言。

上面这两种子语言的区别在大多数的程序语言中都可以找到。例如，在C或Java语言里，既有定义数据的部分，也有代码执行的部分，它们分别对应于SQL中的数据定义子语言和数据操纵子语言。

本节初步讨论SQL的数据定义部分，第7章将会有更深入的讨论，特别是对于数据约束的问题。而有关数据操纵的部分留待第6章讨论。

2.3.1 SQL中的关系

SQL区分三类关系：

1. 存储的关系，称为*表*（table)。这是通常要处理的一种关系，它在数据库中存储，用户能够对其元组进行查询和更新。

2. *视图*（view)，通过计算来定义的关系。这种关系并不在数据库中存储，它只是在需要的时候被完整或者部分地构造。8.1节将主要讨论视图。

3. 临时表，它是在执行数据查询和更新时由SQL处理程序临时构造。这些临时表会在处理结束后被删除而不会存储在数据库里。

本节将学习怎样定义表。视图不会在这里介绍，而临时表永远都不需要显式地定义。SQL中的`CREATE TABLE`语句用来定义一个被存储的关系的模式。它给出表的名字、属性及其数据类型。可以为关系定义一个甚至多个键。事实上，`CREATE TABLE`语句还有很多其他的特征，如包含各种形式的约束声明和*索引*（一种用于加速表上操作的数据结构）的定义等，这些都将在后续章节讲述。

2.3.2 数据类型

先介绍SQL系统支持的基本数据类型。关系中所有的属性都必须有一个数据类型。

1. 可变长度或固定长度字符串。类型`CHAR(n)`表示最大为*n*个字符的固定长度字符串。`VARCHAR(n)`也表示最多可有*n*个字符的字符串。它们的区别与具体实现有关。一般来说，`CHAR`类型会以一些短的字符串来填充后面未满的空间来构成*n*个字符，而`VARCHAR`会使用一个结束符或字符长度值来标志字符串的结束，后面未满的空间不会做填充。SQL允许合理地在不同字符串类型之间作类型转换。通常，当某个字段值的字符个数比定义的类型少时在后面补上空格字符。例如，字符串‘`foo`’[⊖]成为某个类型为`CHAR(5)`的字段值的时候，就认为它是值为‘`foo`’的字符串（后面跟上两个空格）。

2. 固定或可变长度的位串。位串和字符串类似，但是它们的值是由比特而不是字符组成。类型`BIT(n)`表示长为*n*的位串。`BIT VARYING(n)`表示最大长度为*n*的位串。

3. `BOOLEAN`表示具有逻辑类型的值。该类属性的可能值是`TURE`、`FALSE`和`UNKNOWN`（这一点可能会令George Boole吃惊)。

⊖ 注意，SQL中字符串是使用单引号，不像很多其他程序设计语言中那样使用双引号。

SQL中的日期和时间

一般来说，SQL中的日期和时间类型随着具体实现的不同而不同，但下面讲述的是SQL的标准实现形式。日期值由关键字DATE后面接一个用单引号括起来的特定形式的字符串来定义。比如，DATE '1948-05-14' 就是一个符合要求的形式。这里开始的四个数字代表年份，接下来是一个分隔符，其后的两个数字组成月份，然后又是一个分隔符，而最后的两个数字用来指明是哪一天。要注意的是，如果月份或者用来指明是哪一天的数字是单个数字(即<10)，则要在前面填充一个0。

类似地，时间值由关键字TIME和一个特定形式的字符串组成。在这个字符串中，由两位数字表示小时(24小时制)，接下来是冒号，然后是两位数字描述分钟，接下来再是冒号，最后两位数字表示秒数。如果要进一步提高精度，可以在秒数里引入十进制小数点，后面可保留任意位数。例如，TIME '15:00:02.5' 可以用来描述所有学生将在下午3点0分2.5秒结束的课程后离开的时间。

4. 类型INT和INTEGER（两者为同义词）表示典型的整数值。类型SHORTINT也表示整数，但是表示的位数可能小些，具体取决于实现。(类似C语言中的int和short int)。

5. 浮点值能通过不同的方法表示。类型FLOAT和REAL（两者为同义词）表示典型的浮点数值。需要高精度的浮点类型可以使用DOUBLE PRECISION。这些类型的区别也和C语言中类似。SQL还提供指定小数点后位数的浮点类型。例如DECIMAL(n,d)允许可以有*n*位有效数字的十进制数，小数点是在右数第*d*位的位置。例如0123.45就是符合类型DECIMAL(6,2)定义的数值。NUMERIC几乎是DECIMAL的同义词，尽管它们存在某些依赖于实现的小差别。

6. 日期和时间分别通过DATA和TIME数据类型来表示(见方框里的“SQL中的日期和时间”)。这些值本质上是字符串的一种特殊形式。实际上可以把时间和日期强制转换成字符串类型。反之也可以把某些特定格式字符串转换为日期和时间。

2.3.3 简单的表定义

最简单的关系模式的定义形式是由保留字CREATE TABLE后面跟着关系名以及括起来的由属性名和类型组成的列表。

例2.2 图2-5给出的关系Movies可以被重新定义为图2-7的形式。电影的名字被定义为（最大）长度为100个字符的字符串类型。年份和电影长度属性都是整型数据，流派属性为10个字符的字符串类型。将电影名定义为100个字符似乎有点随意，这是不想将长度限制得过于紧凑，在遇到长的电影名时致使其被截断。同时，假设10个字符的长度足够存储电影的流派信息，这也是一个任意选择。如果有一个电影流派具有一个很长的名字，则10个字符可能会不够。同前面一样，假设用30个字符来描述电影公司的名字。最后，证书号是另外一个整型分量。 □

```
CREATE TABLE Movies (
    title        CHAR(100),
    year         INT,
    length       INT,
    genre        CHAR(10),
    studioName   CHAR(30),
    producerC#   INT
);
```

图2-7 表Movies在SQL中的定义

例2.3 图2-8是图2-5中关系MovieStar的SQL定义。该例引入了一些新的数据类型。MovieStar为表的名字，它包含四个属性。头两个属性name和address都定义为字符串类型。但对于name属性，使用了长度为30个字符的固定长度字符串。这样，长度小于30个字符的名字后面将填上空格，长度大于30个字符的字符串则被截断成为30个字符长的字符串。与name

属性不同，address属性定义为最大长度为255个字符的可变长度字符串[⊖]。这种做法不一定是最好的选择，这样做的目的是为了说明两种不同的字符串类型。

属性gender只用单个字母M或F描述。这样，用单个字符足以描述此属性类型。最后，birthdate属性自然要使用DATE类型。 □

```
CREATE TABLE MovieStar (
    name        CHAR(30),
    address     VARCHAR(255),
    gender      CHAR(1),
    birthdate DATE
);
```

图2-8　定义MovieStar的关系模式

2.3.4 修改关系模式

前面已经讨论了如何定义一个表。现在假如要改变它的模式，特别是在这个表已经使用了很长的一段时间，里面包含着大量的元组实例的情况下该怎么办呢？模式修改可以删除整个表，包括它所有的实例元组，或者是在模式中插入或删除一些属性。

删除某个关系*R*，可以使用如下的SQL语句：

```
DROP TABLE R;
```

此后关系*R*不再是数据库模式中的一部分，关系中的元组也再无法访问。

对于一个长期使用的数据库，一般很少删除其中的某个关系，通常要做的可能是对某些已存在的关系模式进行修改。修改操作的语句以关键字ALTER TABLE开头其后加上关系的名字。后面还可以跟几种选项，最重要的两种是：

1. ADD后面加上属性名字和数据类型。

2. DROP后面加上属性名字。

例2.4　修改关系MovieStar，给它增加属性phone，语句为：

```
ALTER TABLE MovieStar ADD phone CHAR(16);
```

该语句的结果是MovieStar现在具有5个属性；前4个在图2-8中给出。第5个是属性phone具有固定长度为16的字符串。在实际关系中，元组都具有phone字段。但是该字段中没有电话号码值。所以，该字段的值将设置为空值（null value）——NULL。在2.3.5节中，将介绍使用另一种“默认”值代替NULL表示未知的值。

另一个ALTER TABLE语句的例子是：

```
ALTER TABLE MovieStar DROP birthdate;
```

该语句删除关系中的birthdate属性。结果是，MovieStar关系中将不再有该属性，当前MovieStar实例的元组中的birthdate分量被删除。 □

2.3.5 默认值

当创建或修改元组时，并非总是给它的每个字段指定值。例如，例2.4中给关系增加一列时，关系中已存在的元组对应此列没有一个具体的值，通常建议使用NULL值来替代该位置上的“真实”值。但是有时可能更愿意使用另外的默认值（default value）来替代NULL值。

通常，在任何声明属性和其数据类型的地方，都可以加上保留字DEFAULT和一个合适的值。该值一般要么是NULL，要么是常量。系统还提供其他几种值，如当前时间，也可以是一种选择。

例2.5　重新考虑例2.3。希望使用字符“？”作为属性gender未知时的默认值，使用一个

⊖ 数字255并不是典型的地址类型专门使用的数字。由于单个字节能存储0～255之间的整数，所以可以使用一个字节表示最大长度为255的可变长度的字符串的字符个数，再加上表示字符串本身的字符来一起表示变长字符串。商业数据库系统通常都支持更大长度的可变长字符串。

可能最早的日期DATE '0000-00-00' 作为某个未知birthdate的默认值。这时需要将图2-8中属性gender和birthdate定义作如下的替换：

```
gender CHAR(1) DEFAULT '?',
birthdate DATE DEFAULT DATE '0000-00-00'
```

至于其他的例子，如例2.4中，当新增属性phone时，可以将它的默认值声明为'unlisted'。这种情况下，语句

```
ALTER TABLE MovieStar ADD phone CHAR(16) DEFAULT 'unlisted';
```

就成为合适的ALTER TABLE 语句。 □

2.3.6 键的声明

CREATE TABLE语句在定义一个存储的关系时，有两种方法将某个属性或某组属性声明为一个键。

1. 当属性被列入关系模式时，声明其是键。
2. 在模式声明的项目表中增加表项（目前仅为属性项），声明一个或者一组属性是键。

如果键由多个属性组成，则只能用方法(2)来声明。如果键仅由单个属性组成，则可以使用上面两种方法中的任一种。

有两种指明键的声明方法：

a) PRIMARY KEY。

b) UNIQUE。

对于关系R，使用PRIMARY KEY或者UNIQUE声明某组属性S为键的效果是：

- R的任意两个元组不能在S的所有属性上具有完全相同的值，除非其中有一个是NULL值。任何违反该规则的插入或更新操作，都会使DBMS拒绝该操作并引起异常。

除此之外，如果PRIMARY KEY被使用，则S中的属性不能有NULL值。同样，违反该规则的操作将被DBMS拒绝。但是，如果S被声明为UNIQUE，则NULL值是允许的。这是两者的区别之一。当然，如果愿意，DBMS还可以在其他方面区分这两种关键字。

例2.6 现在考虑关系MovieStar的模式。既然认定没有任何两个演员会使用相同的名字，所以，将属性name单独作为该关系的键。于是在属性name声明中加上键声明。图2-9是图2-8的另一个版本，它反应了这种变化。自然，声明中也可以用UNIQUE替代PRIMARY KEY，只是替换之后，两个或多个元组就可以使用NULL作为分量name的值，但是这是特例，除此之外属性name的值在关系中必须唯一。

另外，也可以使用独立的主键定义声明。结果模式声明如图2-10所示，同样，可以用UNIQUE替换PRIMARY KEY。 □

```
CREATE TABLE MovieStar (
    name CHAR(30) PRIMARY KEY,
    address VARCHAR(255),
    gender CHAR(1),
    birthdate DATE
);
```

图2-9 name主键声明

```
CREATE TABLE MovieStar (
    name CHAR(30),
    address VARCHAR(255),
    gender CHAR(1),
    birthdate DATE,
    PRIMARY KEY (name)
);
```

图2-10 独立的主键声明

例2.7 在例2.6中，图2-9和图2-10的声明形式都可以接受，因为键是由单个属性组成。

然而，当键由多个属性组成时，必须使用图2-10的声明形式。比如在关系Movie中，键由一对属性title和year组成，于是有图2-11的声明形式。同样，这里也可以选择用UNIQUE替代PRIMARY KEY。 □

```
CREATE TABLE Movies (
    title        CHAR(100),
    year         INT,
    length       INT,
    genre        CHAR(10),
    studioName   CHAR(30),
    producerC#   INT,
    PRIMARY KEY (title, year)
);
```

图2-11　声明title和year为关系Movies的主键

2.3.7　习题

习题2.3.1　下面的练习基于一个正在运行的关系数据库。该数据库模式由四个关系组成，它们的模式如下：

```
Product(maker, model, type)
PC(model, speed, ram, hd, price)
Laptop(model, speed, ram, hd, screen, price)
Printer(model, color, type, price)
```

关系Product给出了各种产品的制造商、型号和产品类型（PC、laptop或者printer）。为了简单起见，假设型号对于所有的制造商和产品都是唯一的，尽管这个假设在实际中不成立，实际的数据库中型号将包含一个代表制造商的代码。关系PC给出了每种PC的速度（处理器，以千兆赫兹为单位）、RAM的大小（以MB为单位）、硬盘容量（以GB为单位）以及价格。关系Laptop与关系PC类似，它在PC的基础上增加了属性screen，即屏幕的尺寸（以英寸为单位）。关系Printer记录了每种类型的打印机的型号，是否为彩色打印机（如果是彩色，则为true）、处理类型(激光或者喷墨打印)以及价格。

请写出下面的定义：

a) 合适的Product关系模式。

b) 合适的PC关系模式。

c) 合适的Laptop关系模式。

d) 合适的Printer关系模式。

e) 从(d)的关系模式中删除属性color。

f) 为(c)得到的模式增加一个属性od（光驱类型，比如CD、DVD）。如果某个笔记本电脑（laptop）没有光驱，则该属性的默认值为‘none’。

习题2.3.2　本习题引入了另外的一个运行着的实例，涉及二战中的大型舰船。它由以下几个关系组成:

```
Classes(class, type, country, numGuns, bore, displacement)
Ships(name, class, launched)
Battles(name, date)
Outcomes(ship, battle, result)
```

相同设计的舰船组成一个“类”，类别的名称通常就是这个类的第一艘船的名字。关系Classes记录了“类”的名字、型号（bb代表战列舰，bc代表巡洋舰）、生产国家、主炮的数目、炮尺寸（口径，单位是英寸）和排水量（重量，单位是吨）。关系Ships记录了舰船的名字、舰船类属名字和开始服役的日期。关系Battles给出了这些舰船参加的战役的时间。关系Outcomes给出了各艘舰船在各场战役中的结果（是沉没还是受伤，或者完好）。

写出下面的定义：

a) 合适的Classes关系模式。

b) 合适的Ships关系模式。

c) 合适的Battles关系模式。

d) 合适的Outcomes关系模式。

e) 从(a)的关系模式中删除属性bore。

f) 为(b)得到的模式增加一个属性yard，它给出制造该船的船厂的名字。

2.4 代数查询语言

本节将介绍关系模型关于数据操作方面的内容。数据模型不仅仅涉及用来描述数据的数据结构，它同时也需要一种操作这些数据的方法，使用户可以对数据进行查询和修改。为了开始学习关系上的数据操作，首先要引入一种专门的代数——*关系代数*，它包含一些简单但是功能强大的方法，可以从给定关系构造出新的关系。当给定关系是真正被系统存储的数据(表)时，构造出的新关系也可以是对这些数据进行查询而产生的结果。

2.4.1 为什么需要一种专门的查询语言

在介绍关系代数的操作之前，可能有人会问为什么或者是否需要引入一种新的数据库开发语言。难道现有的一些通用编程语言（比如C或Java）不足以解决关于关系的所有问题吗？例如，可以用一个结构体（在C中）或者一个对象（在Java中）来描述关系的元组，而用它们的数组来描述整个关系。

但是实际上，关系代数之所以是有用的正是因为它不*如*C或Java强大。这个答案确实有点令人吃惊。这意味着，可以用C或Java解决的问题用关系代数不一定能够解决。比如，判断一个关系中元组的个数是奇数还是偶数这样的问题就不能用代数直接表达。但是，通过对查询语言做出某些限制，可以获得两个极为有益的回报——可以非常方便地进行开发以及能够编译产生高度优化的代码，关于后者在2.1.6节已经讨论过。

2.4.2 什么是代数

通常，一门代数总是由一些操作符和一些原子操作数组成。比如说，算术代数中的原子操作数是像变量x和常量15这样的操作数。而加、减、乘、除是其中的操作符。任何一门代数都允许把操作符作用在原子操作数或者是其他代数表达式上构造*表达式*（expression）。一般地，括号被用来组合操作符和操作数。例如，算术中有表达式：$(x+y)*z$或$((x+7)/(y-3))+x$。

关系代数是另外一门代数，它的原子操作数是：

1. 代表关系的变量。
2. 代表有限关系的常量。

接下来我们将讨论关系代数的操作符。

2.4.3 关系代数概述

传统关系代数的操作主要有以下四类：

a) 通常的关系操作：并、交、差。

b) 除去某些行或者列的操作。“选择”是消除某些行（元组）的操作，而“投影”是消除某些列的操作。

c) 组合两个关系元组的操作。包括有“笛卡儿积运算”(Cartesian product)，该操作尝试两个关系的所有可能的元组的配对方式，形成一个关系作为结果。另外还有许多“连接”(join）操作，它是从两个关系中选择一些元组配对。

d) “重命名”(renaming）操作。不影响关系中的元组，但是它改变了关系模式，即属性的名称或者是关系本身的名称被改变。

人们一般把关系代数的表达式称为*查询*（query）。

2.4.4 关系上的集合操作

三个最常用的集合操作是：并（union）、交（intersection）、差（difference）。这里假设

读者已经熟悉这三种操作。下面是这些操作在任意集合R和S上的定义：

- $R \cup S$，表示关系R和S的并，所得到的结果关系的元素是来自R或者S或者在R和S中都出现过，但是对于最后一种情况，结果关系中的这个元素只出现一次。
- $R \cap S$，表示关系R和S的交，就是同时在R和S中存在的元素的集合。
- $R - S$，是关系R和S的差，它是由在R中出现但是不在S中出现的元素构成的集合。

注意，$S-R$与$R-S$不同，前者表示由只在S中出现不在R中出现的元素构成的关系。

当在关系上应用这些操作的时候，需要对关系R和S附加一些条件：

1. R和S必须是具有同样属性集合的表，同时，R和S的各个属性的类型（域）也必须匹配。

2. 在做相应的集合操作（指并、交、差）之前，R和S的列必须经过排序，这样保证它们的属性序对于两个关系来说完全相同。

人们有时希望对具有相同属性个数、相应的块都相同、但是只有不同属性名的关系进行并、交和差运算等等，这时候，就要用到**重命名**（renaming）操作，对这两个关系模式修改使其具有相同属性名。2.4.11节将对此进行介绍。

name	*address*	*gender*	*birthdate*
Carrie Fisher	123 Maple St., Hollywood	F	9/9/99
Mark Hamill	456 Oak Rd., Brentwood	M	8/8/88

关系R

name	*address*	*gender*	*birthdate*
Carrie Fisher	123 Maple St., Hollywood	F	9/9/99
Harrison Ford	789 Palm Dr., Beverly Hills	M	7/7/77

关系S

图2-12　两个关系

例2.8　假设有两个关系R和S以及2.2.8节中的MovieStar关系实例。R和S两个关系实例如图2-12所示，这样，它们的并运算$R \cup S$的结果是：

name	*address*	*gender*	*birthdate*
Carrie Fisher	123 Maple St., Hollywood	F	9/9/99
Mark Hamill	456 Oak Rd., Brentwood	M	8/8/88
Harrison Ford	789 Palm Dr., Beverly Hills	M	7/7/77

注意，两个表中均有Carrie Fisher出现，但是在结果中却仅有一个。

$R \cap S$的运算结果是：

name	*address*	*gender*	*birthdate*
Carrie Fisher	123 Maple St., Hollywood	F	9/9/99

现在只有Carrie Fisher出现，因为只有这个元组同时在这两个关系中出现。

$R-S$的运算结果是：

name	*address*	*gender*	*birthdate*
Mark Hamill	456 Oak Rd., Brentwood	M	8/8/88

也就是说，Fisher和Hamill这两个元组都是$R-S$的候选元素，但是Fisher在S中也出现，所以，就不在$R-S$中了。 □

2.4.5 投影

投影（projection）操作用来从关系R生成一个新的关系，这个关系只包含原来关系R中的部分列。表达式$\pi_{A_1 A_2, \cdots, A_n}(R)$的值是这样的一个关系：它只包含关系$R$属性$A_1, A_2, \cdots, A_n$所代表的列。结果关系模式的属性集合为：$\{A_1, A_2, \cdots, A_n\}$，习惯上按所列出的顺序显示。

title	*year*	*length*	*genre*	*studioName*	*producerC#*
Star Wars	1977	124	sciFi	Fox	12345
Galaxy Quest	1999	104	comedy	DreamWorks	67890
Wayne's World	1992	95	comedy	Paramount	99999

图2-13 关系Movies

例2.9 考虑关系Movies，它的关系模式在2.2.8节有描述。图2-13给出了关系的一个实例。投影到关系前三个属性的表达式是：

$$\pi_{title,\ year,\ length}\ (\text{Movies})$$

所得到的结果是：

title	*year*	*length*
Star Wars	1977	124
Galaxy Quest	1999	104
Wayne's World	1992	95

另外一个例子是用表达式π_{genre} (Movies)投影到属性genre。结果是一个单列关系：

genre
sciFi
comedy

注意这里只有两个元组，因为图2-13中的最后两个元组在genre分量上具有相同的值，在关系代数集合中，重复元组总是会被排除。

> **关于数据质量**
>
> 为使示例中的数据尽可能地精确并尊重演员们的隐私权，我们使用了一些伪造的关于演员的地址和其他个人信息的数据。

2.4.6 选择

当选择（selection）操作符应用到关系R上时，产生一个关系R的元组的子集合。结果关系的元组必须满足某个涉及R中属性的条件C，这个操作表示为：$\sigma_C(R)$。结果关系和原关系有着相同的模式，习惯上用跟原关系相同的顺序列出这些属性。

C是某个类型的条件表达式，它与人们熟悉的程序设计语言条件表达式类似。例如：Java或C语言中if关键字后面的条件表达式。所不同的是C中的操作数要么是一个常数，要么是R的一个属性。假设t是R中任意一个元组，把t代入到条件C中，如果代入的结果为真，那么这个元组就是$\sigma_C(R)$中的一个元组，否则此元组不在结果中出现。

例2.10 关系Movies还是像图2-13中表示的那样，那么表达式$\sigma_{length \geqslant 100}$ (Movies)的结果是：

title	*year*	*length*	*genre*	*studioName*	*producerC#*
Star Wars	1977	124	sciFi	Fox	12345
Galaxy Quest	1999	104	comedy	DreamWorks	67890

第一个元组满足表达式lengh≥100，因为当把第一个元组的length属性用它的实际值124

代入后，它满足这个条件表达式124≥100。用同样的方法知道，图2-13的第二个元组也满足这个表达式，所以也应该包括在结果当中。

第三个元组的length属性值是95，同样把这个值代入到表达式中，得到95≥100，显然这个表达式的值为false。因此图2-13的最后一个元组不在结果集中。□

例2.11　假设想要得到这样的元组集合：在关系Movies中所有Fox公司出品的至少有100分钟长的电影。就必须使用更复杂的、包含AND和两个子条件的表达式来实现这样的查询。这个表达式可以写成：

$$\sigma_{length \geq 100 \text{ AND } studioName = \text{'Fox'}}(\texttt{Movies})$$

元组

title	*year*	*length*	*genre*	*studioName*	*producerC#*
Star Wars	1977	124	sciFi	Fox	12345

是结果关系中唯一的元组。□

2.4.7　笛卡儿积

关系R和S的笛卡儿积（或者称为叉积或者就叫做积）是一个有序对的集合，有序对的第一个元素是关系R中的任何一个元组，第二个元素是关系S中的任何一个元组，表示为$R\times S$。当R和S都是关系的时候，积本质上仍是关系。但是由于R和S这两个关系的属性未必只有一个，所以结果产生了更长的元组，包括了R和S中的所有属性。习惯上，在结果中关系R中的属性出现在关系S的属性的前面。

结果关系模式是R和S关系模式的并，但是如果R和S恰好有同样的属性，就需要把至少一个关系中相应的属性名更改成不同的名称。为了使含义清楚，如果属性A在关系R和S中均出现，则结果关系模式中分别用$R.A$和$S.A$表示来自R和S的属性。

例2.12　为了简单起见，利用一个抽象例子来解释积操作。令R和S的模式和元组如图2-14a和b所示。于是$R\times S$就有如图所示六个元组。注意这里是怎样把每一个R中的元组跟三个S中的元组分别配对，因为属性B在R和S中均出现，$R\times S$中分别是$R.B$和$S.B$表示。其他几个属性都不会引起混淆，所以保持原来名字不变。□

A	*B*
1	2
3	4

a) 关系R

B	*C*	*D*
2	5	6
4	7	8
9	10	11

b) 关系S

A	*R.B*	*S.B*	*C*	*D*
1	2	2	5	6
1	2	4	7	8
1	2	9	10	11
3	4	2	5	6
3	4	4	7	8
3	4	9	10	11

c) $R\times S$的结果

图2-14　两个关系以及它们的笛卡儿积

2.4.8　自然连接

跟积相比，人们更经常对两个关系做连接（join）操作，连接时相应的元组必须在某些方面一致。最简单的就是所谓的自然连接（natural join）。关系R和S的自然连接表示为$R\bowtie S$。此操作仅仅把在R和S模式中有某共同属性，且此属性有相同的值的元组配对。举例来说，假设R和S的模式有公共属性$A_1, A_2, \cdots, A_n$，r和s是分别来自R和S的元组，则当且仅当r和s的$A_1, A_2, \cdots, A_n$属性值都一样时，r和s才能配对，作为结果关系中的元组。

如果把r和s连接作为$R \bowtie S$结果的元组，则这个元组被称为连接元组（joined tuple）。连接元组具有R和S连接的所有成分。连接之后的元组跟元组r在模式R的所有属性上有相同值，同样，跟s在模式S的所有属性上有相同的值。一旦r和s被成功地配对，那么连接之后的元组跟原来的两个元组在相同的属性上有相同的值。这一点在图2-15中可以清楚看到。关系R和S中的属性在结果中可以以任何次序出现。

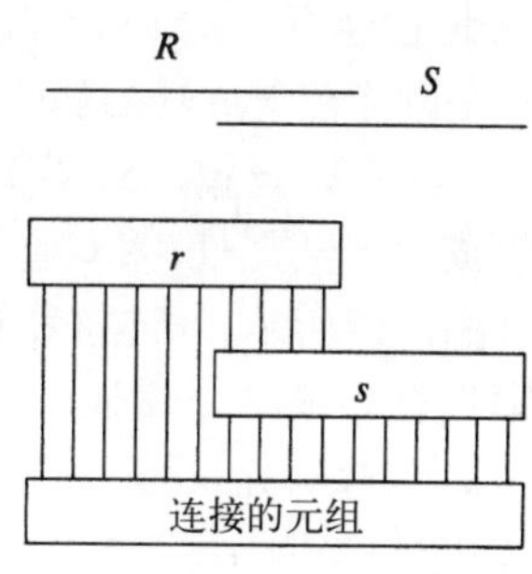

图2-15 连接两个元组

例2.13 图2-14a和b中关系R和S的自然连接是：

A	B	C	D
1	2	5	6
3	4	7	8

唯一一个R和S共同的属性是B。只要在属性B上相同的元组就可以成功地连接。如果这样的话，结果元组中就有属性A（来自R），B（来自S或者R），C（来自S），D（来自S）。

在这个例子中，R的第一个元组成功地和S的第一个元组组成一对；它们在属性B上有共同的值2。这个配对产生了连接结果的第一个元组：(1, 2, 5, 6)。关系R的第二个元组只可以跟S的第二个元组配对，结果是(3, 4, 7, 8)。注意，关系S的第三个元组不能跟关系R的任何一个元组配对，所以不在结果$R \bowtie S$中出现。在一个连接当中，如果一个元组不能和另外关系中的任何一个元组配对的话，这个元组就被称为**悬浮元组**（dangling tuple）。 □

例2.14 前面的例子并没有阐明自然连接操作所有可能的情况。例如，没有元组可以跟超过一个元组配对成功，并且两个关系模式只有一个共同属性。图2-16中，有另外两个关系U和V，它们的关系模式有共同的属性B和C。在例子中，一个元组可以与另外几个元组连接。

只有在属性B和C上一致的元组才能配对成功。这样，U的第一个元组可以和V的第一和第二个元组相连接。而U的第二和第三个元组和V的第三个元组配对。这四个配对的结果在图2-16c中给出。 □

A	B	C
1	2	3
6	7	8
9	7	8

a) 关系U

B	C	D
2	3	4
2	3	5
7	8	10

b) 关系V

A	B	C	D
1	2	3	4
1	2	3	5
6	7	8	10
9	7	8	10

c) $R \bowtie S$的结果

图2-16 关系的自然连接

2.4.9 θ连接

自然连接必须根据某些特定的条件来把元组配对。虽然，相等的公共属性是关系连接最常见的基础。但是人们有时候需将满足其他条件的元组配对。为此目地，就有了相应的θ连接操作（theta-join）。历史上θ是指任意条件，但现在一般用C而不是θ表示这个条件。

关系R和关系S满足条件C的θ连接可以这样用符号来表示：$R \bowtie_C S$。这个操作的结果是这样构造的:

1.先得到R和S的积。

2.在得到的关系中寻找满足条件C的元组。

就像在积操作中一样，结果关系的模式是模式R和模式S的并。如果有必要的话，需要在重名的属性前面加上“$R.$”或者“$S.$”。

例2.15 考虑这样的操作$U \bowtie_{A<D} V$。其中U和V是图2-16中的关系。这里必须考虑九个元组的配对方案。看一看来自U的元组的属性A是不是比来自V的元组的属性D的值小。U的第一个

元组A属性值是1，这个元组可以和任何来自V的元组配对。但是第二和第三个元组的A属性值分别是6和9，分别只能和V的最后一个元组配对。这样，所得到的结果关系就只有五个元组，即是刚才配对成功的那些。这个关系在图2-17中给出。□

A	U.B	U.C	V.B	V.C	D
1	2	3	2	3	4
1	2	3	2	3	5
1	2	3	7	8	10
6	7	8	7	8	10
9	7	8	7	8	10

图2-17　$U \bowtie_{A<D} V$的结果

注意，连接的结果关系模式是由所有的六个属性组成。公共属性B和C前面加了关系名U和V以示区别，如图2-17所示。θ连接和自然连接相比较，后者把公共属性合并成一个属性，这是由于参加运算的两个元组可以配对当且仅当它们的公共属性有相同的值。但是在θ连接当中，并不能保证进行比较的属性有相同的值，因为它们有可能不是用“=”进行比较。

例2.16　下面是关系U和V的更为复杂的θ连接，$U \bowtie_{A<D \text{ AND } U.B \neq V.B} V$。结果不仅仅要求$U$关系元组的$A$属性小于$V$关系元组的$D$属性，而且$U$和$V$元组的$B$属性不能有同样的值。这里只有元组

A	U.B	U.C	V.B	V.C	D
1	2	3	7	8	10

唯一满足两个条件，所以它就是最后的结果。□

2.4.10　组合操作构成查询

如果只能在单个或者两个关系上进行一个操作，那么关系代数就不会那么有用。可是，如同其他的所有代数一样，关系代数允许任意复杂的表达式，其操作符可以用于任何关系之上，这个关系既可以是某个给定关系，也可以是操作得到的结果关系。

可以在子表达式上应用算符来构造新的关系代数表达式，必要的时候用括号把操作数分割开。也可以用表达式树来表示这种表达式，虽然这种表达式对机器来说比较难以处理，但是它更易于理解。

例2.17　考虑Movies关系。假设人们想知道“由Fox制作的至少100分钟的电影的名称（title）和制作年份（year）”。计算该查询的一种方法是：

1. 选择length ⩾ 100分钟的Movies关系中的元组。
2. 选择studioName=‘Fox’的Movies元组。
3. 计算(1)和(2)两个查询结果的交集。
4. 把(3)得到的关系投影到title和year属性上。

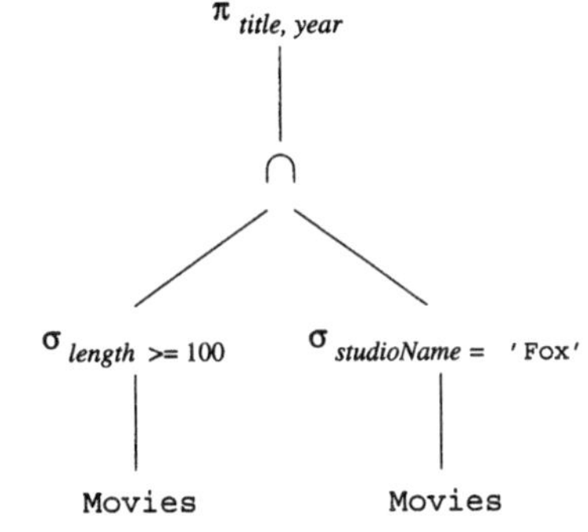

图2-18　关系代数表达式的表达式树

在图2-18中人们看到，前面所说的几个步骤可以用表达式树来表示。表达式树的计算是从下向上，内部节点上操作符的参量是其子树的结果。由于是自下而上计算，因此其子树的参量是可用的。表达式树中，两个选择操作的节点对应着第(1)和第(2)步。交操作节点对应第(3)步，投影节点是第(4)步。

习惯上常选用线性符号来表示同样的表达式。如下公式

$$\pi_{title,\ year}(\sigma_{length \geq 100}(\text{Movies}) \cap \sigma_{studioName = \text{'Fox'}}(\text{Movies})$$

表示的是同一个表达式。

经常地，同一个计算可以用多个不同的关系代数表达式来描述。例如，上面的查询可以用逻辑AND操作来替换“交”。即

$$\pi_{title,\ year}(\sigma_{length \geqslant 100\ \texttt{AND}\ studioName = \texttt{'Fox'}}(\texttt{Movies})$$

是该查询的一个等价形式。 □

等价表达式和查询优化

所有数据库系统都有查询应答系统，其中许多是基于接近关系代数表达能力的语言。这样，用户提交的查询可以有许多等价表达式（equivalent expression）（即只要给出同样的操作数，这些表达式就能产生同样的结果），其中有的表达式能更快地被计算出结果。在1.2.5节中简要讨论过的查询“优化器”的重要作用，就是把某个关系代数表达式替换为更加有效计算的等价形式。

2.4.11 命名和重命名

为了有效地管理由关系代数生成的结果关系的属性名字，通常会引进一个重命名操作。算符$\rho_S(A_1, A_2, \cdots, A_n)(R)$表示对关系$R$重新命名。重命名后的关系与关系$R$有完全相同的元组，只不过关系的名字变成了$S$。另外，$S$关系的各个属性分别命名为$A_1, A_2, \cdots, A_n$，按从左到右的顺序排列。如果只是想把关系$R$的名字改变为$S$，并不改变其中属性的名字，就可以简单地使用$\rho_S(R)$即可。

例2.18 在例2.12我们对图2-14a和b中的两个关系R和S进行了积操作，并约定当两个关系存在同名属性时，分别把关系的名字作为结果属性名称的前缀。假如不希望把两个属性B称作$R.B$或者是$S.B$，而是仍然希望来自R的属性B保持原来的名称，来自S的属性B改为X。操作$\rho_{S(X,\ C,\ D)}(S)$的结果是一个名为S的关系，它看起来与S很相似。唯一的不同是此关系的第一个属性名是X而不是B。

用重命名后的关系和关系R进行积操作就不会有任何命名冲突，也就不需要再进一步更改属性名。也就是说，表达式$R \times \rho_{S(X,\ C,\ D)}(S)$的结果与图2-14c中$R \times S$的结果相同，只是结果的列标题从左到右分别是：$A, B, X, C, D$。图2-19展示了这个关系。

A	B	X	C	D
1	2	2	5	6
1	2	4	7	8
1	2	9	10	11
3	4	2	5	6
3	4	4	7	8
3	4	9	10	11

图2-19 $R \times \rho_{S(X,\ C,\ D)}(S)$

也可以不重命名就直接进行积操作，就像在例2.12中所做的那样，到最后再对结果进行重命名。表达式$\rho_{RS(A,\ B,\ X,\ C,\ D)}(R \times S)$可以产生与图2-19同样的结果，包括其中属性的名字。另外，这次的关系有了新的名字RS，而图2-19中的关系没有名字。 □

2.4.12 操作之间的联系

在2.4节中介绍的操作，有一些可以用其他关系代数操作来表达。例如，交运算可以用差运算符表示如下：

$$R \cap S = R - (R - S)$$

意思就是，如果R和S是任意的两个关系，它们有同样的模式，那么R和S的交运算可以通过如下步骤实现：从R中减去S，形成一个新的关系T，它包含那些在R中但是不在S中出现的元组。然后再从R中将T减去，这样就只剩下那些既在R中又在S中出现的元组了。

两种形式的连接操作同样可以用其他操作来实现。比如θ连接可以用积操作和选择操作来实现:

$$R \bowtie_C S = \sigma_C(R \times S)$$

R和S的自然连接可以通过先做一个积操作，然后再按如下形式的条件C进行选择来实现：

$$R.A_1 = S.A_1 \text{ AND } R.A_2 = S.A_2 \text{ AND} \cdots \text{AND } R.A_n = S.A_n$$

这里，$A_1, A_2, \cdots, A_n$是所有同时出现在R和S中的属性。最后，对于相同的属性必须投影出一份拷贝。令L是所有R中的属性和在S中但不在R中的属性的列表，那么

$$R \bowtie S = \pi_L(\sigma_C(R \times S))$$

例2.19 图2-16中U和V的自然连接可以写成含有积、选择、投影的式子：

$$\pi_{A.\ U.\ B.\ U.\ C.\ D}(\sigma_{U.B=V.B \text{ AND } U.C=V.C}(U \times V))$$

也就是说先得到积$U \times V$。然后在其中寻找使得B, C属性相等的元组。最后，将其投影到除去一个B和一个C之外的所有属性上。这里是选择除去关系V和U中同时出现的属性。

另外一个例子是关于图2-16中的θ连接，它可以写成：

$$\sigma_{A<D \text{ AND } U.B \neq V.B}(U \times V)$$

也就是说，先进行积操作，然后用θ连接中的条件进行选择。 □

本节中谈到的重写规则是已介绍的所有操作中仅有的“冗余”。其余六个操作（并、差、选择、投影、积运算和重命名）构成了一个独立的集合，这个集合中的每一个操作都不能被这个集合中余下的操作来实现。

2.4.13 代数表达式的线性符号

在2.4.10节，曾用表达式树表示复杂的关系代数表达式。另一种方法是生成若干临时关系，用来表示树的内节点，并写一系列的赋值语句使其具有正确的值。这些赋值语句的顺序可变，只要保证在对节点N赋值之前N的子节点赋值完毕就可以。

赋值语句中用到的符号有：

1. 关系的名字和用圆括号括起的关系属性的列表。名字Answer习惯上表示最后一步运算的结果，也就是在表达式树根节点上的关系名。

2. 赋值符号：=。

3. 赋值号右边的任何代数表达式。可以采用每个赋值语句只用一个算符的方法，这样每一个内部节点都有自己的赋值语句相对应。可是，如果方便的话，仍然可以把几个代数运算组合到一起写在表达式的右端。

例2.20 考虑图2-18中的树。计算该表达式的一个可能的结果赋值序列如下：

```
R(t,y,l,i,s,p) := σ_{length≥100}(Movies)
S(t,y,l,i,s,p) := σ_{studioName='Fox'}(Movies)
T(t,y,l,i,s,p) := R ∩ S
Answer(title, year) := π_{t,y}(T)
```

第一步，计算图2-18中标注为$\sigma_{length \geq 100}$的内部节点关系，第二步计算标注是$\sigma_{studioName= \text{'Fox'}}$的节点。注意，因为只要人们愿意就可以对关系的左边使用任何属性和关系的名字，所以可以自由重命名。最后两步显然是进行交运算和投影运算。

如前所述，可以对某些操作步骤进行合并。例如，可以对最后两步进行合并，写成：

```
R(t,y,l,i,s,p) := σ_{length≥100}(Movies)
S(t,y,l,i,s,p) := σ_{studioName='Fox'}(Movies)
Answer(title, year) := π_{t,y}(R ∩ S)
```

甚至还可以将整个查询写成一行。 □

2.4.14 习题

习题2.4.1 这个习题与2.3.1一样，也是基于产品数据库模式。该数据库模式由四个关系组成，这四个关系的模式如下：

```
Product(maker, model, type)
PC(model, speed, ram, hd, price)
Laptop(model, speed, ram, hd, screen, price)
Printer(model, color, type, price)
```

关系Product的一些数据的例子在图2-20中给出。另外三个关系的样例数据在图2-21中给出。生产厂商和模型号的值被忽略了，但是这些数据反映了2007年年初的行情。

maker	*model*	*type*
A	1001	pc
A	1002	pc
A	1003	pc
A	2004	laptop
A	2005	laptop
A	2006	laptop
B	1004	pc
B	1005	pc
B	1006	pc
B	2007	laptop
C	1007	pc
D	1008	pc
D	1009	pc
D	1010	pc
D	3004	printer
D	3005	printer
E	1011	pc
E	1012	pc
E	1013	pc
E	2001	laptop
E	2002	laptop
E	2003	laptop
E	3001	printer
E	3002	printer
E	3003	printer
F	2008	laptop
F	2009	laptop
G	2010	laptop
H	3006	printer
H	3007	printer

图2-20 关系product的数据取样

model	*speed*	*ram*	*hd*	*price*
1001	2.66	1024	250	2114
1002	2.10	512	250	995
1003	1.42	512	80	478
1004	2.80	1024	250	649
1005	3.20	512	250	630
1006	3.20	1024	320	1049
1007	2.20	1024	200	510
1008	2.20	2048	250	770
1009	2.00	1024	250	650
1010	2.80	2048	300	770
1011	1.86	2048	160	959
1012	2.80	1024	160	649
1013	3.06	512	80	529

a)关系PC的数据取样

model	*speed*	*ram*	*hd*	*screen*	*price*
2001	2.00	2048	240	20.1	3673
2002	1.73	1024	80	17.0	949
2003	1.80	512	60	15.4	549
2004	2.00	512	60	13.3	1150
2005	2.16	1024	120	17.0	2500
2006	2.00	2048	80	15.4	1700
2007	1.83	1024	120	13.3	1429
2008	1.60	1024	100	15.4	900
2009	1.60	512	80	14.1	680
2010	2.00	2048	160	15.4	2300

b) 关系Laptop的数据取样

model	*color*	*type*	*price*
3001	true	ink-jet	99
3002	false	laser	239
3003	true	laser	899
3004	true	ink-jet	120
3005	false	laser	120
3006	true	ink-jet	100
3007	true	laser	200

c)关系Printer的数据取样

图2-21 习题2.4.1的样例数据

试写出下列查询的关系代数表达式。可以用2.4.13节介绍的线性算符写这些表达式，并针对图2-20和图2-21的数据，给出查询的结果。但是，你的答案应该在任何数据上都能正确工作，而不仅限于图中的数据。

a) 哪种PC模型具有最少3.00的速度?

b) 哪个生产厂商的笔记本电脑（笔记本）的硬盘容量至少100GB?

c) 查询厂商*B*生产的所有产品的型号和价格。

d) 查询所有彩色激光打印机的型号。

e) 查询那些只出售笔记本电脑，不出售PC的厂商。

!f) 查询在一种或者两种PC机中出现过的硬盘的容量。

!g) 查询有同样处理速度和同样内存大小的PC对。每对只被列表一次，即列表给出（*i*,*j*）但不给出（*j*,*i*）。

!!h) 查询那些至少生产两种处理速度大于2.80的PC或者笔记本电脑的厂商。

!!i) 查询平均处理速度（PC或者是笔记本电脑）最高的所有厂商。

!!j) 查询至少生产三种不同处理速度电脑的厂商。

!!k) 查询恰好出售三种型号的PC厂商。

习题2.4.2　画出上题中每个查询的表达式树。

习题2.4.3　这个习题使用了习题2.3.2的二战中的大型舰船数据库。该数据库由以下几个关系组成:

```
Classes(class, type, country, numGuns, bore, displacement)
Ships(name, class, launched)
Battles(name, date)
Outcomes(ship, battle, result)
```

图2-22和图2-23给出了这四个关系的样例数据[⊖]。需要注意的是，跟习题2.4.1不同，在这个习题中存在着“悬浮元组”，比如，在关系Outcomes中出现的船只可能在关系Ships中查不到。

编写实现下面这些查询的关系代数表达式。可以用2.4.13节介绍的线性算符写这些表达式，并针对图2-22和图2-23的数据，给出查询的结果。可是，你的答案应该不只是对图中的数据有效，应该对任意的数据都有效。

a) 查询那些火炮口径大于16英寸的舰船类属和生产国。

b) 查询那些在1921年之前服役的舰船。

c) 查询在丹麦海峡（Denmark Strait）战役中沉没的舰船。

d) 1921年签署的华盛顿条约禁止制造超过35 000吨的大型军舰，请列出那些违背华盛顿条约的军舰。

e) 列出参加了瓜达康纳尔岛（Guadalcanal）海战的战舰的名称、排水量及火炮的数目。

f) 列出所有在此数据库中提到的军舰（注意，这些军舰可能不是全部都会在关系Ships里出现）。

!g) 列出只包含一艘军舰的类属。

!h) 列出那些既有战列舰又有巡洋舰的国家。

!i) “留得青山在，不怕没柴烧”，列出那些在某战役中受伤但是后来又参加了其他战役的战舰。

习题2.4.4　画出习题2.4.3各查询的表达式树。

习题2.4.5　连接$R \bowtie S$和自然连接$R \bowtie_C S$的区别是什么？这里，条件C为$R.A = S.A$。其中A是任何一个同时出现在R和S模式中的属性。

!习题2.4.6　一个关系操作符被称作是单调的，当且仅当对其运算参数增加任何元组时，其结果中始终至少包含那些原有的元组（也可能包含其他更多元组）。本节中的几个操作符中，那些是单调操作符？对于每个操作符，如果是单调的，给出理由，如果不是单调的，举例说明原因。

⊖ 来源：J. N. Westwood, Fighting Ships of World War II, Follett Publishing, Chicago, 1975 and R. C. Stern, US Battleships in Action, Squadron/Signal Publications, Carrollton, TX, 1980。

class	*type*	*country*	*numGuns*	*bore*	*displacement*
Bismarck	bb	Germany	8	15	42000
Iowa	bb	USA	9	16	46000
Kongo	bc	Japan	8	14	32000
North Carolina	bb	USA	9	16	37000
Renown	bc	Gt. Britain	6	15	32000
Revenge	bb	Gt. Britain	8	15	29000
Tennessee	bb	USA	12	14	32000
Yamato	bb	Japan	9	18	65000

a) 关系Classes的数据取样

name	*date*
Denmark Strait	5/24-27/41
Guadalcanal	11/15/42
North Cape	12/26/43
Surigao Strait	10/25/44

b) 关系Battle的数据取样

ship	*battle*	*result*
Arizona	Pearl Harbor	sunk
Bismarck	Denmark Strait	sunk
California	Surigao Strait	ok
Duke of York	North Cape	ok
Fuso	Surigao Strait	sunk
Hood	Denmark Strait	sunk
King George V	Denmark Strait	ok
Kirishima	Guadalcanal	sunk
Prince of Wales	Denmark Strait	damaged
Rodney	Denmark Strait	ok
Scharnhorst	North Cape	sunk
South Dakota	Guadalcanal	damaged
Tennessee	Surigao Strait	ok
Washington	Guadalcanal	ok
West Virginia	Surigao Strait	ok
Yamashiro	Surigao Strait	sunk

c) 关系Outcomes的数据取样

图2-22 习题2.4.3的数据

name	*class*	*launched*
California	Tennessee	1921
Haruna	Kongo	1915
Hiei	Kongo	1914
Iowa	Iowa	1943
Kirishima	Kongo	1915
Kongo	Kongo	1913
Missouri	Iowa	1944
Musashi	Yamato	1942
New Jersey	Iowa	1943
North Carolina	North Carolina	1941
Ramillies	Revenge	1917
Renown	Renown	1916
Repulse	Renown	1916
Resolution	Revenge	1916
Revenge	Revenge	1916
Royal Oak	Revenge	1916
Royal Sovereign	Revenge	1916
Tennessee	Tennessee	1920
Washington	North Carolina	1941
Wisconsin	Iowa	1944
Yamato	Yamato	1941

图2-23 关系Ships的数据取样

!**习题**2.4.7 假设关系R和关系S各有n个和m个元组。对于下面的表达式，给出结果中可能出现的最多和最少的元组数目。

a) $R \cup S$。

b) $R \bowtie S$。

c) 对于某个条件C，$\sigma_C(R) \times S$。

d) 对于某个属性列表L，$\pi_L(R)-S$。

!**习题**2.4.8 关系R和S的半连接（semijoin）写作$R \ltimes S$，它表示由R中的满足如下条件的元组t组成的集合：t至少跟S中的一个元组在R和S的公共属性上相同。用三种不同的关系代数表达式给出$R \ltimes S$的等价表示。

!**习题**2.4.9 反半连接（antisemijoin）$R \bar{\ltimes} S$是由R中的元组t构成的集合：t在R和S的公共属性上不能跟S中的任何元组相等。给出一个等价于$R \bar{\ltimes} S$的关系代数表达式。

!!**习题**2.4.10 假设R是具有如下模式的关系:

$$(A_1, A_2, \cdots, A_n, B_1, B_2, \cdots, B_m)$$

关系S具有模式$(B_1, B_2, \cdots, B_m)$，也就是说，它的属性是关系R的属性的子集。R和S的商（quotient），记作$R \div S$，是具有属性$A_1, A_2, \cdots, A_n$的元组集（即那些是R中的属性但却不是S中的属性），使得对于S中的任何元组s，元组ts（包括t中$A_1, A_2, \cdots, A_n$属性的值和s中$(B_1, B_2, \cdots, B_m)$属性的值)都是关系R中的元组。用前面已经定义过的关系操作符写出与$R \div S$等价的关系代数表达式。

2.5 关系上的约束

现在开始讨论关系模型的第三个很重要的方面：约束，即关系模型对于存储在数据库中的数据具有的约束能力。到目前为止，只提到了一种约束，即由单个属性或多个属性构成的键约束（2.3.6节）。这类约束或很多其他的约束都可以用关系代数进行描述。本节将讨论键约束和“引用完整性”约束，后者要求在一个关系属性列中出现的值也必须在同一个或不同关系相应列中出现。第7章中，将看到利用SQL数据库系统也可以像关系代数一样对数据施加约束。

2.5.1 作为约束语言的关系代数

用关系代数表示约束有如下两种方法：

1. 如果R是关系代数表达式，那么$R=\emptyset$表示“R的值必须为空”的约束，与“R中没有元组”等价。

2. 如果R和S是关系代数表达式，那么$R \subseteq S$表示“任何在R中出现的元组都必须在S中出现”的约束，当然S中可能包含其他不在R中出现的元组。

表示约束的方法虽然很多，但是在效果上来说都是等价的，只是有时某些方法可能更简洁。例如，约束$R \subseteq S$也可以写成$R-S=\emptyset$，因为如果每个在R中出现的元组在S中也出现的话，那么$R-S$就是空。反过来，如果$R-S$没有任何元组，那么任何在R中出现的元组也必然在S中出现（否则该元组必出现在$R-S$里面）。

另一方面，第一种形式的约束$R=\emptyset$也可以写成$R \subseteq \emptyset$。从技术上讲，$\emptyset$不是关系代数中的表达式，但是既然有跟$\emptyset$等价的表达式，例如$R-R$，那么把$\emptyset$当作一个关系代数表达式也没有什么不好。

接下来的几节中，将介绍怎么使用这两种不同形式表示重要的约束。在第7章中将看到，第一种风格的约束是SQL编程当中最常用的约束。但是同样也可以用集合包含风格来考虑问题，然后再转换成空集等价的风格。

2.5.2 引用完整性约束

引用完整性约束（referential integrity constraint）是一种普通的约束。它规定在某个上下文中出现的值也必须在另外一个相关的上下文中出现。举例来说，在Movies数据库中，关系StarsIn的一个元组的starName分量的值为p，那么，人们希望值p作为某个演员的名字也出现在关系MovieStar里。如果关系MovieStar里面没有该值，则有理由怀疑“p”是否真的是一个演员。

概括来讲，如果关系R中的某个元组的属性分量（设为A）的值为v，那么按照设计意图，人们期望v也是另一个关系S的某个元组的一个相应的属性分量（设为B）的值。用关系代数将引用完整性表述为$\pi_A(R)\subseteq\pi_B(S)$，或者等价地写为

$$\pi_A(R)-\pi_B(S)=\varnothing$$

例2.21 考虑电影数据库中的两个关系：

```
Movies(title, year, length, genre, studioName, producerC#)
MovieExec(name, address, cert#, netWorth)
```

有理由假设每部电影的制片都必定在关系MovieExec中出现。否则，就应认为某些地方出现了问题，此时，至少需要关系数据库告诉用户：数据库中存在一部电影，它的制片者未知。

更准确地说，Movies中每个元组的producerC#分量也必须在关系MovieExec元组的cert#分量中出现。因为制片均被证书号唯一地标识，因此必须保证电影的制片能够在关系MoviesExec中找到。该约束用集合-包含的形式写为：

$$\pi_{producerC\#}(\texttt{Movies})\subseteq\pi_{cert\#}(\texttt{MovieExec})$$

上面左边表达式的值是关系Movies元组的producerC#分量中出现的所有证书号集合。类似地，右边表达式的值是关系MovieExec元组cert#分量的集合。整个约束所表达的意思是，在前一个集合中出现的每个证书号必定也在后一个集合中出现。 □

例2.22 如果一个“值”在多个属性中出现，则也可以为它引入引用完整性约束。例如，假设在关系

```
StarsIn(movieTitle, movieYear, starName)
```

中涉及的任何一部电影也出现在下面的关系中：

```
Movies(title, year, length, genre, studioName, producerC#)
```

在这两个关系中，电影都使用名称-年份属性对表示，因为单独的电影名字或者制作年份都不足以单独来标识一部电影。约束

$$\pi_{movieTitle,\ movieYear}(\texttt{starsIn})\subseteq\pi_{title,\ year}(\texttt{Movies})$$

表达了这个引用完整性约束，其方法是通过把两个关系都投影到合适的属性列表上，然后比较这些电影名称-年份对完成。 □

2.5.3 键约束

除了引用完整性约束外，还可以用同样的方法描述其他类型的约束。下面将看到当关系的一个属性或者一个属性集合组成键时，这种约束是如何用代数来表达。

例2.23 假设属性name是关系MovieStar的键：

```
MovieStar(name, address, gender, birthdate)
```

这意味着没有任何两个元组在分量name上具有相同的值。该约束蕴涵着几个事实，其中之一

是：如果关系的某两个元组在属性name上具有相同的值，则它们在属性分量address上也必定有相同的值。实际上，注意到如果某“两个”元组在键name上值相同，则这“两个”元组必定是同一个元组，因此它们在所有的属性分量上必具有相同的值。

其思路是，如果在关系MovieStar上构造所有的元组对（t_1, t_2），那么一定不存在这样的元组对：它们在name分量上值相同，但是却在address分量上具有不同的值。为了构造这样的元组对，可以先做笛卡儿乘积，然后遍历每个新元组，选出其中name值相同而address值不同的元组。然后断定选出的结果为∅。

首先，既然要做关系MovieStar与它自己的笛卡儿乘积，至少需要对其中的一个副本进行重命名，以使得结果关系属性名唯一。为了简洁起见，使用MS1和MS2作为关系MovieStar的新名字，于是可以将代数约束表述为：

$$\sigma_{MS1.name\ =\ MS2\ name\ \text{AND}\ MS1.address \neq MS2.address}(\text{MS1} \times \text{MS2}) = \emptyset$$

在上面的表达式中，乘积MS1 × MS2中的MS1是如下重命名的缩写：

$$\rho_{MS1(name,\ address,\ gender,\ birthday)}(\text{MovieStar})$$

MS2也可以按同样的方式重命名。□

2.5.4　其他约束举例

除上面提到的约束外，还存在很多其他的约束都可以用关系代数描述。这些约束在限制数据库中的内容方面有很大作用。关系模型中的约束是一个很大的家族，这些约束涉及上下文的赋值是否被允许。比如，每个属性都有一个类型约束，使得该属性的每个取值都只能是该类型。通常来讲，约束是很直接的，例如“只能取整数”或者“字符串长度最大为30”。在其他一些情况下，可能会出现更加复杂的属性值限制，比如属性的值被限制为只能在一个枚举集合里面取值。这里给出两个例子，第一个是属性上的*域约束*（domain constraint），第二个则是一个相对比较复杂的约束。

例2.24　假设关系MovieStar中gender属性的合法值只有‘F’和‘M’。于是这个约束就可以表示为：

$$\sigma_{gender \neq \text{'F'}\ \text{AND}\ gender \neq \text{'M'}}(\text{MovieStar}) = \emptyset$$

意思是说，MovieStar的元组中，gender分量既不等于‘F’也不等于‘M’的结果是空集。□

例2.25　假设要求一个电影公司的经理至少拥有$10 000 000的资产。这个约束可以用如下代数表达。在描述代数约束之前，首先利用Studio中的presC#和MovieExec中的cert#相等为条件，对下面两个关系做θ连接

```
MovieExec(name, address, cert#, netWorth)
Studio(name, address, presC#)
```

这个连接将把某个制片人元组与以该制片人为经理的电影公司的相应元组合并为一个元组。如果根据约束要求在合并起来后的元组上选择那些净资产值小于1000万的元组，其结果应该是空集。因此，该约束可以表示为：

$$\sigma_{netWorth<10\,000\,000}(\text{Studio}) \bowtie_{presC\#=cert\#}(\text{MovieExec}) = \emptyset$$

另外一种表达该约束的方法是比较电影公司经理证书号集合与净资产值大于等于1000万的制片人的证书号集，前者应该是后者的子集。该约束表达如下：

$$\pi_{presC\#}(\text{Studio}) \subseteq \pi_{cert\#}(\sigma_{netWorth \geqslant 10\,000\,000}(\text{MovieExec}))$$

□

2.5.5 习题

习题2.5.1 对习题2.3.1中的关系表达如下约束要求，习题2.3.1的关系是：

```
Product(maker, model, type)
PC(model, speed, ram, hd, price)
Laptop(model, speed, ram, hd, screen, price)
Printer(model, color, type, price)
```

你的约束表达可以用集合包含的方式或者空集等价的方式。对于习题2.4.1的数据，指出哪些违背了这里的约束。

a) 处理速度低于2.0的PC机，出售价格不能超过$500。

b) 一个屏幕超过15.4英寸的笔记本电脑至少应有100G硬盘或者出售价格不超过$1000。

!c) 生产PC的厂家不能同时生产笔记本电脑。

!!d) 生产PC的厂家至少生产了一种笔记本电脑，其最高主频不低于其生产的PC。

!e) 如果一种笔记本电脑的内存容量超过PC，那么其价格一定也高于PC。

习题2.5.2 用关系代数表达下列约束，这些约束是基于习题2.3.2的关系。

```
Classes(class, type, country, numGuns, bore, displacement)
Ships(name, class, launched)
Battles(name, date)
Outcomes(ship, battle, result)
```

可以用两种风格来表达你的约束，即集合包含或者空集等价方式。对于习题2.4.3的数据，指出哪些违背了这里的约束。

a) 不存在火炮口径超过16英寸的舰船类别。

b) 如果一个类别中的舰船拥有的火炮超过9门，那么火炮的口径一定不超过14英寸。

!c) 一个类别所拥有的舰船没有超过2艘的。

!d) 没有既拥有战列舰（battleship）又拥有巡洋舰（battlecruiser）的国家。

!!e)在有火炮少于9门的舰船被击沉的战役中，不会有火炮超过9门的舰船参战。

!习题2.5.3 假设R, S是两个关系。C是引用完整性约束：只要R的属性$A_1, A_2, \cdots, A_n$上具有特定的值$v_1, v_2, \cdots, v_n$，那么在关系S中一定有元组在相应的属性$B_1, B_2, \cdots, B_n$上有值$v_1, v_2, \cdots, v_n$。用关系代数来描述这个约束。

!习题2.5.4 表达约束的另一种代数形式是$E1 = E2$，其中$E1$和$E2$都是关系代数表达式。请问，这种形式的约束是否可以比本节所讨论的两种代数形式表达更多的语义？

2.6 小结

- 数据模型（Data Model）：数据模型一般用于描述数据库中数据的结构,也包含施加于数据上的各种约束。通常，数据模型提供了一套规则描述数据上的各种操作，比如数据查询和数据修改。
- 关系模型（Relational Model）：关系是表示信息的表。属性位于每列的头部，每个属性都有相应的域或者数据类型。行被称为元组，每一行都有一个分量与关系属性对应。
- 模式（Schema）：关系名和该关系所有属性的结合。多个关系模式形成一个数据库模式。一个关系或多个关系的特定数据叫做关系模式或数据库模式的实例。
- 键（Key）：关系上有一类很重要的约束，即由关系的一个属性或者一个属性集组成的键。没有任何两个元组在组成键的所有属性上具有相同的值，虽然它们有可能在组成键的部分属性上取值相同。
- 半结构化数据模型（Semistructured Data Model）：在这种数据模型中，数据以树或者图的形式进行组织。XML是半结构化数据模型中的一个重要实例。

- SQL：SQL是关系数据库系统的标准查询语言。最新的标准是*SQL-99*。目前市面上的商用数据库并没有完整的实现该标准，而只是实现了其中的一部分。
- *数据定义*（Data Definition）：SQL提供了定义数据库模式中元素的语句，可以利用`CREATE TABLE`语句来声明一个存储的关系（称作表）模式，定义其包含的属性集、各属性的数据类型、默认值和键等。
- *模式修改*（Altering Schema）：可以利用`ALTER`语句来修改数据库的一部分模式。这些修改包括：在关系模式中增加或者删除属性，改变与某个属性相关联的默认值等。当然，也可以利用DROP语句将整个关系或者其他模式元素删除。
- *关系代数*（Relational Algebra）：代数在关系模型的大多数查询语言中都有所体现。它的基本操作有并、交、差、选择、投影、笛卡儿积、自然连接、θ连接及重命名等。
- *选择和投影*（Selection and Projection）：选择操作得到的结果是关系中所有满足选择条件的元组。投影操作从关系中去掉不感兴趣的列，剩下的输出，形成最终结果。
- *连接*（Join）：通过比较两个关系的每一对元组来进行连接操作。在自然连接当中，把那些在两个关系的共有属性上值相等的元组接合起来。在θ连接中，则是连接来自两个关系的一对满足θ连接指定的选择条件的元组。
- *关系代数中的约束*（Constraint in Relational Algebra）：许多常见的约束可以用某个关系代数表达式被另外一个所包含的形式表达，或者用某个关系代数表达式等于空集的等价形式表达。

2.7 参考文献

Codd关于关系模型的经典论文是[1]。在论文中Codd同时也介绍了关系代数。利用关系代数来描述约束的思想来自[2]。有关SQL的引用可以在第6章中找到。

半结构化数据模型来自[3]。XML是由World-Wide-Web组织发展起来的一种标准。有关XML的信息可以在[4]列出的网址中找到。

1. E. F. Codd, "A relational model for large shared data banks," *Comm. ACM* **13**:6, pp. 377–387, 1970.

2. J.-M. Nicolas, "Logic for improving integrity checking in relational databases," *Acta Informatica* **18**:3, pp. 227–253, 1982.

3. Y. Papakonstantinou, H. Garcia-Molina, and J. Widom, "Object exchange across heterogeneous information sources," *IEEE Intl. Conf. on Data Engineering*, pp. 251–260, March 1995.

4. World-Wide-Web Consortium, `http://www.w3.org/XML/`

第3章　关系数据库设计理论

人们可以采用多种方法为一个应用设计关系数据库模式。第4章将展示一些用于描述数据结构的高层次符号，以及将这些高层次设计转换成为关系的方法。也可以对数据库进行需求分析进而直接定义关系，而不必经过一些高层次的中间步骤。无论采用哪种方式，初始的关系模式通常都需要改进，尤其在消除冗余方面。一般来说，这些问题是由于模式试图将过多的内容合并到一个关系中而造成的。

幸运的是，关系数据库有一个成熟的理论——依赖（dependency）。依赖理论涉及如何构建一个良好的关系数据库模式，以及当一个模式存在缺陷时应如何改进。本章中，首先指出在一些关系模式中由于存在某种依赖而导致的问题，并使用“异常”（anomaly）来指代这些问题。

讨论首先从“函数依赖”（functional dependency）开始，它是关系中“键”概念的泛化。然后，使用函数依赖这一概念来定义关系模式的规范形式。这个称为“规范化”（normalization）的理论的影响在于，可以将关系分解为两个或多个关系以消除异常。接下来介绍“多值依赖”（multivalued dependency），它直观地表示了一个条件：关系的一个或多个属性独立于其他若干个属性。这些依赖也可以导致关系的规范构造和分解，以消除冗余。

3.1　函数依赖

关系的设计理论使人们可以根据少数简单原则来认真检验一个设计并做出改进。这一理论首先能够规定作用在关系上的约束。最常见的约束是“函数依赖”，它泛化了关系中“键”的概念（2.5.3节介绍过）。本章随后介绍如何使用关系设计理论给予的一些简单工具，通过关系的“分解”（decomposition）过程来改进设计，即用若干关系替代原关系，这些关系的属性集合包含了原关系的所有属性。

3.1.1　函数依赖的定义

关系R上的*函数依赖*（functional dependency，FD）是指“如果R的两个元组在属性A_1, A_2, …, A_n上一致（即它们对应于这些属性的分量值都相等），那么它们必定在其他属性B_1, B_2, …, B_m上也一致”。该函数依赖形式地记为$A_1 A_2 \cdots A_n \rightarrow B_1 B_2 \cdots B_m$，并称为“$A_1$, A_2, …, A_n函数决定B_1, B_2, …, B_m”。

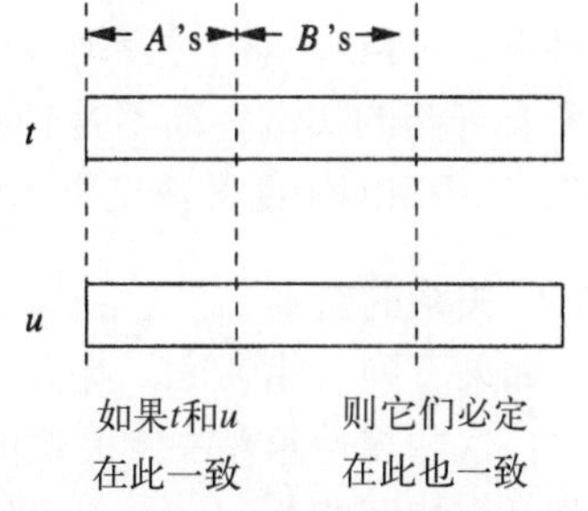

图3-1　两个元组上函数依赖的影响

图3-1给出了这个FD表示的关于关系R中任意两个元组t和u的关系的解释。但是，属性集A和B可以任意出现；并不要求A和B连续出现或A在B之前。

如果确定关系R的每个实例都能使一个给定的FD为真，那么称R*满足*（satisfy）函数依赖f。这是在R上声明了一个约束，而不是仅仅针对R的一个特殊实例。

通常，FD的右边可能是单个属性。事实上，一个函数依赖$A_1 A_2 \cdots A_n \rightarrow B_1 B_2 \cdots B_m$等价于一组FD：

$$A_1 A_2 \cdots A_n \to B_1$$
$$A_1 A_2 \cdots A_n \to B_2$$
$$\cdots$$
$$A_1 A_2 \cdots A_n \to B_m$$

title	*year*	*length*	*genre*	*studioName*	*starName*
Star Wars	1977	124	SciFi	Fox	Carrie Fisher
Star Wars	1977	124	SciFi	Fox	Mark Hamill
Star Wars	1977	124	SciFi	Fox	Harrison Ford
Gone With the Wind	1939	231	drama	MGM	Vivien Leigh
Wayne's World	1992	95	comedy	Paramount	Dana Carvey
Wayne's World	1992	95	comedy	Paramount	Mike Meyers

图3-2 关系Movies1 (title, year, length, genre, studioName, starName) 的实例

例3.1 考虑关系

Movies1(title, year, length, genre, studioName, starName)

该关系的一个实例在图3-2中给出。和Movies关系相比，它具有更多的属性，因此记为Movies1。请注意，这个关系试图“做的太多”，它包含的信息在本书的数据库模式例子中是分别属于三个不同的关系：Movies、Studio和StarsIn。正如将要讨论的，Movies1的模式设计并不好。为了找到设计中的错误，首先需要确定该关系中包含的函数依赖。可以发现该关系有如下FD：

title year → length genre studioName

非正式地说，这个FD的含义是，若两个元组在分量title和year上具有相同的值，则这两个元组在分量length，genre和studioName上的值也分别相同。这个断言是有意义的，因为人们相信在同一年中不可能发行两部同名的电影（虽然不同年份发行的电影可能同名）。这一点在例2.1中已经讨论过。因此，希望给定title和year，可以唯一确定一部电影，进而可以唯一确定这部电影的长度、类型和电影公司。

另一方面，可以观察到，下面的式子

title year → starName

是错误的，它不是一个函数依赖。给定一部电影，完全可能在数据库中找到多个影星。即使只为Star Wars和Wayne's World各列出一位影星（就像只列出参演Gone With the Wind的众多影星中的一位），对于关系Movies1来说这个FD也不会变成正确的。因为FD的约束是针对关系的所有可能的实例，而不是针对某一个实例。事实上，一部电影可以有多位影星参演，这就排除了title和year函数决定StarName的可能性。 □

3.1.2 关系的键

如果下列条件满足，就认为一个或多个属性集$\{A_1, A_2, \cdots, A_n\}$是关系$R$的键。

1. 这些属性函数决定关系的所有其他属性。也可以说，关系R不可能存在两个不同的元组，它们具有相同的$A_1, A_2, \cdots, A_n$值。

2. 在$\{A_1, A_2, \cdots, A_n\}$的真子集中，没有一个能函数决定$R$的所有其他属性。也就是说，键必须是最小的（minimal）。

当键只包括一个单独的属性A时，称A（而不是$\{A\}$）是键。

例3.2 图3-2中关系Movies1的键为{title, year, starName}。首先要证明它们函数决

定了所有其他属性。也就是，假设有两个元组在属性title，year和starName上的值相同。因为元组在title和year上相同，所以相应的其他属性如length、genre和studioName上的值也应该相同，这一点同例3.1中讨论的一样。因此，不同的元组在title、year和starName上的取值应不完全相同；否则，它们应是指同一个元组。

下面将讨论的是{title, year, starName}的任一真子集都不能函数决定所有其他的属性。首先，属性title和year不能确定starName，这是因为有许多电影是由多个影星参演。因此，{title, year}不是键。

{year, starName}也不是键，因为在同一年中一个影星可以演两部电影。因此

year starName → title

不是FD。同样，{title, starName}也不是键，理由是在不同的年份中，可能有两部同名且由同一个影星演出的电影⊖。 □

有时一个关系可能会有多个键。如果是这样的话，通常就要指定其中一个为主键(primary key)。在商业数据库系统中，对主键的选择会影响某些实现问题，例如怎样在磁盘中存储关系。然而，函数依赖理论并未给主键以特殊的角色。

> **函数依赖中的"函数"是什么意思？**
>
> $A_1 A_2 \cdots A_n \rightarrow B$被称为"函数"依赖是因为在这条规则中，有一个函数对于一个值的列表（列表中每个值对应$A_1, A_2, \cdots, A_n$中的一个属性），都产生一个唯一的B值（或根本没有值）。例如，在关系Movies1中，可以想象存在一个函数，对于字符串"Star Wars"和整数1977，它确定了一个唯一的length值，即124，该值出现在关系Movies1中。但这个函数与数学中常见的函数不同，因为这条规则无法用来计算。也就是说，不能根据字符串"Star Wars"和整数1977计算出正确的length值，它只有通过对关系的观察才能得出结果。查找具有给定title和year属性值的元组，看这个元组包含什么样的length值。

3.1.3 超键

一个包含键的属性集就叫做*超键*（superkey），它是"键的超集"的简写。因此，每个键都是超键。然而，某些超键不是（最小化的）键。注意，每个超键都满足键的第一个条件：它函数决定了关系中所有其他属性。但超键不需要满足第二个条件：最小化。

例3.3 在例3.2给出的关系中，有许多超键。除了键{title, year, starName}是超键外，还有任何含有这个集合的超集，如

{title, year, starName, length, studioName}

也是超键。 □

> **其他的键术语**
>
> 在某些书籍和文献中，对键有不同的称呼。在本书中所谓的"超键"有时被称为"键"，也就是键的属性集合只有函数决定所有其他属性的要求，而没有最小化限制。而对最小化的键，也就是本书中的"键"，则被称为"候选键"。

⊖ 在本书早期的版本中，我们断言没有已知的例子满足这一情况，一些读者指出了我们的错误。发现在同一电影的两个不同版本中都参演的影星是一个有趣的挑战。

3.1.4 习题

习题3.1.1 考虑一个关于美国公民信息的关系，这个关系的属性有：姓名、社会保险号、街道地址、城市、州、邮编、地区代码和电话号码（7位数字）。这个关系有哪些FD？关系的键是什么？为了回答这些问题，就要知道分配这些数据的方法是什么。比如，一个地区代码是否可以用于两个州？一个邮编能否跨越两个地区代码？两个人可否有相同的社会保险号？他们能有相同的地址和电话号码吗？

习题3.1.2 考虑一个表示密封容器中的分子位置的关系，属性有分子的ID，分子位置的x、y、z坐标，以及在x、y、z方向上的速率。你认为这个关系上有哪些FD？键是什么？

!!**习题3.1.3** 假设R是含有属性$A_1, A_2, \cdots, A_n$的关系。如果给出下列条件，指出R有多少超键（用n的函数表示）。

a) A_1是仅有的键。

b) 仅A_1和A_2是键。

c) 仅$\{A_1, A_2\}$和$\{A_3, A_4\}$是键。

d) 仅$\{A_1, A_2\}$和$\{A_1, A_3\}$是键。

3.2 函数依赖的规则

在这一节将要学习如何推导（reason）FD。也就是，假设已经知道关系满足一些FD集合。通常从这些已知FD中还能推导出这个关系上必定存在的其他FD。发现其他FD的能力，对于3.3节中讨论怎样设计一个好的关系模式很有必要。

3.2.1 函数依赖的推导

首先通过一个启发性的例子来说明如何根据已知的FD推导出其他FD。

例3.4 如果关系$R(A, B, C)$满足FD：$A \rightarrow B$和$B \rightarrow C$，那么就可以推断出R也满足FD：$A \rightarrow C$。这是怎么得到的呢？为了证明$A \rightarrow C$，必须要考虑R中A分量值相同的两个元组，证明它们的C分量值也相同。

假设两个在A上取值相同的元组为(a, b_1, c_1)和(a, b_2, c_2)。因为R满足$A \rightarrow B$，又已知两个元组在A上的值相同，所以它们在B上的值也相同，即$b_1 = b_2$，这两个元组实际上就是(a, b, c_1)和(a, b, c_2)，其中b既是b_1也是b_2。同样，因为R满足$B \rightarrow C$，且这两个元组在B上的值相同，所以它们在C上的值也相同，即$c_1 = c_2$。由此证明了R中只要两个元组在A上取值相同，则它们在C上取值也相同，即存在FD：$A \rightarrow C$。 □

在不改变关系合法实例集合的前提下，FD可以有多种不同的描述方法：

- 对于FD集合S和T而言，若关系实例集合满足S与其满足T的情况完全一样，就认为S和T等价（equivalent）。
- 更普遍的情况是，若满足T中所有FD的每个关系实例也满足S中的所有FD，则认为S是从T中推断（follow）而来。

注意，当且仅当S是从T中推断而来，并且T也是从S中推断而来时，S与T才是等价的。

这一节中将给出关于FD的很多有用的规则。这些规则保证了可以用一个FD集合替换另一个等价的FD集合，或者可以添加从原有FD集合中推断出的新的FD集合。例如，例3.4中给出的传递规则（transitive rule）可以用来跟踪FD链。还将给出一个算法来判断一个FD是否可以由一个或多个FD推断出来。

3.2.2 分解/结合规则

回顾3.1.1节中讨论的内容，FD：

$$A_1 A_2 \cdots A_n \to B_1 B_2 \cdots B_m$$

等价于下列FD的集合：

$$A_1 A_2 \cdots A_n \to B_1,\ A_1 A_2 \cdots A_n \to B_2,\ \cdots,\ A_1 A_2 \cdots A_n \to B_m$$

也就是说，可以把右边的属性分解开，使得每个FD的右边只有一个属性。同样，也可以把具有相同左边的多个FD组合起来，形成一个左边相同而右边为原来右边所有属性集合的FD。不论是哪种情况，此时FD的新形式与原来的形式等价。这种等价可以有两种使用方法。

- 可以用一个FD的集合$A_1 A_2 \cdots A_n \to B_i$（$i = 1, 2, \cdots, m$）替换FD $A_1 A_2 \cdots A_n \to B_1 B_2 \cdots B_m$。这种转化称为*分解规则*（splitting rule）。
- 可以用一个FD $A_1 A_2 \cdots A_n \to B_1 B_2 \cdots B_m$替换FD集合$A_1 A_2 \cdots A_n \to B_i$（$i = 1, 2, \cdots, m$）。这种转化称为*组合规则*（combining rule）。

例3.5 在例3.1中证明了FD集合

```
title year → length
title year → genre
title year → studioName
```

与单个FD

```
title year → length genre studioName
```

等价。 □

分解和合并规则显然是正确的。假设两个元组在$A_1, A_2, \cdots, A_n$上一致。对于单个FD，可以断言"这两个元组在$B_1, B_2, \cdots, B_m$上也都一致"。而对于各个单独的FD，可以断言"这两个元组在B_1上一致，在B_2上一致，…，在B_m上一致"。这两句话的含义完全相同。

人们可能推想，分解规则也可以像应用在FD右边一样，也在其左边应用。可是，没有对左边应用的分解规则。下面是一个说明左边为什么不能使用分解规则的例子。

例3.6 考虑例3.1中关系Movies1的一个FD：

```
title year → length
```

如果要将它的左边分解为

```
title → length
year → length
```

那么就得到了两个错误的FD。也就是说，title不能函数决定length，原因是可以存在两部同名（例如，King Kong）但片长不同的电影。同样，year也不能函数决定length，因为在任一年份都可以存在不同片长的电影。 □

3.2.3 平凡函数依赖

如果关系上的一个约束对所有关系实例都成立，且与其他约束无关，则称其为*平凡的*(trivial)。当给定FD时，能够很容易地判断一个FD是否为平凡的。平凡FD是这样一类FD：$A_1 A_2 \cdots A_n \to B_1 B_2 \cdots B_m$，其中$\{B_1, B_2, \cdots, B_m\} \subseteq \{A_1, A_2, \cdots, A_n\}$。也就是说，平凡FD的右边是左边的子集。例如

```
title year → title
```

与title → title一样，都是平凡FD。

每个关系中都会存在平凡FD，因为平凡FD是说"两个元组在属性$A_1, A_2, \cdots, A_n$上取值相同，则它们在这n个属性的任一个子集上取值都相同"。因此，不需知道关系中的FD就可以假

设出任意一个平凡FD。

有一种中间状态，FD右边的一些（而不是全部）属性也在左边出现。这个FD不是平凡的，但可以通过从右边除去那些在左边出现的属性来对其进行简化。即：

- FD $A_1 A_2 \cdots A_n \rightarrow B_1 B_2 \cdots B_m$等价于

$$A_1 A_2 \cdots A_n \rightarrow C_1 C_2 \cdots C_k$$

这里的C是集合B中而不是集合A中的属性。

这个规则被称为平凡依赖规则（trivial-dependency rule），用图3-3予以说明。

3.2.4 计算属性的闭包

在讲述其他规则前，先介绍一个基本的原则，所有规则都是从它推断出来。假设$\{A_1, A_2, \cdots, A_n\}$是属性集合，$S$是FD的集合。则$S$集合下的属性集合$\{A_1, A_2, \cdots, A_n\}$的闭包（closure）是满足下面条件的属性集合$B$，即使得每一个满足$S$中所有FD的关系，也同样满足$A_1 A_2 \cdots A_n \rightarrow B$。也就是说，$A_1 A_2 \cdots A_n \rightarrow B$能由$S$中的FD推断出来。属性集合$\{A_1, A_2, \cdots, A_n\}$的闭包记为$\{A_1, A_2, \cdots, A_n\}^+$。$A_1, A_2, \cdots, A_n$总是在$\{A_1, A_2, \cdots, A_n\}^+$中，因为FD $A_1 A_2 \cdots A_n \rightarrow A_i$（$i = 1, 2, \cdots, n$）是平凡的。

图3-4给出了计算闭包的过程。从一个给定的属性集合出发，重复地扩展这个集合，只要某个FD左边的属性全部包含在这个集合中，就把此FD右边的属性也包含进去。反复使用这个方法，直到不再产生新的属性为止。最后的结果集合就是给定属性集合的闭包。下面给出计算属性集合$\{A_1, A_2, \cdots, A_n\}$关于某已知FD集合的闭包的详细算法。

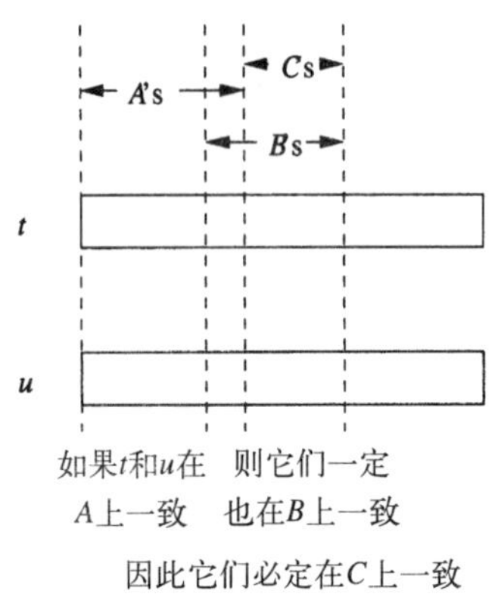

图3-3 平凡依赖规则

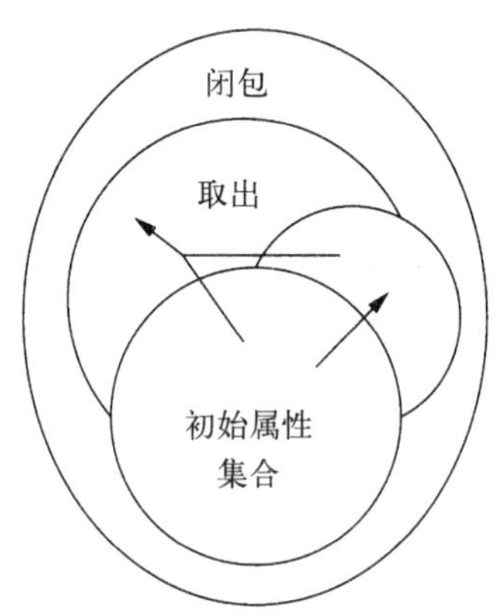

图3-4 计算属性集合的闭包

算法3.7 属性集合的闭包

输入：属性集合$\{A_1, A_2, \cdots, A_n\}$，FD的集合$S$。

输出：闭包$\{A_1, A_2, \cdots, A_n\}^+$。

1. 如果必要，分解S中的FD，使每个FD的右边只有一个属性。

2. 设X是属性集合，也就是闭包。首先，将X初始化为$\{A_1, A_2, \cdots, A_n\}$。

3. 反复寻找这样的FD：$B_1 B_2 \cdots B_m \rightarrow C$，使得$B_1, B_2, \cdots, B_m$在$X$中，而$C$不在$X$中；若找到，则把$C$加入$X$，并重复这个过程。因为集合$X$只能增长，而任何一个关系模式中的属性都是有限的，所以最终没有任何元素能再加入X时，本步骤结束。

4. 当不能再添加任何属性时，集合X就是$\{A_1, A_2, \cdots, A_n\}^+$。

例3.8 考虑含有属性A，B，C，D，E和F的关系。假设此关系包含FD：$AB \to C$，$BC \to AD$，$D \to$ E和$CF \to B$。那么$\{A, B\}$的闭包$\{A, B\}^+$是什么？

首先，将$BC \to AD$分解为$BC \to A$和$BC \to D$。然后，从$X = \{A, B\}$出发。首先注意到FD $AB \to C$的左边的属性都在X中，因而可以把该FD右边的属性C加入X。因此，第三步运行一次后的X为$\{A, B, C\}$。

接着，注意到FD $BC \to A$和$BC \to D$的左边属性都在X中，所以可向X添加A和D。A已经在X中，而D不在，因此X变为$\{A, B, C, D\}$。同样，根据FD $D \to E$，可把E加入X中，于是X变为$\{A, B, C, D, E\}$。至此，X无法再扩大了。特别要注意的是，不能使用FD $CF \to B$，因为其左边集合中的F不会出现在X中。因此，$\{A, B\}^+ = \{A, B, C, D, E\}$。 □

通过计算任一属性集合的闭包，可以判断任一给定的FD $A_1A_2 \cdots A_n \to B$是否可以由FD集合S推断。首先可用FD集合S计算$\{A_1, A_2, \cdots, A_n\}^+$。若$B$在$\{A_1, A_2, \cdots, A_n\}^+$中，则$A_1A_2 \cdots A_n \to B$确实可以从$S$推断得来；若$B$不在$\{A_1, A_2, \cdots, A_n\}^+$中，则该FD必定不能从$S$推断得来。更一般地，$A_1A_2 \cdots A_n \to B_1B_2 \cdots B_m$可以从FD集合$S$推断，当且仅当$B_1, B_2, \cdots, B_m$都在$\{A_1, A_2, \cdots, A_n\}^+$中。

例3.9 考虑例3.8中的关系和FD集合。假设要判断$AB \to D$是否能从该FD集合推断。首先计算$\{A, B\}^+$，由上例可知，其值为$\{A, B, C, D, E\}$。因为D是闭包的一个元素，故可以认为$AB \to D$能够从FD集合推断而来。

另一方面，考虑FD $D \to A$。为了判断这个FD是否能从给定的FD集合推断得来，首先计算$\{D\}^+$。为了计算这个闭包，令$X = \{D\}$，接着使用FD $D \to E$将E加入X中。但此后陷入困境，找不到左边属性包含在$X = \{D, E\}$中的FD，所以$\{D\}^+ = \{D, E\}$。因为A不在$\{D, E\}$中，故FD $D \to A$不能从给定的FD集合推断得来。 □

3.2.5 闭包算法为何有效

在本节中，将阐明为什么算法3.7能够正确判断一个FD $A_1A_2 \cdots A_n \to B$是否能从给定的FD集合S推断。证明分为两部分：

1. 必须证明算法3.7没有断言过多。也就是说，如果闭包测试断言$A_1A_2 \cdots A_n \to B$（即B在$\{A_1, A_2, \cdots, A_n\}^+$中），那么$A_1A_2 \cdots A_n \to B$在任何满足$S$中FD集合的关系中都成立。

2. 必须证明通过闭包算法可以找到所有能够从S推断出来的FD。

为什么闭包算法只给出正确的FD

这一点可以通过对算法第三步中增长操作的使用次数进行归纳来证明。第三步是说对X中的每个属性D，FD $A_1A_2 \cdots A_n \to D$成立。这样，每个满足S中所有FD集合的关系R都满足$A_1A_2 \cdots A_n \to D$。

基础：最基础的情况是没有进行任何计算。于是D必定是$A_1, A_2, \cdots, A_n$中一员，故$A_1A_2 \cdots A_n \to D$是一个平凡FD，它在任何关系中都成立。

归纳：假设使用FD $B_1B_2 \cdots B_m \to D$时已将D加入到X。那么由归纳假设可知R满足$A_1A_2 \cdots An \to B_1B_2 \cdots B_m$。假设$R$的两个元组在$A_1, A_2, \cdots, A_n$上一致，由于$R$满足$A_1A_2 \cdots A_n \to B_1B_2 \cdots B_m$，这两个元组在$B_1, B_2, \cdots, B_m$上也必然一致。由于$R$满足$B_1B_2 \cdots B_m \to D$，又可知这两个元组在$D$上一致。因此，$R$满足$A_1A_2 \cdots A_n \to D$。

为什么闭包算法可以找到所有正确的FD

假设算法3.7认为FD $A_1A_2 \cdots A_n \to B$不能从S中推断。也就是说，$\{A_1, A_2, \cdots, A_n\}$关于$S$的闭包中不包含$B$。必须证明FD $A_1A_2 \cdots A_n \to B$确实不能从S中推断，也就是要证明至少存在一个关系实例满足S中所有FD集合，但不满足$A_1A_2 \cdots A_n \to B$。

如图3-5所示，构造这样一个实例I非常简单。I只有两个元组t和s。这两个元组在$\{A_1, A_2, \cdots, A_n\}^+$的所有属性上一致，但是在所有其他属性上不一致。首先要证明I满足S中所有的FD，然后证明它不满足$A_1 A_2 \cdots A_n \to B$。

	$\{A_1, A_2, \ldots, A_n\}^+$	Other Attributes
t:	$111 \cdots 11$	$000 \cdots 00$
s:	$111 \cdots 11$	$111 \cdots 11$

图3-5　满足S但不满足$A_1 A_2 \cdots A_n \to B$的关系实例I

假设在S中（对FD的右边进行分解之后）存在一些I不满足的FD $C_1 C_2 \cdots C_k \to D$。因为I只有两个元组t和s，所以必定是这两个元组违反了$C_1 C_2 \cdots C_k \to D$。也就是说，t和s在$\{C_1, C_2, \cdots, C_k\}$上一致，但在$D$上不一致。从图3-5中可以看出，$C_1, C_2, \cdots, C_k$必定属于$\{A_1, A_2, \cdots, A_n\}^+$，这是因为$t$和$s$只在这些属性上一致。类似地，因为$t$和$s$只在其他属性上的取值不同，因此$D$必定属于其他属性。

但是这样就不能正确地计算出闭包。因为当X为$\{A_1, A_2, \cdots, A_n\}$时，就可以运用$C_1 C_2 \cdots C_k \to D$将$D$加入$X$。由此得出结论，$C_1 C_2 \cdots C_k \to D$不存在；也就是说，实例$I$满足$S$。

其次，需要证明I不满足$A_1 A_2 \cdots A_n \to B$。这一部分比较简单。$A_1, A_2, \cdots, A_n$必定属于t和s取值相同的属性集，且B不在$\{A_1, A_2, \cdots, A_n\}^+$中，故$t$和$s$在$B$上不一致。因此，$I$不满足$A_1 A_2 \cdots A_n \to B$。综上所述，算法3.7不会断言过多或过少的FD；它恰好断言了所有能从S推断的FD。

3.2.6　传递规则

传递规则联结了两个FD，并泛化了例3.4中的结论。

- 若关系R中FD $A_1 A_2 \cdots A_n \to B_1 B_2 \cdots B_m$和$B_1 B_2 \cdots B_m \to C_1 C_2 \cdots C_k$都成立，那么FD $A_1 A_2 \cdots A_n \to C_1 C_2 \cdots C_k$在$R$中也成立。

如果C中有属性属于A，则可根据平凡依赖规则把它们从右边消除。

下面用3.2.4节中的测试来证明传递规则的正确性。为了证明$A_1 A_2 \cdots A_n \to C_1 C_2 \cdots C_k$成立，需要根据所给的两个FD来计算$\{A_1, A_2, \cdots, A_n\}^+$。

从FD $A_1 A_2 \cdots A_n \to B_1 B_2 \cdots B_m$可知，$B_1, B_2, \cdots, B_m$均属于$\{A_1, A_2, \cdots, A_n\}^+$。因而，可以使用FD $B_1 B_2 \cdots B_m \to C_1 C_2 \cdots C_k$把$C_1, C_2, \cdots, C_k$加入到$\{A_1, A_2, \cdots, A_n\}^+$。因为$C$集合中所有的元素都属于$\{A_1, A_2, \cdots, A_n\}^+$，所以可以得出结论：对于任何满足$A_1 A_2 \cdots A_n \to B_1 B_2 \cdots B_m$和$B_1 B_2 \cdots B_m \to C_1 C_2 \cdots C_k$的关系而言，$A_1 A_2 \cdots A_n \to C_1 C_2 \cdots C_k$都成立。

闭包和键

注意当且仅当$A_1, A_2, \cdots, A_n$是关系的超键时，$\{A_1, A_2, \cdots, A_n\}^+$才是这个关系的所有属性的集合。只有这样，$A_1, A_2, \cdots, A_n$才能函数决定所有其他的属性。如果要验证$\{A_1, A_2, \cdots, A_n\}$是否是一个关系的键，可以先检查$\{A_1, A_2, \cdots, A_n\}^+$是否包含了该关系的全部属性，然后再检查不存在从$\{A_1, A_2, \cdots, A_n\}$中移出一个属性后的集合$X$，使得$X^+$包含关系的所有属性。

例3.10　下面是关系Movies的另一个版本，该关系包含了电影公司和该电影公司的相关信息。

title	*year*	*length*	*genre*	*studioName*	*studioAddr*
Star Wars	1977	124	sciFi	Fox	Hollywood
Eight Below	2005	120	drama	Disney	Buena Vista
Wayne's World	1992	95	comedy	Paramount	Hollywood

在这个关系中合理地存在两个FD：

title year → studioName
studioName → studioAddr

第一个FD成立是因为只有一部电影满足给定的title和year，并且一部给定的电影只会被一个电影公司拥有。第二个FD成立是因为电影公司具有唯一的地址。

运用传递规则，上面两个FD可以合并得到一个新的FD：

```
title year → studioAddr
```

这个FD说明title和year（即一部电影）确定了一个地址——拥有这部电影的电影公司的地址。□

3.2.7 函数依赖的闭包集合

在有些情况下，需要选择使用哪一个FD集合来表示一个关系的完全FD集合。如果给定一个FD集合S（例如在某个关系中成立的FD集合），则任何和S等价的FD集合都被称为S的基本集（basis）。为了避免基本集的激增，只考虑那些FD的右边是单一属性的基本集。对于任意一个基本集，可以使用分解规则将FD的右边变成单一属性。满足下面三个条件的基本集B被称为关系的最小化基本集（minimal basis）。

1. B中所有FD的右边均为单一属性。
2. 从B中删除任何一个FD后，该集合不再是基本集。
3. 对于B中任何一个FD，如果从其左边删除一个或多个属性，B将不再是基本集。

注意，最小化基本集中不可能包含平凡FD，因为可以根据规则(2)将其删除。

例3.11 考虑关系$R(A, B, C)$，它的任一个属性都能函数决定其他两个属性。此时它导出的全部FD集包含了六个左边和右边都只有一个属性的FD：$A \to B$、$A \to C$、$B \to A$、$B \to C$、$C \to A$和$C \to B$，以及三个左边有两个属性的非平凡FD：$AB \to C$、$AC \to B$和$BC \to A$。另外还有右边不止一个属性的FD（如$A \to BC$）以及平凡FD（如$A \to A$）等。

关系R和它的FD集合有多个最小化基本集。其中一个是

$$\{A \to B,\ B \to A,\ B \to C,\ C \to B\}$$

另一个是$\{A \to B,\ B \to C,\ C \to A\}$。关系$R$还有其他一些最小化基本集，本书将它们留作习题。□

> **推理规则的完全集**
>
> 若要判断一个FD是否能从一个给定的FD集合推断，常用的方法是3.2.4节中介绍的闭包算法。虽然如此，有必要介绍一组被称为Armstrong公理（Armstrong's axiom）的规则，通过这些公理，可以从一个给定集合中推断出任意它能导出的FD。这些公理是：
>
> - **自反律**（reflexivity）：如果 $\{B_1, B_2, \cdots, B_m\} \subseteq \{A_1, A_2, \cdots, A_n\}$，则$A_1A_2 \cdots A_n \to B_1B_2 \cdots B_m$。这就是通常所说的平凡FD。
> - **增广律**（augmentation）：如果$A_1A_2 \cdots A_n \to B_1B_2 \cdots B_m$，那么
>
> $$A_1A_2 \cdots A_nC_1C_2 \cdots C_k \to B_1B_2 \cdots B_mC_1C_2 \cdots C_k$$
>
>   对于任何属性$C_1, C_2, \cdots, C_k$的集合都成立。由于集合C和A、B可能有交集，因此需要分别在左、右两边消除重复的属性。
> - **传递律**（transitivity）：如果
>
> $$A_1A_2 \cdots A_n \to B_1B_2 \cdots B_m \text{和} B_1B_2 \cdots B_m \to C_1C_2 \cdots C_k$$
>
>   都成立，那么$A_1A_2 \cdots A_n \to C_1C_2 \cdots C_k$也成立。

3.2.8 投影函数依赖

当学习关系模式的设计时，还需要回答下面有关FD的问题。假设有一个含有FD集合S的

关系R，通过计算$R_1 = \pi_L(R)$得到L对其部分属性的投影。那么R_1中有哪些FD成立？

这个问题的答案原则上可以通过计算*函数依赖集S的投影*（projection of functional dependencies S）获得。S的投影是所有满足下面条件的FD的集合：

a) 从S推断而来。

b) 只包含R_1的属性。

由于存在大量这样的FD，而且其中很多可能是冗余的（即其中一些FD是从另外的FD推出），因此可以对它们进行简化。但通常情况下，计算R_1中全部FD的复杂度和R_1的属性数目成指数关系。简化算法总结如下：

算法3.12　函数依赖集的投影

输入：关系R和通过投影$R_1 = \pi_L(R)$计算得到的关系R_1，以及在R中成立的FD的集合S。

输出：在R_1中成立的FD集合。

方法：

1. 令T为最终输出的FD集合，初始化T为空集。

2. 对于R_1的属性集合的每一个子集X，计算X^+。该计算依据FD集合S，可能会涉及一些在R模式中却不在R_1模式中的属性。对于所有在X^+中且属于R_1的属性A，将所有非平凡的FD $X \to A$添加到T中。

3. 现在，T是在R_1中成立的FD基本集，但可能不是最小化基本集。通过如下方法对T进行修改来构造最小化基本集。

a) 如果T中的某个FD F能从T中其他FD推断出来，则从T中删除F。

b) 设$Y \to B$是T中的一个FD，Y至少有两个属性，从Y中删除一个属性并记为Z。如果$Z \to B$能够从T中的FD（包含$Y \to B$）推断，则使用$Z \to B$替换$Y \to B$。

c) 以各种可能的方式重复上面两个步骤，直到T不再变化。

例3.13　假设R（A, B, C, D）中有FD：$A \to B, B \to C$和$C \to D$。假设要对R投影，删除属性B，得到关系R_1（A, C, D）。原则上，为了找到R_1的FD集合，需要计算$\{A, C, D\}$的八个子集的闭包，并使用FD集合的完全集，包括涉及B的FD。但实际上可以做一些明显的简化。

- 除去空集和不能推出非平凡FD的属性的全集。
- 如果已知集合X的闭包包含了全部的属性，那么就不能再通过X的超集来寻找新的FD。

因此，可先从单元素集的闭包出发，如有必要再接着从双元素集合的闭包出发。对于集合X的每个闭包，增加FD $X \to E$，其中属性E既在X^+中又在R_1的模式中，但不在X中。

首先，$\{A\}^+ = \{A, B, C, D\}$。因此，FD $A \to C$和$A \to D$在R_1中成立。要注意$A \to B$在R中成立，但在R_1中毫无意义，这是因为B不是R_1的属性。

接着，考虑$\{C\}^+ = \{C, D\}$，从这个集合可以得到R_1新的FD $C \to D$。因为$\{D\}^+ = \{D\}$，不能添加新的FD。于是，单元素集闭包计算完成。

由于$\{A\}^+$包含了R_1的所有属性，因此没有必要考虑$\{A\}$的任何超集。原因是不管找到什么样的FD，如$AC \to D$，都可以从左边进行只有A的FD推断，如$A \to D$。此时，仅需要考虑双元素集闭包$\{C, D\}^+ = \{C, D\}$。它意味着不能再添加任何FD。闭包计算到此为止，所得的FD是：$A \to C$，$A \to D$和$C \to D$。

若仔细观察的话，还可发现$A \to D$可以运用传递律从其他两个FD得到。因此，R_1的一个简单的、等价的FD集合是$A \to C$和$C \to D$。这个集合事实上是R_1的一个最小化基本集。　□

3.2.9 习题

习题3.2.1 考虑模式为R（A, B, C, D）的关系R和FD：$AB \to C$, $C \to D$和$D \to A$。

a) 从给定的FD集合能够推出的非平凡FD是什么？限制FD的右边只能有一个属性。

b) R的所有键是什么？

c) R的所有超键（不包含键）是什么？

习题3.2.2 针对下列模式和FD集合，重做习题3.2.1中的问题：

i) 模式为S（A, B, C, D），FD：$A \to B$，$B \to C$和$B \to D$。

ii) 模式为T（A, B, C, D），FD：$AB \to C$，$BC \to D$，$CD \to A$和$AD \to B$。

iii) 模式为U（A, B, C, D），FD：$A \to B$，$B \to C$，$C \to D$和$D \to A$。

习题3.2.3 运用3.2.4节中的闭包算法，证明下面的规则。

a) *增广左边*（augmenting left side）。如果FD $A_1A_2 \cdots A_n \to B$成立，且C是另一个属性，那么可推断出$A_1A_2 \cdots A_n C \to B$。

b) *全部增广*（full augmentation）。如果FD $A_1A_2 \cdots A_n \to B$成立，且C是另一个属性，那么可推断出$A_1A_2 \cdots A_n C \to BC$。注意，根据这个规则，可以很容易地证明3.2.7节方框“推理规则的完全集”中所提及的增广律（augmentation）。

c) *假传递*（pseudotransitivity）。假设FD $A_1A_2 \cdots A_n \to B_1B_2 \cdots B_m$和

$$C_1C_2 \cdots C_k \to D$$

成立，且B中每个元素都在C中。则

$$A_1A_2 \cdots A_n E_1E_2 \cdots E_j \to D$$

成立，其中E的元素都在C中，而没有任何元素在B中。

d) *加法*（addition）。如果FD $A_1A_2 \cdots A_n \to B_1B_2 \cdots B_m$和

$$C_1C_2 \cdots C_k \to D_1D_2 \cdots D_j$$

成立，那么FD $A_1A_2 \cdots A_n C_1C_2 \cdots C_k \to B_1B_2 \cdots B_m D_1D_2 \cdots D_j$也成立。但要消除$A$和$C$中或$B$和$D$中的重复属性。

!习题3.2.4 通过给出关系实例证明下列有关FD的规则无效，关系实例要满足给定的FD集（在“if”后的），但不满足导出FD集（在“then”后的）。

a) If $A \to B$ then $B \to A$。

b) If $AB \to C$，$A \to C$，then $B \to C$。

c) If $AB \to C$，then $A \to C$或$B \to C$。

!习题3.2.5 证明若一个关系不包含由其他所有属性函数决定的属性，那么这个关系根本就没有非平凡FD。

!习题3.2.6 令X和Y是属性集合。证明如果$X \subseteq Y$，那么$X^+ \subseteq Y^+$，其中X^+和Y^+分别是X和Y关于同一个FD集合的闭包。

!习题3.2.7 证明$(X^+)^+ = X^+$。

!!习题3.2.8 如果$X^+ = X$，就认为属性集合X（关于一个给定的FD集合）*封闭*（closed）。考虑模式为R（A, B, C, D）的关系和一个未知的FD集合。如果知道哪个属性集合是封闭的，就可以找到该FD。根据下列条件，求出FD集合。

a) 这四个属性的所有集合是封闭的。

b) 只有$\varnothing$和$\{A, B, C, D\}$是封闭的。

c) 封闭集是$\varnothing$，$\{A, B\}$和$\{A, B, C, D\}$。

!习题3.2.9 找出例3.11中关系和FD的所有最小化基本集。

!习题3.2.10 假设有关系$R\{A, B, C, D, E\}$和一些FD集，要把这些FD投影到关系$S(A, B, C)$上。根据下面给出的R中的FD集合，求出在S中成立的FD集合。

a) $AB \to DE$，$C \to E$，$D \to C$和$E \to A$。

b) $A \to D$，$BD \to E$，$AC \to E$和$DE \to B$。

c) $AB \to D$，$AC \to E$，$BC \to D$，$D \to A$和$E \to B$。

d) $A \to B$，$B \to C$，$C \to D$，$D \to E$和$E \to A$。

对于每种情况，给出S中的FD集合的最小化基本集。

!!习题3.2.11 证明若一个FD F是从给定FD集合中推断出来，则根据给定的FD集合可使用Armstrong公理（在3.2.7节的方框“推理规则的完全集”中给出）证明F。*提示*：研究算法3.7，证明算法的每一步是怎么通过Armstrong公理推导出某些FD。

3.3 关系数据库模式设计

不仔细选择关系数据库模式会带来冗余和相应的异常。例如，考虑图3-2中的关系（图3-6中重新给出了该关系）。需要注意的是，电影Star Wars和Wayne's World的长度和流派字段对参演的每个影星重复一次。这些信息的重复是冗余的，它是造成一些错误的潜在原因。

本节将解决如何设计好的关系模式的问题，设计步骤如下：

1. 首先深入细致地研究不好的模式设计存在的问题。

2. 然后，引入“分解”的思想，把一个关系模式（若干属性的集合）分解为两个较小的模式。

3. 接着，引入“Boyce-Codd范式”，即“BCNF”，这是在关系模式上消除上述问题的条件。

4. 当解释怎样通过分解关系模式来确保BCNF条件时，把上面的几点结合起来。

title	*year*	*length*	*genre*	*studioName*	*starName*
Star Wars	1977	124	SciFi	Fox	Carrie Fisher
Star Wars	1977	124	SciFi	Fox	Mark Hamill
Star Wars	1977	124	SciFi	Fox	Harrison Ford
Gone With the Wind	1939	231	drama	MGM	Vivien Leigh
Wayne's World	1992	95	comedy	Paramount	Dana Carvey
Wayne's World	1992	95	comedy	Paramount	Mike Meyers

图3-6 展示异常的关系Movies1

3.3.1 异常

当试图在一个关系中包含过多信息时，产生的问题（如冗余）称为*异常*（anmoaly）。异常的基本类型有：

1. *冗余*（redundancy）。信息没有必要地在多个元组中重复。如图3-6中Movies1关系的length和genre字段。

2. *更新异常*（update anomaly）。可能修改了某个元组的信息，但是没有改变其他元组中的相同信息。例如，发现Star Wars的实际放映时间为125分钟，则可能对图3-6中第一个元组的length作了修改，但是没有改变第二个和第三个元组的对应信息。当然，读者可能认为没有人会这么不小心。但是，可以重新对关系模式进行设计，使引起这种错误的风险不再存在。

3. *删除异常*（deletion anomaly）。如果一个值集变成空集，就可能带来丢失信息的副作用。例如，如果从Gone With the Wind的影星集合中删除Vivien Leigh，则数据库中将不再包含这部电影的影星。关系Movies1中的最后一个关于Gone With the Wind的元组就会消失，而且它的其他信息，如片长231分钟、类型为正剧（drama）等信息也会在数据库中消失。

3.3.2　分解关系

一般用分解（decompose）关系的方法来消除异常。关系R的分解涉及分离R的属性，以构造两个新的关系模式。描述完分解过程后，还将介绍怎样分解才能消除异常。

给定一个关系$R(A_1, A_2, \cdots, A_n)$，把它分解为关系$S(B_1, B_2, \cdots, B_m)$和$T(C_1, C_2, \cdots, C_k)$，并且满足：

1. $\{A_1, A_2, \cdots, A_n\} = \{B_1, B_2, \cdots, B_m\} \cup \{C_1, C_2, \cdots, C_k\}$。
2. $S = \pi_{B_1, B_2, \cdots, B_m}(R)$。
3. $T = \pi_{C_1, C_2, \cdots, C_k}(R)$。

例3.14　分解图3-6中的关系Movies1。采用如下方法对关系进行分解（其优点将在3.3.3节介绍）：

1. 关系Movies2，它的模式包含了除starName外的其他所有属性。
2. 关系Movies3，它的模式包含了属性title、year和starName。

关系Movies1在这两个新模式上的投影如图3-7所示。□

title	*year*	*length*	*genre*	*studioName*
Star Wars	1977	124	sciFi	Fox
Gone With the Wind	1939	231	drama	MGM
Wayne's World	1992	95	comedy	Paramount

a) 关系Movies2

title	*year*	*starName*
Star Wars	1977	Carrie Fisher
Star Wars	1977	Mark Hamill
Star Wars	1977	Harrison Ford
Gone With the Wind	1939	Vivien Leigh
Wayne's World	1992	Dana Carvey
Wayne's World	1992	Mike Meyers

b) 关系Movies3

图3-7　关系Movies1的投影

下面分析这个分解怎样消除了3.3.1节中所讲的异常。冗余被消除了，例如，关系Movies2中每部电影的片长只出现一次。更新异常的风险被消除了。例如，因为只需要修改Movies2中一个Star Wars元组上的length值，不会造成同一部电影有不同片长的情况。

最后，删除异常的风险被消除。如果删除所有Gone With the Wind的影星，将导致这部电影从Movies3中消失，但是这部电影的其他信息仍可以从Movies2中得到。

因为一部电影的片名和年份可能重复出现多次，Movies3中好像仍然存在冗余。但是这两个属性构成了电影的键，没有更简洁的方法来表示一部电影了。此外，Movies3不会出现更新异常。例如，可能会有人认为若把Carrie Fisher所在元组中的年份改为2008，而不对Star Wars的其他两个元组进行修改，那么就会引起更新异常。然而，在假设的FD集合中有可能存在一部名为Star Wars、影星为Carrie Fisher而年份为2008年的电影。因此，不能阻止在Star Wars的某个元组中改变year，也不能保证这种改变一定不正确。

3.3.3 Boyce-Codd范式

分解的目的就是将一个关系用多个不存在异常的关系替换。也就是说，在一个简单的条件下保证前面讨论的异常不存在。这个条件称为Boyce-Codd范式（Boyce Codd normal form），简称为BCNF。

- 关系R属于BCNF当且仅当：如果R中非平凡FD $A_1 A_2 \cdots A_n \rightarrow B_1 B_2 \cdots B_m$成立，则$\{A_1 A_2 \cdots A_n\}$是关系$R$的超键。

换言之，每个非平凡FD的左边都必须是超键。由于超键不一定要最小化，因此，BCNF的一个等价描述是，每个非平凡FD的左边必须包含键。

例3.15 图3-6中的关系Movies1不属于BCNF，下面将给以证明。首先要确定构成键的属性集，例3.2中已指出{title, year, starName}是键。因此，任何包含这三个属性的属性集合都是超键。例3.2中的方法在这里还可以用来解释下面的结论：没有任何不包含这三个属性的属性集合是超键。因此，{title, year, starName}是Movies1的唯一键。

但是，根据例3.2可知Movies1中存在FD

title year → length genre studioName

不幸的是，该FD的左边不是超键。特别是，title和year不能函数决定属性starName，因此这个FD违反了BCNF条件，说明Movies1不属于BCNF。 □

例3.16 另一方面，图3-7中的Movies2属于BCNF。因为该关系中存在FD

title year → length genre studioName

并且已知title和year中的任何一个都不能函数决定其他属性，故Movies1的唯一键是{title, year}。另外，仅有的非平凡FD的左边包含title和year，因此这个非平凡FD的左边是超键。因此，Movies2属于BCNF。 □

例3.17 任意一个二元关系属于BCNF。为此必须审查所有可能的右边是单个属性的非平凡FD。由于没有太多的情况可以讨论，下面将依次列出这些情况。假设属性为A和B。

1. 没有非平凡FD。因为只有非平凡FD才能违反这个条件，所以BCNF条件肯定成立。在这种情况下，$\{A, B\}$是唯一的键。

2. $A \rightarrow B$成立，但$B \rightarrow A$不成立。在这种情况下，A是唯一的键，每个非平凡FD的左边都包含A（事实上，左边只能是A）。因此没有FD违反BCNF。

3. $B \rightarrow A$成立，但$A \rightarrow B$不成立。这种情况与第二种情况类似。

4. $A \rightarrow B$和$B \rightarrow A$都成立。于是A和B都是键。由于任一FD的左边至少会包含A和B中的一个，因此，没有FD违反BCNF。

值得注意的是，第四种情况说明关系可能会有多个键。BCNF条件要求的是任一个非平凡FD的左边含有*某些*键，而不一定是全部的键。对于只有两个属性的关系，每个属性都函数决定另一个的情形并不难以置信。例如，一个公司会分配给它的员工唯一的ID，并且记录他们的社会保险号。一个只有empID和ssNO的关系中的每个属性都函数决定另一个属性。换言之，每个属性都是键，因此没有两个元组在某个属性上的值相同。 □

3.3.4 分解为BCNF

重复选择使用适当的分解，可以把任何一个关系模式分解为带有下列重要性质的具有多个属性的子集：

1. 以这些子集为模式的关系都属于BCNF。

2. 原始关系中的数据都被正确地反映在分解后的关系上，对此3.4.1节的表述更准确。简单讲，原始关系应能从分解后的几个关系实例中重构。

例3.17指出所有要做的事情是把关系分解为多个只包含两个属性的子集，而结果必然属于BCNF。但是这样武断的分解会导致不能满足上述第二个性质，3.4.1节会给出说明。事实上，分解关系模式时必须非常小心，分解时可以利用违反BCNF的FD来指导。

要遵循的分解策略是找出违反BCNF条件的非平凡FD $A_1A_2\cdots A_n \rightarrow B_1B_2\cdots B_m$，并且$\{A_1, A_2, \cdots, A_n\}$不是超键。要尽可能地向FD的右边增加由$\{A_1, A_2, \cdots, A_n\}$决定的属性。这个步骤不是必需的，但它往往能够减少总的工作量，因此把它包含在算法中。图3-8说明了属性集合是如何被分解为两个重叠的关系模式，其中一个模式包含了上述FD的所有属性，而另一个包含了该FD左边的属性和不属于该FD的所有属性，即除了属于B且不属于A的属性之外的所有属性。

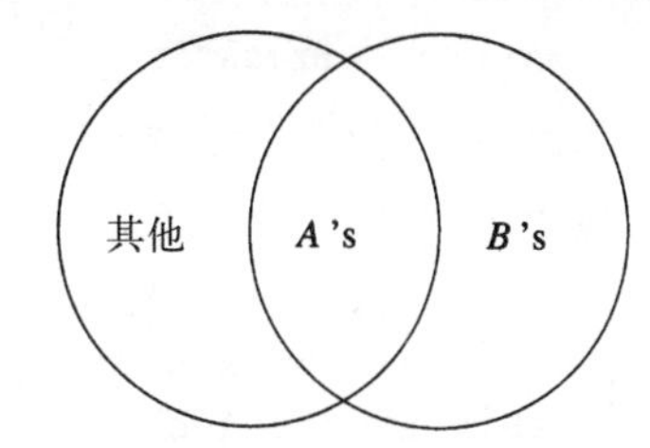

图3-8 基于BCNF违例的关系模式分解

例3.18 考虑图3-6中的关系Movies1。从例3.15可知FD

title year → length genre studioName

违反了BCNF。在该FD中，右边已经包含了由title和year函数决定的所有属性，所以可以基于这个BCNF违例把Movies1分解为：

1. 模式{title, year, length, genre, studioName}，包含上述FD的所有属性。
2. 模式{title, year, starName}，包含FD左边的属性以及不在FD左右两边出现的其他所有属性（该例中仅有starName）。

上面两个模式就是例3.14中给出的关系Movies2和Movies3。例3.16中说明了Movies2属于BCNF。Movies3也属于BCNF，因为它没有非平凡FD。 □

在例3.18中，一次明智的分解规则的应用足以产生一系列属于BCNF的关系。但通常情况下并不如此，下面的例子将予以说明。

例3.19 考虑具有如下模式的关系：

{title, year, studioName, president, presAddr}

该关系的每个元组包含一部电影、它的电影公司、电影公司的经理（president）以及他的地址信息（presAddr）。关系上可能存在的三个FD是：

title year → studioName
studioName → president
president → presAddr

通过计算五个属性的闭包，可知关系的唯一键是{title, year}。因此上述最后两个FD都违反了BCNF。假设利用下面的FD开始分解

studioName → president

首先，向该函数依赖的右边添加包含在studioName闭包中的其他属性。闭包中包含presAddr，于是得到用于分解的最终FD：

studioName → president presAddr

基于这个FD，把关系分解为下面两个关系模式：

{title, year, studioName}
{studioName, president, presAddr}

如果使用算法3.12来投影FD，就可确定第一个关系含有基本FD：

title year → studioName

第二个关系含有基本FD：

studioName → president
president → presAddr

第一个关系唯一的键是{title, year}，因此它属于BCNF。第二个关系也有唯一键{studioName}，但是其FD：

president → presAddr

违反了BCNF。因此，必须进一步利用上述FD对第二个关系进行分解。所得的最后结果为三个均属于BCNF的关系模式：

{title, year, studioName}
{studioName, president}
{president, presAddr}　□

通常，必须反复使用分解规则，直至所得的关系均属于BCNF。这样做一定会成功，因为每次对关系R运用分解规则后，所得模式中的属性个数都少于原关系模式的。例3.17说明，当分解为只有两个属性的集合后，所得关系必定属于BCNF。但很多情况下有多个属性的关系也属于BCNF。分解策略总结如下：

算法3.20　BCNF分解算法

输入：关系R_0和其上的函数依赖集S_0。

输出：由R_0分解出的关系集合，其中每个关系均属于BCNF。

方法：下列步骤可以被递归地用于任意关系R和FD集合S。初始时，$R = R_0$, $S = S_0$。

1. 检验R是否属于BCNF。如果是，不需要做任何事，返回{R}作为结果。

2. 如果存在BCNF违例，假设为$X \to Y$。使用算法3.7计算X^+。选择$R_1 = X^+$作为一个关系模式，并使另一个关系模式R_2包含属性X以及那些不在X^+中的属性。

3. 使用算法3.12计算R_1和R_2的FD集，分别记为S_1和S_2。

4. 使用本算法递归地分解R_1和R_2。返回这些分解得到的结果集合。

3.3.5　习题

习题3.3.1　对于下列关系模式和FD集合：

a) R（A, B, C, D），含有FD：$AB \to C$，$C \to D$和$D \to A$。

b) R（A, B, C, D），含有FD：$B \to C$和$B \to D$。

c) R（A, B, C, D），含有FD：$AB \to C$，$BC \to D$，$CD \to A$和$AD \to B$。

d) R（A, B, C, D），含有FD：$A \to B$，$B \to C$，$C \to D$和$D \to A$。

e) R（A, B, C, D，E），含有FD：$AB \to C$，$DE \to C$和$B \to D$。

f) R（A, B, C, D，E），含有FD：$AB \to C$，$C \to D$，$D \to B$和$D \to E$。

做下列事情：

i) 指出所有违反BCNF的FD。不要忘记考虑那些不在上述集合中、但可以由它们推断出的FD。但是，没有必要给出右边含有不止一个属性的BCNF违例。

ii) 根据需要把关系分解为一系列属于BCNF的关系集合。

习题3.3.2　在3.3.4节中曾指出，如果可能的话，可以扩展一个违反BCNF的FD的右边属性集，但这是个可选步骤。考虑模式为属性集合{A, B, C, D}，并含有FD $A \to B$和$A \to C$的关系R。因为R的唯一键是{A, D}，所以这两个FD都违反了BCNF。假设根据$A \to B$来分解R，那么最终所得的结果是否和先把BCNF违例扩展为$A \to BC$再进行分解所得的结果相同？若相同，为什么？若不同，又为什么？

!习题3.3.3　假设R与习题3.3.2中相同，但是它含有的FD为$A \rightarrow B$和$B \rightarrow C$。再次比较使用$A \rightarrow B$进行分解和使用$A \rightarrow BC$进行分解所得的结果。

!习题3.3.4　假设有一个关系模式$R(A, B, C)$，它含有FD $A \rightarrow B$。假设要把它分解为$S(A, B)$和$T(B, C)$。给出R的一个实例，使其投影到S和T后再将投影结果进行连接得到的结果与原关系实例不同，即$\pi_{A,B}(R) \bowtie \pi_{B,C}(R) \neq R$。

3.4　分解的优劣

迄今为止，人们认识到，一个关系模式被分解为一系列属于BCNF的关系前，它可能包含异常，分解之后则不包含异常。这就是所谓的“优”（good）。但是分解也可能造成一些坏的结果。本节将介绍一个分解应当具有的三个性质。

1. *消除异常*（Elimination of Anomalie），如3.3节中所描述。

2. *信息的可恢复*（Recoverability of Information）。是否能够从分解后的各个元组中恢复原始关系？

3. *依赖的保持*（Preservation of Dependencies）。如果FD的投影在分解后的关系上成立，能否确保对分解后的关系用连接重构获取的原始关系仍然满足原来的FD？

算法3.20中的BCNF分解可以保证(1)和(2)，但不一定能保证所有的三个性质。3.5节中将介绍另一种分解方法，它可以保证(2和(3)，却不一定能保证(1)。事实上，没有方法能够同时保证这三个性质。

3.4.1　从分解中恢复信息

由于已知每一个二元关系都属于BCNF，那么为什么还要经历算法3.20中的麻烦过程呢？为什么不直接把任意关系R分解为一系列只包含R的某一对属性的关系呢？原因在于，即使在分解后的关系中，每个元组都是R的关系实例的投影，也不能保证可以通过连接分解的各个关系重构原关系实例R。如果确实能够重新获得R，则称该分解含有*无损连接*（lossless join）。

但是，如果使用算法3.20进行分解，其中所有的分解都起因于一个违反BCNF的FD，那么将原始元组的投影进行连接就可以生成所有原始元组，且仅生成原来的那些元组。本节将说明原因。然后，3.4.2节将给出chase算法，用来检验一个关系在其分解上的投影是否可通过重新连接（rejoin）来恢复原关系。

为了简化起见，只考虑关系$R(A, B, C)$和一个违反BCNF的FD $B \rightarrow C$。基于该FD $B \rightarrow C$可把各属性分解到关系$R_1(A, B)$和$R_2(B, C)$。

令t是R的一个元组，并记$t=(a, b, c)$，其中a, b和c分别是t在属性A，B和C上的分量。元组t在关系模式$R_1(A, B) = \pi_{A,B}(R)$上的投影是(a, b)，而在关系模式$R_2(B, C) = \pi_{B,C}(R)$上的投影是(b, c)。当计算自然连接$R_1 \bowtie R_2$时，因为它们在B上的分量一致（都等于b），这两个投影后的元组将被连接。连接结果是元组$t=(a, b, c)$，即原来的那个元组。也就是说，无论开始的元组t是什么，总是可以连接它的各个投影来重构t。

然而，恢复那些用以分解的关系元组并不足以确保原始关系R可以正确地被分解关系所表示。如果R中有元组$t=(a, b, c)$和$v=(d, b, e)$，将会有什么样的结果？把t投影到$R_1(A, B)$上可得$u=(a, b)$，而把v投影到$R_2(B, C)$上可得$w=(b, e)$。这两个元组也可以进行自然连接，结果得到元组$x=(a, b, e)$。x是伪元组吗？也就是说，(a, b, e)可能不是R的元组吗？

因为已假设R中存在FD $B \rightarrow C$，所以答案是“否”。这个FD意味着R中的两个元组只要在

B分量上相同，它们在C分量上一定也相同。而t和v在B分量上相同，于是它们在C分量上也应相同。这意味着，$c = e$，于是两个被假定不相等的值其实相同。因此，(a, b, c)就是(a, b, e)，即$x = t$。

由t在R中可知x一定也在R中。换言之，只要R中存在FD $B \to C$，连接两个投影后的元组就不会生成一个伪元组。而且，每一个通过自然连接生成的元组必定属于R。

这个论断通常是正确的。虽然这里假设A，B和C都是单个属性，但对属性集合X, Y, Z也同样成立。也就是说，如果$Y \to Z$在关系R上成立，且R的属性集为$X \cup Y \cup Z$，那么$R = \pi_{X \cup Y}(R) \bowtie \pi_{Y \cup Z}(R)$。

结论是：

- 如果根据算法3.20对一个关系进行分解，则原始关系可以通过自然连接来精确地恢复。

为了说明原因，针对递归分解的任一步骤加以证明：一个关系等价于它在两个分量上的投影的连接。如果这些分量被进一步分解，它们也同样可以通过自然连接从分解得到的关系中恢复。因此，可以对二元分解的步骤数进行简单的归纳，来证明无论其被分解为什么关系，原始关系都总是分解得到的各关系的自然连接。同时可以证明自然连接满足结合律和交换律，因此无需考虑自然连接的顺序。

上述结论成立的本质是FD $Y \to Z$，或其对称的FD $Y \to X$成立。若没有这些FD，则可能无法恢复原始关系。下面是一个例子。

例3.21　假设有一个与上面相同的关系$R(A, B, C)$，但是关系中不存在FD $B \to A$和$B \to C$。R可能包含下面两个元组

A	B	C
1	2	3
4	2	5

则R在$\{A, B\}$和$\{B, C\}$上的投影分别为$R_1 = \pi_{AB}(R)$=

A	B
1	2
4	2

和$R_2 = \pi_{BC}(R)$=

B	C
2	3
2	5

因为这四个元组在B上分量相同，值均为2，所以一个关系的每一个元组都可以和另一个关系的所有元组进行连接。当试着通过对投影得到的关系进行自然连接重构R时，就会得到$R_3 = R_1 \bowtie R_2 =$

A	B	C
1	2	3
1	2	5
4	2	3
4	2	5

从图中可看出，所得关系的元组多于原始关系中的元组，即得到了两个伪元组（1，2，5）和（4，2，3），它们均不在原始关系R中。□

连接是否是恢复的唯一方法？

我们已经假定能够用来从投影中重构关系的唯一方法是自然连接。但是，是否可能存在其他方法可以重构原始关系，甚至是在自然连接失败的情况下也如此？事实上不存在这样的方法。在例3.2.1中，关系R和R_3是不同的实例，但在$\{A, B\}$和$\{B, C\}$上的投影完全相同，分别是R_1和R_2。因此，给定R_1和R_2，没有任何算法能够判定原始实例是R还是R_3。

此外，这个例子不是特例。给定任意分解，将属性为$X \cup Y \cup Z$的关系分解为模式分别为$X \cup Y$和$Y \cup Z$的关系，且FD $Y \rightarrow X$和$Y \rightarrow Z$均不成立，则可以构造和例3.2.1类似的例子，其中原始实例无法由其投影来确定。

3.4.2 无损连接的chase检验

3.4.1节说明了为什么当关系$R(A, B, C)$依据一个特殊的FD $B \rightarrow C$被分解成$\{A, B\}$和$\{B, C\}$时，该分解包含了一个无损连接的原因。现在考虑更加一般的情况。假设关系R被分解为若干关系，它们包含的属性集分别为$S_1, S_2, \cdots, S_k$。在R上成立的FD集合为F。当把关系R投影到这些分解关系上后，是否能够通过所有这些关系的自然连接来恢复R？即$\pi_{S_1}(R) \bowtie \pi_{S_2}(R) \bowtie \cdots \bowtie \pi_{S_k}(R) = R$？牢记三个重要的性质：

- 自然连接满足结合律和交换律。无论以何种顺序对投影结果进行连接，得到的结果关系都相同。特别地，结果是满足下面条件的元组t的集合：对所有$i = 1, 2, \cdots, k$，t在属性集合S_i上的投影是$\pi_{S_i}(R)$的一个元组。
- R中的任意元组都必然属于$\pi_{S_1}(R) \bowtie \pi_{S_2}(R) \bowtie \cdots \bowtie \pi_{S_k}(R)$。理由是，对所有$i$，$t$在$S_i$上的投影必然属于$\pi_{S_i}(R)$，因此根据上面第一个性质，$t$必然在连接结果中。
- 推论：当F中的FD对R成立时，$\pi_{S_1}(R) \bowtie \pi_{S_2}(R) \bowtie \cdots \bowtie \pi_{S_k}(R)=R$，当且仅当连接结果中的每个元组都属于$R$。也就是说，只需要进行成员关系测试就可以验证分解是否包含无损连接。

无损连接的chase检验仅仅是以一种有条理的方式来判断是否可以根据F中的FD来证明，所有属于$\pi_{S_1}(R) \bowtie \pi_{S_2}(R) \bowtie \cdots \bowtie \pi_{S_k}(R)$的元组$t$也都是关系$R$的元组。如果$t$在连接结果中，则$R$中必然存在元组$t_1, t_2, \cdots, t_k$，使得每个$t_i$在对应的属性集$S_i\ (i = 1, 2, \cdots, k)$上的投影结果的连接等于$t$。因此可知$t_i$和$t$在$S_i$的属性上一致，但$t_i$的其他分量的值未知。

下面使用图例（tableau）来描述已知的内容。假设R包含属性$A, B, \cdots$，使用$a, b, \cdots$来表示t的分量。对于t_i，使用和t相同的字母表示那些S_i属性上的分量，若不属于S_i，则使用加下标i的字母来表示分量。在这种方式下，t_i和t在S_i属性上一致，但在其他属性上有唯一的值出现在图例中。

例3.22 假设关系$R(A, B, C, D)$被分解为三个关系，其属性集分别为$S_1 = \{A, D\}$，$S_2 = \{A, C\}$和$S_3 = \{B, C, D\}$。那么这个分解的图例如图3-9所示。

A	B	C	D
a	b_1	c_1	d
a	b_2	c	d_2
a_3	b	c	d

图3-9 将R分解为$\{A, D\}$、$\{A, C\}$和$\{B, C, D\}$所对应的图例

第一行对应属性A和D的集合，注意属性A和D的分量是不带下标的字母a和d。但对于其他属性，比如b和c，添加下标1来表示它们是任意值。这是有意义的，因为元组(a, b_1, c_1, d)表示了R的一个元组，它通过在$\{A, D\}$上投影后再和其他元组连接来形成$t = (a, b, c, \mathrm{d})$。由于该元组的$B$和$C$分量被投影操作去除，因此无法知道元组在这两个属性上的值。

类似地，第二行包含在属性A和C上的不带下标的字母，同时下标2被用于其他属性。最后

一行包含$\{B, C, D\}$上的不带下标的字母，而a带有下标3。由于每一行都使用自己的编号作为下标，因此只有那些不带下标的字母可以多次出现。 □

记住，讨论的目标是使用给定的FD集合F来证明t确实在R中。为此，对图例进行“chase”，即通过应用F中的FD来尽可能地等同（equate）图例中的字母。如果发现某一行和t相同（即该行的字母都不带下标），就可以证明投影连接中的任意元组t也是关系R的元组。

为避免混淆，在等同两个字母时，如果其中一个是不带下标的，那么将另一个也变为不带下标。但如果要等同两个带有不同下标的字母，则可以将任一个字母的下标变得和另一个相同。需要注意的是，当等同字母时，必须对其所有的出现都进行改动，而非仅仅针对某些出现。

例3.23　继续考虑例3.22中的分解，假设给定的FD是$A \to B$，$B \to C$和$CD \to A$。从图3-9中的图例开始。由于前两行在其A分量上相等，FD $A \to B$表明它们在B分量上必然也相等，故$b_1 = b_2$。由于它们均带有下标，故可以用任意一个来代替另一个。使用b_1代替b_2，则结果图例为：

A	B	C	D
a	b_1	c_1	d
a	b_1	c	d_2
a_3	b	c	d

现在，可以看到前两行具有相等的B分量值，因此可以使用FD $B \to C$来推导它们的C分量值c_1和c也相等。由于c不带下标，因此使用c代替c_1，得到：

A	B	C	D
a	b_1	c	d
a	b_1	c	d_2
a_3	b	c	d

接下来，可以发现第一和第三行在属性C和D列上一致，因此可以使用FD $CD \to A$来推断这两行也含有相同的A分量值，即$a = a_3$。使用a代替a_3，得到：

A	B	C	D
a	b_1	c	d
a	b_1	c	d_2
a	b	c	d

此时，可以看到最后一行和t相等，即等于(a, b, c, d)。因此已经证明了如果R满足FD $A \to B$，$B \to C$和$CD \to A$，则只要将其投影到$\{A, D\}$，$\{A, C\}$和$\{B, C, D\}$上并进行连接，得到的元组都必然在R中。特别地，得到的元组和R投影到$\{B, C, D\}$上的元组相同。 □

3.4.3　为什么chase检验有效

有两个问题需要思考：

1. 若chase过程找到一行与元组t相匹配（即在图例中出现的所有变量均不带下标的行），则连接是否一定是无损的？

2. 若以所有可能的方式应用各FD后，仍然无法得到所有变量均不带下标的行，则连接是否一定是有损的？

问题(1)易于回答。chase过程本身证明了R中被投影的元组中必然有一个元组和由连接产生的元组t在事实上相同。同时，也知道R的每个元组都可以通过投影、连接操作重新得到。因此，chase过程证明了投影和连接的最终结果就是原关系R。

对于第二个问题，假设最终得到了一个图例，其中没有所有变量均不带下标的行，并且无法再应用任何FD来等同任何字母。接下来把图例看作R的一个实例，显然它满足所有给定的FD，因为已经没有FD可以用来等同字母。若已知第i行在属于S_i（即分解得到的第i个关系）的那些属性上的分量值不带下标，因此，如果将关系先投影到S_i上再进行自然连接，就会得到一个所有分量均不带下标的元组。这个元组不在R中，因此可知连接不是无损的。

例3.24 考虑关系$R(A, B, C, D)$，其上存在FD $B \to AD$，计划将其分解为$\{A, B\}$，$\{B, C\}$和$\{C, D\}$。初始图例如下：

A	B	C	D
a	b	c_1	d_1
a_2	b	c	d_2
a_3	b_3	c	d

若使用唯一的一个FD，将推出$a = a_2$和$d_1 = d_2$。因此，最终的图例为：

A	B	C	D
a	b	c_1	d_1
a	b	c	d_1
a_3	b_3	c	d

此时，无法再根据给定的FD进行任何改变，且没有所有分量均不带下标的行出现。因此，这个分解不包含无损连接。可以将上面的图例看作一个有三个元组的关系以验证这个事实。当投影到$\{A, B\}$上时，得到$\{(a, b)\}$，$\{(a_3, b_3)\}$；投影到$\{B, C\}$上时，得到$\{(b, c_1)$，(b, c)，$(b_3, c)\}$；投影到$\{C, D\}$上时，得到$\{(c_1, d_1)$，(c, d_1)，$(c, d)\}$。若将前两个投影结果进行连接，将得到$\{(a, b, c_1)$，(a, b, c)，$(a_3, b_3, c)\}$。再和第三个投影结果连接得到$\{(a, b, c_1, d_1)$，(a, b, c, d_1)，(a, b, c, d)，(a_3, b_3, c, d_1)，$(a_3, b_3, c, d)\}$。注意，此连接结果比R多出两个元组，特别是它必然含有元组(a, b, c, d)。 □

3.4.4 依赖的保持

在某些情况下，把一个关系分解为一系列BCNF关系时，无法同时拥有无损连接和依赖保持两种性质。下面的例子说明不得不在保持依赖和BCNF之间做出选择。

例3.25 假设关系`Bookings`含有以下属性：

1. `title`，电影的名称。
2. `theater`，电影正在上映的影院名称。
3. `city`，影院所在的城市。

元组(m, t, c)的含义是一部名称为m的电影正在位于城市c的影院t中上映。

有理由断言以下FD：

```
theater → city
title city → theater
```

第一个FD表明一个影院只对应一个城市；第二个含义不太明显，但它基于一个常识：一部电影不会同时被同城的两个影院预订放映。这里只是为了这个例子而断言此FD。

首先要找到键。没有任何一个属性可以独立作为键。例如，由于一部电影可以在多个影院、多个城市同时上映，故title不是键[⊖]。同样，虽然`theater`函数决定`city`，但一个影院可以在多个屏幕上同时放映多部电影，因此`theater`也不是键。因而`theater`不能决定`title`。

⊖ 在本例中假定“正在上映的”电影均不重名，尽管之前认为可能存在两部制作于不同年份的同名电影。

最后，city也不是键，因为一个城市通常有多个影院，同时可能有多部电影上映。

另一方面，包含两个属性的三个集合中，有两个是键。{title，city}明显是键，因为给定的FD表明这两个属性可以函数决定theater。

{theater，title}也是键，因为根据FD theater → city，其闭包包括city。余下的一对属性，即city和theater，由于影院可能有多个屏幕，所以不能函数决定title，从而不能作为键。故仅有的两个键是

{title, city}
{theater, title}

现在马上就看到了一个BCNF违例。给定的函数依赖是theater→city，而其左边——theater——却不是超键。因此使用这一违反BCNF的FD将关系分解为两个关系模式：

{theater, city}
{theater, title}

这个分解存在一个问题，考虑下面的FD

title city→theater

分解得到的模式所对应的关系满足FD theater→city（这可以在关系{theater，city}中检验）。但是，进行连接操作后，产生的关系却不满足title city → theater。例如，下面两个关系

theater	*city*
Guild	Menlo Park
Park	Menlo Park

和

theater	*title*
Guild	Antz
Park	Antz

满足给定的FD。但它们连接后产生了两个元组

theater	*city*	*title*
Guild	Menlo Park	Antz
Park	Menlo Park	Antz

它们违反了FD title city→theater。 □

3.4.5 习题

习题3.4.1 将关系$R(A, B, C, D, E)$分解为三个关系，其属性集分别为$\{A, B, C\}$，$\{B, C, D\}$和$\{A, C, E\}$。对于下面每个FD集合，使用chase检验说明R的分解是否是无损的。对于那些有损分解，给出R的一个具体实例，将其投影到分解的关系后再重新连接，使得产生的元组比R多。

a) $B \to E$和$CE \to A$。

b) $AC \to E$和$BC \to D$。

c) $A \to D$，$D \to E$和$B \to D$。

d) $A \to D$，$CD \to E$和$E \to D$。

!习题3.4.2 对于习题3.4.1中的每个FD集合，依赖在分解中是否被保持？

3.5 第三范式

例3.25所说明的问题的解决方法是稍微放松BCNF的要求，以允许那些在分解为BCNF关

系时不能保持函数依赖的特殊关系模式。这个放松的条件称为“第三范式”(third normal form)。本节将给出第三范式的要求，然后说明如何以一种不同于算法3.20的方式进行分解，以在得到第三范式关系的同时，拥有无损连接和依赖保持性质。

3.5.1 第三范式的定义

关系R属于第三范式(third normal form，缩写为3NF)，如果它满足：

- 只要$A_1A_2\cdots A_n \rightarrow B_1B_2\cdots B_m$是非平凡FD，那么或者$\{A_1, A_2, \cdots, A_n\}$是超键，或者每个属于$B_1, B_2, \cdots, B_n$但不属于$A$的属性都是某个键的成员（所属的键可以不相同）。

如果一个属性是某个键的成员，则常被称为“主属性”(prime)。因此，3NF的条件可以表述成“对于每个非平凡FD，或者其左边是超键，或者其右边仅由主属性构成”。

注意，3NF与BCNF条件的区别在于语句“是某个键的成员（即主属性）”。这个语句使得类似例3.25中的`theater → city`那样的FD成为合法的，因为其右边——`city`——是主属性。

> **其他范式**
>
> 既然有“第三范式”，那前两个“范式”是什么呢？确实它们也有定义，但现在已很少使用了。第一范式(first normal form)只简单地要求每个元组的各分量是原子值。第二范式(second normal form)是3NF的一个限制较少的版本。还有将在3.6节中介绍的第四范式(fourth normal from)。

3.5.2 3NF模式综合算法

下面来说明如何将关系R分解为一系列满足以下条件的关系：

a) 分解得到的关系都属于3NF。

b) 分解包含无损连接。

c) 分解具有依赖保持性质。

算法3.26 **具有无损连接和依赖保持性质的3NF关系综合算法**

输入：关系R和其上成立的函数依赖集F。

输出：由R分解出的关系集合，其中每个关系均属于3NF。分解具有无损连接和依赖保持性质。

方法：依次执行下列步骤：

1. 找出F的一个最小基本集，记为G。

2. 对于G中的每一个FD $X \rightarrow A$，将XA作为分解出的某个关系的模式。

3. 如果第2步分解出的关系的模式均不包含R的超键，则增加一个关系，其模式为R的任何一个键。

例3.27 考虑关系$R(A, B, C, D, E)$，其上的FD有$AB \rightarrow C$，$C \rightarrow B$和$A \rightarrow$ D。注意到这些给定的FD本身就是它们的一个最小基本集，可以通过下面一些步骤来验证这一点。首先要验证的是不能除去任何一个依赖。对于这一点，由算法3.7可知，任何两个FD都不能导出第三个。例如，仅使用第二和第三个FD（即$C \rightarrow B$和$A \rightarrow D$）来计算第一个FD的左边$\{A, B\}$的闭包，则该闭包包含D但不包含C，因此第一个FD $AB \rightarrow C$不能由第二和第三个FD导出。如果去掉第二或第三个FD，也将得到类似的结果。

同时，还需要验证的是不能从任一FD的左边除去任何属性。在本例题情况下，唯一可能的是从第一个FD的左边去掉A或者B。比如，如果去掉A，将得到$B \rightarrow C$，那么就需要证明B

$\to C$无法由原来的三个FD $AB \to C$，$C \to B$和$A \to D$导出。根据这些FD可知，$\{B\}$的闭包是B，故无法推断出$B \to C$。如果从$AB \to C$中去掉B，也将得出类似的结论。因此，给定的FD本身就是它们的一个最小基本集。

接下来根据3NF综合算法，将每个FD的属性作为一个关系模式，从而得到关系$S_1(A, B, C)$，$S_2(B, C)$和$S_3(A, D)$。由于没有必要使一个关系的模式成为另一个关系模式的子集，因此要去除S_2。

还需要考虑是否有必要增加一个模式为键的关系。在本例中，R有两个键：$\{A, B, E\}$和$\{A, C, E\}$。这两个键都不是已经得到的关系模式的子集。因此，必须增加它们之一，记为$S_4(A, B, E)$。关系R最终被分解为$S_1(A, B, C)$，$S_3(A, D)$和$S_4(A, B, E)$。 □

3.5.3 为什么3NF综合算法有效

需要证明三点：分解具有无损连接和依赖保持性质，并且所有分解出的关系都属于3NF。

1. *无损连接*（Lossless Join）。从一个分解得到的属性集K为超键的关系开始。考虑在算法3.7中将K扩展为K^+时所使用的FD序列。由于K是超键，故可知K^+就是所有属性。在图例中以同样的顺序应用这些FD时，会使和K对应的行中带下标的字母被等同于不带下标的字母，等同的顺序和向闭包中添加属性的顺序相同。因此，chase检验保证了分解是无损的。

2. *依赖保持*（Dependency Preservation）。最小基本集中的每个FD的属性都属于分解得到的某个关系，因此在分解得到的关系中所有依赖都仍然成立。

3. *第三范式*（Third Normal Form）。如果不得不增加一个模式为键的关系，则该关系必然属于3NF。因为这个关系的所有属性都是主属性，因此关系中不会有3NF违例。对于那些模式是由最小基本集中的FD导出的关系，证明它们属于3NF超出了本书的范围。该过程包括证明3NF违例蕴涵了基本集不是最小基本集。

3.5.4 习题

习题3.5.1 对于习题3.3.1中的每个关系模式和FD集合：

i) 指出所有的3NF违例。

ii) 如有必要，将关系分解为一系列属于3NF的关系。

习题3.5.2 考虑关系Courses(C, T, H, R, S, G)，其属性可以非正式地理解为课程、教师、时间、教室、学生和成绩。设Courses上的FD有$C \to T$，$HR \to C$，$HT \to R$，$HS \to R$和$CS \to G$。直观上，第一个依赖表示一门课程有唯一的一个教师；第二个表示在一个给定的时间和教室，只能有一门课程；第三个表示在给定的时间里一个教师只能在一个教室；第四个表示在给定的时间里一个学生只能在一个教室；最后一个表示学生在一门课程中只能得到一个成绩。

a) 给出Courses的所有键。

b) 证明给定的FD本身就是它们的一个最小基本集。

c) 使用3NF综合算法找出一个将关系R分解为3NF关系的方法，该分解要具有无损连接和依赖保持性质。是否有不属于BCNF的关系？

习题3.5.3 考虑关系Stocks(B, O, I, S, Q, D)，其属性可以非正式地理解为经纪人、经纪人办公室、投资者、股票、投资者拥有的股票数量和股票的股息。Stocks上的FD有$S \to D$，$I \to B$，$IS \to Q$和$B \to O$。针对关系Stocks，重做习题3.5.2中的问题。

习题3.5.4 使用chase验证例3.27中的分解包含无损连接。

!! **习题3.5.5** 假设修改算法3.20（BCNF分解），使得不再分解不属于BCNF的关系R，取而代之的是只分解不属于3NF的关系R。给出一个反例，说明修改后的算法并不能保证产生一个具有依赖保持性质的3NF分解。

3.6 多值依赖

“多值依赖”(multivalued dependency) 是两个属性或属性集合之间相互独立的断言。它是广义的函数依赖，在某种意义上每个FD意味着一个相应的多值依赖。但是仍然存在有不能用FD解释的属性集合相互独立的情况。本节将说明引起多值依赖的原因和在数据库模式设计中如何使用多值依赖。

3.6.1 属性独立及随之产生的冗余

在设计关系模式时，有时会有一些偶然的情况，即某个模式属于BCNF，但在相应的关系中还有与FD无关的冗余存在。在BCNF模式中最常见的导致冗余的情形是试图把键的两个或多个集合值属性置于同一个关系中。

例3.28　在本例中，假设影星有多处地址，地址包括街道(street)和城市(city)两部分。地址集合是关系要存储的一个集合值属性，而第二个要存储在这个关系中的集合值属性是某个影星出演的电影的名称和年份的集合。图3-10给出了这个关系的一个典型实例。

name	*street*	*city*	*title*	*year*
C. Fisher	123 Maple St.	Hollywood	Star Wars	1977
C. Fisher	5 Locust Ln.	Malibu	Star Wars	1977
C. Fisher	123 Maple St.	Hollywood	Empire Strikes Back	1980
C. Fisher	5 Locust Ln.	Malibu	Empire Strikes Back	1980
C. Fisher	123 Maple St.	Hollywood	Return of the Jedi	1983
C. Fisher	5 Locust Ln.	Malibu	Return of the Jedi	1983

图3-10　独立于电影的地址集合

图中给出了Carrie Fisher的两个假设的地址和她的三部著名的电影。没有理由只把某个地址和某部影片关联，而不与另一部影片关联。因此，表达影星的地址和电影相互独立的唯一途径是把地址和电影的各种组合都罗列出来。但这样的组合显然包含冗余。例如，图3-10重复列出Carrie Fisher的每个地址达三次（每次对应一部电影），每部电影重复出现了两次（每次对应一个地址）。

然而，图3-10中关系不存在BCNF违例，事实上，根本不存在非平凡FD。例如，属性city并不能由其他四个属性函数决定。因为一个影星可在不同城市的同名街道拥有两个家。那么就存在两个除了city分量值不同外其他分量值均相同的元组。因此，

name street title year $\to$ city

不是该关系上的FD。同样，五个属性中的任一个都不能由其他四个属性函数决定，这一点留给读者来验证。因为不存在非平凡FD，故唯一的一个键由五个属性共同组成，所以关系中不存在BCNF违例。 □

3.6.2 多值依赖的定义

多值依赖（常缩写为MVD）是指在关系R中，当给定某个属性集合的值时，存在另外一组属性集合，该组属性的值与关系中所有其他属性的值独立。精确地说，若给定R中属于A的各属性的值，存在一个属性集B，其中属性的值独立于R中既不属于A也不属于B的属性集合的值，则称MVD

$$A_1A_2\cdots\ A_n \to\to B_1B_2\cdots B_m$$

在R中成立。更准确的说法是，若要MVD成立，则

对于R中每个在所有A属性上一致的元组对t和u，能在R中找到满足下列条件的元组v：

1. 在A属性上的取值与t和u相同；
2. 在B属性上的取值与t相同；
3. 在R中不属于A和B的所有其他属性上的取值与u相同。

注意，若将t和u交换，同样能使用这个规则推出有第四个元组w存在，它在B属性上的取值与u相同，而在其他属性上的取值与t相同。结果是，对于任一组给定的A值，B和其他属性值的各种组合出现在不同元组中。图3-11给出了当MVD存在时，v如何与t和u相关。这里，A和B没有必要连续出现。

通常，可以假设MVD中的A和B（左边和右边）不相交。然而对于FD，如果希望的话，允许把A中的某些属性添加到右边。

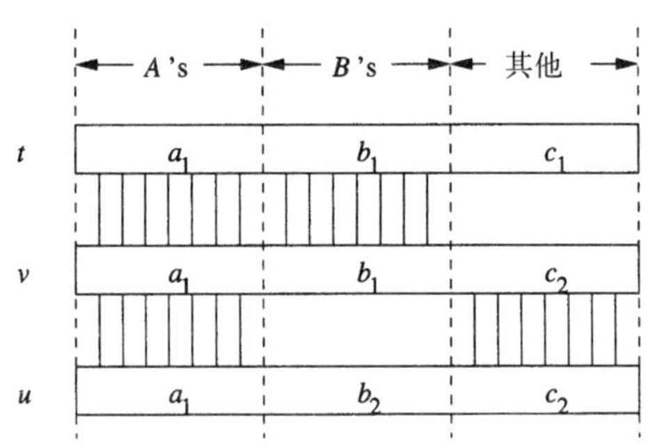

图3-11　多值依赖确保了v的存在

例3.29　例3.28给出了一个MVD，用符号表示是：

```
name →→ street city
```

也就是说，对于每个影星的姓名，地址集与影星所演的每部电影都联合出现。下面举例说明怎样应用MVD的定义，考虑图3-10中第一个和第四个元组：

name	*street*	*city*	*title*	*year*
C. Fisher	123 Maple St.	Hollywood	Star Wars	1977
C. Fisher	5 Locust Ln.	Malibu	Empire Strikes Back	1980

设上图中的第一个元组为t，第二个元组为u，那么根据MVD，R中必然存在一个name为C. Fisher，street和city与元组t取值相同，而其他属性（title和year）与元组u取值相同的元组。确实存在这么一个元组，即图3-10中的第三个元组。

类似地，可以令t为上图中的第二个元组，而u为第一个元组。那么根据这个MVD可知，R中存在一个name、street和city与t取值相同，而name、title和year与u取值相同的元组。这个元组也确实存在，即图3-10中的第二个元组。□

3.6.3　多值依赖的推导

有很多关于MVD的规则，它们与3.2节中所给的关于FD的规则相似。例如，MVD遵循

- 平凡MVD（trivial MVD），如果$\{B_1, B_2, \cdots, B_m\} \subseteq \{A_1, A_2, \cdots, A_n\}$，则MVD

$$A_1A_2\cdots A_n \to\to B_1B_2\cdots B_m$$

在任何关系中成立。

- 传递规则（transitive rule），如果关系中存在$A_1A_2\cdots A_n \to\to B_1B_2\cdots B_m$和$B_1B_2\cdots B_m \to\to C_1C_2\cdots C_k$，则

$$A_1A_2\cdots A_n \to\to C_1C_2\cdots C_k$$

也成立。C的任何也属于A的属性要从右边除去。

另一方面，MVD不遵循分解/结合规则中的分解部分，下面给出了一个这样的例子。

例3.30　再次考虑图3-10，这里存在MVD：

```
name →→ street city
```

若把分解规则应用于该MVD，将会有

```
name →→ street
```

成立。这个MVD意味着每个影星的街道地址（street）独立于其他属性，其中包括属性city。然而，这是错误的。例如，考虑图3-10中的前两个元组，根据上述假想的MVD可推出R中存在street相互交换的元组：

name	*street*	*city*	*title*	*year*
C. Fisher	5 Locust Ln.	Hollywood	Star Wars	1977
C. Fisher	123 Maple St.	Malibu	Star Wars	1977

但是这种元组是不存在的，因为street为5 Locust Ln.的家是在城市Malibu中，而不是在Hollywood。□

但是，还有一些关于MVD的新规则。

- FD升级（FD promotion）规则。每个FD都是MVD。也就是说，若$A_1A_2\cdots A_n \to B_1B_2\cdots B_m$成立，则$A_1A_2\cdots A_n \to\to B_1B_2\cdots B_m$也成立。

  为了说明这条规则成立的理由，假设在关系R上存在FD

  $$A_1A_2\cdots A_n \to B_1B_2\cdots B_m$$

  并且假设t和u是R中在A上取值相同的元组。为了证明MVD $A_1A_2\cdots A_n \to\to B_1B_2\cdots B_m$成立，需要证明R也包含元组v，它与t和u在A上的取值相同，与t在B上的取值相同，与u在其他属性上的取值相同。但是v可能是u，那么u与t和u在A上的取值肯定相同，这由上面的假设可得。由于FD $A_1A_2\cdots A_n \to B_1B_2\cdots B_m$成立，这就确保了u与t在B上的取值相同。当然u与其自身在其他属性上的取值相同。因此，当FD成立时，相应的MVD也必定成立。

- 互补规则（complementation rule）。若关系R上存在MVD $A_1A_2\cdots A_n \to\to B_1B_2\cdots B_m$，则R上也存在$A_1A_2\cdots A_n \to\to C_1C_2\cdots C_k$，其中C是R中不属于A和B的所有其他属性的集合。也就是说，在两个具有相同A属性值的元组间交换B和交换C的效果相同。

例3.31　再次考虑图3-10和其存在的MVD：

```
name →→ street city
```

互补规则是说

```
name →→ title year
```

在R上也必然成立，这是因为title和year是不在第一个MVD中出现的属性。第二个MVD直观上表示每个影星可参演多部电影，且独立于影星的地址。□

右边是左边子集的MVD是平凡MVD，它在任何关系上都成立。但是，互补规则的一个有趣的推论是，有一些平凡MVD看起来不平凡。

- 附加平凡MVD（More Trivial MVD's）。若关系R的所有属性为

  $$\{A_1, A_2, \cdots, A_n, B_1, B_2, \cdots, B_m\}$$

  则$A_1A_2\cdots A_n \to\to B_1B_2\cdots B_m$在R上成立。

为了说明这些平凡MVD成立的原由，注意，如果选取两个在$A_1, A_2, \cdots, A_n$上一致的元组，交换其在属性$B_1, B_2, \cdots, B_m$上的分量值，那么可以得到两个和原来相同的元组，虽然是采用相反的顺序。

3.6.4 第四范式

在3.6.1节中发现的由MVD引起的冗余，可通过在分解中使用这些依赖来消除。本节将引入一种新的范式，称为“第四范式”。在这个范式中，如同消除所有违犯BCNF的FD一样，消除了所有非平凡MVD。结果是，分解后的关系中既不存在3.3.1节中讨论的由FD带来的冗余，也不存在3.6.1节中讨论的由MVD带来的冗余。

“第四范式”条件本质上是BCNF条件，但它应用于MVD而非FD。正式的定义是：

- 如果对于R中的每个非平凡MVD $A_1 A_2 \cdots A_n \to\to B_1 B_2 \cdots B_m$，$\{A_1 A_2 \cdots A_n\}$都是超键，则$R$属于*第四范式*（fourth normal form，4NF）。

  也就是说，若一个关系属于4NF，则每个非平凡MVD实际上都是左边为超键的FD。注意，键和超键概念只是基于FD，添加MVD不会改变“键”的定义。

例3.32 图3-10中的关系违反了4NF条件。例如

```
name →→ street city
```

是一个非平凡MVD，但其中的name不是超键。事实上，这个关系仅有的键是所有属性的集合。 □

第四范式事实上是广义的BCNF。回想3.6.3节中提到的每个FD都是MVD。因此，每个BCNF违例也同时是4NF违例。换言之，每个属于4NF的关系也都属于BCNF。

然而，存在一些属于BCNF但不属于4NF的关系。图3-10是一个很好的例子。这个关系仅有的键是所有属性的集合，从而不存在非平凡FD。因此它肯定属于BCNF。但是，正如在例3.32中看到的那样，它不属于4NF。

3.6.5 分解为第四范式

4NF分解算法与BCNF分解算法非常类似。

算法3.33 **分解为第四范式**

输入：关系R_0，其上的FD和MVD集合为S_0。

输出：由R_0分解出的关系集合，其中每个关系均属于4NF。分解具有无损连接性质。

方法：依次执行下列步骤，令$R = R_0$，$S = S_0$：

1. 在R中找出一个4NF违例，记为$A_1 A_2 \cdots A_n \to\to B_1 B_2 \cdots B_m$，其中$\{A_1, A_2, \cdots, A_n\}$不是超键。注意这个MVD可以是$S$中的一个真的MVD，也可以源自$S$中对应的FD $A_1 A_2 \cdots A_n \to B_1 B_2 \cdots B_m$，这是因为每个FD都是MVD。如果不存在，返回；$R$自身就是一个合适的分解。

2. 如果存在这样的4NF违例，则将含有该4NF违例的关系R的模式分解为两个模式：

   a) R_1，其模式是A和B。

   b) R_2，其模式是A以及R中所有不属于A和B的其他属性。

3. 找出在R_1和R_2上成立的FD和MVD（3.7节将解释在一般情况下如何完成这项任务，但依赖的“投影”经常是很直截了当的）。根据投影后的依赖递归地分解R_1和R_2。

例3.34 继续考虑例3.32，可以观察到

```
name →→ street city
```

是一个4NF违例。由上面的分解规则可知，应把含有五个属性的模式用两个模式来代替，其中一个模式只含有上面依赖中的三个属性，而另一个模式含有name和不在MVD中出现的属性。这些属性是title和year，于是分解得到的两个模式为

```
{name, street, city}
{name, title, year}
```

因为在这两个模式中都不存在非平凡多值（或函数）依赖，所以它们都属于4NF。注意，在模式为{name, street, city}的关系中，MVD

```
name →→ street city
```

是平凡的，因为它包含了所有的属性。同样，在模式为{name, title, year}的关系中，MVD

```
name →→ title year
```

也是平凡的。假如分解出的某一个或两个关系不属于4NF，则还要对其作进一步的分解。 □

和BCNF分解一样，每步分解后所得关系模式中的属性个数都严格少于原始关系的属性个数。因此，最后肯定能得到不需要继续分解的模式，也就是说，它们属于4NF。此外，这也说明了3.4.1节中给出的分解方法对于MVD同样适用。根据MVD $A_1A_2\cdots A_n \rightarrow\rightarrow B_1B_2\cdots B_m$分解一个关系时，这个依赖足以证明可以从分解后的关系中重构原始关系。

3.7节将给出一个算法，通过它可以验证MVD用于4NF分解的正确性，同时也证明其分解包含无损连接。在那一节中，还将花费较多时间论述如何将MVD投影到分解后的关系上。当要决定是否需要进一步分解时，依赖投影是必需的。

3.6.6 范式间的联系

如前所述，4NF蕴涵BCNF，同样BCNF蕴涵3NF。图3-12给出了满足这三个范式的关系模式(包括依赖)集合之间的关系。也就是说，若含有特定依赖的关系属于4NF，则它也属于BCNF和3NF。若含有特定依赖的关系属于BCNF，则它也属于3NF。

比较这些范式的另一种方法是，比较分解到各范式的关系的性质。图3-13的表中给出了对这几种范式性质的总结。即BCNF（当然也包括4NF）消除了由FD带来的冗余和其他异常，但只有4NF才能消除由非平凡MVD（不是FD）带来的附加冗余。通常3NF就足以消除这些冗余，但仍然存在它不能消除的例子。总是选择分解到3NF，是因为这样做能保持FD，即在分解后的关系中仍存在FD（虽然在本书中没有讨论相应的算法）。BCNF不能保证依赖保持性质。虽然在一些典型的例子中能够保持MVD，但是没有一个范式能保证这种MVD的保持性质。

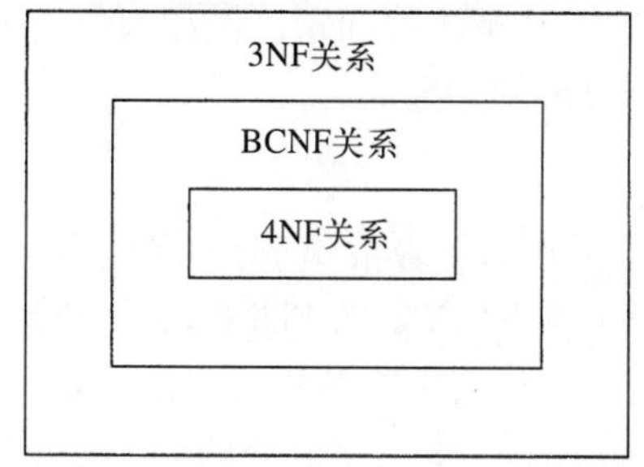

图3-12　4NF蕴涵BCNF，BCNF蕴涵3NF

性　质	3NF	BCNF	4NF
消除FD带来的冗余	否	是	是
消除MVD带来的冗余	否	否	是
保持FD	是	否	否
保持MVD	否	否	否

图3-13　范式及其分解的性质

3.6.7 习题

习题3.6.1　假设关系$R(A, B, C)$中存在MVD $A \rightarrow\rightarrow B$。若$R$的当前实例中含有元组$(a, b_1, c_1)$，$(a, b_2, c_2)$和$(a, b_3, c_3)$，那么$R$中必然还存在哪些其他的元组？

习题3.6.2　假设有一个记录了人的姓名、社会保险号和生日的关系。同时该关系还记录了他们每个孩子的姓名、社会保险号、生日以及他们拥有的汽车的车牌号和厂家。更精确地说，该关系的元组是：

$$(n, s, b, cn, cs, cb, as, am)$$

其中

1. n是人的姓名，s是其社会保险号。
2. b是n的生日。
3. cn是n的某个孩子的名字。
4. cs是cn的社会保险号。
5. cb是cn的生日。
6. as是n的某部汽车的车牌号。
7. am是车牌号为as的汽车的生产厂家。

对这个关系：

a) 指出其含有的函数依赖和多值依赖。

b) 将其分解到4NF。

习题3.6.3　对于下面的各个关系模式和依赖

a) $R(A, B, C, D)$，存在MVD $A \to\to B$和$A \to\to C$。

b) $R(A, B, C, D)$，存在MVD $A \to\to B$和$B \to\to CD$。

c) $R(A, B, C, D)$，存在MVD $AB \to\to C$和FD $B \to D$。

d) $R(A, B, C, D, E)$，存在MVD $A \to\to B$和$AB \to\to C$，以及FD $A \to D$和$AB \to E$。

分别回答下面问题：

i) 指出所有的4NF违例。

ii) 把关系分解为多个属于4NF的关系。

习题3.6.4　非形式地证明为什么在例3.28中希望五个属性中的任一个属性都不能由其他四个属性函数决定。

3.7 MVD的发现算法

与FD的推论相比，MVD的推论以及MVD和FD的联合推论要困难得多。对于FD，可以根据算法3.7来判断一个FD是否能由给定的FD集推断。本节将首次证明闭包算法和3.4.2节中的chase算法本质上是相同的。通过扩展chase的思想，可以像处理FD一样来处理MVD。一旦适当地使用这个工具，就能够解决有关MVD和FD的所有有待解决的问题，例如判断一个MVD是否能由给定的依赖推断，以及如何投影MVD和FD到分解的关系上。

3.7.1 闭包和chase

3.2.4节已经说明了如何计算属性集合X的闭包X^+，即所有函数依赖于X的属性集合。在那种方式下，通过计算X关于FD的闭包并观察Y是否包含于该闭包X^+，来判断FD $X \to Y$是否能由给定的FD集合F推断。可以将闭包看作chase的一个变体，但其中的初始图例和目标条件不同于3.4.2节。

假设初始图例包含两行。它们在属性集X上一致，而在其他所有属性上均不一致。若使用F中的FD在图例上执行chase过程，将正好等同那些属于X^+-X列的字母。因此，判断$X \to Y$是否可由F推断的基于chase的方法可以总结如下：

1. 初始图例包含两行，它们仅在属性集X上一致。
2. 使用F中的FD在图例上执行chase过程。
3. 若最终的图例在属于Y的所有列上都一致，则$X \to Y$成立；否则，不成立。

例3.35　再次考虑例3.8，其中关系$R(A, B, C, D, E)$上的FD为$AB \to C$、$BC \to AD$、$D \to E$

和$CF \to B$。我们检验$AB \to D$是否成立。初始图例如下：

A	B	C	D	E	F
a	b	c_1	d_1	e_1	f_1
a	b	c_2	d_2	e_2	f_2

由$AB \to C$可知$c_1 = c_2$；即用c_1代替c_2。结果图例为：

A	B	C	D	E	F
a	b	c_1	d_1	e_1	f_1
a	b	c_1	d_2	e_2	f_2

接着，由$BC \to AD$可知$d_1 = d_2$；由$D \to E$可知$e_1 = e_2$。此时，图例为：

A	B	C	D	E	F
a	b	c_1	d_1	e_1	f_1
a	b	c_1	d_1	e_1	f_2

这时已经无法继续下去了。由于两个元组在D列上一致，因而可知$AB \to D$可以从给定的FD集推断。 □

3.7.2 将chase扩展到MVD

使用chase的FD推导方法也同样可以用来推导MVD。推导FD时，面对的问题是两个可能不相等的值在事实上是否一定相同。当使用FD $X \to Y$时，需要在图例中找到两个在X的所有列上一致的行，然后强制等同所属于Y列的字母。

然而，MVD并没有指出哪些字母是等同的。相反，$X \to\to Y$指出，如果在图例中找到两个在X上一致的行，那么可以通过交换它们中属于Y的那些属性的值来构造两个新元组，且这两个元组必定属于原关系，因此也必然在图例中。同理，如果要从给定的FD和MVD集中推导出MVD $X \to\to Y$，则初始图例要包含两个在X上一致但在所有其他属性上均不一致的行。使用给定的FD来等同字母，使用给定的MVD来交换已有的两行中某些属性的值，以便在图例中加入新的行。如果在图例中发现了这样的一个原始元组，它的Y分量值被另一个原始元组所替代，那么就推导出了目标MVD。

在这个更为复杂的chase过程中，有一点需要小心。由于等同字母会导致一些字母被另一些所替代，故可能不知道已经创建了一个想要的元组，原因是某些原始字母可能已被其他字母所替代。为避免这个问题，最简单的方法是初始化定义目标元组，并永不改变它。也就是说，令目标行的每个分量均为不带下标的字母。开始时，令图例中与$X \to\to Y$对应的两个原始行中所有属于X的分量均为不带下标的字母；第一行中所有属于Y的分量也均为不带下标的字母，而第二行中所有不属于X和Y的分量为不带下标的字母。在两行中的其他位置填入新的字母，每个只出现一次。当要等同带下标的字母和不带下标的字母时，和3.4.2节中一样，总是用不带下标的字母来替代带下标的字母。然后，执行chase过程时，只需要观察是否有所有分量均为不带下标的字母的行出现在图例中。

例3.36 假设关系$R(A, B, C, D)$上的给定依赖为$A \to B$和$B \to\to C$。需要证明$A \to\to C$在R上成立。表示$A \to\to C$的初始两行图例为：

A	B	C	D
a	b_1	c	d_1
a	b	c_2	d

注意，目标行是(a, b, c, d)。图例中的两行在A列上均为不带下标的字母，第一行在C列上的字母不带下标，而第二行在其余列上的字母不带下标。

首先根据FD $A \to B$导出$b = b_1$。使用不带下标的字母b来替代字母b_1。图例变为：

A	B	C	D
a	b	c	d_1
a	b	c_2	d

接下来，由于两行在B列上一致，故使用MVD $B \to\to C$。通过交换C列得到两个新行，并添加到图例中。从而，图例变为：

A	B	C	D
a	b	c	d_1
a	b	c_2	d
a	b	c_2	d_1
a	b	c	d

现在，有一行的所有分量均为不带下标的字母，因此证明了$A \to\to C$在R上成立。需要注意图例操作是如何给出了$A \to\to C$成立的证明。证明如下：“给定R的两个在A上一致的元组，则由于$A \to B$，它们在B上也必定一致。因为它们在B上一致，故可根据$B \to\to C$，交换它们在C上的分量，所得的元组也必定属于R。因此，如果R的两个元组在A上一致，则交换它们在C上的分量所得的元组也属于R；即$A \to\to C$。” □

例3.37 有一个关于FD和MVD的令人吃惊的规则：只要存在MVD $X \to\to Y$和任意一个右边为Y的子集（不必是真子集，记为Z）的FD，便有$X \to$ Z。可以使用chase过程来证明这个规则的一个简单的例子。给定关系$R(A, B, C, D)$，其上有MVD $A \to\to BC$和FD $D \to C$，需要证明$A \to C$。

由于要证明的是一个FD，所以不需要担心目标元组是不带下标的这一点。初始的两个元组只需要在A上一致，并在所有其他列上均不一致即可。例如：

A	B	C	D
a	b_1	c_1	d_1
a	b_2	c_2	d_2

目标是要证明$c_1 = c_2$。

因为这两行只在A上一致，所以目前只能使用MVD $A \to\to BC$。交换这两行的B列和C列，产生两个新行，加入图例后得到：

A	B	C	D
a	b_1	c_1	d_1
a	b_2	c_2	d_2
a	b_2	c_2	d_1
a	b_1	c_1	d_2

现在有两行在D上一致，故可使用FD $D \to C$。例如，第一行和第三行含有相同的D值——d_1，故可使用FD推导出$c_1 = c_2$。这正是要证明的目标，因此证明了$A \to C$。新的图例为：

A	B	C	D
a	b_1	c_1	d_1
a	b_2	c_1	d_2
a	b_2	c_1	d_1
a	b_1	c_1	d_2

使用给定的依赖已经无法再做出任何改变了。但这无关紧要，因为已经证明了所需要的结论。□

3.7.3 chase为何对MVD有效

问题的本质和本书在前面已经给出的一样。chase的每一个步骤，无论它是等同字母还是产生新行，都真实反映了由该步骤中使用的FD或MVD所证明的关系R中的元组。因此，chase的每个肯定性的结果总是能够证明对应的FD或MVD在R上成立。

当chase以失败结束时，即没有产生目标行（对于MVD）或所期望的等同的字母（对于FD），最终的图例就是一个反例。它满足所有给定的依赖，否则不可能再做出改变。但它不满足试图证明的依赖。

当仅使用FD来执行chase时，有一个问题不会出现。由于针对MVD的chase会向图例中添加行，因此如何知道chase过程何时终结？能否一直添加新行却达不到目标，但又不能保证再做若干步后就能达到目标？幸运的是，上述情况不会发生。原因是chase过程从来不会创建新的字母。开始时，k列中的每一列都至多有两个字母，后来产生的所有行在某列上的分量都必然是该列的两个字母中的一个。因此，图例中行的数量不可能超过2^k，其中k是列数。针对MVD的chase可能需要指数时间，但它不可能永不停止。

3.7.4 投影MVD

推导MVD是为了对关系进行级联分解，以得到4NF关系。因此，需要能够将给定的依赖投影到第一步分解所产生的两个关系模式上。只有如此，才能知道它们是否属于4NF或者是否需要进一步分解。

最坏情况下，需要在每个分解得到的关系上检验所有可能的FD和MVD。chase检验被应用到原始关系的全部属性集上。然而，一个MVD的目标是在图例中产生一行，该行在分解得到的某个关系的所有属性上的值均为不带下标的字母，而在其他属性上的值可以是任何字母。FD的目标也一样：等同给定列中的字母。

例3.38 假设要分解关系$R(A, B, C, D, E)$，并设其分解的关系之一是$S(A, B, C)$。假定MVD $A \to\to CD$在R上成立。则这个MVD是否蕴涵某些在S上成立的依赖？若认为$A \to\to C$在S上成立，当然还有$A \to\to B$（由互补规则可知）。下面验证$A \to\to C$在S上成立。初始图例为：

A	B	C	D	E
a	b_1	c	d_1	e_1
a	b	c_2	d	e

根据R上的MVD $A \to\to CD$，交换这两行的C和D分量，得到两个新行：

A	B	C	D	E
a	b_1	c	d_1	e_1
a	b	c_2	d	e
a	b_1	c_2	d	e_1
a	b	c	d_1	e

注意，最后一行在S的所有属性（即A、B和C）上的值均为不带下标的字母。这就足以证明，$A \to\to C$在S上成立。□

通常，在投影后的关系上彻底地并不需要完全寻找FD和MVD。下面是一些简化：

1. 平凡FD和MVD肯定不需要检验。
2. 对于FD，由于存在合并规则，故只需要寻找右边为单个属性的FD。

3. 如果一个FD或MVD的左边不包含任何给定依赖的左边，则它肯定不成立，这是因为在这种情况下，chase检验无法开始。也就是说，使用给定的依赖无法改变用于chase检验的两个原始行。

3.7.5 习题

习题3.7.1　考虑关系$R(A, B, C, D, E)$，其上存在依赖 $A \to\to BC$，$B \to D$和$C \to\to E$。使用chase检验证明下列依赖在R上是否成立？

a) $A \to D$。

b) $A \to\to D$。

c) $A \to E$。

d) $A \to\to E$。

!习题3.7.2　如果将习题3.7.1中的关系R投影到$S(A, C, E)$，那么有哪些非平凡FD和MVD在S上成立？

!习题3.7.3　证明下列MVD规则。对于每种情况，均可参照chase检验来展开证明，但由于这些依赖所在的关系中，属性集是任意的集合X、Y、Z以及其他不知名的属性，因而必须考虑比例题更加一般化的情况。

a) 联合规则（union rule）。X、Y、Z都是属性集合，若$X \to\to Y$和$X \to\to Z$成立，则$X \to\to (Y \cup Z)$成立。

b) 交集规则（intersection rule）。X、Y、Z都是属性集合，若$X \to\to Y$和$X \to\to Z$成立，则$X \to\to (Y \cap Z)$成立。

c) 差异规则（difference rule）。X、Y、Z都是属性集合，若$X \to\to Y$和$X \to\to Z$成立，则$X \to\to (Y-Z)$成立。

d) 移除被左边和右边共享的属性集合（removing attributes shared by left and right side）。若$X \to\to Y$成立，则$X \to\to (Y - X)$成立。

!习题3.7.4　给出一个反例，说明为什么下列MVD规则不正确。提示：使用chase检验并观察结果。

a) 若$A \to\to BC$，则$A \to\to B$。

b) 若$A \to\to B$，则$A \to B$。

c) 若$AB \to\to C$，则$A \to\to C$。

3.8 小结

- 函数依赖（Functional Dependency）：函数依赖表示：若关系中的两个元组在某些属性集合上一致，则它们在另一些属性集合上也必须一致。
- 关系的键（Key of a Relation）：关系的超键（superkey）是可以函数决定该关系所有属性的属性集合。若一个超键不存在任何能函数决定所有属性的真子集，则它是键。
- 函数依赖的推论（Reasoning About Functional Dependency）：存在一组规则，根据这些规则可以推出在满足给定FD集的任意关系实例中，FD $X \to A$成立。证明FD $X \to A$成立的方法是计算X的闭包，使用给定FD来扩展X，直到它包含A。
- FD集合的最小基本集（Minimal Basis for a set of FD's）：对于任何FD集合，至少有一个最小基本集，它是一个和原FD集合等价的FD集合（即两者相互蕴涵），右边是单个属性，而且从中去除任一个FD或从左边去除任一个属性后都不再和原集合等价。
- Boyce-Codd范式（Boyce-Codd Normal Form）：若关系中的非平凡FD指明某个超键函数决定一个或其他多个属性，则该关系属于BCNF。BCNF的主要优点是它消除了由FD引起的冗余。
- 无损连接分解（Lossless-Join Decomposition）：分解的一个有用性质是可以通过将分解

得到的关系进行自然连接，来准确地恢复原始关系。任何一个分解都包含了原关系的所有元组，但若分解选择不当，则连接结果会包含不属于原关系的元组。

- 依赖保持分解（Dependency-Preserving Decomposition）：分解的另一个很好的性质是可以通过检查在分解得到的关系上的FD来证明原关系上的所有函数依赖。
- 第三范式（Third Normal Form）：有时，分解到BCNF时无法具有依赖保持性质。3NF是一种比BCNF限制较松的范式，它允许FD $X \rightarrow A$（其中X可以不是超键，而A是键的成员）的存在。3NF不保证消除所有由FD引起的冗余，但大多数情况下可以消除。
- chase：可以通过创建一个图例（一些表示原关系元组的行的集合）来判断一个分解是否具有无损连接性质。通过给定的FD来推断某些字母对必定相同来对图例进行chase。分解对于给定的FD集合是无损的，当且仅当chase过程导致图例中出现了一个和之前假定的元组相同的行，该元组属于将投影后的各关系进行连接而得到的关系。
- 3NF综合算法（Synthesis Algorithm for 3NF）：若将给定的FD集合的一个最小基本集中的每个FD转化为一个关系，并在必要时添加一个关系的键，则结果是一个具有无损连接和依赖保持性质的3NF分解。
- 多值依赖（Multivalued Dependency）：多值依赖表示关系中有两个属性集的值以所有可能的组合方式出现。
- 第四范式（Fourth Normal Form）：关系中的MVD也可能引起冗余。4NF同BCNF相似，但也禁止存在左边不是超键的非平凡MVD。一个关系可以无损地分解为4NF关系集合。
- MVD的推论（Reasoning About MVD's）：通过chase过程可以从给定的MVD和FD集中推出其他MVD和FD。开始时用一个两行的图例来表示试图证明的依赖。然后通过等同字母来应用FD，并且通过向图例中添加新行并交换合适的分量来应用MVD。

3.9 参考文献

[6]中描述了第三范式。这篇文章介绍了函数依赖的思想和基本的关系概念。而Boyee-Codd范式出现在稍晚些的文章[7]中。

多值依赖和第四范式由Fagin在[9]中定义。多值依赖的思想也独立出现在[8]和[11]中。

Armstrong是第一个研究FD推导规则[2]的人。本书中给出的关于推导FD（包括Armstrong公理）和MVD的规则来自于[3]。

通过计算属性集的闭包来验证FD的方法来自于[4]，因为实际上，最小基本集提供了3NF分解方法。3NF分解具有无损连接和依赖保持性质来自于[5]。

无损连接性质的图例测试和chase源于[1]。更多的信息和这些思想的历史来源可以参考[10]。

1. A. V. Aho, C. Beeri, and J. D. Ullman, "The theory of joins in relational databases," *ACM Transactions on Database Systems* **4**:3, pp. 297-314, 1979.

2. W. W. Armstrong, "Dependency structures of database relationships," *Proceedings of the 1974 IFIP Congress*, pp. 580–583.

3. C. Beeri, R. Fagin, and J. H. Howard, "A complete axiomatization for functional and multivalued dependencies," *ACM SIGMOD International Conference on Management of Data*, pp. 47–61, 1977.

4. P. A. Bernstein, "Synthesizing third normal form relations from functional

dependencies," *ACM Transactions on Database Systems* **1**:4, pp. 277–298, 1976.

5. J. Biskup, U. Dayal, and P. A. Bernstein, "Synthesizing independent database schemas," *ACM SIGMOD International Conference on Management of Data*, pp. 143–152, 1979.

6. E. F. Codd, "A relational model for large shared data banks," *Comm. ACM* **13**:6, pp. 377–387, 1970.

7. E. F. Codd, "Further normalization of the data base relational model," in *Database Systems* (R. Rustin, ed.), Prentice-Hall, Englewood Cliffs, NJ, 1972.

8. C. Delobel, "Normalization and hierarchical dependencies in the relational data model," *ACM Transactions on Database Systems* **3**:3, pp. 201–222, 1978.

9. R. Fagin, "Multivalued dependencies and a new normal form for relational databases," *ACM Transactions on Database Systems* **2**:3, pp. 262–278, 1977.

10. J. D. Ullman, *Principles of Database and Knowledge-Base Systems, Volume I*, Computer Science Press, New York, 1988.

11. C. Zaniolo and M. A. Melkanoff, "On the design of relational database schemata," *ACM Transactions on Database Systems* **6**:1, pp. 1–47, 1981.

第4章 高级数据库模型

考虑一个新数据库（如本书的电影数据库）如何建立的过程。图4-1介绍了一个过程。该过程从设计阶段开始，提出并回答存储什么信息，信息元素之间如何关联，假定有什么样的约束，诸如键或者参考的完整性，等等。这个阶段可能持续很长一段时间，其间需要评价不同的可选方案，协调不同意见。图4-1中从思考转变成为高级设计就是这个阶段。

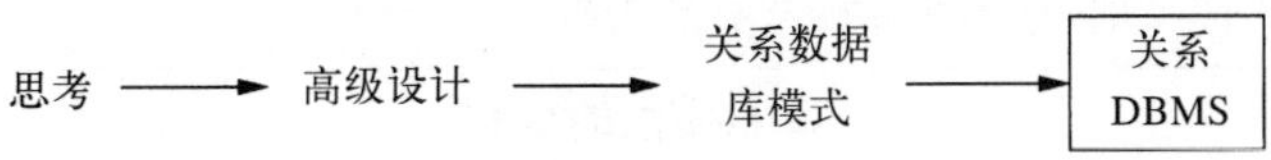

思考 ——→ 高级设计 ——→ 关系数据库模式 ——→ 关系DBMS

图4-1 数据库建模和实现过程

由于绝大部分的商业数据库系统使用关系模型，所以在此假设设计阶段也应该使用这个模型。尽管如此，实际上通常很容易以一个高级模型开始然后将设计转换到关系模型上。这么做的主要原因是关系模型只有一个概念——关系，而没有多个补充的概念，使其更接近现实世界情况。关系模型中概念简单是这个模型一个很大的活力，尤其是它带来数据库操作的有效实现。然而当进行一个最初的设计时这恰恰又成为了缺点，这就是为什么在开始时要使用一个高级设计模型的原因。

有几种用符号表达设计的方法。最早的方法是“实体−联系图”，这部分将会在4.1节中讲述。最近的趋势是使用UML（统一建模语言），它最早是用在面向对象软件项目设计中的一种新符号标记方法，这种方法也可以描述数据库模式。4.7节将介绍这个模型。最后，在4.9节中介绍ODL（对象描述语言），它将数据库描述为类与对象的集合。

图4-1中的下一个阶段是从高级设计转变到一个关系数据库模式设计。这个阶段只有在确定了高级设计时才能够进行。不管使用哪种高级模型，都有相应的方法将高级设计转换成为一个关系数据库模式，并且可以在一个常规的DBMS中运行。4.5节和4.6节讨论E/R图到关系数据库模式的转换。4.8节讨论UML到关系数据库模式的转换，4.10节讨论ODL到关系数据库模式的转换。

4.1 E/R模型

在实体－联系（entity-relationship model，或E/R 模型）模型中，数据的结构用图形化方式表示，即“实体－联系图”，用到以下三个主要的元素类型：

1. 实体集
2. 属性
3. 联系

下面将依次介绍这三个元素。

4.1.1 实体集

实体（entity）是某种抽象对象，相似实体的集合形成实体集（entity set）。从面向对象程序设计的意义上讲，实体和“对象”有某种相似性。同样，实体集和对象类也有相似性。但是，E/R模型是个静态的概念，它只包括数据的结构但不包括对数据的操作。所以，实体集中不会像类那样有*方法*（method）出现。

例4.1　考虑电影数据库的设计例子。每个电影是个实体，所有电影的集合构成一个实体集。同样，影星也是实体，影星的集合也是一个实体集。电影公司是另一个实体，电影公司集合是出现在例子中的第三个实体集。□

4.1.2　属性

实体集有相关的*属性*（attribute），属性是这个实体集中实体所具有的性质。比如，实体集Movies可能有title（电影名）或length（片长）等属性。在例子中如果实体集Movies的属性与关系Movies的属性相似不应该令你感到惊奇。因为尽管在最后的设计中不是每一个关系都是由实体集来产生，但是通常实体集用关系来实现。

E/R模型的变化

在E/R模型的某些版本中，属性的类型可以是：

1. 原子的，如本书所用版本。
2. “结构”，如在C语言中，或具有固定数目的原子分量的元组。
3. 一种类型的一组值：或原子类型，或“结构”类型。

例如，在这样一个模型中，一个属性的类型可以是一个成对（pair）数据集，每个数据对都是由一个整型和一个字符串组成。

在本书的E/R模型版本中，假定属性都是原子类型，比如字符串、整数、实数。但是这个模型有一些其他变化，其中属性可以有限定的结构，如上面“E/R模型的变化”框中所示。

4.1.3　联系

联系（relationship）是两个或多个实体集的连接。例如，Movies和Stars是两个实体集，Stars-in就是连接Movies和Stars的联系。其目的是如果影星实体s出现在电影实体m中，m和s就被Stars-in联系在一起。二元联系是目前为止最一般的联系类型，它联系两个实体集，E/R模型允许联系连接任意数目的实体集。4.1.7节将讨论这种多路联系。

4.1.4　实体－联系图

E/R图（E/R diagram）是描述实体集、属性和联系的图示。图中每种元素都用节点表示，并且使用特殊形状的节点来标识特定的类别：

- 用矩形表示实体集
- 用椭圆表示属性
- 用菱形表示联系

用边来连接实体集与它的属性，同样也用边来连接联系与它的实体集。

例4.2　图4-2是一个E/R图，表示一个简单的电影数据库。实体集是Movies、Stars和Studios。

Movies实体集有四个通常的属性：title、year、length和genre。另外两个实体集Stars和Studios正好有两个相同的属性：name和address，都有其明显的意义。图中还有两个联系：

1. Stars-in是电影及其影星的联系。因此也是影星及其所参演的电影的联系。

2. Owns是电影及其所属电影公司的联系。图4-2中指向实体集Studios的箭头暗示每部电影只属于唯一的电影公司。4.1.6节将讨论这样的唯一性约束。□

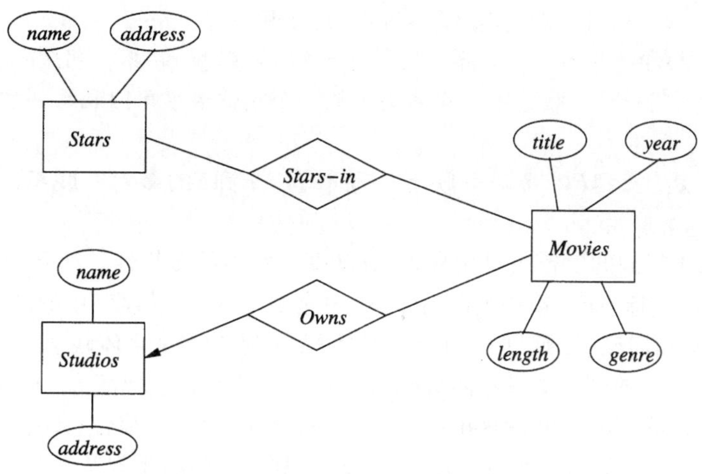

图4-2　电影数据库的实体−联系图

4.1.5　E/R图实例

E/R图是一种描述数据库模式（schema）的符号。可以设想，一个用E/R图描述的数据库包含特定的数据，称为数据库实例（instance）。由于数据库并不是由E/R模型实现，而只是设计，那么这个实例并不像关系的实例那样存在于一个DBMS中。尽管这样，它通常对于设计中的数据库的可视化很有帮助，就像它真的存在一样。

对每个实体集，数据库实例有一个特定的有限实体集合。实体集中的每个实体对每个属性都有特定的值。可以设想连接n个实体集$E_1, E_2, \cdots, E_n$的联系R的一个实例由元组$(e_1, e_2, \cdots, e_n)$的有限集构成，其中每个e_i都是从实体集E_i的当前实例中选出。每个这样的元组被认为是由联系R"连接"起来。

这个元组集叫做R的联系集（relationship set）。把联系集直观地表示为一张表或关系很有帮助。尽管如此，一个联系集的元组并不是一个真正的关系元组，因为它们的分量是实体而不是原始的类型，诸如字符串或者整型。表的列头是包含在联系集中的实体集名，表的行是被联系起来的一串实体集。尽管这样，当把联系转换成关系时，这个关系与之前的联系集并不一样。

例4.3　联系Stars-in的一个实例可由下表表示：

Movies	*Stars*
Basic Instinct	Sharon Stone
Total Recall	Arnold Schwarzenegger
Total Recall	Sharon Stone

联系集的成员是表的行。例如，(Basic Instinct, Sharon Stone）是联系Stars-in的当前实例的联系集中的一个元组。□

4.1.6　二元E/R联系的多样性

总体来说，二元联系能将一个实体集中任意数目的实体与另一个实体集中任意数目的实体相连接。可是，通常在联系的多样性上会有所约束。假设R连接实体集E和F，那么：

- 如果E中的任一实体可以通过R与F中的至多一个实体联系，那么说R是从E到F的多对一（many-one）联系。当从E到F是一种多对一的联系时，F中的每一个实体都能与E中的许多实体联系。类似地，如果F中任一实体可通过R与E中至多一个实体联系，则说R是从F

到E的多对一联系。（或者说是从E到F的一对多联系。）

- 如果R既是从E到F的多对一联系，又是从F到E的多对一联系，那么R就是一对一（one-one）联系。在一对一联系中，实体集中的一个实体最多可以和另一实体集中的一个实体联系。
- 如果R既不是从E到F的多对一联系，也不是从F到E的多对一联系，则说R是多对多（many-many）联系。

正如在例4.2中提到的，箭头可用来表示E/R图中联系的多样性。如果从实体集E到F是多对一联系，就把箭头指向F。箭头表明实体集E中每个实体与实体集F中的最多一个实体联系。除非还有一个箭头指向E，否则F中的每个实体可以与E中的多个实体联系。

例4.4　根据这个原则，如果实体集E和F是一对一联系，就把箭头同时指向E和F。例如，图4-3中有两个实体集Studios和Presidents，二者通过Runs联系（属性省略）。假设一个经理只管理一家电影公司，一家电影公司只有一个经理，那么这种联系就是一对一的，可以用两个箭头分别指向两个实体。

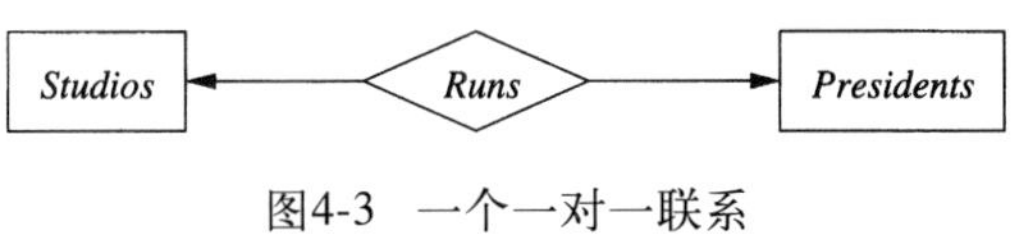

图4-3　一个一对一联系

记住一个箭头是表示“最多一个”，但它并不保证箭头指向的实体集中的实体存在。所以，在图4-3中，你可以认为一个经理一定会和某个电影公司有联系；否则他怎么会成为主管？但是，电影公司可能会在某一特定时期没有经理，所以从Runs指向Presidents的箭头含义是“最多一个”，而不是“只有一个”。4.3.3节中将对此作进一步讨论。□

4.1.7　多路联系

E/R模型使人们能够更方便地描述多于两个实体集之间的联系。实际上，三重（三路）或更多路的联系很少，但是有时这些联系对于反映事物的真实情况很有必要。E/R图中的多路联系是由从联系菱形到它涉及的每个实体集的连线表示。

例4.5　图4-4有一个Contracts联系，包括电影公司、影星和电影三个实体集。这种联系表明电影公司和某一影星签约，让他出演一部电影。一般而言，E/R联系的值可以被当作一个联系元组集，元组的组成分量是加入到联系中的实体，在4.1.5中已经谈过这点。所以，Contracts联系可以由三元组（studio，star，movie）描述。

> **不同联系类型的含义**
>
> 应当注意，多对一联系是多对多联系的一种特殊情况，而一对一联系是多对一联系的一种特例。也就是说，多对一联系的任何有用的特性也同样适用于一对一联系。例如，表示多对一的数据结构也可以用来表示一对一联系，但它可能不适用于多对多联系。

在多路联系中，指向实体集E的箭头表示：如果从该联系的其他每个实体集中选择一个实体，它们至多与E中的一个实体联系（注意，这种规则泛化了多对一的二元联系的标识）。非正式地，可以认为是右边为E和联系中所有其他实体集在左边的函数依赖。

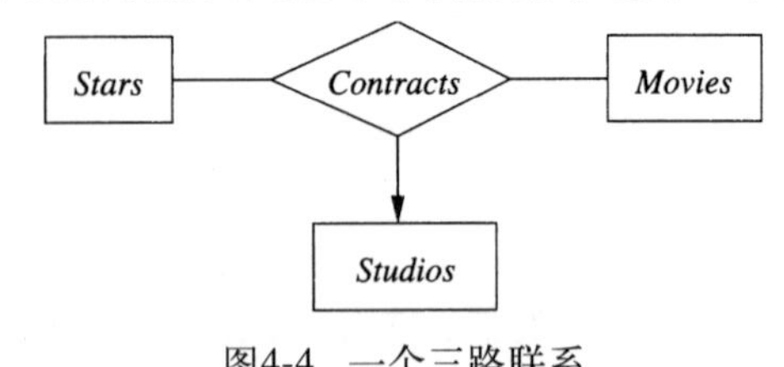

图4-4　一个三路联系

在图4-4中，有一个箭头指向Studios，表明对于某一影星和电影来说，只有一个电影公司，该影星与它签订了合同出演此电影。然而，不存在指向实体集Stars和Movies的箭头。一个电影公

司可以和一部电影的几个影星签约，一个影星可以和一个电影公司签约出演一部或多部电影。□

4.1.8 联系中的角色

在一个联系中一个实体集可能出现两次或多次。如果是这样，根据实体集在联系中出现的次数，把联系与实体集用同样多的连线连起来。每一条连向实体集的连线代表实体集在联系中扮演的不同角色（role）。因而人们给实体集和联系之间的边命名，称之为“角色”。

> **多路联系中箭头符号的限制**
>
> 当一个联系连接三个或更多的实体集时，就没有足够多的有箭头或没有箭头的线来表示这些情况。因此，不能用箭头描述每种可能出现的情况。例如，在图4—4中，因为只有电影公司制作一部电影，所以，仅仅电影公司有制作电影的功能，而不是影星和电影二者的联合。然而，已有的符号并不能把这种情况与三路联系区分开来，在三路联系的情况下，被箭头指向的实体集是其他两个实体集的函数。为了处理所有可能的情况，必须给出涉及联系实体集的函数依赖集。

例4.6　图4-5给出了一个由实体集Movies和它本身组成的联系Sequel-of。每个联系连接两部电影，其中之一是另一部的续集。为了在一种联系中区别两部电影，一条线标以Original，另一条标以Sequel，分别代表最初的电影及续集。假设一部电影有许多部续集，但对于每部续集来说只存在一部最初的电影。所以Sequel电影与Original电影之间是多对一联系，如同图4-5的E/R图中用箭头标明的那样。□

例4.7　最后给出一个包括多路联系和拥有多重角色的实体集例子。图4-6中是比例4.5中介绍的Contracts联系更为复杂的一个版本。现在，Contracts联系包括两个电影公司、一个影星和一部电影。其含义是，一家跟某个影星签约（通常并非仅为某部特定影片）的电影公司，可能与另一家电影公司签约以同意该影星出演某部电影。因而，此联系被描述为四元组的形式：（studio1，studio2，star，movie），表示studio2与studio1签约以借用studio1的影星star出演电影movie。

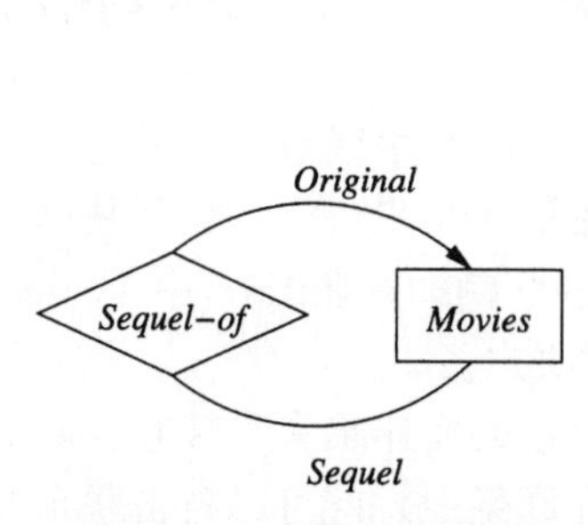

图4-5　带有角色的联系

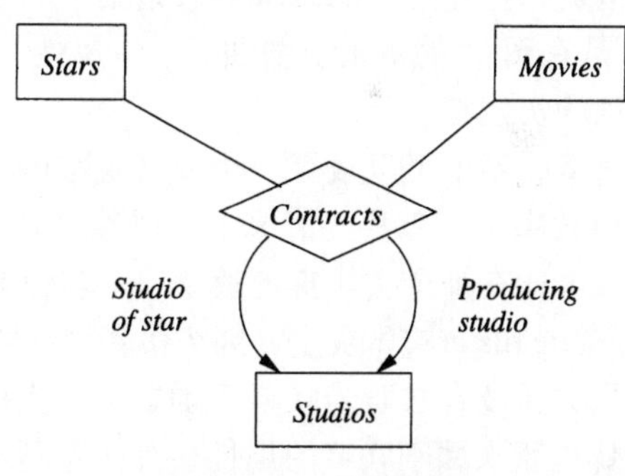

图4-6　一个四路联系

图4-6中可以看到，箭头指向Studios的两种角色——影星的“拥有者”和此电影的电影公司。但是，没有箭头指向Star或Movies。其理由如下：给定一个影星、一部电影和制作这部电影的电影公司，只有一家电影公司“拥有”此影星（假定一个影星只与一家电影公司签约）。类似地一部电影只由一家电影公司出品，因此给定一个影星、一部电影和此影星的签约电影公司，就可以唯一决定出电影出品公司。注意，在这两种情况下，都只需要知道其他实体中的一个就可以唯一决定一个实体——例如，只需要知道电影就可以唯一确定电影出品公司——

但这并不改变多路联系的多样性。

没有箭头指向Stars或Movies。给定一个影星、影星签约的电影公司和电影出品公司，可能会有几个不同的合同以允许该影星出演几部电影。因此，一个联系四元组的另外三个部分并不足以唯一决定一部电影。类似地，电影出品公司可能与另外一些电影公司签约以利用它们的多个影星出演同一部影片。因此，影星并不能由其他三个分量唯一决定。□

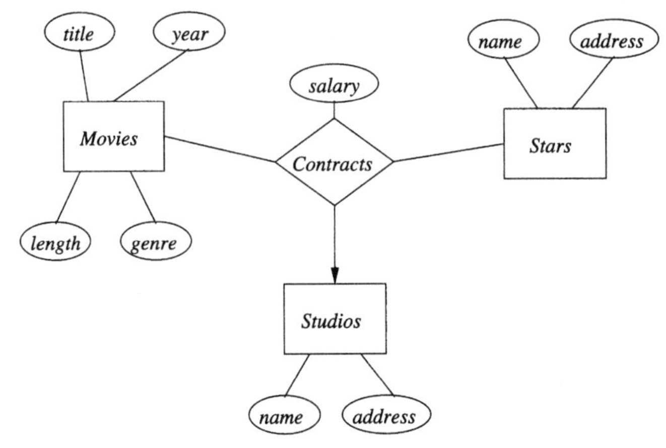

图4-7　一个有属性的联系

4.1.9 联系的属性

有时把属性与联系相连，较之与联系中的任何一个实体集相连更加方便，甚至是至关重要。例如，图4-4中的联系代表影星和电影公司就一部电影签署的合同[⊖]。人们可能会希望从合同中记录下片酬。但是不能把它与影星联系起来，因为影星可能在不同的电影中片酬不同。类似地，把片酬与电影公司（他们会付不同的片酬给不同的影星）或电影（不同的影星在同一部电影中的片酬不同）联系起来也是毫无意义的。

但是，把片酬与Contracts联系集中的三元组（star，movie，studio）连接起来是合适的。图4-7是在图4-4的基础上增加了一些属性。此处联系有了属性salary，而在图4-2中显示了有同样属性的实体集。

通常联系上可以放置一个或者更多的属性。这些属性的值是由联系集中对应关系的整个元组函数决定。在某些情况下，属性可以由相关的实体集的子集来决定，但不是单独的实体集（或者比在那个实体集上放置一个属性具有更多的意义）。例如，在图4-7中，salary实际上是由movie和star实体决定，因为studio实体是由movie实体决定。

其实并没有必要为联系添加属性。人们可以创建一个新的实体集来代替它，新实体集的属性就是原来属于联系的属性。如果把这个实体集包含在联系中，就可以省去联系本身的属性。但是联系上带属性是个有用的习惯，在适当的场合会继续使用它。

例4.8　修改图4-7中的E/R图，原图中的联系Contracts有属性salary。创建一个有属性salary的实体集Salaries。Salaries变成了联系Contracts的第四个实体集。全图显示在图4-8中。

注意在图4-8中有一个箭头指向Salaries实体集。这个箭头是适当的，因为salary是由所有其他对应于那个联系的实体集决定。通常，当把联系中的属性转换到一个额外的实体集上时，要放置一个箭头指向那个实体集。□

⊖ 这里，已将其恢复成例4.5中的三路合同的符号，而不是例4.7中的四路联系。

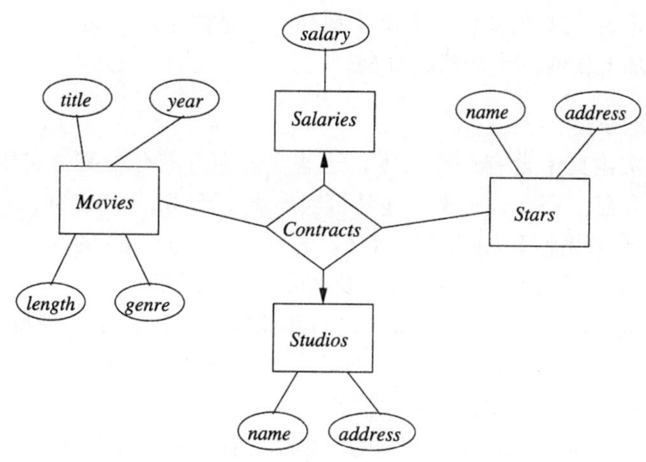

图4-8　把属性转换成实体集

4.1.10　多路联系到二元联系的转换

有一些数据模型约束联系必须是二元的，如UML（4.7节）和ODL（4.9节）。虽然E/R模型不限制联系是二元联系，但是有必要看一下连接多个实体集的联系是怎样转化为一组二元的多对一联系。为此，先介绍一种新的实体集，它的实体被看作是多路联系的联系集的元组。这个实体集叫做*连接*（connecting）实体集。然后，针对组成原来多路联系元组的每个实体集，从连接实体集中引入多对一联系。如果一个实体集扮演多个角色，那么每个角色就是一个联系。

例4.9　图4-6中的四路联系Contracts可以被一个也叫Contracts的实体集代替。如图4-9所示，实体集Contracts（合同）参与了四个联系。如果联系Contracts的联系集有一个四元组(studio1，studio2，star，movie)，那么实体集Contracts就有一个实体*e*。这个实体由联系Star-of连向实体集Stars中的实体star。由联系Movie-of连向Movies中的movie实体。Studios中的实体studio1和studio2分别由联系Studio-of-star和Producing-studio连接。

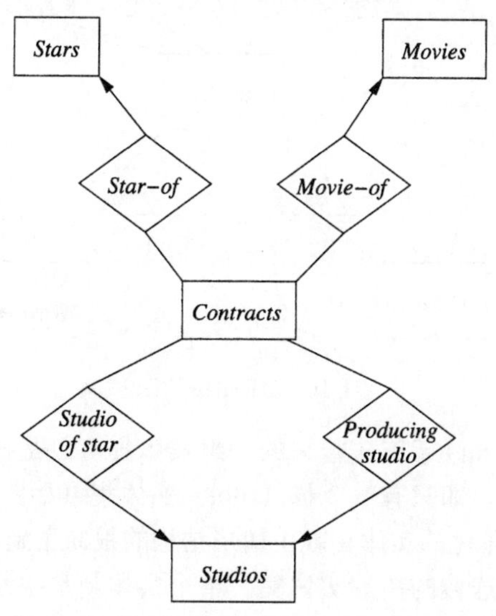

图4-9　用实体集和二元联系代替多路联系

注意，虽然图4-9中的其他实体都有隐含属性，但是假定实体集Contracts没有属性。然而，Contracts也有可能加上属性，比如签约日期。 □

4.1.11 E/R模型中的子类

经常地，一个实体集中含有一些实体，这些实体拥有集合中其他实体成员没有的特殊性质。如果这种情况存在，那么，定义一些特例实体集或子类（subclass）就很有用。这里每个子类有它自己的特殊的属性和/或联系。我们用一个被称作isa的联系连接实体集和它的子类（也就是，“*A*是*B*”表达了从实体集*A*到实体集*B*的“isa”联系）。

isa联系是一种特殊的联系，为了强调它与其他联系不同，用一种特殊符号即（三角形）表示。三角形的一边与子类相连，与此边相对的一角与父类相连。尽管没有标出其一对一联系的两个箭头，但每个isa联系都是一对一联系。

例4.10 在电影实例数据库中可以存储的电影种类有卡通片、凶杀片等一些特殊种类的电影。对每一种电影，都可以定义Movies实体集的子类。例如，假定有两个子类：Cartoons和Murder-Mysteries。卡通片除了拥有所有Movies共同的属性和联系外，还有一个额外的联系叫Voices，它给出了不演电影的配音影星的集合。除卡通片外没有别的电影有配音影星。凶杀片的一个附加属性是weapon。实体集Movies、Cartoons和Murder-Mysteries之间的联系如图4-10所示。 □

> **并列联系可以不同**
>
> 图4-9示例了联系的一个细节。在实体集Contracts和Studios上，有两个不同的联系，Studio-of-Star和Producing-Studio。人们不能因此就认为这些联系有相同的联系集。事实上，在这种情况下，两种联系不可能都是与相同的合同和相同的电影公司连接，因为如果这样的话，电影公司就只能与它本身签约。
>
> 更一般地，E/R图中相同实体集的多种联系并没有错。在数据库中，这些联系的实例一般都不同，反映了联系的不同意义。

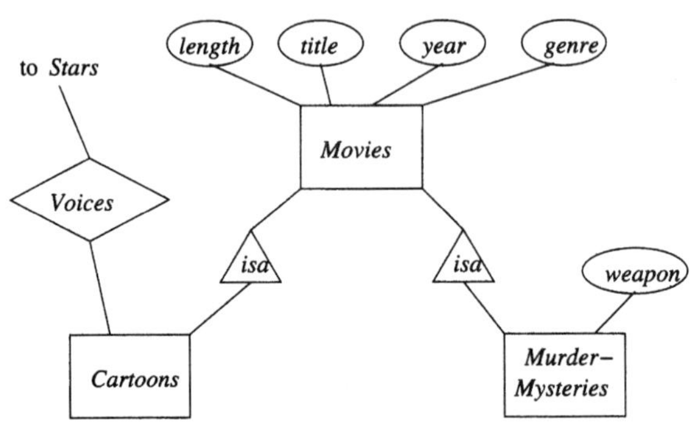

图4-10 E/R图中的isa联系

当然，原则上说，由isa联系连接起来的一组实体集可以是任何一种结构，但是在这里是把isa结构约束为树形结构，即只有一个根（root）实体集（如图4-10中的Movies），它是最具有概括性的，其他逐渐具体化的实体集就由树形结构的根向下延伸。

假设有一个由isa联系连接的树形实体集。单个实体就是由来自于一个或多个这样的实体集的组成部分（component）构成，这些组成部分是在包括根的子树中。也就是说，如果一个实体*e*在实体集*E*中有组成部分*c*，*E*在树中的父实体集是*F*，那么*e*也有*F*中的组成部分*d*。另外，

c和d必须在从E到F的isa联系集中配对出现。e的组成部分有什么属性，实体e就一定有什么属性；它们参与什么联系，e就一定参与什么联系。

例4.11 经典的电影（既不是卡通片也不是凶杀片）仅有一个组成部分在如图4-10所示的根实体集Movies中。这些实体只有Movies的四个属性（图4-10中没有显示Movies的两个联系——Stars-in和Owns）。

子类的E/R视图

E/R模型中的isa和面向对象语言中的子类有惊人的相似之处。从某种意义上说，"isa"是把子类与父类联系起来。但是，传统的E/R观点与面向对象方法仍有根本区别：在实体集树中实体被允许有代表，但对象被认为只存在于一个类或子类中。

在例4.11中，当讨论如何处理电影Roger Rabbit时，这种区别变得很明显。运用面向对象方法，需要给这部电影第四个实体集：cartoon-murder-mystery，它继承了Movies、Cartoons和Murder-Mysteries的所有属性和联系。然而，在E/R模型中，只要把Roger Rabbit的所有成分放进Cartoons和Murder-Mysteries实体集中，就能获得第四个子类的作用。

一部不是凶杀片的卡通片有两个组成部分，一个在Movies中，一个在Cartoons中。故而它的实体不仅有Movies的四个属性，还有联系Voices。类似地，凶杀片的实体有两个组成部分，一个在Movies中，一个在Murder-Mysteries中，因此有五个属性，包括weapon。

最后，像Roger Rabbit这样的电影既属于卡通片也属于凶杀片，它在三个实体集Movies、Cartoons和Murder-Mysteries中都有组成部分。三个组成部分被isa联系连接为一个实体。这些组成部分给予了Roger Rabbit实体Movies的四个属性和Murder-Mysteries的weapon属性以及Cartoons的Voices联系。 □

4.1.12 习题

习题4.1.1 为一家银行设计一个数据库，包括顾客以及他们账户的信息。顾客信息包括顾客姓名、地址、电话、社会保障号，账户信息包括号码、类型（如存款、支票）和余额。另外还需要记录拥有账户的顾客。给出该数据库的E/R图。在适当的地方画上箭头，以表示联系的多样性。

习题4.1.2 按如下要求修改习题4.1.1的解决方法：

a) 修改图使一个账户只有一个顾客。

b) 修改图使一个顾客只有一个账户。

!c) 修改习题4.1.1中的原图，使顾客可以有多个地址（街道、城市、州组成的三元组）和多个电话号码。记住E/R模型不允许属性有非原子类型，如集合。

!d) 进一步修改你的图，使顾客可以有一组地址，每个地址有一组电话号码。

习题4.1.3 为数据库设计E/R图，该数据库记录球队、队员和球迷的信息，包括：

a) 每个球队的名称、队员、队长（是队员的一员）和队服颜色。

b) 每个队员的名字。

c) 每位球迷的名字、最喜欢的球队、最喜欢的球员、最喜欢的颜色。

对于有一些颜色不适合作为球队的属性类型，你如何避免这些约束呢？

习题4.1.4 假设希望在习题4.1.3的模式上加一个联系Led-by，连接两个队员和一个球队。该联系集由三元组（player1，player2，team）构成，表示player2当队长时，player1在此队踢球。

a) 画出修改的E/R图。

b) 用一个新的实体集和二元联系替换这个三元联系。

!c) 新的二元联系是否和原来的某个联系相同？注意这里假设两个队员是不同的，也就是说，队长不能自己领导自己。

习题4.1.5　修改习题4.1.3，为每个队员记录他们踢球的历史，包括为每个球队效力的开始日期和结束日期（如果他们是转会过来的）。

!**习题4.1.6**　用一个实体集People设计一个家谱数据库，用来记录关于人物的信息包括他们的名字（一个属性）、他们的母亲、父亲和孩子。

!**习题4.1.7**　修改习题4.1.6中的“人物”数据库的设计，以包含下列特殊类型的人：

1. 女性
2. 男性
3. 为人父母者

也许你还想区别其他类型的人，请用联系来连接适当的人物的子类。

习题4.1.8　另外一种表示习题4.1.6的信息的方法是用三元联系Family，Family联系集中的三元组（person，mother，father）分别是一个人和他的母亲与父亲。当然，这三者都是People实体集中的实体。

*a) 画出该图，把箭头标在适当的边上。

b) 用一个实体集和一个二元联系代替三元联系Family。再次用箭头显示联系的多样性。

习题4.1.9　为大学注册设计一个适当的数据库。这个数据库包含的信息有学生、系别、教授、课程、学生选课情况、教授授课情况、学生成绩、助教（助教也是学生）、某系开设的课程以及任何你认为合适的信息等。这个问题比上一题的问题更自由，你需要对联系的多样性、合适的类型甚至是什么样的信息需要表示等问题作决策。

!**习题4.1.10**　非正式地讲，如果反映现实世界情况的两个E/R图的实例之一能从另一个推出，那么说这两个E/R图包含相同的信息。考虑图4-6的E/R图。利用一部电影必然只由一家电影公司制作这个事实，这个四路联系可以变为一个三路联系和一个二元联系。不利用四路联系，画出与图4-6包含信息相同的E/R图。

4.2　设计原则

虽然还需要了解E/R模型的更多细节，但是首先要学习什么是一个好的设计，什么应当避免。在本节，将介绍一些有用的设计原则。

4.2.1　忠实性

首要的也是最重要的，设计应当忠实于应用的具体要求。也就是说，实体集和它们的属性应当反映现实。你不能把属性圆柱号（number-of-cylinders）与影星（Stars）联系，然而却可以把它作为汽车的属性。根据所了解的要建模的那一部分真实世界，无论设计哪一种联系都应当有意义。

例4.12　如果在Stars和Movies之间定义联系Stars-in，它应该是一种多对多联系。原因是根据现实情况，影星可以在不止一部电影中出现，出演一部电影的影星也不止一个。认为Stars-in是任何方向的多对一或一对一联系都是不正确的。□

例4.13　另一方面，有时并不清楚现实世界要求在E/R建模中做什么。例如，思考一下实体集Courses和Instructors，它们之间有联系Teaches。从Courses到Instructors，Teaches是一种多对一联系吗？答案在于创建该数据库的组织的政策和意图。有可能学校有这样一个政策：对每一门课只有一个教师。即使有多位教师可以教授某门课程，学校也可能只允许有一个教师的名字列入数据库中，作为这门课的负责人。上述任何一种情况，都会使从Courses到Instructors的联系Teaches是多对一的。

相反，学校可能有规律地使用一组教师，并且希望数据库允许几个教师与同一门课程关联。Teaches联系的意图并不是反映目前教这门课的教师，而是那些曾经教过或者能够教这门课的人。因此，不能简单地从联系的名称上做出判断。在这两种情况中，把Teaches作为多对多联系更为恰当。 □

4.2.2 避免冗余

应当小心对每件事只说一次。在E/R设计中出现的典型问题是3.3节讨论的关于冗余和异常问题。然而，在E/R模型中，有几个新的机制也会引起冗余和异常。

例如，在电影和电影公司之间用了联系Owns。我们也可以把电影公司的名称studioName选作电影实体集的一个属性。虽然这样做并不违反规定，但却危险，原因有以下几点：

1. 一旦将E/R设计转换成一个关系的（或者其他类型的）具体实现时，这么做会导致事实的重复，结果是需要额外的空间来表达数据。

2. 由于可能改变联系而不是属性，或者改变属性而不是联系，所以存在一种更新异常的潜在可能性。

在4.2.4节和4.2.5节中将更深入地讨论避免异常。

4.2.3 简单性

除非有绝对需要，不要在你的设计中添加更多成分。

例4.14 假定用“电影所有权”来代替Movies和Studios之间的有关一部电影的所有权联系。可以再创建一个实体集Holdings，然后用一对一联系Represents表示每部电影和代表它的所有权之间的关联。用多对一联系表示Holdings到Studios之间的关联，如图4-11所示。

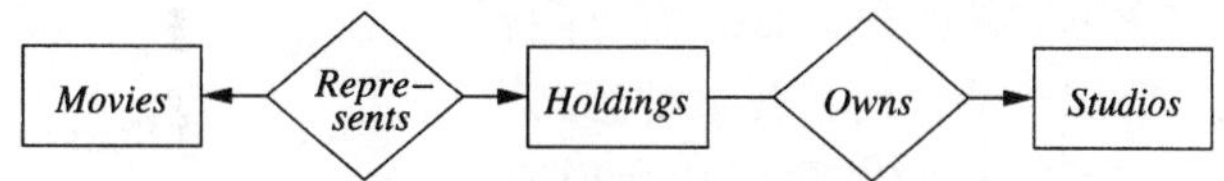

图4-11 含有不必要实体集的不好的设计

从技术上来说，图4-11真实地反映了现实世界，因为可以用联系Holdings将一部电影连向它的唯一拥有者。然而，Holdings在这里没有实际用途，没有它可能更好。它使利用电影－电影公司联系的程序变得更复杂、浪费空间且更容易犯错。 □

4.2.4 选择正确的联系

实体集可以用多种联系连接起来。但是，把每种可能的联系加到设计中却经常不是个好办法。如果这么做，一个联系连接起来的实体对或实体集可以从一个或多个其他的联系中导出，从而会导致冗余、更新异常和删除异常。下面用两个例子来解释这个问题，并讨论如何解决该问题。在第一个例子中，多个联系代表相同的信息；第二个例子中，一个联系可以从另外几个联系中导出。

例4.15 首先再来看一下图4-7，图中电影、影星和电影公司被三路联系Contracts连接起来。这里省略了图4-2中的二元联系Stars-in和Owns。是否需要在Movies和Stars、Movies和Studios之间分别加上这些联系呢？答案是：“不知道；这取决于对问题中这三个联系的假定。”

人们可以从Contracts推出Stars-in。如果只在合同中包括影星、电影、电影所属的电影公司的情况下，影星才会在这部电影中出现，那么Stars-in的确不需要存在。观察联系Contracts中的star-movie-studio三元组，再把影星、电影两个成分抽出来就可以得到star-movie对了。但是，如果一个影星没有签合同就可以演电影——或者更有可能的情况是在数据库中没有已经知道的合同——那么Stars-in中就可能存在这样的star-movie对，它们不是Contracts中的star-movie-studio三元组的一部分。这时，需要保留Stars-in联系。

类似的情况也适用于联系Owns。如果对于每部电影，都至少有一个内容包含电影、所属电影公司、参演影星的合同，就可以不用Owns。但是，如果有一家电影公司有这样一部电影，却没有影星签约出演或数据库中没有这个合同，就必须保留Owns。

总之，不能告诉你一个特定联系是否多余。你必须从希望创建数据库的人那里找出他们需要什么。只有这样，你才能对是否需要包括像Stars-in或Owns这样的联系做出明智的选择。 □

例4.16　现在，再看一下图4-2。在此图中，影星和电影公司之间没有联系。然而可以用联系Stars-in和Owns，并通过组合处理它们来创建影星和电影公司之间的连接。就是说，一个影星被Stars-in连向某些电影，那些电影又被Owns连向电影公司。因此，可以说一个影星被连向一些电影公司，该公司拥有这个影星参演的电影。

如图4-12所示，在Stars和Studios之间创建一个联系Works-for有意义吗？在知道更多信息之前还不能判断。第一，这个联系的意思是什么？如果它是表示“该影星至少出演这个电影公司的一部电影”，那么可能就没有理由把它包含进这幅图中，因为这种联系可以从Stars-in和Owns推出。

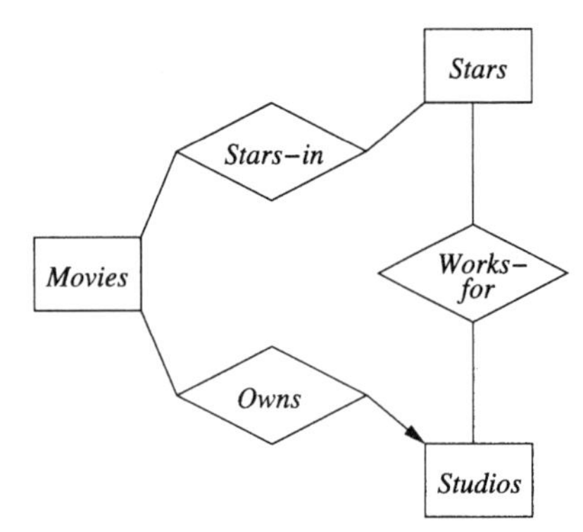

图4-12　在Stars和Studios之间加一个联系

然而，可能有一些不能被连向电影的连接所表达的有关为电影公司工作的影星的其他信息。那样的话，直接连接影星和电影公司的联系可能更有用，而不是冗余。另一种选择是，人们可能用一个影星和电影公司之间的联系来表达完全不同的意思。如，它可能表示这个影星与这个电影公司签约，而且在某种意义上跟任一部电影没有任何联系。正如在例4.7中所说的，一个影星虽然是与一家电影公司签约，但却是为另一家电影公司的一部影片工作。这样的话，在新联系Works-for中的信息就独立于联系Stars-in和Owns，而且肯定不是冗余。 □

4.2.5　选择正确的元素种类

有时人们可以选择不同的设计元素的类型来表示现实世界。很多这样的选择介于是用属性还是用实体集/联系的结合之间。一般来说，属性比实体集或联系都易于实现。然而，并不能把所有的东西都作为属性。

例4.17　考虑一个具体的问题。在图4-2中，把电影公司作为实体集是否明智？是否应该把电影公司的名字和地址作为电影的属性，并把实体集Studio除去？这样做的一个问题是电影公司的地址在每一部电影中重复。如果修改某部电影的电影公司的地址而在另一部电影中同一个电影公司的地址没有修改，那么就会产生更新异常。而如果将某电影公司的最后一部电影删除，那么又会产生删除异常。

另一方面，如果没有记录电影公司的地址，那么把电影公司的名字作为电影的一个属性并没有坏处，这种情况下没有异常。因为必须要通过某种方式表示每部电影的所有者，所以说出其名字是一种有效的方式。因此，为每一部电影说出其电影公司名字并不是真正的冗余。 □

通过对例4.17中所观察到的进行抽象，可以给出在哪种情况下使用属性而不是实体集的条件。假设E是个实体集。如果要把E用一个属性或几个其他实体集的属性代替，必须遵守下列条件：

1. 所有与E有关的联系都必须有箭头指向E。也就是说，E必须是多对一联系中的“一”，或多路联系的概化。

2. 如果E有几个属性，那么必须没有属性依赖于其他属性，正如Studios中address依赖于name一样。也就是说，E的唯一键是它所有的属性。

3. 没有联系包含E多次。

如果这些条件都符合，那么可以这样代替实体集E：

a) 如果从实体集F到E有多对一联系R，那么删除R并把E的属性作为F的属性，当属性名与F原来的属性名冲突时，则重命名。实际上，F实体把唯一的关联E实体[⊖]的名字作为属性，如同电影实体可以把电影公司的名字作为一个属性一样，此时无需考虑电影公司地址。

b) 如果有多路联系R的箭头指向E，把E的属性作为R的属性，并删除从R到E的弧。一个转换的例子是用图4-8代替原图4-7，在图4-8中引入了一个新实体集Salaries，它有一个数字作为唯一的属性。

例4.18　考虑一下是用多路联系还是用多个二元联系的连接实体之间进行折中的观点。图4-6中影星、电影和两个电影公司之间有四路联系。在图4-9中是机械地把它转换成实体集Contracts。它是否关系我们所做的选择？

如同问题所表述的，两者都是合适的。然而，如果把问题稍稍变化，那么就不得不选择连接实体集。假设合同包括一个影星、一部电影和电影公司的任意集合。情况比图4-6中的复杂，在那里两个电影公司扮演两个角色。而此时，在合同里可以有任意数目的电影公司，可能一个是制作，一个做特效，一个管发行，等等。因此不能给电影公司分配角色。

看起来，联系Contracts的联系集必须包括如下形式的三元组：(star，movie，set-of-studios)，而且，联系Contracts本身不仅包含通常的Stars和Movies实体集，而且还有一个新的实体集，它的实体是电影公司的集合。虽然这种方法是可能的，但是把电影集合看作基本实体显得并不自然，因此不建议这样做。

一个更好的方法是把合同看作为一个实体集。如图4-9，合同实体连接影星、电影和一组电影公司，但是现在必须对电影公司的数目不作约束。因此，如果合同是真正的“连接”实体集，合同和电影公司之间的联系是多对多，而不是多对一。图4-13画出了E/R图。注意，合同与一位影星、一部电影以及任意数目的电影公司联系。 □

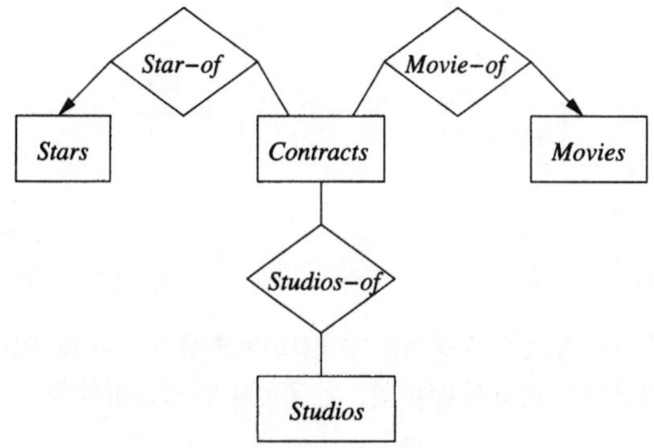

图4-13　合同连接一位影星、一部电影和一组电影公司

⊖ 在一个F实体不与任何E实体联系的情况下，F的新属性将被赋予特殊值“null”，以指明关联E实体不存在。相似的规律也适用于b）中R的新属性。

4.2.6 习题

习题4.2.1　图4-14是一个银行数据库的E/R图，包括顾客和账户。因为顾客可以有几个账户，而账户可以被几个顾客共同拥有，故每位顾客与一个“账户集”相关联，而账户是一个或几个账户集的成员。假设各种联系和属性的意思正如字面意思所示，请评判这个设计。它违反了什么设计原则？为什么？你建议怎么改？

习题4.2.2　你认为在什么情况下（考虑Studios和Presidents的隐含属性）可以把图4-3中的两个实体集和联系结合起来成为单一的实体集和属性？

习题4.2.3　假设在图4-7中删除了Studios的属性address。考虑如何用一个属性代替一个实体集。那个属性应出现在什么地方？

习题4.2.4　若要把图4-13中的下列实体集用属性代替，给出可能的属性：

a) Stars

b) Movies

c) Studios

!!**习题4.2.5**　在本题和下题中，考虑用E/R模型表示两种描述出生的设计方法。在一次出生中，有一个婴儿（双胞胎用两次出生来表示）、一位母亲、任意数目的护士和任意数目的医生。因此假设有实体集Babies、Mothers、Nurses和Doctors。假设用一个联系Births连接上述四个实体集，如图4-15所示。注意Births的联系集的元组有如下形式：(baby，mother，nurse，doctor)。如果有多个护士或医生接生，那么对于同一个婴儿和母亲，就会有多个元组与每个护士和医生的组合匹配。

可以将某些假设加入到设计中。对每一个假设，说出怎样把箭头或其他元素加到E/R图中以便于表示这个假设。

a) 对每个婴儿，只有唯一的母亲。

b) 对每一个婴儿、护士和医生的组合，有唯一的母亲。

c) 对每一个婴儿和母亲的组合，有唯一的医生。

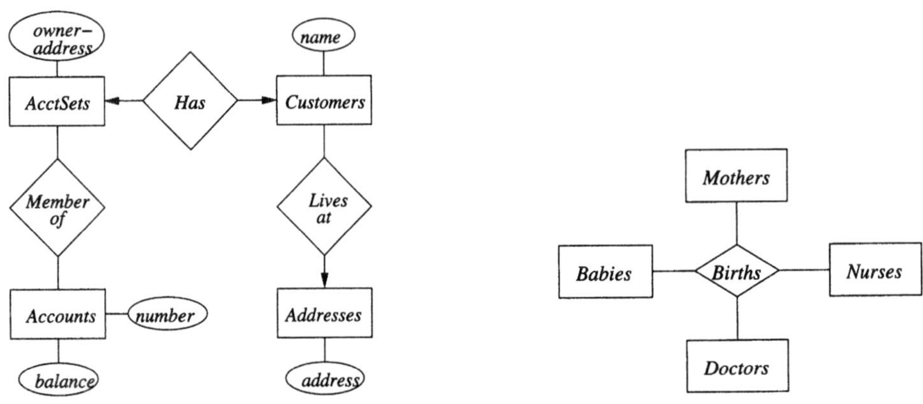

图4-14　银行数据库的一个不好的设计

图4-15　用多路联系表示出生

!**习题4.2.6**　习题4.2.5的另一种解决方法是用实体集Births连接四个实体集Babies、Mothers、Nurses和Doctors，在Births和它们之间分别有四种联系，如图4-16所示。用箭头（表示某些联系是多对一）表示下列条件：

a) 每个婴儿是唯一一次出生的结果，每次出生只有唯一的婴儿。

b) 除条件(a)外，每个婴儿有唯一的母亲。

c) 除条件(a)和(b)外，每次出生只有唯一的医生。

每种情况下，你看到了设计上的哪些缺点？

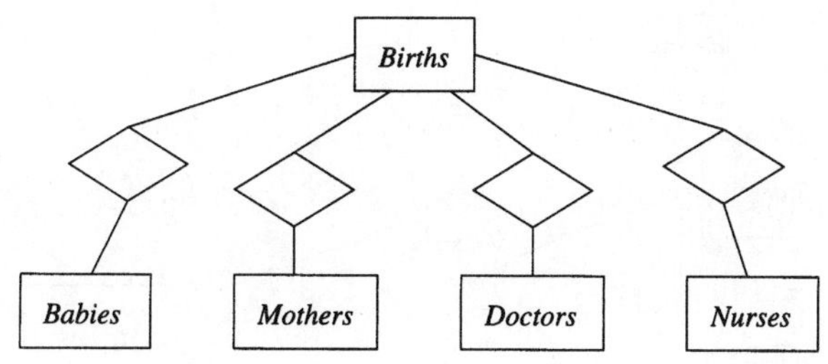

图4-16 用一个实体集表示的出生

!!习题4.2.7 假设改变观点，允许一个母亲一次生产多个婴儿。在此情况下，你怎样用习题4.2.5和4.2.6的方法去表示每个婴儿仍然只有唯一的母亲？

4.3 E/R模型中的约束

E/R模型有几种方式来表达构建数据库过程中数据上的常用约束。像关系模型一样，可以通过属性（或属性组）表示实体集的键。我们已经知道如何用一个由联系指向实体集的箭头表达“函数依赖”。还有另外一种方式来表达“引用完整性“约束，即需要一个集合中的实体和另外一个集合的实体相关联。

4.3.1 E/R模型中的键

实体集E的键（key）是有一个或多个属性的集合K，对来自于E的不同实体e_1和e_2，它们对键K中的属性没有完全相同的值。如果K是由多个属性组成，那么对于e_1和e_2虽然它们可以部分相同，但决不会全部相同。有重要的几点需要记住：

- 每个实体集必须有一个键，尽管在isa层次和“弱”实体集（见4.4节）情况下，键实际上是属于另一个实体集。
- 一个实体集也可以有多个键。但是，习惯上只选择一个作为“主键”，所以就好像只有一个键一样。
- 当一个实体集处于一个isa层次中时，要求根实体集拥有键所需的所有属性，并且每个实体集的键都可在根实体集中发现它的组成部分，而不管在这个层次中有多少个实体集是它的组成部分。

在电影例子中，使用了title和year作为Movies的键，根据观察具有相同title的两个电影不会在一年里面发布。使用name作为MovieStar的键是安全的，相信现实生活中没有明星会使用另一个明星的名字。

4.3.2 E/R模型中键的表示

在E/R图中，一个实体集键的属性用下划线标出。例如，图4-17是对图4-2的重新绘制，其中的键属性带有下划线。属性name是Stars的键。类似地，Studios的键由它的属性name构成。

属性title和year一起构成Movies的键。注意，当一些属性带下划线时，如图4-17所示，说明它们都是键的成员。当一个实体有几个键时并没有记号表示这种情况，只在主键带下划线。你也得注意在一些反常情况下，构成一个实体集的键的属性并不完全属于它自己。这叫做“弱实体集”，稍后将在4.4节讨论。

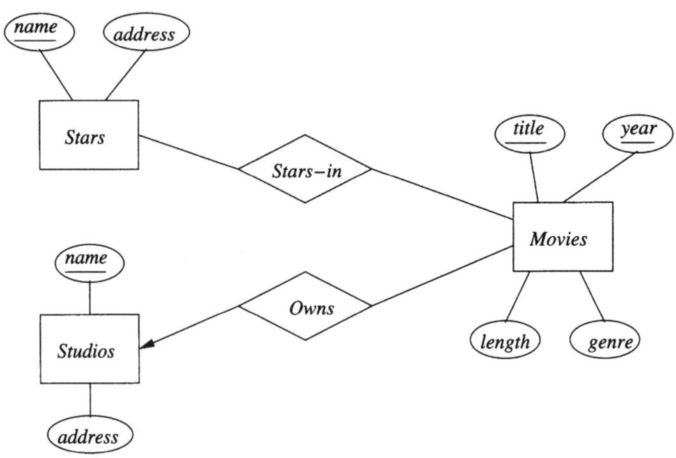

图4-17　用下划线标出键的E/R图

4.3.3 引用完整性

回顾2.5.2节中对于引用完整性约束的讨论。该约束是说在一段上下文中出现的值一定也在另一段上下文中出现。例如，考虑图4-2中从Movies到Studios的多对一联系Owns。简单地说，多对一联系是没有电影可以被超过一个电影公司拥有。但那并不是说一部电影必须被一个电影公司所拥有，或者说拥有该电影的电影公司必须被放入实体集Studios并存到数据库中。一个适当的Owns联系上的引用完整性则要求每部电影所属的电影公司（被“联系”所引用的实体）必须存在于数据库中。

扩展E/R图中的箭头标记可以用来表示一个联系是否被期望在一个或多个方向上支持引用完整性。假设R是从实体集E到实体集F的联系。用圆箭头指向F表示此联系从E到F不仅是多对一或一对一，而且要求与给定的E实体相联系的F实体必须存在。当R是多个实体集之间的联系时同样如此。

例4.19　图4-18显示了实体集Movies、Studios和Presidents之间一些引用完整性的约束。这些实体集和联系的初次介绍是在图4-2和图4-3中。图中可以看见一个圆箭头从联系Owns指向Studios。此箭头表示了每部电影必须被一个电影公司所拥有的引用完整约束，而且此电影公司必须已经在Studios实体集中。

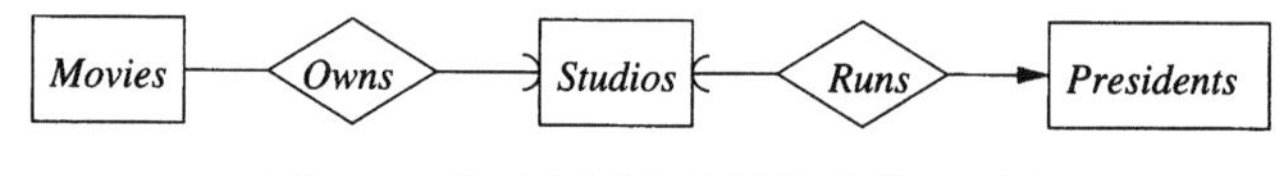

图4-18　显示引用完整性约束的E/R图

类似地，图中还有一个圆箭头从Runs指向Studios。它表示的引用完整约束是说每个经理经营一家存在于Studios实体集的电影公司。

注意，从Runs到Presidents仍然是尖箭头。这个选择反映了一个电影公司及其经理间合理的假定。如果一个电影公司不存在了，那它的经理就不再叫一个电影公司的经理了，此经理就应从实体集Presidents中删去。因此有一个圆箭头指向Studios。另一方面，如果经理从数据库中删除了，那个电影公司会继续存在。因此使用通常的尖箭头，表示每个电影公司有至多一位经理，但有时会没有经理。□

4.3.4 度约束

在E/R模型中，可以在连接一个联系到一个实体的边上加一个数字，表示相关实体集中任一实体可被联系到的实体数目的约束。例如，假设电影实体不能被联系连接到多于10个影星实体，可以选择对联系的度加以约束。

图4-19 每个电影的影星数目的约束

4.3.5 习题

习题4.3.1 对以下题目的E/R图：

a) 习题4.1.1

b) 习题4.1.3

c) 习题4.1.6

i) 选择并表示键；

ii) 指出适当的引用完整性约束。

!习题4.3.2 可以认为联系像实体集一样也有键。设R是实体集$E_1, E_2, \cdots, E_n$之间的联系。那么R的键是从$E_1, E_2, \cdots, E_n$的属性中选出的属性集K，使得如果$(e_1, e_2, \cdots, e_n)$和$(f_1, f_2, \cdots, f_n)$是R联系集中的两个不同元组，那么这两个元组就不可能在K的所有属性上全相同。现在，假设$n = 2$，也就是说，R是二元联系。并且，对每个i，设K_i是一属性集，表示实体集E_i的键。根据E_1和E_2的项，给出下述R的最小可能的键：

a) R是多对多联系

b) R是从E_1到E_2的多对一联系

c) R是从E_2到E_1的多对一联系

d) R是一对一联系

!!习题4.3.3 重新考虑习题4.3.2的问题，但允许n是任意值而不仅是2。仅仅利用从R到E_i的有箭头的弧的信息，说明怎样根据K_i的项找到R的最小可能键K。

4.4 弱实体集

可能会有这样的情形，一个实体集键是由另一个实体集的部分或全部属性构成。这样的实体集叫做*弱实体集*（weak entity set）。

4.4.1 弱实体集的来源

需要弱实体集有两个主要原因。第一，有时实体集处在一个与4.1.11节的“isa层次”分类无关的层次体系中。如果集合E中的实体是集合F中实体的一部分，那么可能仅仅只考虑E实体的名字将不具有唯一性，需要再考虑了E实体所属的F实体的名字后唯一性才成立。下面用几个例子说明这个问题。

例4.20 一个电影公司可能有几套拍摄班子。这些拍摄班子可能被一个电影公司指定为crew1、crew2等。可是，其他电影公司也可能用相同的编号，于是，number属性不是拍摄班子的键。为了唯一地命名一套拍摄班子，就需要同时给出它所属电影公司的名字和它的编号。图4-20显示了这些情况。双矩形表示一个弱实体集，双菱形表示一个多对一的联系，它有助于提供弱实体集的键。这些标注将会在4.4.3节中做进一步的解释。弱实体集Crews的键是它自己的number属性和它通过多对一联系Unit-of连接到的唯一的电影公司的name属性组成。 □

例4.21 一个种类（species）是由它的种（或类）和它的种类名所指定。例如，人类是智人类（Homo sapiens）种类；人类（Homo）是种名，现代人（sapiens）是种类名。一般地，种由几个种类构成，每个种都有名字，它以种名开头，继以种类名。不幸的是，种类名自身并不唯一。两个或多个种有相同名字的种类。因此，为了唯一指定一个种类，需要种类名和它被Belongs-to联系所连接到的种名，如图4-21所示。Species是个弱实体集，部分键来自于它的种。 □

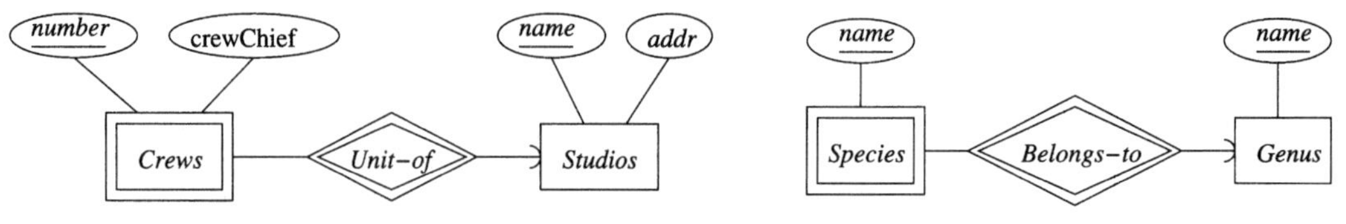

图4-20 弱实体集Crew和它的连接

图4-21 另一个弱实体集：Species

第二个弱实体集的来源是4.1.10节介绍的连接实体集，它被作为消除多路联系的一种方法[⊖]。这些实体集经常没有自己的属性。它们的键是由它们所连接的实体的键属性构成。

例4.22 在图4-22中可以看到用于连接的实体集Contracts代替了例4.5中的三重联系Contracts。Contracts有一个属性salary，但它并不是键。合同的键由电影公司的名字、参演影星的名字及电影名字和出品日期组成。 □

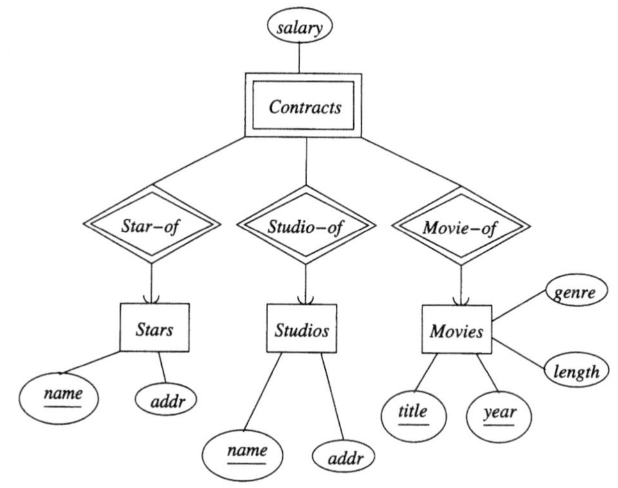

图4-22 连接实体集是弱实体集

4.4.2 弱实体集的要求

弱实体集的键属性不加选择将不能得到。相反，如果E是弱实体集，则它的键组成为：

1. 零个或多个它自己的属性；

2. 从E到其他实体集的多对一联系连接的键属性。这些多对一联系称为E的*支持联系*（supporting relationships），从E到达的实体集称为*支持实体集*（supporting entity set）。

为了使从E到某个实体集F的多对一联系R成为E的一个支持联系，必须服从下面的条件：

a) R必须是从E到F的二元的多对一联系[⊜]；

⊖ 记住，在E/R模型中对多路联系的消除没有特殊要求，虽然在某些数据库设计模型中有这种要求。

⊜ 记住，一对一联系是多对一联系的特例。当说联系必须是多对一时，总是也包括了一对一联系在内。

b) R必须有从E到F的引用完整性。也就是说，对每个E实体，经R与它相联系的F实体都必须实际存在于数据库中。换言之，从R到F的圆箭头必须是合理的；

c) F提供给E作键的属性必须是F的键属性；

d) 然而，如果F本身就是弱实体集，那么F提供给E的F的部分或全部键属性是由支持联系连接的一个或多个实体集G的键属性。递归地，如果G是弱实体集，则G的某些键属性又将由另一个实体集提供，如此继续下去；

e) 如果从E到F有多个不同的支持联系，那么每个联系被用来提供一份F的键的拷贝以帮助E键的形成。注意，E中的实体e通过不同的支持联系被连接到F中的不同实体。因此，F的几个不同实体的键可能会出现在标识一个E的特定实体e的键值中。

需要这些条件的直观解释如下。考虑弱实体集的一个实体，比如例4.23中的拍摄班子。抽象地讲，每个拍摄班子是唯一的。原则上讲，人们能够区分不同的班子，即使它们有相同的编号，而且属于不同的电影公司。但实际上仅仅用拍摄班子的信息还不足以区分它们，因为仅有编号还不够。把附加信息联系到一个班子的唯一途径是，是否有某种决定性的过程能导出附加信息，以使摄影班子能被唯一指定。但是与一个抽象的拍摄班子实体联系的唯一值是：

1. 实体集Crews的属性的值；

2. 依据从一个摄影班子实体到某个其他实体集的唯一实体的联系所获取的属性值，这里其他实体有某种类型的唯一关联值。就是说，这个依据的联系必须是指向另一个实体集F的多对一联系，并且相关联的值必须是F键的一部分。

4.4.3 弱实体集的符号

用下面的约定来描述一个实体集是弱实体集，并且声明它的键属性。

1. 如果一个实体集是弱实体集，它就被显示为双边的矩形。这条约定的例子有图4-20中的Crews和图4-22中的Contracts。

2. 它支持的多对一联系显示为双边的菱形。此约定的例子有图4-20中的Unit-of和图4-22中全部的三个联系。

3. 如果一个实体集为它自己的键提供了任何属性，那么那些属性就带有下划线。如图4-20给出的例子，图中摄影班子的编号虽然不是Crews键的全部，但是它自己键的一部分。

可以用下面的规则概述这些约定：

- 无论何时用到一个双边的实体集E，它就是弱实体集。E中带下划线的属性（如果有的话）加上E被双边的多对一联系连向的实体集的键属性，就必定使E实体唯一。

读者应该记住双边的菱形只用于支持联系。但是，也有可能从弱实体集连接出去的多对一联系不是支持联系，因此也就不是双边菱形。

例4.23　在图4-22中，联系Studio-of不需要是Contracts的支持联系。原因是每部电影只属于一家电影公司，它由从Movies到Studios的多对一联系（未显示）决定。因此，如果知道了一个影星和一部电影的名字，那么在这个影星、这部电影和它们所属的电影公司之间最多只有一个合同。根据记号所表达的意思，图4-22中的Studio-of更适合用一个普通的单边菱形，而不是双边菱形。 □

4.4.4 习题

习题4.4.1　表示学生和他们课程成绩的一种方式是用相应于学生、课程和“注册”的实体集。注册实体建立了学生和课程之间的“连接”实体集，它不仅可以被用来表示一个学生选了某门课，而且可以表示选此课的学生的成绩。为此情况画一个E/R图，指出弱实体集和它的键。成绩是注册键的一部分吗？

习题4.4.2 修改习题4.4.1的答案，以便可以记录学生在一门课中的每次作业的成绩。同样，指出弱实体集和它的键。

习题4.4.3 在习题4.2.6(a)～(b)的E/R图中，指出弱实体集、支持联系和键。

习题4.4.4 为下面的情况画出包括弱实体集的E/R图。为每种情况指出实体集的键。

a) 实体集Courses和Departments。一门课只有唯一的系开设，它仅有的属性是它的编号。不同系可以开设具有相同编号的课。每个系有唯一的名字。

!b) 实体集包括社团（Leagues）、队（Teams）和选手（Players）。社团的名字唯一。社团中没有同名的队。队中也没有两个相同编号的选手。可是，不同队中可以有相同编号的选手，不同社团中可以有同名的队。

4.5 从E/R图到关系设计

初看起来，把E/R设计转换为关系数据库模式很直观：

- 每个实体集可以转化为具有相同属性集的关系；
- 联系也用关系替换，替换的关系属性就是联系所连接的实体集的键集合。

虽然这两条规则在大多数情况下可用，但仍要考虑下面几种特殊情况：

1. 弱实体集不能直接转化为关系。

2. “isa”联系和子类要特殊对待。

3. 有时，需要把两个关系组合为一个关系，特别是当一个关系是从实体集E转化形成，而另一个关系是由E到其他实体集的一个多对一的联系转化而来时，要考虑这种组合。

4.5.1 实体集到关系的转化

先不考虑弱实体集。弱实体集的转化需要作些修改，对此将在4.5.4节中讨论。对任一个非弱实体集，可创建一个同名且具有相同属性集的关系。因为实体集参与的联系不会在转化后的关系中体现出来，所以还需要用单独的关系处理联系，这一点将在4.5.2节中进行讨论。

例4.24 考虑图4-17（重画为图4-23）中的三个实体集Movies、Stars和Studios。Movies实体集的属性分别是title, year, length和genre。转化后的结果就是关系`Movies`，它和2.2节中给出的图2-1相似。

接着考虑图4-23中的实体集Stars。它有两个属性name和address。因此，相应的关系`Stars`的模式为`Stars(name, address)`。这个关系的一个典型实例如下所示：

name	*address*
Carrie Fisher	123 Maple St., Hollywood
Mark Hamill	456 Oak Rd., Brentwood
Harrison Ford	789 Palm Dr., Beverly Hills

□

4.5.2 E/R联系到关系的转化

E/R模型中的联系也可以用关系表示。一个给定联系R的关系有下列属性：

1. 对于联系R中涉及的每一个实体集，它们的键属性或属性集都是R关系模式的一部分。

2. 如果这个联系有属性，则它们也是R关系中的属性。

如果一个实体集以不同的角色在联系中多次出现，则它的键属性出现的次数就同角色出现的次数一样多。为了避免重名，必须对这些键属性重新命名。更普遍的情况是，只要R本身的属性和与其相连的实体集的键属性有同名，就要对这些属性重命名。

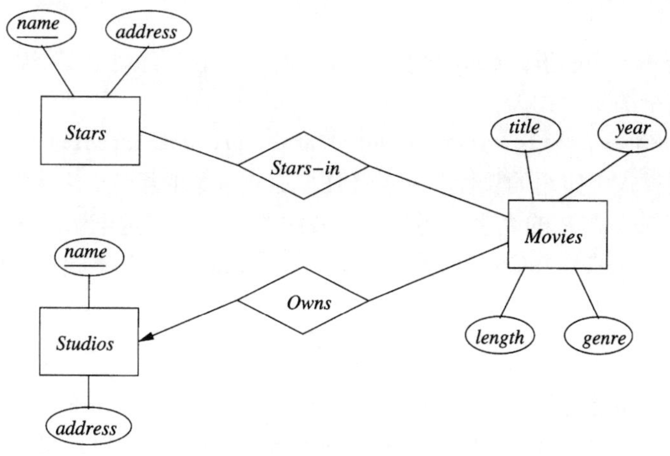

图4-23 电影数据库的E/R图

例4.25 考虑图4-23中的联系Owns。它连接了实体集Movies和Studios。则Owns的关系模式中含有Movies的键属性title和year，以及Studios的键name。于是，它的关系模式为：

```
Owns(title, year, studioName)
```

这个关系的一个样本实例为：

title	*year*	*studioName*
Star Wars	1977	Fox
Gone With the Wind	1939	MGM
Wayne's World	1992	Paramount

为了清晰起见，这里选择studioName作为Strudios中属性name的名字。 □

例4.26 同样，图4-23中的联系Star-In可转化成具有属性title、year（Movies的键属性集）和starName（Stars的键属性）的关系，图4-24给出了关系Star-In的一个样本实例。 □

title	*year*	*starName*
Star Wars	1977	Carrie Fisher
Star Wars	1977	Mark Hamill
Star Wars	1977	Harrison Ford
Gone With the Wind	1939	Vivien Leigh
Wayne's World	1992	Dana Carvey
Wayne's World	1992	Mike Meyers

图4-24 联系Stars-In的关系

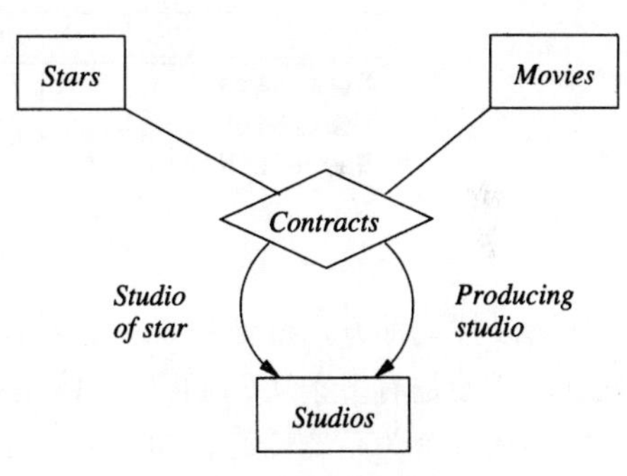

图4-25 联系Contracts

例4.27 把多路联系转化为关系也很容易。考虑图4-6（在图4-25中重新给出）中的四路联系Contracts，该联系涉及一个影星，一部电影和两个电影公司。第一路联系保存有影星的合同，第二路联系是影星为哪部电影演出的合同。若用一个关系Contracts把它描述出来，则它的关系模式包含以下四个实体集的键属性。

1. Stars的键starName。

2. Movies的键属性集title和year。

3. 标识第一个电影公司名字的键studioOfStar。前面曾假设电影公司的名字是实体集

Studios的键。

4. 标识电影公司名字的键producingStudio，而这个电影公司用那个影星出演该电影。

这就是说，这个关系模式为：

Contracts(starName, title, year, studioOfStar, producingStudio)

注意，在这个关系模式中使用的属性名并不是任何原实体集的属性“名字”，因为若这样的话，就不知道它到底指的是影星的名字，还是电影公司的名字，若是电影公司名，又是指哪一个电影公司？而且，如果实体集Contracts也有属性，比如salary，那么这些属性都要添加到关系Contracts的关系模式中。 □

4.5.3 关系组合

有时从实体集和联系中转化而来的关系对于给定的数据而言并不是最好的。一个较普遍的例子是，如果存在一个实体集E和一个从E到F的多对一联系R，则经转化后所得到的关系模式E和R都含有E的键属性。而且，从E得到的关系模式中还包含在E中不是键的属性，从R得到的关系模式中也包含F中的键和R中的所有属性。由于R是多对一联系，E的键已确定了这些属性的唯一值，因此可把它们组合在一个关系中，相应的模式包含：

1. E的所有属性。

2. F的键属性。

3. 联系R的任何属性。

对于一个不与F相连的E中的实体e而言，上述的2和3类型的属性在e元组中的相应分量上为空值。

例4.28　在电影数据库的例子中，Owns是一个连接Movies和Studios的多对一联系。例4.25中给出了它到关系的转化，实体集合Movies到关系的转化也已在例4.24中给出。取出它们的属性进行连接，所得的关系模式如图4-26所示。 □

title	*year*	*length*	*genre*	*studioName*
Star Wars	1977	124	sciFi	Fox
Gone With the Wind	1939	239	drama	MGM
Wayne's World	1992	95	comedy	Paramount

图4-26　组合关系Movies和Owns

之所以按这种方式组合关系，是因为把依赖于E键属性的所有属性组合在一个关系中有很多优点，即使是有多条从E到其他实体集的多对一联系时也如此。例如，涉及一个关系属性的查询比涉及多个关系属性的查询效率更高。实际上，一些基于E/R模式的设计系统可以自动地为用户组合这些关系。

另一方面，有人可能会想，把E和涉及E但不是从E到其他实体的多对一联系R组合起来是否一样有意义。这么做是危险的，因为这样常常会造成冗余，像接下来的这个例子所示。

例4.29　为了说明可能产生错误组合，假设要将例4.26中的关系和多对多联系Stars-in组合，Stars-in在图4-24中给出。所得到的组合关系和图3-2中给出的一样，这里在图4-27中重新给出。如同3.3.1节中讨论的一样，这个关系需要通过规范化的过程来移除其中的异常。 □

title	*year*	*length*	*genre*	*studioName*	*starName*
Star Wars	1977	124	SciFi	Fox	Carrie Fisher
Star Wars	1977	124	SciFi	Fox	Mark Hamill
Star Wars	1977	124	SciFi	Fox	Harrison Ford
Gone With the Wind	1939	231	drama	MGM	Vivien Leigh
Wayne's World	1992	95	comedy	Paramount	Dana Carvey
Wayne's World	1992	95	comedy	Paramount	Mike Meyers

图4-27 带有影星信息的关系Movies

4.5.4 处理弱实体集

当E/R图中有一个弱实体集时，需要做下面三件不同的事：

1. 从弱实体集*W*得到的关系不仅要包含*W*的属性，还要包含相应支持实体集的键属性。支持实体集很容易辨认，因为它们由从*W*引出的支持联系（双边菱形）连接。

2. 与弱实体集*W*相连的联系，经转化后所得的关系必须包含*W*键属性，以及对*W*键有贡献的实体集属性。

3. 然而，一个支持联系*R*（它是从弱实体集*W*指向支持实体集）不必被转化为关系。理由就是，如同4.5.3节讨论的，由多对一联系*R*转化得到的关系的属性可以是*W*的属性，也可以与*W*的关系模式进行组合（在*R*有属性的情况下）。

当然，当引入附加属性来建立一个弱实体集的键时，要注意不要有重名。如果有必要，要对其中一些或所有的属性进行重命名。

例4.30 考虑图4-20中的弱实体集Crews，该图重新给出为图4-28。这个图表有三个关系，它们的关系模式分别为：

```
Studios(name, addr)
Crews(number, studioName, crewChief)
Unit-of(number, studioName, name)
```

第一个关系Studios是从同名实体集直接转化而来。第二个关系Crews是由弱实体集Crews转化得到。这个关系的属性是Crews的键属性和Crews的非键属性——crewChief。另外用studioName作为关系Crews的属性来与实体集Studios的name相对应。

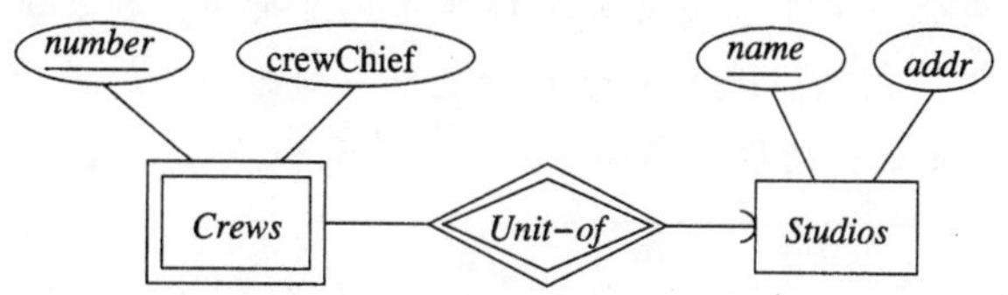

图4-28 弱实体集Crews

第三个关系Unit-of也由同名联系转化而来。根据前面的描述，它的属性由与联系Unit-of相连的实体集合的键属性组成。在这个例子中，Unit-of的属性有number、studioName（弱实体集合Crews的键属性）和name（实体集合Studios的键属性）。要注意，由于Unit-of是个多对一的联系，studioName同name等价。

例如，假设迪斯尼#3摄制组是迪斯尼电影公司的一员。则联系unit-of应包含

(Disney-crew-#3, Disney)

而转化为关系后，应包含元组

(3，Disney，Disney)

从这个例子可以看到，属性studioName和name经转化后形成的元组分量具有相同的含义。这就是说，可以把属性studioName和name合并起来，得出它的简单模式：

```
Unit-of(number, name)
```

此时由于联系Unit-of的模式和Crews一样，就不用对它进行转化。 □

从例4.30中可以看出，支持联系不需要转化为关系。对于弱实体集而言，这是通用的。下面给出把弱实体集转化为关系的修改规则。

- 若*W*是一个弱实体集，则*W*转化为关系后的模式组成为：
  1. *W*的所有属性。
  2. 与*W*相连的支持联系的所有属性。
  3. 对每一个连接*W*的支持联系，即从*W*到实体集*E*的多对一联系，要包含*E*的所有关键字属性。

  为了避免同名冲突，必要时要对某些属性进行重命名。
- 不要为与*W*相连的支持联系构造关系。

带有子集模式的关系

根据例4.30，可以想象只要关系*R*的属性集合是另一个关系*S*属性集合的子集，就可消除*R*。但是，这种说法并不完全正确。因为*S*的附加属性不允许把*R*的一个元组扩张到*S*的元组，所以*R*可能含有*S*中没有的信息。

例如，国家税收局（Internal Revenue service）要维护关系People(name，ss#)，其中含有可能的纳税人的名字和他们的社会保险号，而不管他们是否有收入。税收局可能还要维护关系TaxPayers(name，ss#，amount)，其中的属性amount表示今年以来每人所交的税金。People的模式是TaxPayers的模式的子集，但可能在People中保存着TaxPayers没有的纳税人的社会保险号。

事实上，即使是同一个属性集合也会有不同的语义，所以不可能合并它们的元组。例如，对于两个关系Stars(name，addr)和Studios(name，addr)，虽然它们看起来相似，却不能把star的元组改变为studio的元组，反之亦然。

另一方面，如果两个关系是由弱实体集构造转化过来的，则对于有较小属性集合的关系而言，它就没有附加的信息。这是因为支持联系得到的关系的元组与弱实体集所得关系的元组一一对应。也就是说，此时可以除去这个具有较少属性的关系。

4.5.5 习题

习题4.5.1 把图4-29中的E/R图转化为一个关系数据库模式。

!习题4.5.2 有另一个可描述图4-29中弱实体集Bookings的E/R图。注意，订票可由航班号（flight number）、航班日期（day）、座位的排号（row）和坐位号（seat）唯一确定；因此不需使用顾客的信息来确定订票。

a) 对图4-29中的图进行修改，使其可以反映新的观点。

b) 把(a)中所得的图转化为关系。所得的关系数据库模式与习题4.5.1中的相同吗？

习题4.5.3 图4-30中的E/R图表示船，如果船（ships）是由同一份设计方案得来的，则认为它们是姊妹（sisters）船。把这个图转化为关系数据库模式。

习题4.5.4 把下面的E/R图转化为关系数据库模式。

a) 图4-22。

b) 习题4.4.1的答案。

c) 习题4.4.4(a)的答案。

d) 习题4.4.4(b)的答案。

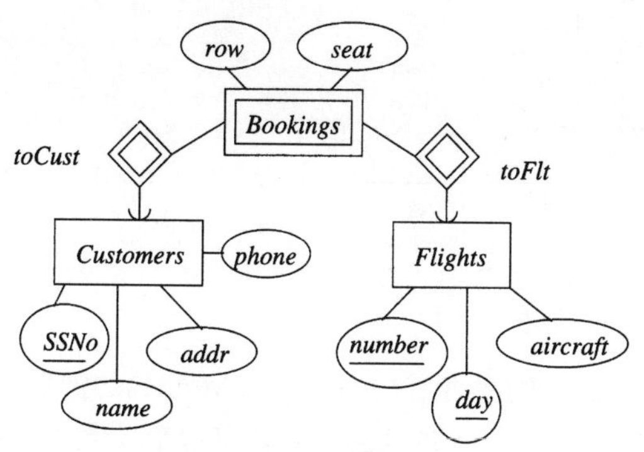

图4-29　一个关于飞机航班的E/R图

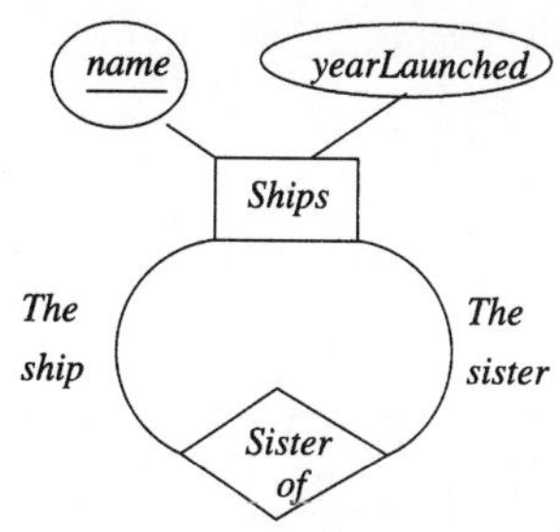

图4-30　姊妹船的E/R图

4.6 子类结构到关系的转化

有几种策略可以把一个isa层次实体集转化为关系。对于这种层次已有的假定如下：

- 有一个根实体集。
- 有一个可唯一确定层次中每个实体集的键。
- 一个给定的实体可能会包含属于这个层次中某些子树的实体集的分量，只要这个子树包含根。

主要的转化策略是：

1. *遵照E/R观点*。为任一个在层次中的实体集创建一个关系，它包含了根的键属性和自身属性。

2. *把实体看作属于单个类的对象*。对于每一个包含了根的子树创建一个关系，这个关系的模式包括了子树中所有实体集的所有属性。

3. *使用空值*（null value）。创建一个包含层次中所有实体集的属性的关系。每个实体由一个元组表示，对于实体没有的属性，则设该元组的相应分量为空。

下面依次讨论上述方法。

4.6.1 E/R方式转化

第一种方法是同往常一样给每个实体集建立一个关系。如果实体集E不是层次中的根，则为了能够区别元组表示的实体，关系E要包含根的键属性和E本身属性。并且，如果E和其他实体集有联系，就使用这些键属性识别与此联系对应的关系中的E实体。

要注意的是，虽然“isa”被认为是联系，但它与其他联系不同。它连接的是单个实体的分量，而不是不同的实体。因此，不能为“isa”创建关系。

例4.31　考虑图4-10给出的层次，这里被重新给出为图4-31。这个层次中的不同实体转化成的关系为：

1. `Movies(title, year, length, genre)`。这个关系已在例4.24中讨论过，这里每部电影由一个元组表示。

2. `MurderMysteries(title, year, weapon)`。开头的两个属性是电影的键，最后一个属性是实体集本身的属性。属于凶杀片的每部电影在这个关系中和在`Movies`关系中都有一个元组。

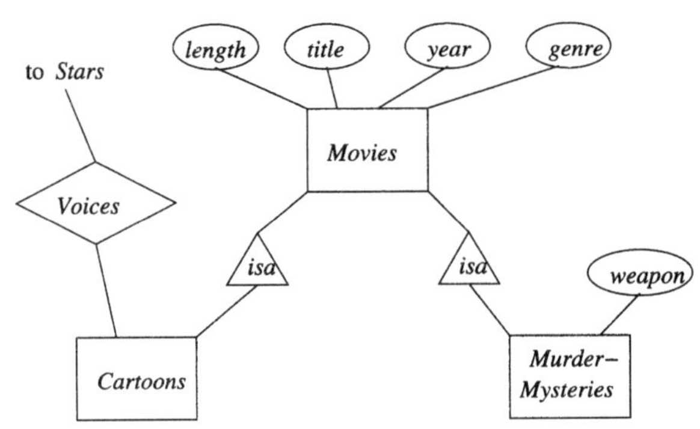

图4-31 Movies层次

3. Cartoons(title, year)。这个关系是卡通片的集合。它只包含了Movies的键属性，这是因为关于卡通片的其他信息均包含在联系Voices中。每部卡通片电影在这个关系中和在Movies关系中分别有一个元组。

要注意的是：第四种电影（既属于卡通片又属于凶杀片的电影）在这三个关系中均有元组存在。

另外，还要构造Stars和Cartoons之间联系Voices相对应的关系Voices(title, year, starName)。其中最后一个属性是Stars的键属性，前两个形成Cartoons的键。

例如，电影Roger Rabbit作为元组将会在这四个关系中出现。它的基本信息在Movies中出现，凶手的凶器（weapon）在关系MurderMysteries中出现，为此电影配音的影星在关系Voices中出现。

要注意关系Cartoons的模式是Voices关系模式的子集。在很多情况下，不应满足于消除Cartoons这样的关系，因为它并未包含与Voices有所不同的信息。然而，在此数据库中可能会有一些无声卡通片。这些卡通片没有声音，若消除关系Cartoons，于是就会忽略掉这些电影也是卡通片的信息。 □

4.6.2 面向对象方法

另一种把isa-层次转化为关系的方法就是枚举层次中所有可能的子树。为每一个子树构造一个可以描述该子树中实体的关系。这个关系模式含有子树中所有实体集的所有属性。因为这种方法的前提是假设这些实体是属于且只属于一个类的“对象”，所以这种方法被称为“面向对象”的方法。

例4.32 考虑图4-31的层次。有四个可能的包含根的子树：

1. Movies本身。

2. 仅有Movies和Cartoons。

3. 仅有Movies和Murder-Mysteries。

4. 所有三个实体集。

下面给出这四个类构造的关系，因为只有Murder-Mysteries有自身的属性，因此实际上存在着重复，这四个关系是：

```
Movies(title, year, length, genre)
MoviesC(title, year, length, genre)
MoviesMM(title, year, length, genre, weapon)
MoviesCMM(title, year, length, genre, weapon)
```

如果Cartoons有自身的属性，则所有的四个关系将会有不同的属性集合。然而情况并不是这样，所以，虽然会丢失一些信息，比如丢失了属于卡通片的电影信息，人们仍可以组合Movies和MoviesC（创建不包含凶杀片的关系），也可以组合MoviesMM和MoviesCMM（创建含有所有凶杀片的关系）。

读者还需要考虑怎样处理连接Cartoons和Stars的联系Voices。如果Voices是一个从Cartoons引出的多对一的联系，就可以增加一个voice属性到MoviesC和MoviesCMM中，这个属性可以描述联系Voices，并且有使这四个关系模式不同的副作用。可是，Voices是一个多对多的联系，因此就要为这个联系单独创建一个关系。如同惯例，它的关系模式包含了与其相连的实体集的键属性。这种情况下它的模式为

```
Voices(title, year, starName)
```

还可以考虑是否有必要建立两个这样的关系，一个连接不是凶杀片的卡通片到它的配音，另一个连接是凶杀片的卡通片。然而，这样做似乎并没有带来什么好处。 □

4.6.3 使用空值组合关系

还有另一种表示实体集层次信息的方法。如果允许元组中有NULL（就像SQL中的空值）的话，就可以对一个实体集层次只创建一个关系。这个关系包含了层次中所有实体集的所有属性。一个实体就表现为关系中的一个元组。元组中的NULL表示该实体没定义的属性。

例4.33 若把这种方法应用于图4-31，就可以得到相应的关系模式为：

```
Movie(title, year, length, genre, weapon)
```

那些不是凶杀片的电影在元组的weapon属性栏就以NULL表示。但有必要创建一个如例4.32中的voices关系，因为要用它来连接卡通片和为该卡通片配音的影星。 □

4.6.4 各种方法的比较

上述三种方法分别被称为“直接E/R”、“面向对象”和“空值”方法。它们各自均有优缺点，这里列出其主要的几点。

1. 由于涉及几个关系的查询代价昂贵，所以人们宁愿在一个关系中寻找查询需要的所有属性。“空值”方法对于所有的属性只使用一个关系，在这一点上它有很好的性能。而其他两种方法更适合于其他类型的查询。例如：

a) 若要查询“2008年的哪几部影片放映时间长于150分钟？”，可以直接从例4.31使用的“直接E/R”方法得到的关系Movies中查到。可是，对于例4.32使用的“面向对象”方法，就需要对Movies、MoviesC、MoviesMM和MoviesCMM进行查询，因为一部长的电影可能会在这四个关系中出现。

b) 另一方面，对于像“放映时间长于150分钟的卡通片中使用了什么武器？”一类的查询，使用“直接E/R”方法会很麻烦。因为必须要访问Movies以找到长于150分钟的影片，接着访问Cartoons以查证这部影片是否是一部卡通片，然后要访问MurderMysteries以找到凶器。若使用面向对象的方法，则只需访问关系MoviesCMM就可以找到所需的所有信息。

2. 如果倾向于用尽量少的关系，就可使用“空值”的方法，因为它只需一个关系。然而其他两种方法之间也有不同点，在“直接E/R”方法中层次的每个实体集只转化为一个关系。而在“面向对象”的方法中，如果层次中有一个根和n个孩子（共有n+1个实体集），则就会有2^n个不同的实体类，也就要创建同样多个关系。

3. 有时可能宁愿减少空间和避免重复的信息。因为“面向对象”的方法对每个实体只使

用一个元组，并且这个元组只含有对实体有意义的属性的分量，所以这种方法占用尽可能少的空间。虽然“空值”法也是每个实体一个元组，但是这些元组的分量“太长”了。也就是说，它们对所有的属性都含有分量，而不管对于一个给定实体它们是否适合。如果层次中有很多的实体集，而这些实体集又有很多的属性，那么使用“空值”法就会浪费大量的空间。“直接E/R”法中虽说每个实体对应多个元组，但只有关键字属性重复了多次。因此，“直接E/R”法相对于“空值”法而言，使用的空间也可能多也可能少。

4.6.5 习题

习题4.6.1 使用下面的方法，把图4-32中的E/R图转化为关系数据库模式：

a) “直接E/R”法。

b) “面向对象”法。

c) “空值”法。

!习题4.6.2 使用下面的方法，把图4-33中的E/R图转化为关系数据库模式：

a) “直接E/R”法。

b) “面向对象”法。

c) “空值”法。

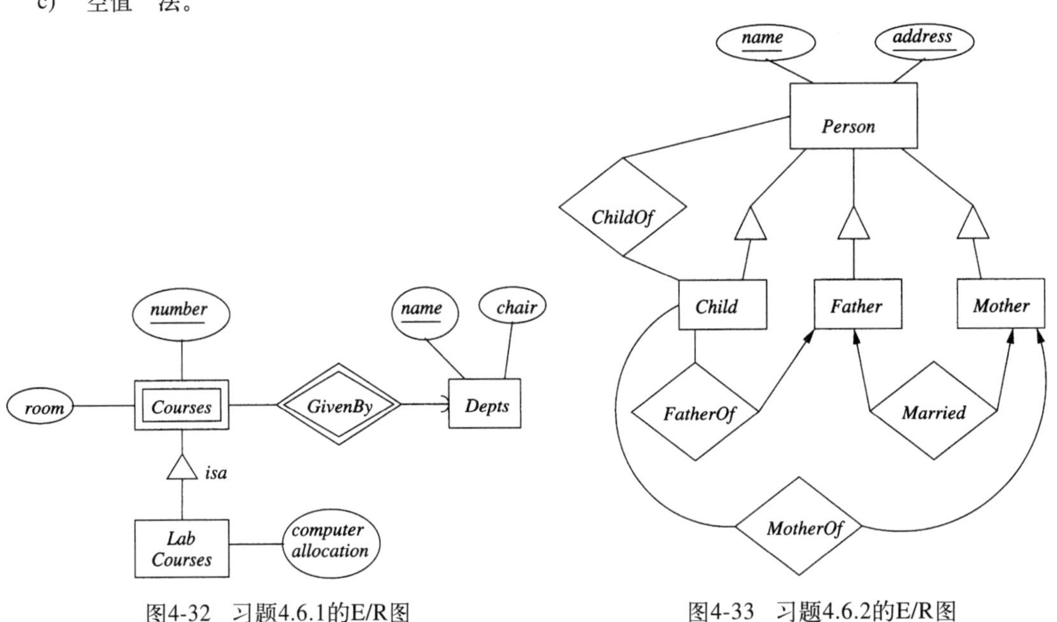

图4-32　习题4.6.1的E/R图

图4-33　习题4.6.2的E/R图

习题4.6.3 使用下面的方法，把习题4.1.7中设计的E/R图转化为关系数据库模式：

a) “直接E/R”法。

b) “面向对象”法。

c) “空值”法。

!习题4.6.4 假设有一个涉及实体集e的isa-层次。每个实体集有a个属性，其中k个是根实体的属性，形成所有实体集的键。针对下面的转换方法，分别给出计算如下要求的公式：(i) 使用的最少和最多的关系数量，(ii) 单个实体元组具有的最少和最多分量数。

a) “直接E/R”法。

b) “面向对象”法。

c) “空值”法。

4.7 统一建模语言

UML（统一建模语言，Unified Modeling Language）最初是开发用来在面向对象风格中作为描述软件设计的一种图形化的标注。它现在已经做了一些扩展和更改，作为一种流行的数据库设计描述的标注，这也是本节的研究内容。除了多路联系外，UML提供了与E/R模型相同的能力。UML也提供了将带有方法和数据的实体集看作真实类的能力。图4-34概括了在E/R和UML中使用不同术语描述的常用概念。

UML	E/R模型
类	实体集
关联	二元联系
关联类	联系的属性
子类	isa层次
聚集	多对一联系
组合	具有引用完整性的多对一联系

图4-34 UML和E/R术语的比较

4.7.1 UML类

UML中的类与E/R模型中的实体集类似。尽管如此，类的标注却是非常不同。图4-35显示了与E/R实体集Movies对应的类。

Movies
title PK year PK length genre
<place for methods>

图4-35 UML中的Movies类

一个类框分为三个部分。顶部是类的名字，中间是它的属性，就像是一个类的实例变量一样。在Movies类中，有title, year, length和genre属性。

底部是方法。E/R模型和关系模式都不提供方法。然而，这是一个重要的概念，通常出现在现代的关系系统中，称作"对象关系"DBMS（见10.3节）。

例4.34 可以认为已添加了一个实例方法lengthInHours()。UML只说明阐述一个方法的参数类型和它的返回值，没有其他更多的东西。也许这个方法返回一个length/60.0，但设计时不知道这些。 □

这一节的设计中将不使用方法。这样，在UML类框将只有两个部分，即类的名字和属性。

4.7.2 UML类的键

像实体集那样，可以给UML类指定一个键。其方法是，在每个键属性的后面用字母PK标明，表示"主键"。没有方便的方法来规定多个属性或者属性集是键。

例4.35 在图4-35中，制定了标准的假设条件，title和year合在一起组成Movies的键。注意，PK出现在这些属性而不是其他属性的后面。 □

4.7.3 关联

在类之间的二元联系称为*关联*（association）。UML中没有相似的多路联系。一个多路联系却可以拆成几个二元的联系，就像在4.1.10节建议的那样。这里的关联可以确切地解释为4.1.5节联系集中描述的联系那样。关联是对象对的集合，每个对象来自它连接的类。

两个类之间构建一个UML的关联只需简单地通过在这两个类之间划一条线，并给这条线一个名字。通常，名字放置在线的下面。例如，图4-36是与图4-17的E/R图类似的UML。这里有两个关联：Stars-in和Owns。第一个连接Movies和Stars，第二个连接Movies和Studios。

每个与其他类关联的类在连接的对象的数量上有一定约束。这种约束通过在每个连接线的末端用一个$m..n$标签形式来表明。标签的意义是这一端至少有m个对象、至多有n个对象与另外一端的对象连接。另外：

- 标签形式中，用*代替n（例如$m..*$）表示"无限"，即没有上限。

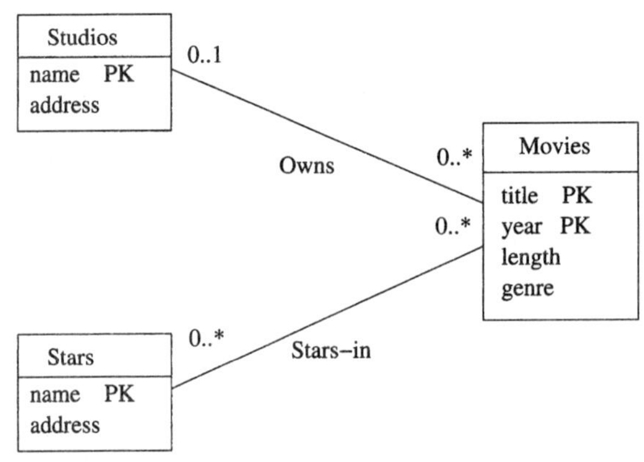

图4-36 UML中的Movies、Stars和Studios

- 单独的*（代替*m..n*）表示区间0..*，即对象的数目没有任何约束。
- 如果在关联的末端没有任何标签，那么相当于标签1..1，也就是"只有一个"。

例4.36 图4-36中，Movies的两个关联的末端都是0..*。这说明一个影星出现在0个或者更多的电影中，一个电影公司拥有0个或者更多部电影，也就是说对它们没有什么约束。关联Stars-in的Stars末端也有个0..*，说明一部电影具有任意数量的明星。可是，在关联Owns的Studios末端的标注是0..1，这意味着0个或者1个Studio。也就是说，一个给定的电影可以属于一个电影公司或者不属于数据库中的任何电影公司。注意，这个约束确切地表达了图4-17的E/R图中指向Studios的箭头所表达的意义。 □

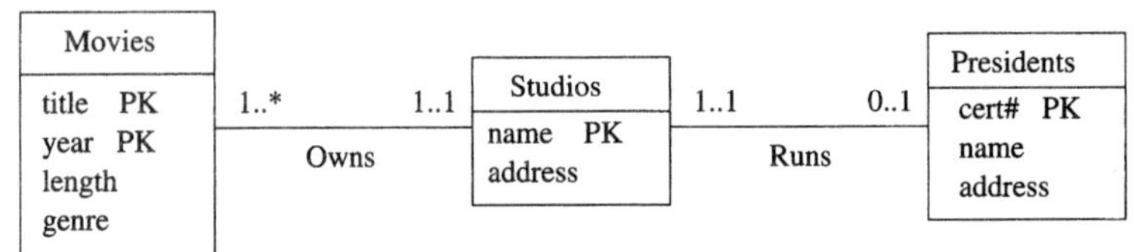

图4-37 在UML中表达引用完整性

例4.37 图 4.37的UML图试图表达图4.18的E/R图的镜像。这里关于电影和电影公司关联的数量的假设与例子4.36多少有些不同。在Owns的Movies端标注1..*表明每个电影公司必须要拥有至少一部电影（否则，它不是一个真正的电影公司）。对于一个电影公司能有多少部电影仍然没有上限。

在Owns的Studios端有标记1..1，它表明一部电影一定只能属于某个电影公司。不可能像图4-36所示那样，一部电影不属于任何电影公司。标注1..1确切地表明了E/R图中圆形箭头的意义。

在电影公司和制片经理之间有关联Runs。该关联的Studios端有标注1..1。也就是说，一个制片经理一定是一个电影公司的经理。它同样表示了图4-18中从Presidents到Studios之间圆箭头的约束。在关联Runs的另一端是标注0..1。它表明一个电影公司至多可以有一个经理，但它可能有时候没有经理。它也确切地表达了尖箭头的约束意义。 □

4.7.4 自关联

一个关联的两端可以连接同一个类，这样的关联被称为自关联（self-association）。为了区分一个类在自关联中表现的不同角色，分别给这个关联的两端一个名字。

例4.38 图4-38表示电影续篇的关联。这个关联的每端连接的都是Movies类。在TheOriginal端指向最初的那部电影，并且它的标注是0..1。也就是说，对于一个续篇的电影，必定会有一部最初的电影。然而，有些电影不是任何电影的续篇。另一方面，TheSequel有0..*的标注。原因是一部电影可以有任意数量的续篇。注意，这里有这样的观点，就是一部最初的电影有任意数目的续篇，一个续篇是一个最初的电影的续篇，而不是它前一个电影的续篇。例如，Rocky II到Rocky V都是Rocky的续篇。但不假设Rocky IV是Rocky III的一个续篇，等等。 □

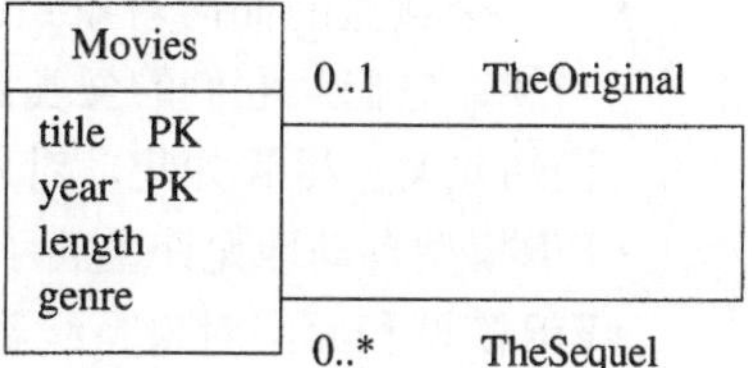

图4-38 表示电影续篇的自关联

4.7.5 关联类

可以用曾在E/R模型中的方法将属性附加到一个关联中，见4.1.9节[⊖]。在UML中，我们创建一个新类，称作*关联类*（association class），并且将它放置在关联的中间。关联类具有它自己的名字，但它的属性可认为是它依附的关联的属性。

例4.39 假设想在Movies和Stars之间的关联Star-in里添加一些关于影星收到电影补助的信息。这个信息与电影无关（不同影星得到不同的薪水），也与影星无关（影星可以从不同的电影得到不同的薪水）。这样，必须将这个信息附在关联自身上。也就是说，每个电影-影星对都有自己的薪水信息。

图4-39用一个Compensation关联类表示Stars-in关联。这个类有两个属性：salary和residuals。注意，Compensation类没有主关键字。当将一个像图4-39这样的图转化为关系的时候，Compensation的属性将附在为电影-影星对创建的元组上，就像4.5.2节中描述的联系那样。 □

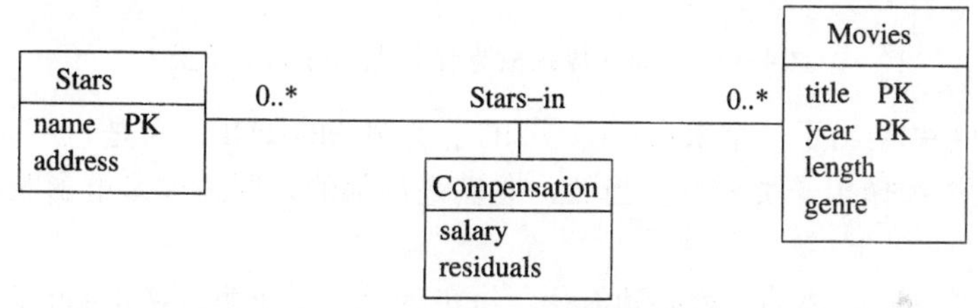

图4-39 用一个Compensation关联类表示Stars-in关联

4.7.6 UML中的子类

任何UML类在它下面可以有一个子类的层次。主键来自根层次，就像是E/R模型的层次。依赖于对下面两个问题答案的选择，UML允许一个类C有4个不同的子类：

1. *完整对局部*（Complete versus Partial）。每个在类C中的对象是否是某个子类的一个成员？如果是，子类是*完整的*；否则，它们是*局部的*或者*不完整的*。

2. *分离对重叠*（Disjoint versus Overlapping）。子类是*分离的*（Disjoint）（一个对象不能在两个子类中）吗？如果一个对象可以在两个或多个子类中，那么子类可以称为是*重叠的*（Overlapping）。

注意，这些问题的决策发生在任何一个层次，并且这些决策在每个点上可以相互独立地制定。

⊖ 可是，图4-7中的例子不能直接实现，因为那个联系是三路联系。

上面给出的UML子类中，在面向对象系统和E/R的标准子类标注上，有几个有趣的联系。

- 在一个典型的面向对象系统中，子类是分离的。也就是说，没有对象可以在两个类中。当然，它们从它们的父类那里继承属性，因此从某种意义上讲，一个对象也“属于”它们的父类。尽管如此，对象不能在一个兄弟类中。
- E/R模型自动地允许重叠子类。
- E/R模型和面向对象系统都允许完整的或者局部的子类。也就是说，不需要一个超类的成员在任何子类中。

和任何类一样，子类由矩形来表示。假设一个子类从它的超类继承了特征（属性和关联）。可是，任何额外的属于子类的属性都显示在那个子类的方框中，并且子类可以有自己的、额外的与其他类的关联。为了表达UML图中的类/子类联系，使用一个三角形的空的箭头指向超类。子类通常都是用一条水平线连接着那个箭头。

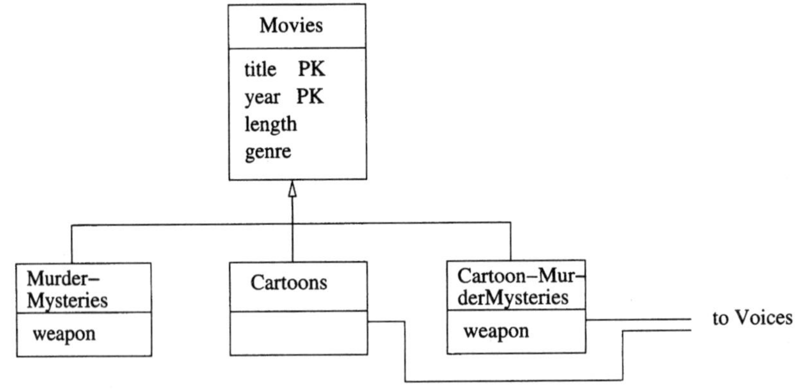

图4-40　卡通和谋杀故事作为电影分离的子类

例4.40　图4-40给出了一个来自4.1.11节的子类例子的UML。可是，不同于E/R子类，它们需要重叠，这里选择了子类分离。当然，它们是局部的，因为许多电影既不是卡通片也不是凶杀片。

因为选择的子类是分离的，就必须有用于电影的第三个子类，像Roger Rabbit既是卡通片也是凶杀片。注意，类MurderMysteries和Cartoon-MurderMysteries都有附加的属性weapon，而两个子类Cartoons和Cartoon-MurderMysteries都和看不见的类 Voices有关联。□

4.7.7　聚集与组合

对于多对一的关联有两个特殊的标记，它们的含义相当微妙。一方面，它们影响了面向对象的编程风格，通常对于一个类在它的属性之间都有到其他类的引用。另一方面，这些特殊的标注确实约束图如何转化为关系，这方面的内容将在4.8.3节中讨论。

聚集（aggregation）是在两个类之间的一条线，这条线的末端是一个空的菱形。菱形的含义是那端的标注一定要为0..1，也就是说，聚集是一个从这端的类到菱形端类的多对一的关联。尽管聚集是一个关联，但不必对它命名，因为名字在关系的实现中不会被用到。

组合（composition）与关联相似，但在菱形端的标注一定要为1..1。也就是说，与菱形对应相连的类的每个对象都要与菱形端的一个对象相连接。组合的菱形是实心的黑色。

例4.41　图4-41给出了聚集和组合的例子。它修改并详细描述了图4-37的情形。图中可以看到从Movies到Studios的组合。在Movies端的标记1..*表明一个电影公司至少拥有一部电影。

在菱形端不需要标注，因为空心的菱形表示了0..1标注。也就是说，一部电影可以有或者可以没有与一个电影公司相关联，但不可能与多于一个的电影公司相关联。还有一个含义就是Movies对象将包含一个到它们自身Studios对象的引用。如果那部电影没有被一个电影公司拥有，那个引用可以为空。

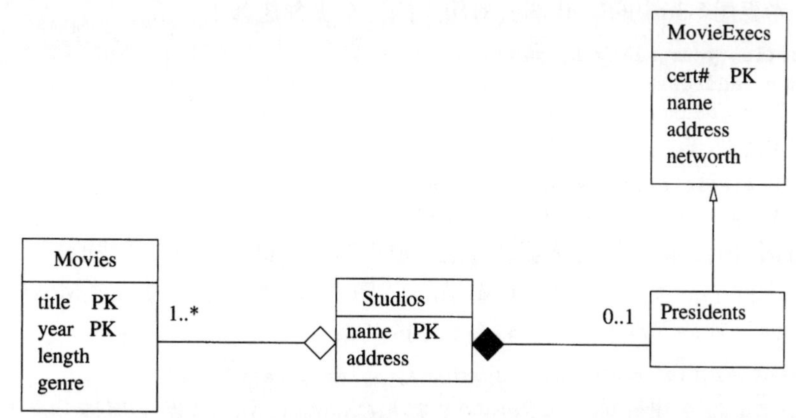

图4-41 从Movies到Studios的聚集与从Presidents到Studios的组合

在右边，可以看到类MovieExecs带有一个子类President。有一个从Presidents到Studios的组合，这意味着每个经理都应该是一个电影公司的经理。在Studios端的实心菱形暗含了标记1..1。组合的含义是Presidents对象将含有一个到Studios对象的引用，并且这个引用不能为空。 □

4.7.8 习题

习题4.7.1 给习题4.1.1的问题画一个UML图。

习题4.7.2 根据习题4.1.2的需求修改你的习题4.7.1的图。

习题4.7.3 使用UML重做习题4.1.3。

习题4.7.4 使用UML重做习题4.1.6。

习题4.7.5 使用UML重做习题4.1.7。你的子类是分离的还是重叠的？是完整的还是局部的？

习题4.7.6 使用UML重做习题4.1.9。

习题4.7.7 将图4-30的E/R图转化为一个UML图。

!习题4.7.8 你如何用UML表示Contracts在电影、影星和电影公司（见图4-4）之间的三路联系？

!习题4.7.9 使用UML重做习题4.2.5。

习题4.7.10 通常，用*m*..*n*标注来约束关联的时候，*m*和*n*都各自是0、1或者*。给出一些关联的例子，让*m*和*n*中至少一个有些不同。

4.8 UML图到关系的转化

许多将E/R图转化为关系的想法对于UML也是一样。因此本节将简短地回顾那些重要的技巧，重点阐述两个建模方法之间的差异。

4.8.1 UML到关系的基础知识

下面概述在4.5节的讨论中已经熟悉的几点：

- 类到关系（Class to Relation）。对于每个类，创建一个关系，关系的名为这个类的名字，关系的属性就是这个类的属性。

- 关联到关系（Association to Relation）。对于每个关联，创建一个名字为关联名的关系。关系的属性是两个连接类的键属性。如果恰巧两个类的属性名字相同，那么适当地重命名它们。如果有一个关联类附在这个关联上，那么在这个关系的属性中包含那个关联类的属性。

例4.42 考虑图4-36中的UML图。对图中的三个类创建如下关系：

```
Movies(title, year, length, genre)
Stars(name, address)
Studios(name, address)
```

对两个关联创建如下关系：

```
Stars-In(movieTitle, movieYear, starName)
Owns(movieTitle, movieYear, studioName)
```

注意，为了意图清晰，即便没有必要这样做，属性的名字也自由地作了修改。

对于另一个例子，考虑图4-39的UML图，该图表示了一个关联类。类Movies和Stars的关系与上面的相同。可是，对于关联，将有如下的关系：

```
Stars-In(movieTitle, movieYear, starName, salary, residuals)
```

也就是说，除了关键字属性外，还添加了关联类Compensation的两个属性。注意，并没有为Compensation自身创建关系。 □

4.8.2 从UML子类到关系

4.6节列举的三个方案也同样可以应用到UML子类层次。回顾这些方案是“E/R模式”（每个子类的关系仅有键属性和该子类属性）、“面向对象”（每个实体在一个子类的关系中）和“使用空值”（所有子类用一个关系表示）。可是，如果有关于子类是否是分离的还是重叠的、是完整的还是局部的信息，那么这三种方案中一个或另一个更合适。下面是要考虑的几点：

1. 如果层次的每一层都是分离的，那么建议使用面向对象方法。当构建关系时不需考虑每个可能的子类树，因为每个对象仅仅属于一个类和它的祖先。因此，就不可能会有指数级激增数目的关系要被创建。

2. 如果层次在每一层既是完整的又是分离的，那么任务相对简单。如果使用面向对象的方法，那么只要为层次中叶子节点的类构建关系。

3. 如果层次很大并且在某些或者所有的层上是重叠的，那么E/R方法是合适的。可能会需要很多的关系使得关系数据库模式变得臃肿。

4.8.3 从聚集与组合到关系

聚集与组合都是多对一类型的关联。这样，在关系数据库模式中表示它们的方法是像4.8.1节中对任何关联做的那样进行转换。因为这些元素在UML图中不需命名，因此需要为相关的关系构造一个名字。

可是，有一个隐含的假设使聚集与组合的实现令人讨厌。回想4.5.3节，当有一个实体集E和一个从E到另一个实体集F的多对一联系R时，可以（有人称为职责）将关系E与关系R合并。也就是说，一个由E和R构建的关系具有所有E的属性加上F的键属性。

这里建议聚集与组合被例行公事地用如下方式处理。不为聚集与组合构建任何关系。而且，为非菱形端的类添加菱形端类的键属性。在聚集情况下（不是组合），这些属性可以为空。

例4.43 考虑图4-41中的UML图。由于有一个小的层次，所以需要决定MovieExecs和Presidents将如何转换。我们采用E/R方法，所以Presidents关系仅仅从MovieExecs那里获得

cert#属性。

从Movies到Studios的聚集由将Studios的键name放置在关系Movies的属性中来表示。从Presidents到Studios的组合也可以由将Studios的键添加到关系Presidents中来表示。没有为聚集或组合创建的关系。下面是从这个UML图创建的所有关系：

```
MovieExecs(cert#, name, address, netWorth)
Presidents(cert#, studioName)
Movies(title, year, length, genre, studioName)
Studios(name, address)
```

与前面一样，为清晰起见对属性的名字做了一些改动。 □

4.8.4 UML与弱实体集的类比

在UML的标注中没有提到与E/R模型中双边标注相对应的弱实体集。其实没有什么必要。原因是，与E/R不同，UML遵循面向对象系统的传统，每个对象都有自己的对象标识（object-identity）。也就是说，即使它们的每个属性和其他性质都具有相同的值，两个对象也可以区分开来。对象标识可以典型地看作一个引用或者指向对象的指针。

在UML中，可以持有这样观点，即属于一个类的对象同样地有一个对象标识。这样，即使已有的类的属性不能唯一标识一个类的对象，也可以创建一个新的属性来作为对应关系的键并表示对象的对象标识。

可是，在UML中，也有可能像在E/R模型中为弱实体集使用支持联系一样使用一个组合。这个组合从"弱"类（不提供键属性的类）到"支持"类。如果存在几个"支持"类，那么可以使用几个组合。*支持*（supporting）组合使用一种特殊的标注：一个带有字母"PK"的弱类框将作为一个支持组合的锚。其含义是在组合另外一端的支持类的键属性是弱类键的一部分，连同弱类的任一属性被标记为"PK"。像弱实体集一样，可以有几个支持的组合和类，并且那些支持类可以自身是弱的，在这种情况下规则就正好可以递归地应用。

例4.44 图4-42表示了例4.20中弱实体集Crews的相似体。存在一个从Crews到Studios的组合，有一个附加标记"PK"的框来表明这个组合提供了Crews的部分键。 □

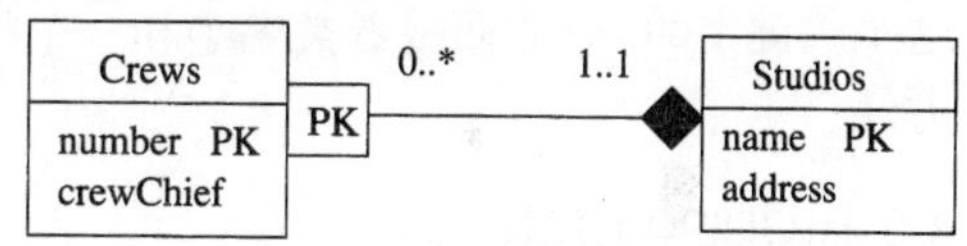

图4-42 由组合和类Studios支持的弱类Crews

图4-42所示的将弱结构体转化为关系方法正像在4.5.4节做的那样。通常有一个对应于类Studios的关系。通常没有对应于组合的关系。类Crews的关系不仅包含它自身的属性number，也包含在组合末端的类Studios的键。

例4.45 例4.44的关系如下：

```
Studios(name, address)
Crews(number, crewChief, studioName)
```

与前面的处理一样，为了清晰起见在Crews关系中重命名了Studios的属性name。 □

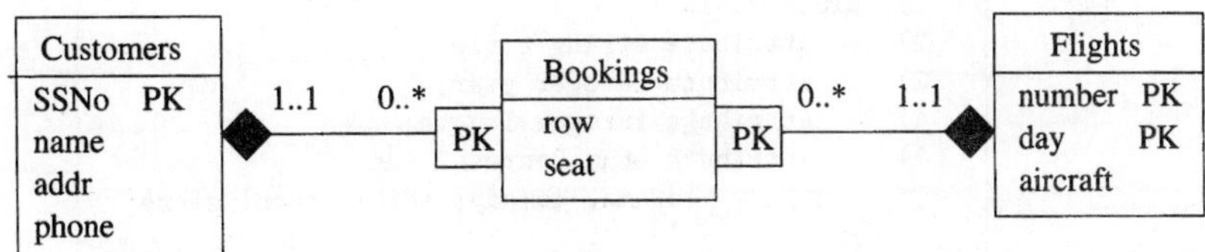

图4-43 与图4-29中E/R图类似的UML图

4.8.5 习题

习题4.8.1 将图4-43的UML图转化为关系。

习题4.8.2 将下面的UML图转化为关系。

a) 图4-37。

b) 图4-40。

c) 习题4.7.1的解。

d) 习题4.7.3的解。

e) 习题4.7.4的解。

f) 习题4.7.6的解。

!习题4.8.3 使用面向对象的方法，针对如下的一个三级层次要创建多少关系？这个三级层次的第一层和第二层的每个类有三个子类，并且其层次是：

a) 在每一层是分离的和完整的。

b) 在每一层是分离的但不是完整的。

c) 既不是分离的也不是完整的。

4.9 对象定义语言

ODL（*对象定义语言*，Object Definition Language）是一种基于文本的使用面向对象术语描述数据库结构的语言。像UML一样，类是ODL中的核心概念。就像UML类一样，ODL中的类具有名字、属性和方法。联系与UML的关联类似，但是在ODL中它不是一个独立的概念，而是可以作为特征的附加成员嵌入到类中。

4.9.1 类声明

ODL中一个最简单的类声明形式如下：

```
class <name> {
    <list of properties>
};
```

这里关键字`class`后面跟着类名字和一个括号括起的特征的列表。特征可以是属性、联系或者方法。

4.9.2 ODL中的属性

最简单的特征是*属性*（attribute），在ODL中，属性不必为整型和字符串型等简单类型。ODL有一个类型系统，它允许构建结构类型和集合类型，第4.9.6节将详细介绍类型系统。例如，属性`address`可以是由街道、城市和邮政编码等字段构成的结构类型。属性`phone`可以是字符串集合作为类型，甚至可以是更为复杂的类型。属性是在该类的声明中由关键字`attribute`、属性的类型和名字表示。

```
1)  class Movie {
2)      attribute string title;
3)      attribute integer year;
4)      attribute integer length;
5)      attribute enum Genres
                {drama, comedy, sciFi, teen} genre;
    };
```

图4-44　`Movie`类的ODL声明

例4.46 图4-44中是一个电影类的ODL声明，它并不完整，以后还会加以丰富。第(1)行声明了该类的类名为Movie，接下来是所有Movie对象所共有的四个属性的声明。

第(2)、(3)和(4)行声明了三个属性：title、year和length。第一个属性是字符串类型，其他两个是整型。第(5)行声明的属性genre是枚举型。枚举的名字（字符常数列表）是genre，属性genre允许的四个值是drama、comedy、sciFi和teen。*枚举类型*（enumeration）必须有一个名字，它可以用来表示相同的类型。 □

为何要为枚举型和结构命名？

图4-44中的枚举类型Genres似乎没起到什么作用。可是，通过给这个符号常数集合一个名字，就可以在其他任何地方引用它，包括在其他类的声明中。在某个其他类中，**域名**（scoped name）Movie::Genres可以用来在Movie类中指向这个枚举类型的定义。

例4.47 在例4.46中，每个属性都是原子类型，本例将给出一个复杂类型的例子。可以定义Star类如下：

```
1)  class Star {
2)      attribute string name;
3)      attribute Struct Addr
            {string street, string city} address;
    };
```

第(2)行声明属性（影星的）name为字符串型，第(3)行声明了另一个属性address，这个属性的类型是一个*记录结构*（record structure）。结构名为Addr，它由两个字段构成：street和city，都是字符串型。一般而言，在ODL中，用户可以使用关键字Struct定义一个记录结构类型，并用大括号将其字段名以及相应的类型列表括起来。与枚举型一样，结构类型也要有名字，这样其他地方就可以使用该类型。 □

4.9.3 ODL中的联系

ODL联系是在类的声明里面通过关键字relationship、类型和联系名字来声明。联系类型描述了类的一个单个对象与这个联系连接。典型地，这个类型可以是另外一个类（如果联系是多对一的）或者一个集合类型（如果联系是一对多或者多对多）。下面将通过例子来展示复杂的类型，直到4.9.6节完整地描述类型系统。

例4.48 假设要给例4.46中的Movie类声明增加一个属性：一组影星。更精确地说，是要求每个Movie对象都与一组Star对象（该电影的影星）连接。表达两个类Movie和Star之间连接的最好的方式就是使用*联系*（relationship）。该联系可以在Movie类声明中用以下代码行实现：

```
relationship Set<Star> stars;
```

这就可以说，在每个Movie类的对象中，都有一组对Star对象的引用。这组引用命名为stars。 □

4.9.4 反向联系

上面的联系提供了一种方法，使得人们可以从一部给定的电影中访问在该部影片中演出的影星。同样，有时也希望能知道某个特定的影星演过的影片。为了得到这类信息，要在Star类的声明中（见例4.47）为Star对象加入以下代码：

```
relationship Set<Movie> starredIn;
```

但是这种方式忽略了Movie对象与Star对象之间联系的一个重要方面。如果一位影星*S*在电影*M*的stars集合中，那么*M*也应该在*S*的starredIn集中。要表示stars和staredIn之间的这种联系，就要在其每一个声明中加上关键字inverse以及其反向联系的名字。如果反向联系是定义在其他类中（通常情况如此），则在引用时就要在联系名之前加上它的域名——即所在类的名字后面跟着“::”符号和这个联系名。

例4.49　要将Star类的联系starredIn定义为Movie类中stars的反向联系，如图4-45修改这些类的声明（图中还包含一个以后将讨论的Studio类），第(6)行代码是电影的联系stars的声明，并且注明了其反向联系为Star::starredIn。由于联系starredIn在另一个类中定义，因此需要使用域名。

类似地，联系starredIn在第(11)行中声明。它的逆则被定义为Movie类的联系stars。因为反向联系必须成对出现，所以这样做是必须的。□

一般性的规则是，如果类C的联系R将类C的x对象与类D的y_1，y_2，…，y_n对象关联起来，那么R的反向联系将y_i与x关联起来（可能同时还与其他对象相关联）。

4.9.5 联系的多重性

像E/R模型中的二元联系一样，ODL中的一对互为反向的联系也可以被分为多对多、多对一、一对多以及一对一。具体是哪一种，可以看联系的类型声明。

1. 若类C与类D之间是多对多联系，那么类C中相应联系的类型应当为Set<D>，而类D中相应联系的类型则为Set< C >[⊖]；

2. 如果类C到类D的联系是多对一联系，那么在C中相应联系的类型是D，而在D中的相应联系的类型是Set< C >；

3. 如果类D到类C的联系是多对一的联系，那么联系的类型正好与2中的相反；

4. 如果联系是一对一的，那么类C中相应联系的类型为D，而类D中相应联系的类型为C。

注意，像在E/R模型中一样，这里允许多对一或一对一联系包括以下情况：对某些对象而言，联系中的“一”事实上是“零”。例如，一个C到D的多对一联系中，某些类C对象中的联系值可以为空（null）。当然，因为D可以与任意的C对象的集合相关联，所以这个集合也可以为空。

例4.50　图4-45定义了三个类：Movie、Star和Studio。前两个已经在例4.46和例4.47中介绍过了。另外也讨论了联系对stars和starredIn。因为在类型中都使用了Set，因此这个联系对表示Star和Movie之间是一个多对多联系。

Studio（电影公司）对象有属性name和address，见第(13)和第(14)行。在Star类的影星地址定义中，其地址类型与这里的电影公司的地址类型相同。

第(7)行定义了一个从Movie类到Studio类的联系ownedBy，这个联系的逆是第(15)行的owns。由于ownedBy的类型是Studio，而owns的类型是Set<movie>，因此这对反向联系是从Movie到Studio的多对一联系。□

4.9.6 ODL中的类型

ODL为数据库设计者提供了一个类似于C或其他传统编程语言的类型系统。一个类型系统由本身提供的一些基本类型以及一些递归规则（由这些规则可以由简单类型构造出复杂类型）组成。ODL类型系统的基本类型有：

1. *原子类型*（Primitive type）：整型、浮点型、字符型、字符串型、布尔型和枚举型（enumerations）。枚举型是符号名列表，如同图4-45中第(5)行的Genres。

2. *类名*（Class name），如Movie、Star等。其类型实际上是一个包含类的所有属性和联系的结构。

⊖ 实际上，如在4.9.6节讨论的那样，这里的Set可以用另一个“集合类型”代替，如链表或包等。可是，在联系的部分，都是假定所有集合类型都是Set。

```
 1)  class Movie {
 2)     attribute string title;
 3)     attribute integer year;
 4)     attribute integer length;
 5)     attribute enum Genres
               {drama, comedy, sciFi, teen} genre;
 6)     relationship Set<Star> stars
                    inverse Star::starredIn;
 7)     relationship Studio ownedBy
                    inverse Studio::owns;
     };

 8)  class Star {
 9)     attribute string name;
10)     attribute Struct Addr
            {string street, string city} address;
11)     relationship Set<Movie> starredIn
                    inverse Movie::stars;
     };

12)  class Studio {
13)     attribute string name;
14)     attribute Star::Addr address;
15)     relationship Set<Movie> owns
                    inverse Movie::ownedBy;
     };
```

图4-45　ODL的类及它们之间的联系

这些基本类型可以用下列**类型构建器**（type constructors）组合成结构化的类型：

1. **集合**（set）。设T为任意类型，则Set<T>表示的类型是类型为T的元素的有限集合，Set类型构建器的例子见图4-45的第(6)、(11)以及(15)行。

2. **包**（bag）。设T为任意类型，则Bag<T>表示类型为T的元素的有限包或有限多集（multiset）。

3. **链表**（list）。设T为任意类型，则List<T>表示一个类型为T的元素的有限长链表，链表中元素个数可以为0个或多个。

4. **数组**（array）。设T为任意类型，i是一个整数，则Array<T, i>表示的类型是类型为T的i个元素的数组。例如，Array<char, 10>表示一个长度为10的字符串。

5. **字典**（dictionary）。设T，S为任意类型，则Dictionary<T, S>表示的是T，S元素对的有限集合。每对元素由一个**键类型**（key type）T的值和一个**值域类型**（range type）S的值构成。字典中不能存在两对键类型值一样的元素对。

6. **结构**（structure）。若$T_1, T_2, \cdots, T_n$是类型，$F_1, F_2, \cdots, F_n$分别是其字段名，那么

Struct N {T_1 F_1, T_2 F_2, ..., T_n F_n}

表示一个具有n个字段的名为N的结构类型。其第i个字段名为F_i，类型为T_i。例如图4-45的第(10)行定义了一个名为Addr的结构类型，它的两个字段均为string类型，名字分别是street和city。

集合、包和链表

为了理解集合、包和链表之间的区别，记住集合是无序的，每个元素至多出现一次。包也是无序的，但它允许元素出现多次。而链表是有序的，它也允许一个元素出现多次。所以{1, 2, 1}和{2, 1, 1}是同样的包，但（1, 2, 1）和（2, 1, 1）是不同的链表。

前五种类型——集合、包、链表、数组和字典统称为集合类型（collection type）。至于哪些类型可以与属性关联，哪些与联系关联，则有不同的规则：

- 联系的类型或者是一个类类型，或者是应用于类类型的集合类型构建器的单独使用。
- 属性的类型先由原子类型或其他类型[⊖]构造，然后可以多次使用结构体和集合类型构建器来构建。

例4.51 可能取的一些属性类型是：

1. `integer`.
2. `Struct N {string field1, integer field2}`.
3. `List<real>`.
4. `Array<Struct N {string field1, integer field2}, 10>`.

例子中，(1) 是原子类型，(2) 是原子类型结构，(3) 是原子类型的集合类型，(4) 是一个由原子类型构成的结构的集合类型。

现在假设Movie和Star是可用的基本类型的类名，然后可以创建诸如Movie或Bag<Star>这样的联系类型。可是，如下是一些非法的联系类型：

1. `Struct N { Movie field1, Star field2}`。联系类型不能含有结构类型；
2. `Set<Integer>`。联系类型不能含有原子类型；
3. `Set<Array<Star, 10>>`。联系类型中不能含有多个集合类型。 □

4.9.7 ODL中的子类

可以声明一个类*C*是另一个类*D*的子类，只需在类*C*的声明之后加上关键字extends，再加上类名*D*即可。这样，类*C*继承了*D*的所有属性，并且它可以有它自己的额外属性。

例4.52 回顾例4.10中将卡通片类定义为电影类的子类，它具有一个附加的从卡通片到其配音影星集的联系特性。用ODL声明可以为Movie创建一个子类Cartoon：

```
class Cartoon extends Movie {
   relationship Set<Star> voices;
};
```

同样，在本例中，再定义一个凶杀片（Murder Mystery）类，该类有属性weapon：

```
class MurderMystery extends Movie {
   attribute string weapon;
};
```

这是一个合适的子类定义。 □

有时候，在像Roger Rabit电影这样的情形中，需要同时是两个或者更多其他类的子类。在ODL中，可以在关键字extends后面跟着几个类，用冒号来区分[⊜]。这样，可以像如下那样声明第四个类：

```
class CartoonMurderMystery
    extends MurderMystery : Cartoon;
```

注意当有多个继承的时候，存在一个类同时继承具有相同名字的两个不同属性的潜在可能性。解决这种冲突的方法是依赖实现技术。

⊖ 也可以使用类类型，这会使属性如同“一路”联系。这里将不考虑这种属性。

⊜ 在技术实现上，第二个以及后续的名字必须代表“接口”，而不是类。大体上说，ODL中的接口就是一个没有关联对象集的类定义。

4.9.8 在ODL中声明键

声明键对于一个类来说是可选的。原因是在面向对象的ODL中，像在4.8.4节中有关UML的讨论一样，假定所有对象具有一个对象标识。

ODL中，可以通过使用关键字key或keys（都一样），后面跟着一个属性或一组属性来为类声明一个或多个属性为键。如果键中包含多个属性，那么必须将属性列表用圆括号括起来。键声明出现在括号里面，跟在第一行的类自身名字声明的后面。

例4.53 为类Movie声明一个由两个属性title和year构成的键：

```
class Movie (key (title, year)) {
```

也可以用keys代替key，即便只有一个键声明。 □

可能有多个属性集构成多个键的情形。这样的话，可以将这些键加在关键字key(s)后面，并且用逗号分开。一般地，一个由多个属性构成的键在声明中必须将这些属性用圆括号括起来，这样就可以区分声明的是由多个属性集构成的一个键，还是由单个属性构成的多个键。

ODL标准还允许用属性以外的特性来构成键。将一个方法或者联系声明为键（或者键的一部分）基本上不会造成什么问题，因为键是DBMS可以使用（也可不用）的一种辅助性的声明。例如，将一个方法声明为键，这就意味着对于类中不同的对象，该方法的返回值不会相同。

如果允许在键声明中出现多对一联系，那么就和E/R模型中的弱实体集合有相似的效果。假设对象O_2和对象O_1处于一个多对一的联系中，其中O_2位于"多"的那一边，O_1位于"一"那一边，那么对象O_1与对象O_2中其他包含在键中的特性一起，对不同对象O_2具有唯一性。但是，应当记住，类不必要有键，这样也就不必去用特别的方法来处理那些缺乏构成键的属性的类，就好像在处理弱实体集合时所做的一样。

例4.54 先复习一下图4-20中弱实体集Crews的例子。虽然两个不同的电影公司可以有相同的拍摄班子（crew）类编号，仍然假设拍摄班子是由它们的编号以及它们所在的电影公司来标识。可以如图4-46所示那样声明Crew类。注意，这里需要修改类Studio的声明，让它包含联系crewsOf，该联系是Crew类中的partOf联系的反向联系。这里没有给出其修改内容。

```
class Crew (key (number, unitOf)) {
    attribute integer number;
    attribute string crewChief;
    relationship Studio unitOf
        inverse Studio::crewsOf;
};
```

图4-46 crews的ODL声明

这里的键声明意味着由unitOf关联的同一个电影公司不存在两个拍摄班子有相同的number属性值。请注意，这个声明与图4-20中的E/R图很相似，在那个图中，拍摄班子实体由拍摄班子编号与关联电影公司的名字（即电影公司的键）唯一地决定。 □

4.9.9 习题

习题4.9.1 习题4.1.1是一个银行数据库系统的非正式描述，现在将它用ODL描述，包括说明合适的键。

习题4.9.2 用习题4.1.2中列举的方式修改习题4.9.1中的设计，只要说明你做的修改，而不必写出完整的新模式。

习题4.9.3 用ODL实现习题4.1.3中的球队–队员–球迷数据库系统，包括合适的键说明。为何原先习题中很复杂的球队颜色集问题在ODL中不出现？

!习题4.9.4 假设要保存一张家谱。我们将使用一个Person类，对应每个Person对象，要记录其名字（这是Person类的一个属性），以及以下联系：mother，father和children。给出Person类的一个ODL设计。要指明联系的逆，与mother，father和children一样，它们也是从Person类到Person类

的联系。Mother联系的反向联系是否就是children联系？请给出你的回答以及理由，将每个联系连同其反向联系一起描述成一个联系对集合。

!习题4.9.5　为习题4.9.4中的设计增加一个属性education。这个属性值用来保存各个Person对象所获得的学位的集合，学位信息包括：学位名（如B.S）、所属学校以及获得日期。这个结构的集合可以是Set，Bag，List或Array。解释这四种选择可能导致的设计结果，从保存信息的角度考虑它们各自有哪些取舍？舍去的信息在实际中是否很重要？

习题4.9.6　习题4.4.4中，有两个例子，在那种情况下，弱实体集是必需的。使用ODL实现这些数据库，包括合适的键声明。

习题4.9.7　用ODL设计习题4.1.9中的注册数据库。

!!习题4.9.8　在什么情况下一个联系是自反的？*提示*：将联系看成是对象对的集合（就像4.9.4节讨论的那样）。

4.10 从ODL设计到关系设计

ODL其实是面向对象DBMS作为一个语言标准的数据定义部分而提出的，与SQL中CREATE TABLE语句类似。的确有些实现这样一个系统的尝试。尽管如此，ODL也可以作为一种基于文本的、高级的设计标记，从中衍生出一个关系数据库模式。这样，在本节中将考虑如何将ODL设计转化到关系型的设计。

这个过程在很多方面与在4.5节介绍的将E/R图转化为关系数据库模式的方法以及与4.8节中介绍的将UML转化为关系数据库模式的方法相似。类转化为关系，联系转化为关系，该关系连接联系中类的键属性。对于ODL而言，还有一些新的问题，包括：

1. 实体集一定要有键，但在ODL类中没有这种要求。
2. E / R、UML和关系模型中的属性都要求必须是原子类型，但ODL属性没有这样的限制。

4.10.1 从ODL类到关系

作为开始，先假设每个类对应一个关系，而类的每个特性都对应关系的一个属性。后面将看到，这种假设在很多方面需要改进，但暂时先只考虑这种最简单的情况，在这种情况下确实可以做到将类转化为关系和特性转化为属性。假设的约束如下：

1. 类中的所有特性都是属性（而不是联系或者方法）；
2. 属性的类型都是原子类型（而不是结构或集合）。

在这种情况下，ODL类看起来更像是一个实体集或者一个UML类。尽管ODL类可能没有键，但ODL假定有对象标识。于是，可以创建一个人工的属性来表达对象标识并且让它作为相应关系的键。这个问题曾在4.8.4节中对UML介绍过。

例4.55　图4-47是电影制片人的ODL描述。这里没有列出键，也没有假设name能唯一决定电影制片人（不像影星，他们可以确保他们名字的唯一性）。

```
class MovieExec {
   attribute string name;
   attribute string address;
   attribute integer netWorth;
};
```

图4-47　类MovieExec

用和类相同的名字构建一个关系。这个关系具有四个属性，一是为了类的每个属性，一是为了对象标识。

MovieExecs(cert#, name, address, netWorth)

这里用cert#作为键属性，用来标识对象。　□

4.10.2 类中的复杂属性

即便是只有属性的类，也很难将类转化为关系。原因是，ODL的类属性可以是复杂类型，诸如结构、集合、包或列表，等等。而另一方面，关系模型的一个基本要求是：关系属性必须是数值类型或字符串型等原子类型。所以必须设法在关系中找出表达复杂类型属性的方法。

```
class Star (key name) {
   attribute string name;
   attribute Struct Addr
       {string street, string city} address;
};
```

图4-48 具有结构属性的类

类型是原子类型的记录结构是最容易处理的。只要扩展结构的定义，为结构的每个字段定义一个关系的属性即可。

例4.56 图4-48是类Star的声明，该类的特性都是属性。属性name是原子类型，但是address属性是有两个字段（street和city）的结构类型。这个类的关系模式如下：

```
Star(name, street, city)
```

这里的键是name，属性street和city表示了结构address。 □

4.10.3 值集合类型属性的表示

记录结构还不是ODL类声明中类型最复杂的属性。在4.9.6节中提到，类型还可以使用类型构建器Set、Bag、List、Array和Dictionary来构造。在将其转化为关系模型时，它们各自有各自的问题。这里只对最常用的Set进行详细讨论。

```
class Star (key name) {
   attribute string name;
   attribute Set<
           Struct Addr {string street, string city}
       > address;
   attribute Date birthdate;
};
```

图4-49 有一组地址和出生日期的影星

一种处理办法是，对于属性*A*的值集合，为集合中的每个值都构造一个元组，该元组中包括属性*A*和类中除了*A*之外的所有其他属性的相应值。这种方法虽然可行，但产生的是非规范的关系，看下面的例子。

例4.57 图4-49展示了类Star的一个新的定义，在这个定义中允许star有个地址集合，并且添加一个非键的原子属性birthdate。Birthdate属性可以是Star关系的一个属性，那么这个模式就变成：

```
Star(name, street, city, birthdate)
```

不幸的是，这个关系具有在3.3.1节中看到的异常问题。如果Carrie Fisher有两个地址，比如一个是家里的，一个是海滩房子的，那么她要在关系Star中用两个元组表示。如果Harrison Ford有一个空的地址集合，那么他就根本不会在Star中出现。一个Star典型的元组集合在图4-50中给出。

name	*street*	*city*	*birthdate*
Carrie Fisher	123 Maple St.	Hollywood	9/9/99
Carrie Fisher	5 Locust Ln.	Malibu	9/9/99
Mark Hamill	456 Oak Rd.	Brentwood	8/8/88

图4-50 增加属性birthdate之后的元组

尽管name属性是类Star的一个键，但是对于每个影星，需要使用多个元组来表示其所有的住址，这就使得在关系Stars中，name不是一个键。事实上，该关系的键是{name, street,city}。因此函数依赖

$$\text{name} \rightarrow \text{birthdate}$$

违反了BCNF条件，并且多值依赖

name $\rightarrow\!\!\!\rightarrow$ street city

也违反了4NF。 □

至于如何处理在类声明中出现的集合类型属性和其他属性，有几种选择。一种方式是把每一个值集合类型属性分离出类，将这些集合的值与类的对象之间的关系看作是一个“多对多”的联系。

另外一种方法是可以把所有的属性（不管是不是值集合类型）都放在关系的模式中；然后，使用3.3节和3.6节提到的规范化方法来消除产生的BCNF和4NF违例。注意，任一值集合类型属性与一个单值属性的联合将导致违反BCNF条件，见例4.57。即使没有单值属性，在同一个类声明中的两个值集合类型属性仍将导致违反4NF条件。

4.10.4 其他类型构建器的表示

除了记录结构和集合，ODL类定义还可以使用Bag、List、Array或者Dictionary来构建类型。为了要用关系表示一个相同元素可以出现n次的包（多集），不能简单地将这种情况处理成n个完全相同的元组[⊖]。相反，可以在设计模式中增加一个count属性用于记录包中每个元素出现的次数。例如，假设图4-49中的address是一个包类型（而不是集合类型）的属性，于是可以说123 Maple St.和Hollywood是Carrie Fisher的两次地址，5 Locust Ln.与Malibu 是Carrie Fisher的三次地址。不管这到底意味着什么，可以用以下这样的元组集合表示：

name	*street*	*city*	*count*
Carrie Fisher	123 Maple St.	Hollywood	2
Carrie Fisher	5 Locust Ln.	Malibu	3

也可以使用一个新属性position表示address列表，以指示对应的地址在列表中的位置。例如，可以将Carie fisher的地址作为列表，Hollywood是第一个：

name	*street*	*city*	*position*
Carrie Fisher	123 Maple St.	Hollywood	1
Carrie Fisher	5 Locust Ln.	Malibu	2

如果地址是定长数组，则可以用数组中的位置表示。例如address是两个城市街道结构数组类型，可以把Star对象用如下形式表示：

name	*street1*	*city1*	*street2*	*city2*
Carrie Fisher	123 Maple St.	Hollywood	5 Locust Ln.	Malibu

最后，字典（dictionary）可以表示成一个由键值和域值组成的二元组的集合。例如，对于每个影星，除了地址外，若还要保存其各个房产的抵押契据持有者的字典，那么，该字典

name	*street*	*city*	*mortgage-holder*
Carrie Fisher	123 Maple St.	Hollywood	Bank of Burbank
Carrie Fisher	5 Locust Ln.	Malibu	Torrance Trust

类型就以address作为其键值，银行名为其域值。下面的图表是一个例子：

当然，ODL中属性的类型可能涉及多种类型构建器。如果一个类型是在结构类型基础上

⊖ 精确地讲，在2.2节介绍的抽象关系模型中无法引入完全相同的元组。不过在基于SQL的关系DBMS中可以复制元组，也就是说，SQL中关系是包而不是集合。参见5.1节和6.4节。如果查询是要求得到元组的个数，那么不管你的DBMS是否允许复制元组，建议还是使用这里描述的设计模式。

使用集合类型构建器（Dictionary除外）定义而成的（例如，一个结构集），那么使用4.10.3节或者4.10.4节介绍的技巧，可以首先将结构看作原子值，然后再将结构类型展开成多个属性，每个属性对应结构的一个字段。上面例子中，已经使用了这个技巧（例中address属性是一个结构）。Dictionary的情况类似，留作习题。

很多情况下应当把属性类型的复杂度控制在一定程度（在一个结构声明和一个集合类型构建器所能构造的范围之内）。4.1.1节中提到过，尽管E/R模型要求每个属性都是原子类型，然而在某些E/R模型的实际实现中，类型定义的复杂度有所扩展，不过还是被限制在这个范围以内。有一个建议，就是在打算使用ODL设计并最终转换为关系数据库模式时，尽可能地限制自己不要使用太多的特性。在习题中将考虑一些更加复杂的属性类型处理方式的选择。

4.10.5 ODL中联系的表示

一般地，ODL中的类会包含与其他类之间的联系。这就像E/R模型，可以为每一个联系创建一个新关系，该关系连接两个相关类的键。不过在ODL中，联系互为相反地成对出现，对于每对联系，只需建立一个关系。

当联系的类型是多对一时，可以选择将该联系与联系中“多”的那一方的类建立一个关系。这样做的效果是，将拥有共同键的两个关系组合（这在4.5.3节讨论过）。这样就不会违犯BCNF条件，因而也就是一个合法的、并且常用的选择。

4.10.6 习题

习题4.10.1 将以下习题中的ODL设计转化为关系数据库模式。

a) 习题4.9.1；

b) 习题4.9.2（包括该习题描述的四个修改方式）；

c) 习题4.9.3；

d) 习题4.9.4；

e) 习题4.9.5。

!习题4.10.2 考虑一个Dictionary类型的属性，其中Dictionary类型的键类型以及值类型都是原子类型。怎样将拥有这样一个属性的类转化为一个关系？

习题4.10.3 前面提到过，把一个比结构集合类型更复杂的类型转化为关系需要一些技巧，特别是需要定义一些中间概念和关系。下面的一组习题会逐步地增加类型复杂性，如何将它们表示成为关系。

a) 一张牌（card）可以用一个结构来表示，结构包含一个rank（牌面大小）字段（2, 3, …, 10, Jack, Queen, King和Ace）和一个suit（花色）字段（草花、方块、红心、黑桃）。给出结构类型Card的合理定义，并要求该类型的定义与其他任何类的声明相独立，但可以被它们使用。

b) 一手牌（hand）是一个牌的集合，牌的数量不定。给出一个类Hand的声明，类的对象是一手牌，也就是说类声明中包含一个属性theHand，其类型为一手牌。

!c) 将(b)中的Hand类声明转化为一个关系模式。

d) 一手扑克牌（poker hand）是指五张牌的集合，对于这个概念，重复(b)和(c)。

!e) 发牌（deal）是一个对集合，其中每个“对”由玩家的名字和玩家的一手牌构成。声明类Deal，它的对象是发牌，也就是说，该声明中包括一个类型为发牌的属性theDeal。

f) 重复(e)，将其中的“一手牌”限制为“一手扑克牌”。

g) 重复(e)，对于其中的“发牌”使用字典，可以假定一次发牌中的各个玩家的名字互不相同。

!!h) 将(e)中的类声明转化为一个关系数据库模式。

!i) 假设定义发牌为牌的集合的集合（没有玩家与任一手牌相关）。建议使用如下关系模式来描述发牌：Deals(dealID,card)。其中，card是具有给定ID的发牌（Deal）中某一手牌（Hand）中的一张牌，这个表示有没有问题？如果有，问题在哪里？怎样改正？

习题4.10.4　假设类C的定义如下：

```
class C (key a) {
    attribute string a;
    attribute T b;
};
```

这里T是某种类型。如果T的类型如下，请给出类C的关系模式，并且指出关系的键：

a) `Set<Struct S {string f, string g}>`

!b) `Bag<Struct S {string f, string g}>`

!c) `List<Struct S {string f, string }>`

!d) `Dictionary<Struct K {string f, string g}, Struct R {string i, string j}>`

4.11　小结

- 实体–联系模型（the Entity-Relationship Model）：在E/R模型中描述了实体集、实体集之间的联系以及实体集和联系的属性。实体集的成员叫做实体。
- 实体–联系图（Entity-Relationship Diagram）：分别用矩形、菱形和椭圆来画实体集、联系和属性。
- 联系的多样性（Multiplicity of Relationship）：二元联系可以是一对一、多对一或多对多。在一对一联系中，两个实体集中的任一个实体至多只能与另一个实体集中的一个实体关联。在多对一联系中，“多”边的每个实体至多只能与另一边的一个实体关联。多对多联系对个数无约束。
- 好的设计（Good Design）：高效地设计数据库需要忠实地表达现实世界，选择合适的元素（如联系、属性），避免冗余——冗余是指一件事表示了两次，或者是用一种间接的或者是用过度复杂的方式表示一件事。
- 子类（Subclass）：E/R模型用一个特殊的联系isa表示一个实体集是另一个实体集的特例。实体集可能连接在一个层次体系中，其中每个子节点都是其父节点的特例。只要子树包含根，那么实体集就可以有属于此层次的任意子树的组成部分。
- 弱实体集（Weak Entity Set）：需要用支持实体集的属性来确定它自己的实体。使用双边的矩形和菱形来区分弱实体集。
- 把实体集转化为关系（Converting Entity Set to Relation）：实体集关系的属性与相应实体集的属性对应。而弱实体集E例外，它的属性必须包含其支持实体集的键属性。
- 把联系转化为关系（Converting Relationship to Relations）：E/R联系的关系的属性与每个连接此联系的实体集的键属性对应。若一个联系是某个弱实体集的支持联系，则不需为这个联系生成关系。
- 把isa层次转化为关系（Converting isa Hierarchies to Relation）：一种方法是为每个实体集创建一个关系，该关系具有层次的根的键属性和该实体集本身的属性。第二种方法是对层次中实体集的每个可能的子集创建相应的关系，为每个实体创建一个元组。关系中的元组对应于该实体所属的实体集。第三种方法是利用空值仅创建一个关系，每个实体对应于关系中的一个元组，若该实体没有某个属性，则在关系相应的分量处填入空值。

- 统一建模语言（Unified Modeling Language）：在UML中，描述类和类之间的关联。类好比E/R实体集，关联好比二元的E/R联系。特殊的多对一联系称为聚集和组合，并且这些联系暗含了它们是如何转化为关系的。
- UML子类继承（UML Subclass Hierarchy）：UML允许类拥有子类，并具有从超类继承的方式。一个类的子类可以是完整的或部分的，也可以分离或者重叠。
- 将UML图转化为关系（Converting UML Diagrams to Relation）：该方法同那些在E/R模型中使用过的类似。类变成关系，关联变成连接各个类的键的关系。聚集和组合合并，从“多”的那端的类构建成关系。
- 对象定义语言（Object Definitive Language）：该语言用面向对象方式描述数据库的模式设计。用户可以定义类，它有三种特性：属性、方法和联系。
- ODL联系（ODL Relationship）：ODL中的联系必须是二元的。它在其连接的两个类（关联的两端）中通过名字来声明（同时声明其反向联系）。联系可以是多对多、多对一或者一对一，取决于联系的类型是被声明为单个对象还是对象的集合。
- ODL的类型系统（The ODL Type System）：ODL允许构建类型，从类名和原子类型开始，使用类型构建器为：结构、集合、包、链表、数组和字典等。
- ODL中的键（Key in ODL）：ODL中键可选。用户可以声明一个或者多个键。但是由于每个对象都有一个对象ID，所以ODL的实现系统可以区分不同对象，就算对象的所有属性都有相同的值时也如此。
- 将ODL类转化为关系（Converting ODL Class to Relation）：与E/R或者UML转化方法相同，只是当类具有复杂类型属性时不同。复杂类型属性类转换的关系可能是非规范化的，需要做分解。它也可能需要创建一个新的属性来表示对象的对象标识并作为键。
- 将ODL联系转化为关系（Converting ODL Relationship to Relation）：方法与E/R联系一样，除了必须将ODL联系与它们的逆配对外，并且为这个对创建一个关系。

4.12 参考文献

关于实体-联系模型最初的文献是[5]。两本关于E/R设计的书籍是[2]和[7]。

ODL的设计手册是[4]。从文献[1]、[3]和[6]中可以了解更多关于面向对象数据库系统的历史。

1. F. Bancilhon, C. Delobel, and P. Kanellakis, *Building an Object-Oriented Database System*, Morgan-Kaufmann, San Francisco, 1992.

2. Carlo Batini, S. Ceri, S. B. Navathe, and Carol Batini, *Conceptual Database Design: an Entity/Relationship Approach*, Addison-Wesley, Boston MA, 1991.

3. R. G. G. Cattell, *Object Data Management*, Addison-Wesley, Reading, MA, 1994.

4. R. G. G. Cattell (ed.), *The Object Database Standard: ODMG–99*, Morgan-Kaufmann, San Francisco, 1999.

5. P. P. Chen, "The entity-relationship model: toward a unified view of data," *ACM Trans. on Database Systems* **1**:1, pp. 9–36, 1976.

6. W. Kim (ed.), *Modern Database Systems: The Object Model, Interoperability, and Beyond*, ACM Press, New York, 1994.

7. B. Thalheim, "Fundamentals of Entity-Relationship Modeling," Springer-Verlag, Berlin, 2000.

第二部分　关系数据库程序设计

第5章　代数和逻辑查询语言

这一章开始将转为讨论关系数据库程序设计。首先从两种抽象程序设计语言开始，一种是代数语言，另一种是基于逻辑的语言。代数编程语言，即关系代数，已经在第2.4节作了初步介绍，给出了关系数据模型中的操作形式。可是，有关代数的更多其他内容还没有介绍。这一章将把2.4节中的基于集合的代数扩展到基于包（bag）的代数，这样更符合关系数据模型的实际实现。另外还要给出更多的操作，例如，关系列上的聚合操作（如求平均等）。

本章的另一种查询语言是称为“Datalog”的基于逻辑的语言。该语言允许用户用描述期望的结果形式地表达查询，而不是像关系代数那样用算法计算结果。

5.1　包上的关系操作

在这一节将把关系看作是包（多集，multiset）而不是集合。也就是说，同一个元组可以在关系中多次出现。当关系是包时，关系上的代数操作需要作些修改。首先，看看关系是包而不是集合的例子。

A	B
1	2
3	4
1	2
1	2

图5-1　包

例5.1　图5-1中的关系是元组的包。其中，元组(1, 2)出现了三次，元组(3, 4)出现一次。如果图5-1表示的是一个基于集合的关系，将必须消去两个(1, 2)元组。在基于包的关系当中允许重复元组出现，但是，与基于集合的关系一样，元组通常没有顺序。□

5.1.1　为什么采用包

如前所述，商业DBMS实现的关系都是包而不是集合。更重要的原因是，如果采用基于包的关系，一些关系操作的实现效率会更好。例如：

1. 两个包关系的并操作，就可以简单地将一个关系的所有元组复制到另一个关系，而不必去消除两个关系当中的重复元组。

2. 当在集合关系上作投影时，需要将每一个投影元组与所有元组逐个比较，以确定每次投影只出现一次。可是，如果接受包作为结果，就可以简单地投影每个元组并将其加入到结果之中，而不必与其他已得到的投影元组作比较。

A	B	C
1	2	5
3	4	6
1	2	7
1	2	8

图5-2　例5.2的包

例5.2　如果允许结果是包，那么把图5-2中的关系投影到A，B属性上就得到图5-1中所示的包。其重复元组(1, 2) 不必去掉。

如果使用通常意义上的投影操作，就不允许重复元组在结果中出现，那么结果是

A	B
1	2
3	4

注意，尽管基于包的结果会大一些，可计算起来却比较快，因为不用把元组(1, 2)或(3, 4)跟已经得到的那些元组相比较。□

另外一个将关系看作包的原因是，哪怕是暂时性的，某些结果也只有在包的情形才能看到。下面是一个这样的例子。

例5.3　假定对像图5-2那样的数值集上的关系做“求A属性的平均值”操作，不能采用基于集合的关系来投影A属性。作为集合，A属性的平均值是2，因为A属性只有两个值：1和3。但是如果把图5-2中的A属性看成是包{1, 3, 1, 1}的话，就得到了图5-2中四个元组A属性的正确平均值——1.5。□

5.1.2　包的并、交、差

有三个操作对于包概念来说需要重新定义。假定R和S是包，其中元组t在R中出现了n次，在S中出现了m次。注意，这里的n和m都可以是0。于是：

1. 在$R \cup S$的包并操作中，元组t出现$n+m$次。

2. 在$R \cap S$的包交操作中，元组t出现$\min(m, n)$次。

3. 在$R-S$的包差操作中，元组t出现$\max(0, n-m)$次。也就是说，如果元组t在R中出现的次数比在S中出现的次数更多，则$R-S$中t出现的次数就是将t在R中出现的次数减去t在S中出现的次数。反之，如果t在S中出现的次数跟在R中出现的次数一样多，那么t在$R-S$中就不出现了。直观上，t在S中的每次出现都“抵消”了它在R中的一次出现。

例5.4　R是一个跟图5-1一样的基于包的关系，元组(1, 2)出现了三次，元组(3, 4)出现了一次。而S是如下的基于包的关系:

A	*B*
1	2
3	4
3	4
5	6

那么$R \cup S$就是这样的一个关系:其中元组(1, 2)出现了四次（3个是由于其在R中的出现，1个是由于在S中的出现）；元组(3, 4)出现了三次，(5, 6)出现了一次。

R和S的交$R \cap S$的结果是

A	*B*
1	2
3	4

这里(1, 2)和(3, 4)各出现了一次。就是说(1, 2)在R中出现了三次，在S中出现了一次，min(3, 1)=1，所以 (1, 2)在$R \cap S$中出现一次。同理，min(1, 2)=1，(3, 4) 也在$R \cap S$中出现一次。元组(5, 6)在S中出现一次，但是在R中没有出现，所以在$R \cap S$中出现min(0, 1)=0次。这种情况下，其结果是集合，但是任何集合也就是包。

基于包的关系$R-S$是包

A	*B*
1	2
1	2

原因是元组(1, 2)在R中出现了三次，在S中出现了一次，所以在$R-S$中出现max(0, 3−1)=2次。元组(3, 4)在R中出现了一次，在S中出现了两次，所以在$R-S$中出现max(0, 1−2)=0次。R

中没有其他的元组再出现了，所以$R-S$中也没有其他的元组了。

作为另一个例子，基于包的差$S-R$是包

A	B
3	4
5	6

这里，元组(3, 4)出现了一次，因为该元组在S中出现的次数减去它在R中出现的次数是1。(5, 6)在$R-S$中出现了一次也是同样的原因。□

5.1.3 包上的投影操作

上面已经解释了包上的投影操作。在例5.2中，每个元组在投影操作时被独立地处理。如果R是如图5-2的关系，做包投影操作$\pi_{A,B}(R)$时得到的将是如图5-1的关系。

在集合上的包操作

假设现有两个集合R和S。它们可以设想成恰好是没有重复元组的包。假定做交操作：$R \cap S$，并且是运用包操作规则来计算。这个操作的结果就跟把R和S看成是集合的结果一样。也就是说，把R和S看成是包，元组t在$R \cap R$结果中的的个数是t在R和S中出现的个数较小的那个。由于R和S都是集合，元组t在每个集合中出现的次数只能是0或者1。无论用包还是集合交的规则，结果中t出现在$R \cap S$中的次数至多是1次，而且当t在R和S中都出现的话，它只在结果中出现一次。相似地，如果运用包上的差规则来计算$R-S$或者$S-R$，其结果与跟利用集合上的差规则来计算同样的表达式得到的结果相同。

但是，并操作的情况就不是这样了，其结果依赖于把R，S看成是包还是集合。如果用包的规则来计算$R \cup S$，就算R和S都是集合的话，结果也不一定是集合。例如，元组t在R和S中各出现一次，运用包规则，那么在结果中t出现两次。但是如果运用集合规则，t在结果中只出现一次。

如果在投影操作过程中，除去了一个或者多个属性后，产生了多个同样的元组，那些重复的元组将不会被从包投影结果中除去。来自图5-2的三个元组(1, 2, 5)、(1, 2, 7)和(1, 2, 8)在投影操作之后，都给出了同样的结果(1, 2)。在结果包当中，元组(1, 2)出现了三次，但在集合投影操作上，这个元组仅出现一次。

5.1.4 包上的选择操作

在包上应用选择操作的时候，要独立地对每个元组应用选择条件。就像对包所作的其他操作一样，在结果中不去掉重复元组。

例5.5 如果R是包

A	B	C
1	2	5
3	4	6
1	2	7
1	2	7

那么包选择$\sigma_{C \geqslant 6}(R)$的结果是

A	B	C
3	4	6
1	2	7
1	2	7

除了第一个元组之外，其余的都满足条件。最后两个元组是重复的，都在结果当中。 □

包的代数定律

一个代数定律就是两个关系代数表达式之间的恒等式，其中的参数表示关系的变量。无论用什么样的关系去代替等式中的变量，等式都依然成立。一个例子是并操作的交换律：$R \cup S=S \cup R$。这个定律无论在R和S是包还是集合时都成立。但是有很多定律只适用于集合的情况。一个简单的例子是：集合差对于并的分配律，$(R \cup S)-T=(R-T) \cup (S-T)$。这个定律只适用于集合而不适用于$R$和$S$是包的情况。假设$R$和$S$还有$T$都含有元组$t$。那么左边的表达式有一个$t$在结果中，但是右边的表达式结果中没有$t$。如果作为集合来考虑的话，那么结果中都没有$t$。在包情况下一些关系代数表达式的例子将在习题5.1.4和5.1.5中讨论。

5.1.5 包的笛卡儿积

包的笛卡儿积的规则正如所想象的那样。一个关系中的每个元组跟另外一个关系中的每个元组配对，而不问这个元组是不是重复出现。结果是，如果元组r在关系R中出现了m次，元组s在关系S中出现了n次，那么元组rs在笛卡儿积$R \times S$中将出现mn次。

例5.6　设包关系R和S在图5-3中给出。则乘积$R \times S$包括六个元组，就像在图5-3c中那样。注意，对于属性名的约定，在基于包的情况与以前基于集合的情况完全相同。这样的话，同时属于R和S两个关系的属性B，在积中出现两次，于是属性的前面要加上关系名前缀。 □

A	B
1	2
1	2

a) 关系R

B	C
2	3
4	5
4	5

b) 关系S

A	R.B	S.B	C
1	2	2	3
1	2	2	3
1	2	4	5
1	2	4	5
1	2	4	5
1	2	4	5

c) 笛卡儿积$R \times S$

图5-3　计算包的乘积

5.1.6 包的连接

连接包的操作也跟预想的一样。首先对比两个关系当中的元组，看是不是能组成一对，如果可以的话，这个配对起来的元组就是结果中的一员。当产生结果的时候，不需要去掉重复元组。

例5.7　图5-3中的关系R和S的自然连接$R \bowtie S$的结果是:

A	B	C
1	2	3
1	2	3

这里R中元组(1, 2)跟S中的元组(2, 3)连接。因为在R中有两个(1, 2)元组，在S中有一个(2, 3)元组，这样就有两个配对成功的元组对得到(1, 2, 3)。其他R和S中的元组均没有成功地连接。

另一个关于关系R和关系S的例子是θ连接

$$R \bowtie_{R.B<S.B} S$$

产生的包是

A	$R.B$	$S.B$	C
1	2	4	5
1	2	4	5
1	2	4	5
1	2	4	5

连接运算的计算如下。来自R的元组(1, 2)和来自S的元组(4, 5)满足连接的条件。因为它们都在各自的关系当中出现了两次，则连接后的元组出现了$2 \times 2 = 4$次。另外可能连接结果是R的元组(1, 2)和S的元组(2, 3)，但是这个不满足连接条件，所以不在结果当中。 □

5.1.7 习题

习题5.1.1 设PC是图2-21a中的关系，假设要计算投影π_{speed}(PC)。分别给出用集合和包表示的结果值，以及该投影的平均值。

习题5.1.2 对习题5.1.1的情况计算投影π_{hd}(PC)。

习题5.1.3 该习题参照习题2.4.3中的战舰模式。

a) 表达式π_{bore}(Classes)给出了一个各种船只类属火炮口径的单列关系。根据习题2.4.3的数据，该结果是包关系还是集合关系？

!b) 给出查询所有船只(而不是船只类属)的火炮口径的表达式。该表达式必须对包有意义，也就是说，一个值b出现的次数必须等于具有这个值的火炮口径的船只数目。

!**习题5.1.4** 一些对集合有效的代数运算规则对包也同样有效。解释下面的规则为什么对包和集合都有效。

a)并的结合律：$(R \cup S) \cup T = R \cup (S \cup T)$。

b)交的结合律：$(R \cap S) \cap T = R \cap (S \cap T)$。

c)自然连接的结合律：$(R \bowtie S) \bowtie T = R \bowtie (S \bowtie T)$。

d)并的交换律：$(R \cup S) = (S \cup R)$。

e)交的交换律：$(R \cap S) = (S \cap R)$。

f)自然连接的交换律：$(R \bowtie S) = (S \bowtie R)$。

g) $\pi_{L(R \cup S)} = \pi_L(R) \cup \pi_L(S)$，这里$L$是任意的属性列表。

h) 并对于交的分配定律: $R \cup (S \cap T) = (R \cup S) \cap (R \cup T)$。

i) $\sigma_{C \text{ AND } D}(R) = \sigma_C(R) \cap \sigma_D(R)$，这里$C$和$D$是任意的有关$R$的元组的条件。

!!**习题5.1.5** 下面这些代数规则仅适用于集合 ，不适用于包，请说明为什么它们适用于集合，并举出不适用于包的反例。

a) $(R \cap S) - T = R \cap (S - T)$。

b)交对于并的分配律：$R \cap (S \cup T) = (R \cap S) \cup (R \cap T)$。

c) $\sigma_{C \text{ OR } D}(R) = \sigma_C(R) \cup \sigma_D(R)$，这里$C$和$D$是任意的有关$R$的元组的条件。

5.2 关系代数的扩展操作符

在2.4节中介绍了经典的关系代数，5.1节介绍了基于包的关系的一些必要的改动。这些内容形成了现代查询语言的基础。但是像SQL这样的语言还有许多其他在应用中更为重要的操作。因此，这一节将全面介绍关系代数的其他操作符。增加的内容有:

1. 消重复操作符（duplicated-elimination operator）δ把包中的重复元素去掉，只保留一个拷贝在关系当中。

2. 聚集操作符（aggregation operator），例如求和或者求平均值。这些不是关系代数的操作，但却是被分组（grouping）操作符所使用（下面会讲到）的操作。聚集操作符应用到关系的属性（列）上，比如说是求和操作，就把这一列的所有值加起来求和计算出结果。

3. 分组操作（grouping）根据元组在一个或者多个属性上的值把关系的元组拆分成“组”。这样，聚集操作就是对分好组的各个列进行计算。这给我们提供了在经典关系代数表达式中不能表达的多个查询的描述方式。分组操作符（grouping operator）γ是组合了分组和聚集操作的一个算子。

4. 扩展投影（extended projecion）是普通π操作符上增加了一些增强功能的算子。它可以将变量关系的列作为参数进行计算，并产生新的列。

5. 排序算子（sorting operator）τ把一个关系变成一个元组的列表，并根据一个或者多个属性来排序。这个操作使用时要心中有数，因为一些关系代数操作不能作用在列表上。选择操作或投影操作可以对列表运算，并且其结果还保持列表中元素的顺序输出。

6. 外连接算符（outerjoin operator）是连接算符的变体，它防止了悬浮元组的出现。在外连接的结果中，悬浮元组用null补齐，这样悬浮元组就可以在结果当中被表示出来。

5.2.1 消除重复

有时候，需要用一个算子把包转化为集合。为此目的，用$\delta(R)$来返回一个没有重复元组的关系R。

例5.8 如果R关系是

A	B
1	2
3	4
1	2
1	2

那么，$\delta(R)$为

A	B
1	2
3	4

注意元组(1，2)在R中出现了三次，但是在$\delta(R)$中仅出现了一次。 □

5.2.2 聚集操作符

有一些应用在数值或字符串类型的集合或者包上的操作符。这些算符被用来汇总或者“聚集”关系某一列中出现的值，所以被称为聚集操作符（aggregate operator）。这一类型的标准算符是:

1. SUM 产生一列的总和，得到的是一个数字值。

2. AVG 产生一列的平均值，结果也是数字值。

3. MIN和MAX，当用于数字值列的时候，分别产生这一列中最小和最大值;当应用于字符值列的时候，分别产生的是字典序的第一个和最后一个值。

4. COUNT产生一列中的“值”的数目(并不一定指不同的值)。同样，COUNT应用于一个关系的任何一个属性的时候，产生的是这个属性的元组的数量，包括重复的元组。

例5.9 考虑关系：

A	B
1	2
3	4
1	2
1	2

一些应用在这个关系属性上聚集操作的例子是:

1. SUM(B)=2+4+2+2=10
2. AVG(A)=(1+3+1+1)/4=1.5
3. MIN(A)=1
4. MAX(B)=4
5. COUNT(A)=4 □

5.2.3 分组

人们不仅希望对简单的一整列求平均值或者是其他的聚集操作，还需要按照其某个或多个属性值分组，然后考虑各分组内元组的聚集操作。比如，假定要计算每一个电影公司出品的电影总长度是多少分钟，其关系是：

studioName	*sumOfLengths*
Disney	12345
MGM	54321
...	...

其方法是从关系Movie(title, year, length, genre, studioName, producerC#)开始，对于2.2.8节中的数据库实例，必须先根据属性studioName的值把元组分组。然后计算每一组中length列值的和。可以把Movie的元组想象成图5-4中那样，然后对每一组应用操作SUM(length)。

	studioName	
	Disney Disney Disney	
	MGM MGM	
	○ ○ ○	

图5-4 一个关系的想象分组

5.2.4 分组操作符

现在介绍一个允许把关系分组和（或）聚集的操作符。如果有分组，那么聚集操作就在组中进行。

算子γ的下标是一个元素的列表L，其中每一个元素是下面情况之一：

a) 应用γ操作的关系R的一个属性，R使用这个属性分组。该属性就被称为是*分组属性*(grouping attribute)。

b) 应用到关系的一个属性上的聚集操作符。为了在结果中给该聚集一个属性名称，使用一个箭头和一个新的名字附加在这个聚集的后面。加了下划线的属性被称作是*聚集属性*(aggregated attribute)。

表达式$\gamma_L(R)$返回的关系的产生过程是：

1. 把关系R的元组分组（group）。每一组由L中分组属性为特定赋值的所有元组构成。如果没有分组属性，那么整个关系R就是一个组。

2. 对于每一组，产生一个如下内容的元组:

i. 那个组的分组属性值。

ii. 本组中所有元组对列表L的聚集属性的聚集操作的结果。

δ是γ的特殊情况

技术上讲，δ操作是冗余操作。如果$R(A_1, A_2, \cdots, A_n)$是关系，则$\delta(R)$等价于$\gamma_{A_1, A_2, \cdots, A_n}(R)$。也就是说，为了消除重复，用关系的所有属性分组，但是没有聚集操作。于是，每一组只有一个元组对应关系R中一次或多次出现的元组。由于γ中每一组只含有一个元组，该分组的效果就是消除重复。可是，因为δ操作很普遍也很重要，所以在研究代数定律和操作符实现算法时仍然将δ单独考虑。

也可以把γ看作是集合上投影操作的扩展。也就是说，如果R是集合，$\gamma_{A_1, A_2, \cdots, A_n}(R)$与$\pi_{A_1, A_2, \cdots, A_n}(R)$相同。可是如果$R$是包，那么$\gamma$操作将消除重复，而$\pi$不消除重复。

例5.10　假设有如下的关系：

StarsIn(title, year, starName)

现想找出那些至少出演了三部电影的影星，以及他们在电影中出现的最早年份。第一步就是分组，以starName作为分组属性。显然，需要对每一组计算MIN(year)。但是，为了确定满足至少出演三部电影的条件，还需进行COUNT(title)的操作。

先从如下的分组表达式开始：

$\gamma_{starName,\ \mathtt{MIN}(year)\rightarrow minYear,\ \mathtt{COUNT}(title)\rightarrow ctTitle}(\mathtt{StarsIn})$

此表达式的前两列是结果需要的，第三列是辅助属性，用ctTitle来标记。该列是用来确定一个影星是否在三部影片中出现。也就是说，在进行选择ctTitle>=3后，继续进行代数表达式的计算，然后投影到前两个属性上边。这个查询的表达式树如图5-5所示。□

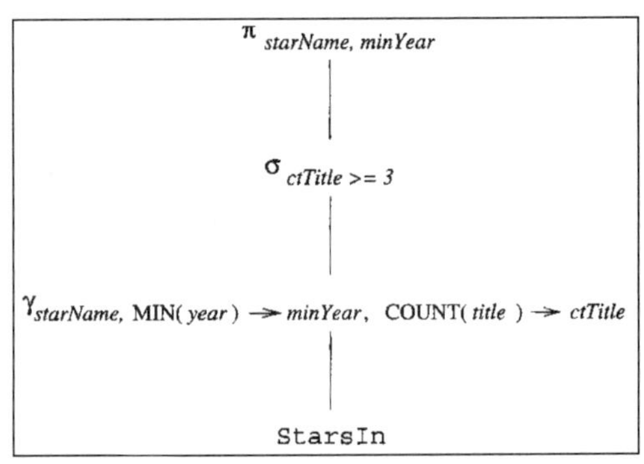

图5-5　例5.10中的查询的表达式树

5.2.5　扩展的投影操作符

现在重新考虑2.4.5节中介绍的投影操作符$\pi_L(R)$。在经典的关系代数中，L是R的一些属性的集合。扩展这个投影运算符，使它支持在元组的组成分量上或选择分量上的计算。仍然用$\pi_L(R)$来表示扩展投影（extended projection）操作，其中，投影列表可以是以下所列出的元素之一：

1. R的一个属性。

2. 形如$x\rightarrow y$的表达式，其中x和y都是属性的名字。元素$x\rightarrow y$表示把R中的x属性重命名为y在结果模式中出现。

3. 形如$E\rightarrow z$的表达式，其中E是一个涉及R的属性、常量、算术运算符或者串运算符的表达式。z是表达式E计算结果的属性的新名字。例如，$a + b\rightarrow x$作为一个列表元素表示a和b属性的和，并被重命名为x。元素$c||d\rightarrow e$表示连接字符串类型属性c和d，并重命名为e。

投影操作的结果是通过依次考虑R的每一个元组得到。用元组中的分量代替L中相应的属性，并对其施以适当的运算。结果模式的属性名就是L中指定的名字。R中的一个元组产生结果关系中的一个元组。如果在R中有重复元组的话，结果当中肯定也有重复的元组，但是就算在R中没有重复的元组，在结果当中同样有可能产生重复元组。

例5.11　令R是如下的关系

A	B	C
0	1	2
0	1	2
3	4	5

那么$\pi_{A,\ B+C \to X}(R)$的结果是

A	X
0	3
0	3
3	9

结果模式有两个属性。一个是A，即R中的第一个属性，没有进行重命名。另一个是R中的第二个和第三个属性的和，被重命名为X。

另一个例子$\pi_{B-A \to X,\ C-B \to Y}(R)$的结果是

X	Y
1	1
1	1
1	1

注意，这个投影操作的列表恰好对每一个元组产生了相同的结果，这样，元组(1, 1, 1)就在结果中出现了三次。 □

5.2.6 排序操作符

有很多时候人们希望对关系当中的元组按着一个或者多个属性排序。经常地，当查询时，希望结果能够排好序。例如，当查询Sean Connery所出演的电影的时候，可能希望结果是按着title的字典序排列，这样就可以很容易地找到所关心的某一部电影。当研究查询优化时，可以明白如果先把关系排序，那么DBMS执行查询操作的效率会得到提高。

表达式$\tau_L(R)$（其中R是关系，L是R中某些属性的列表）表示的就是按照L排序的关系R本身。如果L是列表$A_1, A_2, \cdots, A_n$，那么R的元组就先按属性A_1的值先排序，对于A_1属性相等的元组，就按A_2的值排序，依此类推。如果A_n属性也相同的话，则这些元组的顺序可以是任意的。

例5.12　如果关系R的模式是$R(A, B, C)$，那么$\tau_{C,\ B}(R)$就把R中的元组按着C的值排序，对于C属性值相同的元组，以B属性的值确定它们的顺序。如果在B和C属性上都相同的话，这些元组之间的顺序可以是任意的。 □

如果使用其他操作符（如连接）到τ的排序结果，则排序的顺序通常是没有意义的，列表中的元素应该被看作为包，而不是列表（list）。可是，包投影可以保持顺序。而且，列表上的选择将丢弃那些不满足选择条件的元组，余下的元组可以按照原来的顺序排序。

5.2.7 外连接

连接操作的一个性质就是有可能产生*悬浮元组*（dangling）。也就是说，这些元组的连接属性不能跟另外关系的任何一个元组的连接属性匹配。因为悬浮元组在结果中没有任何痕迹，所以这样的连接操作并不能完全反映原始关系的全部信息。在某些场合，用户不希望这种情形，因此在某些商用系统中，出现了一个连接的变种——*外连接*（outerjoin）操作。

先来考虑自然连接的例子，其连接发生在两个关系中具有相等值的同样属性上。*外连接*（outerjoin）$R \mathbin{\overset{\circ}{\bowtie}} S$开始进行的操作是$R \bowtie S$，然后再把来自$R$或者$S$的悬浮元组加入其中。加入的元组用null符号⊥补齐那些出现在结果中但不具有值的属性。注意，符号⊥在SQL中写作`NULL`（参见2.3.4节）。

例5.13　图5-6a和b中有两个关系U和V。U的元组(1, 2, 3)可以和V的元组(2, 3, 10)、(2, 3, 11)连接，这三个元组不是悬浮的。但是，另外三个元组——来自U的(4, 5, 6)、(7, 8, 9)和来自V的(6, 7, 12)——都是悬浮的。它们在B和C分量上不一致。这样在$U \mathbin{\overset{\circ}{\bowtie}} V$中，如图5-6c所示，

三个悬浮元组中没有值的属性被⊥补齐，它们是U的D属性和V的A属性。□

基本（自然）外连接有几种不同的变体。*左外连接*（left outerjoin）$R \overset{\circ}{\bowtie}_L S$类似于外连接，但是只有左变量$R$的悬浮元组被补齐⊥加入到结果中。类似地，*右外连接*（right outerjoin）$R \overset{\circ}{\bowtie}_R S$只有右变量$S$的悬浮元组被用⊥补齐加入结果。

例5.14　如果U和V如图5-6所示，那么$U \overset{\circ}{\bowtie}_L V$的结果是：

A	B	C	D
1	2	3	10
1	2	3	11
4	5	6	⊥
7	8	9	⊥

$U \overset{\circ}{\bowtie}_R V$的结果是

A	B	C	D
1	2	3	10
1	2	3	11
⊥	6	7	12

□

A	B	C
1	2	3
4	5	6
7	8	9

a) 关系U

B	C	D
2	3	10
2	3	11
6	7	12

b) 关系V

A	B	C	D
1	2	3	10
1	2	3	11
4	5	6	⊥
7	8	9	⊥
⊥	6	7	12

c) 结果$U \bowtie_O V$

图5-6　关系的外连接

另外，所有的三个自然外连接算子都有其相应的θ连接版本。θ外连接的操作是，先进行θ连接，然后将那些不能匹配其他关系的元组用⊥补齐。用$\overset{\circ}{\bowtie}_C$表示一个带条件$C$的$\theta$外连接。同样也可以用$L$或者$R$来修饰这个算符，使其表示左外连接或者右外连接。

例5.15　令U和V是图5-6中的关系。考虑$U \overset{\circ}{\bowtie}_{A>V.C} V$。$U$的元组(4, 5, 6)、(7, 8, 9)分别和V 的元组(2, 3, 10)、(2, 3, 11)满足匹配条件。这样它们都不是悬浮元组。但是，U的元组(1, 2, 3)和V的元组(6, 7, 12)是悬浮的。这些悬浮元组被加入到结果关系，其结果在图5-7中列出。□

A	$U.B$	$U.C$	$V.B$	$V.C$	D
4	5	6	2	3	10
4	5	6	2	3	11
7	8	9	2	3	10
7	8	9	2	3	11
1	2	3	⊥	⊥	⊥
⊥	⊥	⊥	6	7	12

图5-7　θ外连接的例子

5.2.8　习题

习题5.2.1　已知关系

$R(A, B)$:{(0, 1), (2, 3), (0, 1), (2, 4), (3, 4)}

$S(B, C)$：{(0, 1), (2,4), (2, 5), (3, 4), (0, 2), (3, 4)}

计算下面的表达式：

a) $\pi_{A+B, A^2, B^2}(B)$；　b) $\pi_{B+1, C-1}(S)$；　c) $\tau_{B, A}(R)$；　d) $\tau_{B, C}(S)$；　e) $\delta(R)$；

f) $\delta(S)$；　g) $\gamma_{A, \mathrm{SUM}(B)}(R)$；　h) $\gamma_{B, \mathrm{AVG}(C)}(S)$；　!i) $\gamma_A(R)$；　!j) $\gamma_{A, \mathrm{MAX}(C)}(R \bowtie S)$；

k) $R \overset{\circ}{\bowtie}_L S$；　l) $R \overset{\circ}{\bowtie}_R S$；　m) $R \overset{\circ}{\bowtie} S$；　n) $R \overset{\circ}{\bowtie}_{R.B<S.B} S$。

!习题5.2.2 一元操作f 如果满足下面的条件则被称为是*幂等*（idempotent）的：对于任何关系R有$f(f(R)) = f(R)$。也就是，应用f 若干次跟应用f 一次的结果一样。判断下面的哪些操作是幂等操作。对于那些不是的给出理由或举例说明：

a) δ b) π_L c) σ_c d) γ_L e) τ

!习题5.2.3 一种能用扩展的投影操作来实现、但不能用一般的投影操作（见2.4.5节定义）来实现的例子是复制列。例如，如果$R(A, B)$是一个关系，那么$\pi_{A,A}(R)$对于任何R中的(a, b)元组产生元组(a, a)。试问这个操作能否用2.4节中定义的传统的关系代数操作来实现？说明你的理由。

5.3 关系逻辑

作为另外一种基于代数的抽象查询语言，可以用逻辑形式来表示查询。逻辑查询语言Datalog（database logic）由if-then规则组成。这些规则表示：从某个关系的特定元组的组合可以推断出另一些元组必定满足另一关系，或者满足查询的结果。

5.3.1 谓词和原子

关系在Datalog中由*谓词*（predicate）表示。每个谓词拥有固定数目的参数，一个谓词和它的参数一起被称为*原子*（atom）。原子的语法就像传统编程语言中函数调用的语法。例如，$P(x_1, x_2, \cdots, x_n)$即是一个由谓词P和参数$x_1, x_2, \cdots, x_n$组成的原子。

实质上谓词就是一个返回布尔值的函数名。如果R是一个包含n个固定顺序的属性的关系，那么也可以用R作为对应这个关系的谓词名。如果$(a_1, a_2, \cdots, a_n)$是满足R的元组，那么原子$R(a_1, a_2, \cdots, a_n)$的值为TRUE，否则原子的值为FALSE。

注意，谓词定义的关系是集合关系。5.3.6节中将讨论如何把Datalog扩展到包。可是除此之外，其他章节中Datalog都是处理集合关系。

例5.16 令R是关系

A	B
1	2
3	4

那么$R(1, 2)$为true，$R(3, 4)$也为true。当x和y为其他任意值时，$R(x, y)$都为false。 □

谓词可以拥有变量和常量作为参数。如果原子有变量作为它的一个或多个参数，那么它是一个以这些变量值为参数并返回TRUE或FALSE的布尔值函数。

例5.17 如果R是例5.16的谓词，那么函数$R(x, y)$表示：对任意x和y，元组(x, y)是否在关系R中。对于例5.16中给出的特定例子，当

1. $x = 1$ 且 $y = 2$ 或

2. $x = 3$ 且 $y = 4$ 时

$R(x\ y)$返回TRUE，否则返回FALSE。另举一例，若$z = 2$，原子$R(1, z)$返回TRUE，否则返回FALSE。 □

5.3.2 算术原子

在Datalog中还有另外一种很重要的原子：*算术原子*（arithmetic atom）。这种原子是对两个算术表达式作比较，例如$x<y$或$x + 1 \geqslant y + 4 \times z$。为了区分，我们把在5.3.1节中介绍的原子称为*关系原子*（relational atom）。两者都是"原子"。

注意，算术原子和关系原子都将所有出现在原子中的变量值作为参数，并且都返回一个

布尔值。实际上，诸如“<”或“≥”之类的算术比较符号像关系名一样包含所有满足它的元组。因此，可以将关系“<”看作第一分量小于第二分量的所有元组，例如(1, 2)或(−1.5, 65.4)。然而要记住，数据库中的关系总是有限的，而且通常随着时间变化。相反地，算术比较关系（如“<”）是无限的并且不变。

5.3.3 Datalog规则和查询

与经典关系代数类似的操作在Datalog中称作*规则*（rule），它包括：

1. 一个称为*头部*（head）的关系原子；
2. 符号←，经常读作“if”；
3. *主体*（body）部分，由一个或多个称为*子目标*（subgoal）的原子组成。原子可以是关系原子或算术原子。子目标之间由AND连接，任何子目标之前都可随意添加逻辑算子NOT。

例5.18　Datalog规则

```
LongMovie(t,y) ← Movies(t,y,l,g,s,p) AND l ≥ 100
```

定义了“长”影片的集合，该类影片时间长于100分钟。它使用到了具有如下模式的标准关系movies：

```
Movies(title, year, length, genre, studioName, producerC#)
```

这个规则的头部是原子LongMovie(t, y)。规则的主体包括如下两个子目标：

1. 第一个子目标包括谓词Movies和六个参数，对应于Movies关系的六个属性。每个参数都有不同的变量：t是title分量，y是year分量，l是length分量，依次类推。可以把子目标解释为：“令(t, y, l, c, s, p)作为当前Movies关系实例的一个元组。”更确切地说，当这六个变量是Movies关系元组的六个分量时，Movies(t, y, l, c, s, p)为真。

2. 第二个子目标是l≥100。当一个Movies元组的length分量不小于100时该子目标为真。

这个规则总体上可以看作是说：当Movies中有一个元组满足以下条件时，LongMovie(t, y)为真：

a) t和y是前两个分量（title和year），

b) 第三个分量（length）至少为100，

c) 分量4到6为任意值。

注意，这个规则等价于关系代数中的“赋值语句”：

$$\text{LongMovie} := \pi_{title,year}(\sigma_{length\geq 100}(\text{Movies}))$$

其右边是一个关系代数表达式。□

匿名变量

Datalog规则经常有一些变量只出现一次。这些变量的名字是不相干的。只有当一个变量出现不止一次时才需注意它的名字，并且它第二次和后面更多次的出现都视为同一个变量。这样，为了方便，将允许使用常规符号下划线_作为原子的参数，表示在那里出现的变量。多个_的出现代表不同的变量，而不是同一个变量。举例来说，例5.18的规则可以写作：

```
LongMovie(t,y) ← Movies(t,y,l,_,_,_) AND l ≥ 100
```

这里三个仅出现一次的变量g, s, p都被下划线代替。其他变量都在规则中出现两次，所以不能替换它们。

Datalog中的*查询*（query）是一个或多个规则的组合。如果只有一个关系出现在规则头部，那么这个关系的值就是查询的结果。因此在例5.18中，LongMovie就是查询的结果。如果规则头部有不止一个关系，那么这些关系中的一个是查询的结果，其余的都是辅助定义查询结果。当有多个谓词被规则集合定义时，通常都指定Answer为查询结果名。

5.3.4 Datalog规则的意义

例5.18为Datalog规则的意义给出了一个提示。更确切地说，假设规则的变量涉及所有可能的值，只要这些变量的值使得所有子目标为真，那么对应于这些变量的规则头部的值就清楚了，并可把结果元组加入到头部谓词的关系中。

举例来说，假设例5.18中的六个变量涉及所有可能值。但是只有当(t, y, l, c, s, p)的值对应到Movies中的元组分量组合时，所有子目标的值才为真。而且，因为有子目标$l \geq 100$，所以只有元组分量length（即变量l）的值至少为100时，该子目标才为真。当找到这样一种值的组合时，就把元组(t, y)放在规则头部的LongMovie关系中。

然而在规则中使用变量还是有限制的，该限制是要使得一条规则的结果是一个有限的关系，从而包含算术子目标或否定（negated）子目标（前面有NOT算子）的规则具有直观的意义。这个限制条件称作安全（safety）条件，含义是：

- 每个在规则中任意位置出现的变量都必须出现在主体的某些非否定的关系子目标中。

尤其是，任何在规则头部、否定关系子目标或任意算术子目标中出现的变量，也必须出现在主体的非否定的关系子目标中。

例5.19 考虑例5.18中的规则

```
LongMovie(t,y) ← Movies(t,y,l,_,_,_) AND l ≥ 100
```

第一个子目标是非否定的关系子目标，它包含了所有在规则中出现的变量，包括用下划线表示的匿名变量。特别是在头部出现的两个变量t和y也都在主体的第一个子目标中出现。同样的，变量l出现在算术子目标中，但它也出现在第一个子目标中。因此这是安全规则。 □

例5.20 下面的规则有三处违反安全条件：

```
P(x,y) ← Q(x,z) AND NOT R(w,x,z) AND x<y
```

1. 变量y出现在头部但不在主体的任何非否定关系子目标中。注意，出现在算术子目标$x<y$中的y并不能有助于把y的值限定在有限集合内。只要对应w, x, z值的a, b, c满足前两个子目标，就必须增加无限多个$d>b$元组(b, d)到头部关系P。

2. 变量w出现在一个否定的关系子目标中，但不在非否定的关系子目标中。

3. 变量y出现在一个算术子目标中，但不在非否定的关系子目标中。

因此，这不是一个安全规则，不能用在Datalog中。 □

还有另一种方法定义规则的意义。不去考虑所有可能的变量赋值，而是考虑对应于每个非否定关系子目标的关系的元组集合。如果对每个非否定关系子目标的某些元组的赋值是一致（consistent）的，也就是说对一个变量的每次出现都赋同一个值，则考虑对规则的所有变量的结果赋值。注意，因为规则是安全的，所以每个变量都被赋了一个值。

对每种一致赋值，考虑否定关系子目标和算术子目标，看看变量的赋值是否使得它们都为真。记住，若一个否定关系子目标的原子为假，则该子目标为真。如果所有子目标为真，则在这种变量赋值下的规则头部的元组也清楚了。该元组被加入到谓词头部的关系中。

例5.21 考虑Datalog规则

```
P(x,y) ← Q(x,z) AND R(z,y) AND NOT Q(x,y)
```

设关系Q包含两个元组(1, 2)和(1, 3)。设关系R包含元组(2, 3)和(3, 1)。这里有两个非否定的关系子目标$Q(x, z)$和$R(z, y)$，所以必须分别考虑这两个子目标的关系Q和R中元组的所有赋值组合。图5-8中的表格考虑了所有四种组合。

	Q(x, z)的元组	R(z, y)的元组	一致赋值?	NOT Q(x, y)为真?	头部的结果
1)	(1, 2)	(2, 3)	是	不是	—
2)	(1, 2)	(3, 1)	不是；z = 2, 3	无关	—
3)	(1, 3)	(2, 3)	不是；z =3, 2	无关	—
4)	(1, 3)	(3, 1)	是	是	P (1, 1)

图5-8　$Q(x, z)$和$R(z, y)$中元组的所有可能赋值

图5-8中的第二和第三选项是不一致的。每个选项都对变量z赋给了两个不同的值。因此，不再考虑这些元组的赋值。

第一个选项中，子目标$Q(x, z)$被赋值为元组(1, 2)，子目标$R(z, y)$被赋值为元组(2, 3)，这是一致的赋值，x、y和z分别被赋值为1、3、2。下面开始检验其他不是非否定关系的子目标。仅有一个：NOT Q(x,y)。对这一赋值，该子目标成为NOT Q(1, 3)。由于(1, 3)是Q的一个元组，这个子目标为假，对于这个赋值没有头部元组生成。

最后的选项是(4)。该选项的赋值是一致的：x，y，z分别被赋值为1, 1, 3。子目标NOT Q(x,y)的值为NOT Q(1,1)。由于(1, 1)不是Q的元组，这个子目标为真。这样根据这一变量赋值计算头部P (x, y)得到$P(1, 1)$。所以这个元组(1, 1)在关系P中。既然已经讨论过所有可能的赋值，那么这个元组就是P中的唯一元组。□

5.3.5　扩展谓词和内涵谓词

对以下两者加以区分是必要的：

- *扩展谓词*（Extensional predicate）：这种谓词的关系存放在数据库中。
- *内涵谓词*（Intension predicate）：这种谓词的关系是由一个或多个Datalog规则计算出来。

这两种谓词之间的区别等同于关系代数表达式的操作数与关系代数表达式计算出的关系之间的区别。前者，关系代数表达式操作数是“可扩展的”（也就是说，通过它的扩展定义关系，也即“关系的当前实例”的另一命名）；后者，关系代数表达式计算出的关系可以是最终结果，也可以是对应某些子表达式的中间结果，这些关系是“内涵的”（即是由程序员的“意图”决定）。

当谈论Datalog规则时，如果谓词分别是“扩展的”或“内涵的”，那么也应当提及扩展谓词和内涵谓词所对应的关系。IDB（intensional database）是内涵数据库的缩写，表示内涵谓词或它对应的关系。同样地，EDB（extensional database）是扩展数据库的缩写，表示扩展谓词或它对应的关系。

那么在例5.18中，Movies是一个EDB关系，由它的扩展来定义。谓词Movies同样是一个EDB谓词。LongMovie关系和谓词都是内涵的。

尽管EDB可以出现在规则主体中，但是EDB谓词不能出现在规则头部。IDB谓词可以出现在规则的头部和主体中，或者同时出现在这两个位置。利用头部为同一IDB谓词的多个规则建立一个关系的方法被普遍使用。例5.24中将通过两个关系的并给出这种方法的举例。

通过使用一系列的内涵谓词，可以逐步建立更为复杂的EDB关系。这个过程近似于用几个算符建立关系代数表达式。

5.3.6 Datalog规则应用于包

Datalog本质上是集合逻辑。然而只要没有否定的关系子目标，关系是集合时计算Datalog规则的方法对于关系是包时同样适用。当关系是包时，使用5.3.4节给出的计算Datalog规则的第二种方法在概念上更加简单。该方法是针对每个非否定的关系子目标，找出其谓词关系的所有元组。如果每个子目标的元组选择对每个变量给出了一致的变量赋值，并且算术子目标都为真[⊖]，那么就能够知道这个赋值的规则头部是什么样。该结果元组被放入头部关系之中。

既然现在要处理包，就不消除头部的重复元组。而且，当考虑子目标的所有元组的组合时，一个子目标关系中重复出现n次的一个元组在被作为该子目标元组与其他子目标元组合并时也被处理了n次。

例5.22 考虑规则

```
H(x,z) ← R(x,y) AND S(y,z)
```

其中关系$R(A, B)$包括以下元组：

A	B
1	2
1	2

$S(B, C)$包括元组：

B	C
2	3
4	5
4	5

当第一个子目标被赋值为关系R中的元组(1, 2)，且第二个子目标被赋值为关系S中的元组(2, 3)时，唯一一次得到对所有子目标的一致赋值（也就是y变量的赋值对每个子目标都一样）。由于(1, 2)在R中出现两次，(2, 3)在S中出现一次，那么有两次元组赋值使得变量$x = 1, y = 2$，$z = 3$。头部元组(x, z)对这两次赋值都是(1, 3)。因此，元组(1, 3)在头部关系H中出现两次，并且没有其他元组出现。也就是说，关系

1	3
1	3

就是这个规则定义的头部关系。更一般的情况是，若元组(1, 2)在R中出现n次，元组(2, 3)在S中出现m次，那么元组(1, 3)在H中就要出现nm次。 □

如果一个关系由若干规则定义，那么结果是每个规则生成的元组的包的联合。

例5.23 考虑一个由以下两条规则定义的关系H：

```
H(x,y) ← S(x,y) AND x>1
H(x,y) ← S(x,y) AND y<5
```

其中关系$S(B, C)$和例5.22中一样，也就是S = {(2, 3), (4, 5), (4, 5)}。由于S中三个元组的第一个分量都大于1，因此第一个规则把这三个元组依次放入H中。由于(4, 5)不满足条件$y < 5$，第二个规则只把元组(2, 3)放入H中。这样，结果关系H有元组(2, 3)的两个拷贝和元组(4, 5)的两个拷贝。 □

⊖ 注意，规则中不能有任何否定的关系子目标。在包模型下，任意拥有否定关系子目标的Datalog规则的含义还没有明确的定义。

5.3.7 习题

习题5.3.1 用Datalog写出习题2.4.1的所有查询。只能使用安全规则，但可以使用与复杂关系代数表达式的子表达式对应的若干IDB谓词。

习题5.3.2 用Datalog写出习题2.4.3的所有查询。只能使用安全规则，但可以使用若干IDB谓词。

!!**习题5.3.3** 如果关系子目标的谓词是有限关系，那么对Datalog规则的安全性要求将充分保证头谓词是一个有限关系。但是这个要求太严格了。给出一个Datalog规则的例子，使其虽然违反这个条件，但不管将其中关系谓词赋值为任何有限关系，其头部关系始终是有限关系。

5.4 关系代数与Datalog

2.4节中的每个关系代数算子都可以由一条或多条Datalog规则模拟。这一节将依次考虑每个算子。然后考察如何组合一些Datalog规则来模拟复杂代数表达式。虽然在此并没给出证明，但任何一个安全Datalog规则都可以用关系代数表达。然而，当允许多个规则交互作用时，Datalog查询比关系代数功能更强，它能表达代数中不能表达的递归功能（参见例子5.35）。

5.4.1 布尔操作

关系代数的布尔操作——并、交、差——可以简单地用Datalog表达。下面将分别描述其所需要的规则。这里假定R和S是具有同样多属性n的关系，并且使用`Answer`作为头谓词的名字。虽然其结果的名字可以任意，但对不同操作的结果选择不同的谓词很重要。

- **并** 两个关系的并$R \cup S$使用两条规则和n个不同的变量

$$a_1, a_2, \cdots, a_n$$

其中一个规则有单个子目标$R(a_1, a_2, \cdots, a_n)$，另一个规则有单个子目标$S(a_1, a_2, \cdots, a_n)$。两个规则都只有头Answer$(a_1, a_2, \cdots, a_n)$。作为结果，每个来自R的元组和每个S的元组都被放入结果关系中。

- **交** 两个关系的交集$R \cap S$使用具有如下主体的规则：

$$R(a_1, a_2, \cdots, a_n) \text{ AND } S(a_1, a_2, \cdots, a_n)$$

头部是`Answer`$(a_1, a_2, \cdots, a_n)$。于是当且仅当元组同时在R和S时，该元组出现在结果关系中。

- **差** 关系R和S的差$R-S$使用具有如下主体的规则：

$$R(a_1, a_2, \cdots, a_n) \text{ AND NOT } S(a_1, a_2, \cdots, a_n)$$

头部是Answer$(a_1, a_2, \cdots, a_n)$。于是当且仅当元组在R中出现但不在S中出现时，该元组才可出现在结果关系中。

例5.24 令R和S的关系模式是$R(A, B, C)$和$S(A, B, C)$。为了避免二义性，对各种结果使用不同的谓词，而不仅仅用`Answer`。

使用如下两个规则计算并$R \cup S$：

```
1. U(x,y,z) ← R(x,y,z)
2. U(x,y,z) ← S(x,y,z)
```

规则(1)说明R中的每个元组是IDB关系U的元组。同样，规则(2)说明S中的每个元组都在U中。

为计算$R \cap S$，使用规则

```
I(a,b,c) ← R(a,b,c) AND S(a,b,c)
```

最后，规则

```
D(a,b,c) ← R(a,b,c) AND NOT S(a,b,c)
```

计算差$R-S$。 □

变量对于规则是局部的

注意，在规则中的变量名是任意选择的，与其他规则中使用的变量无关。无关的原因是，每条规则都是独立计算，并且向其头部关系提供元组，而与其他规则无关。例如，将例5.24中的第二条规则替换成

```
U(a,b,c)←S(a,b,c)
```

而同时第一条规则保持不变，这两条规则仍是计算R和S的并。但需注意的是，如果在一条规则中用一个变量a代替另一个变量b，则必须在该规则中用a替换所有出现的b。而且，所选择的替换变量a不可以是该规则中已经出现的变量。

5.4.2 投影

为了计算关系R的投影，我们使用只有一条谓词R的单子目标的规则。该子目标的参数是不同的变量，每个代表关系的一个属性。规则头部有一个原子，其参数按照期望顺序对应于投影列表的属性。

例5.25 假设要将关系

```
Movies(title, year, length, genre, studioName, producerC#)
```

投影到它的前三个属性title、year和length上。规则

```
P(t,y,l) ← Movies(t,y,l,g,s,p)
```

可以满足要求，它定义了一个名为P的关系作为投影的结果。 □

5.4.3 选择

用Datalog来表示选择略微有些困难。当选择条件是对一个或多个算术比较来作AND操作时，则是一个比较简单的情况。在这种情况下，创建的规则包含：

1. 一个对应于要进行选择的关系的子目标。这个原子对每个分量有不同变量，它们分别对应于关系的每个属性。

2. 对选择条件中的每个比较都有一个与该比较对应的算术子目标。而且，一旦在选择条件中使用了一个属性名，就根据关系子目标建立的对应关系在算术子目标中使用对应的变量。

例5.26 选择

$$\sigma_{length\geq 100 \text{ AND } studioName=\text{'Fox'}}(\text{Movies})$$

可以用Datalog规则重写为

```
S(t,y,l,g,s,p) ← Movies(t,y,l,g,s,p) AND l ≥ 100 AND s = 'Fox'
```

其结果就是关系S。注意l和s是依照Movies关系属性的次序对应到属性length和studioName。□

现在，考虑包含对条件进行OR操作的选择。这里不能用一条Datalog规则代替这样的选择。然而，两个条件OR操作的选择近似于分别按每个条件进行选择，然后得到结果的并。因此，n个条件的OR可以用n条规则表示，每条规则都定义同样的头部谓词。第i条规则按照n个条件中的第i个进行选择。

例5.27 对例5.26中的选择进行修改，把AND替换成OR得到如下选择：

$$\sigma_{length\geq 100 \text{ OR } studioName=\text{'Fox'}}(\text{Movies})$$

也就是找出所有长电影或Fox出品的电影。可以写两条规则，每个对应下列条件之一：

```
1. S(t,y,l,g,s,p) ← Movies(t,y,l,g,s,p) AND l ≥ 100
2. S(t,y,l,g,s,p) ← Movies(t,y,l,g,s,p) AND s = 'Fox'
```

规则(1)得出至少有100分钟长的电影，规则(2)得到Fox出品的电影。 □

对于更为复杂的选择条件，可以由逻辑算子AND、OR和NOT按照任意顺序组成。然而有一种被普遍了解的技术，可以将这样的逻辑表达式重新整理成“析取范式”，即表达式是“合取”的析取(OR)。合取（conjunct）是“文字”的AND，而文字（literals）是一个比较或否定比较[⊖]。

可以用一个子目标表示任一文字，这个子目标的前面可能有一个NOT。如果子目标是算术子目标，则NOT可以合并到比较算子中。例如：NOT $x \geqslant 100$可以写作$x<100$。于是，任意合取都可以由一条单独的Datalog规则表示，一个子目标对应一个比较。最后，每个析取范式都可写成若干Datalog规则，一条规则对应一个合取。这些规则对每个合取的结果作并操作或OR操作。

例5.28　根据例5.27为这个算法给出一个简单的例子。对该例子中的条件进行否定就得到一个更难的例子。下面给出表达式：

$$\sigma_{\texttt{NOT}\ (length \geq 100\ \texttt{OR}\ studioName = \texttt{'Fox'})}(\texttt{Movies})$$

也就是说，找出所有既不长又不是Fox出品的电影。

这里，NOT被放在一个不是简单比较的表达式之前。因此，依照DeMorgan定律(DeMorgan laws)，即OR的否定也就是否定的AND，把NOT合并到表达式中。也就是说，这个选择可以被重写成：

$$\sigma_{(\texttt{NOT}\ (length \geq 100))\ \texttt{AND}\ (\texttt{NOT}\ (studioName = \texttt{'Fox'}))}(\texttt{Movies})$$

现在可以把NOT放在比较中得到表达式：

$$\sigma_{length < 100\ \texttt{AND}\ studioName \neq \texttt{'Fox'}}(\texttt{Movies})$$

该表达式转化为Datalog规则是： □

例5.29　考虑一个与上例相似的、选择中有AND的否定的例子。现在，使用DeMorgan定律

```
S(t,y,l,g,s,p) ← Movies(t,y,l,g,s,p) AND l < 100 AND s ≠ 'Fox'
```

的第二形式，即AND的否定也就是否定的OR。从代数表达式

$$\sigma_{\texttt{NOT}\ (length \geq 100\ \texttt{AND}\ studioName = \texttt{'Fox'})}(\texttt{Movies})$$

开始，也就是找出所有不是同时满足Fox出品且放映时间长的电影。

用DeMorgan定律把NOT放到AND下，得到：

$$\sigma_{(\texttt{NOT}\ (length \geq 100))\ \texttt{OR}\ (\texttt{NOT}\ (studioName = \texttt{'Fox'}))}(\texttt{Movies})$$

再一次把NOT放在比较中得到：

$$\sigma_{length < 100\ \texttt{OR}\ studioName \neq \texttt{'Fox'}}(\texttt{Movies})$$

最后，写两条规则，分别对应OR的两个部分。这样结果Datalog规则是：

```
1. S(t,y,l,g,s,p) ← Movies(t,y,l,g,s,p) AND l < 100
2. S(t,y,l,g,s,p) ← Movies(t,y,l,g,s,p) AND s ≠ 'Fox'
```

□

5.4.4　积

两个关系的积$R \times S$可以用一条Datalog规则表示。这条规则有两个子目标，一个对应R，一个对应S。这两个子目标有不同的变量，分别对应R和S的属性。头部的IDB谓词拥有所有在

[⊖] 可参考A.V.Aho and J.D.Ullman, Foundations of Computer Science, Computer Science Press, New York, 1992。

这两个子目标中出现的参数，R子目标中的变量列在S子目标中变量的前面。

例5.30 考虑例5.24中的两个三属性的关系R和S，规则

```
P(a,b,c,x,y,z) ← R(a,b,c) AND S(x,y,z)
```

定义了P为$R \times S$。任意使用字母表中前面的字母作为R的变量，而最后的字母作为S的变量。这些变量都出现在规则头部。 □

5.4.5 连接

可以用一条近似于积的Datalog规则来表示两个关系的自然连接。不同之处在于：如果想要得到$R \bowtie S$，则R和S的同名属性就要使用同样的变量，否则使用不同的变量。例如，可以用属性名来作为变量名。规则头部是一个IDB谓词，它的每个变量出现一次。

例5.31 考虑模式为$R(A, B)$和$S(B, C, D)$的关系，其自然连接可以由规则

```
J(a,b,c,d) ← R(a,b) AND S(b,c,d)
```

来定义。注意子目标中使用的变量很明显地对应于关系R和S的属性。 □

还可以把θ连接转换成Datalog。回忆一下，2.4.12节中给出的θ连接能用一个积后接一个选择操作表示。如果选择条件是合取，也就是比较的AND，那么可以简单地从积的Datalog规则开始，再添加对应于每个比较的算术子目标。

例5.32 考虑关系$U(A, B, C)$和$V(B, C, D)$，其θ连接

$$U \bowtie_{A<D \text{ AND } U.B \neq V.B} V$$

可以建立Datalog规则：

```
J(a,ub,uc,vb,vc,d)  ←  U(a,ub,uc) AND V(vb,vc,d) AND a < d AND ub ≠ vb
```

来进行同样的操作。尽管用任意六个不同的变量都可以表示这两个关系的六个属性，但这里使用ub作为对应U的B属性的变量，类似地，还使用了vb、uc和vc。前两个子目标引入了这两个关系，后面两个子目标则执行θ连接条件中出现的两个比较。 □

如果θ连接的条件不是合取，那么可以像5.4.3节中那样把它转化成析取范式。然后为每个合取建立一条规则。在该规则中，从积的子目标开始，为合取中每个文字添加一个子目标。所有规则的头部是一样的，并且每个参数对应于进行θ连接的两个关系的每个属性。

例5.33 在这个例子中，将对例5.32的代数表达式作一个简单的修改。AND将被改成OR。这个表达式中没有否定，所以它已是析取范式。其中有两个合取，每个都有一个简单文字。这个表达式为：

$$U \bowtie_{A<D \text{ OR } U.B \neq V.B} V$$

使用与例5.32中同样的变量命名方法，得到两条规则：

```
1. J(a,ub,uc,vb,vc,d) ← U(a,ub,uc) AND V(vb,vc,d) AND a < d
2. J(a,ub,uc,vb,vc,d) ← U(a,ub,uc) AND V(vb,vc,d) AND ub ≠ vb
```

每条规则都有对应于两个关系的子目标以及一个对应于$A<D$和$U.B \neq V.B$两个条件之一的子目标。 □

5.4.6 用Datalog模拟多重操作

Datalog规则不仅仅可以模拟关系代数中的单个操作。事实上可以模拟任何代数表达式。其技巧是观察关系代数表达式的表达树，并对树的每个内部节点创建一个IDB谓词。IDB谓词的一条或多条规则就是在对应的树节点上需要使用的算子。树的扩展操作数（即它们是数据

库的关系）由对应谓词表示。作为内部节点的操作数则由对应的IDB谓词表示。代数表达式的结果就是与表达树的根关联的谓词的关系。

例5.34 考虑例2.17的代数表达式

$$\pi_{title,year}\left(\sigma_{length\geq 100}(\texttt{Movies}) \cap \sigma_{studioName=\texttt{'Fox'}}(\texttt{Movies})\right)$$

该代数表达树如图2-18所示，这里重画该图为图5-9。该树共有四个内部节点，所以需要创建四个IDB谓词。每个谓词有一条Datalog规则，图5-10给出了这些规则。

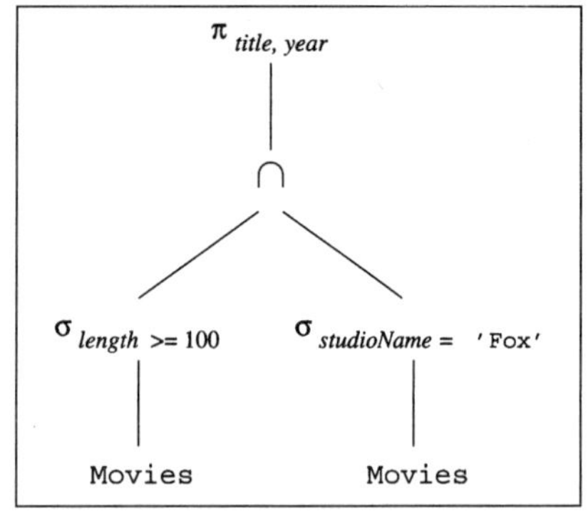

图5-9 表达树

树中最低的两个内部节点对EDB关系Movies执行简单的选择操作，所以可以创建IDB谓词W和X来表示这些选择。图5-10中的规则(1)和(2)描述了这些选择。例如，规则(1)定义W为Movies中长度至少为100的元组。

```
1. W(t,y,l,g,s,p) ← Movies(t,y,l,g,s,p) AND l ≥ 100
2. X(t,y,l,g,s,p) ← Movies(t,y,l,g,s,p) AND s = 'Fox'
3. Y(t,y,l,g,s,p) ← W(t,y,l,g,s,p) AND X(t,y,l,g,s,p)
4. Answer(t,y) ← Y(t,y,l,g,s,p)
```

图5-10 执行若干代数操作的Datalog规则

规则(3)按照5.4.1节中交的规则形式，定义谓词Y为W和X的交。最后，规则(4)定义结果为Y在title和year属性上的投影。这里使用了5.4.2节中学过的模拟投影技术。

注意，因为Y是由单条规则定义，所以可以替换图5-10规则(4)中的Y子目标，将它换成规则(3)中的主体。接着，可以用规则(1)和(2)的主体替换W和X子目标。既然在W和X主体中都出现Movies子目标，就可以消去一个拷贝。于是，结果可以用一个单独的规则来定义：

```
Answer(t,y) ← Movies(t,y,l,g,s,p) AND l ≥ 100 AND s = 'Fox'
```

□

5.4.7 Datalog与关系代数的比较

从5.4.6节可见，2.4节中基本关系代数描述的每一个表达式都可以用Datalog查询表达。而在扩展关系代数中的操作，如5.2节中的分组和聚集，则不能用本章已介绍的Datalaog表达。类似地，Datalog不支持包操作，比如消重复。

任何单个Datalog规则都可以用关系代数表达。也就是说，用基本关系代数表达的查询产生的元组与这个Datalog规则产生的头部关系元组相同。

可是，当考虑Datalog规则集合时，情况有所变化。Datalog可以表达递归，而关系代数不可以。其原因是，由于IDB谓词也可以在规则主体中出现，于是规则头部的元组就可以反馈到规则主体，从而为头部产生更多的元组。这里并不讨论由此带来的更加复杂的问题，特别是当规则中含有否定子目标的情况。但是，下面的例子给出了Datalog中的递归应用。

例5.35 假定有关系Edge(X, Y)，表示从节点X到节点Y直接存在有一条边（弧）。关系Path(X, Y)表示从节点X到节点Y存在一条长度至少为1的路径，于是，可以描述边的传递闭包如下：

```
1. Path(X,Y) ← Edge(X,Y)
2. Path(X,Y) ← Edge(X,Z) AND Path(Z,Y)
```

这里规则(1)表示每条边是一条路径。规则(2)表示如果存在一条从X到某个节点Z的边，同时存在一条从Z到Y的路径，那么也就存在一条从节点X到节点Y的路径。如果先使用规则(1)，再使用规则(2)，那么就得到长度为2的路径。如果再在另一个应用中将已得到的Path在规则(2)中使用，那么就得到了长度为3的路径。若再次使用这个Path，就可以得到长度为4的路径。如此继续，最后，就可以找到所有可能的路径。一个循环结束后，不能再找到新的路径时，就此终止。如果找不到Path(a, b)的实例，那么就是说，在这个边关系的图中，从节点a到节点b不存在路径。□

5.4.8 习题

习题5.4.1 设$R(a, b, c)$、$S(a, b, c)$和$T(a, b, c)$是三个关系。写出一条或多条Datalog规则，分别定义出下列关系代数表达式的结果：

a) $R \cup S$

b) $R \cap S$

c) $R - S$

d) $(R \cup S) - T$

!e) $(R - S) \cap (R - T)$

f) $\pi_{a,b}(R)$

!g) $\pi_{a,b}(R) \cap \rho_{U(a,b)}(\pi_{b,c}(S))$

习题5.4.2 设$R(x, y, z)$为一个关系。写一条或多条Datalog规则来定义$\sigma_C(R)$，其中C代表下列每个条件：

a) $x = y$

b) $x<y$ AND $y<z$

c) $x<y$ OR $y<z$

d) NOT ($x<y$ OR $x>y$)

!e) NOT (($x<y$ OR $x>y$) AND $y<z$)

!f) NOT (($x<y$ OR $x<z$) AND $y<z$)

习题5.4.3 设$R(a, b, c)$、$S(b, c, d)$和$T(d, e)$为三个关系。为每个自然连接写一条Datalog规则：

a) $R \bowtie S$

b) $S \bowtie T$

c) $(R \bowtie S) \bowtie T$（注意：因为自然连接满足结合律和交换律，所以这三个关系的连接顺序是无关的。）

习题5.4.4 设$R(x, y, z)$和$S(x, y, z)$是两个关系。写出一条或多条Datalog规则来定义每个θ连接$R \bowtie_C S$，这里C是习题5.4.2中的条件。对这些条件中的每一个，要求把每个算术比较解释为对左边R的一个属性和右边S的一个属性的比较。例如：$x<y$表示$R.x<S.y$。

!习题5.4.5 Datalog规则也可以转化为等价的关系代数表达式。虽然没有讨论这样做的方法，但也可以举出一些简单的例子。对下列每个Datalog规则，写出一个关系代数表达式来定义与该规则头部相同的关系。

a) `P(x,y) ← Q(x,z) AND R(z,y)`

b) `P(x,y) ← Q(x,z) AND Q(z,y)`

c) `P(x,y) ← Q(x,z) AND R(z,y) AND x < y`

5.5 小结

- 基于包的关系（Relation as Bag）:在商用数据库系统当中，关系实际上是包，也就是在关系中，同一个元组允许重复出现多次。那些基于集合理论的关系代数操作可以扩展到包，但是其中某些代数规则将不再适用。
- 关系代数的扩展（Extension to Relational Algebra）:为了适合SQL查询语言的能力，需要一些传统关系代数中不具备的算符。关系排序是一个例子，扩展的投影也是，它支持在关系列上进行计算。分组、聚集和外连接等操作也都需要。

- *分组和聚集*（Grouping and Aggregation）：聚集操作对关系的一列加以汇总。典型的聚集操作是求和、求平均、求最小值和最大值。分组操作算符允许对某个关系的元组按着它们在一个或者多个属性上的值分组，然后进一步对每个组进行聚集计算。
- *外连接*（Outerjoin）：两个关系的外连接是先执行这两个关系的连接。然后，那些悬浮的元组（不能跟任何元组匹配的元组）用null值补齐后，也加入到结果当中。
- Datalog：这种逻辑形式允许在关系模型上编写查询。在Datalog中，可以编写规则，规则的头部谓词或关系根据子目标组成的主体来定义。
- *原子*（Atom）：规则头部和子目标都是原子，原子由一个应用于若干个参数（可选为否定）的谓词组成。谓词可以表示关系或算术比较（例如<）。
- *IDB和EDB谓词*（IDB and EDB Predicate）：某些谓词对应于已存储的关系，被称为EDB（扩展数据库）谓词或称为关系。另一种谓词称为IDB（内涵数据库）谓词，是由规则定义的。EDB谓词可以不出现在规则头部。
- *安全规则*（Safe Rule）：一般说Datalog规则是安全的，是指规则中每个变量都出现在主体的一些非否定关系子目标中。安全规则保证：如果EDB关系是有限的，那么IDB关系也将是有限的。
- *关系代数和Datalog*（Relational Algebra and Datalog）：所有关系代数可以表示的查询也可以用Datalog表示出来。如果规则是安全和非递归的，那么它们定义与关系代数完全一样的查询集合。

5.6 参考文献

如同在第2章中所述，关系代数来自[2]。扩展操作γ源自[5]。

Codd在早期的关系模型论文[3]中也引入了两种形式的一级逻辑：*元组关系演算*（tuple relational calculus）和*域关系演算*（domain relational calculus）。这些逻辑形式在查询表达能力上与关系代数等价，其证明参见[3]。

Datalog看起来更像逻辑规则，它参照了程序设计语言Prolog。[4]引发了很多查询语言逻辑的发展，而[1]把这些思想引入了数据库系统。

更多关于Datalog和关系演算的讨论可以参见[6]和[7]。

1. F. Bancilhon, and R. Ramakrishnan, "An amateur's introduction to recursive query-processing strategies," *ACM SIGMOD Intl. Conf. on Management of Data*, pp. 16–52, 1986.

2. E. F. Codd, "A relational model for large shared data banks," *Comm. ACM* **13**:6, pp. 377–387, 1970.

3. E. F. Codd, "Relational completeness of database sublanguages," in *Database Systems* (R. Rustin, ed.), Prentice Hall, Englewood Cliffs, NJ, 1972.

4. H. Gallaire and J. Minker, *Logic and Databases*, Plenum Press, New York, 1978.

5. A. Gupta, V. Harinarayan, and D. Quass, "Generalized projections: a powerful approach to aggregation," 21st Intl. Conf. on Very Large Database Systems, pp. 358–369, 1995.

6. M. Liu, "Deductive database languages: problems and solutions," *Computing Surveys* **31**:1 (March, 1999), pp. 27–62.

7. J. D. Ullman, *Principles of Database and Knowledge-Base Systems, Volumes I and II*, Computer Science Press, New York, 1988, 1989.

第6章 数据库语言SQL

最常用的关系数据库管理系统（DBMS）通过一种叫做SQL（有时读作“sequel”）的语言对数据库进行查询和修改操作。SQL即为结构化查询语言（Structured Query Language）。SQL的查询功能十分接近在5.2节中扩展出的关系代数。但SQL还包括修改数据库的语句（如在关系中插入和删除元组）和定义数据库模式的语句。因此，SQL既是数据操作语言，又是数据定义语言。除此之外，SQL还包括许多其他标准的数据库命令，这些将在第7章和第9章介绍。

SQL有许多不同的版本。首先，存在着三个主要的标准，即ANSI（美国国家标准机构）SQL；在1992年采纳的对ANSI SQL进行修改的标准，称为SQL-92或SQL2；最近的SQL-99（以前也称为SQL3）标准。SQL-99对SQL2进行扩充，引入了对象关系特征和许多其他的新功能。还有一些对SQL-99的扩展，统称为SQL:2003。其次，各大数据库厂商提供不同版本的SQL。这些版本的SQL都包括最初的ANSI 标准的功能。它们还在很大程度上支持新推出的SQL-92标准，不过它们均在SQL2的基础上各自做了修改和扩展。另外，它们还包含了部分SQL-99和SQL:2003的标准。

本章介绍SQL的基础：查询语言和数据库修改语句。同时还要介绍数据库系统的基本工作单位——“事务”的概念。这些内容虽然比较粗略，但也能让读者对数据库操作的互相影响及其引起的问题有一个初步的认识。

下一章讨论约束和触发器，它们是对数据库的内容施加用户控制的另一种方式。第8章讲述提高SQL查询效率的方法，主要是采用索引及相关的数据结构。第9章讲述整个系统中与数据库相关的编程技术。例如，常见的Web上的访问服务。在整个系统中，SQL查询和其他操作几乎从不独立执行，一般都是嵌入在常用的主语言中，与系统交互式运行。

最后，第10章介绍了许多高级数据库编程概念，包括递归SQL、SQL中的安全和访问控制、对象关系SQL和数据的数据立方模型。

本章和接下来几章的目的是让读者对SQL有一个初步的了解，属于简单的入门教程，而不是内容详尽的手册。因此，所讲解的主要内容仅仅集中在最常用的部分上，采用的代码不仅符合标准，而且与商用数据库管理系统的用法一致。至于语言细节和不同版本的语言差异方面的更多内容，可参阅参考文献。

6.1 SQL中的简单查询

SQL中最简单的查询是找出关系中满足特定条件的元组，这种查询和关系代数中的选择操作类似。和几乎所有的SQL查询类似，简单查询使用代表SQL特点的三个保留字SELECT、FROM和WHERE来表示。

```
Movies(title, year, length, genre, studioName, producerC#)
StarsIn(movieTitle, movieYear, starName)
MovieStar(name, address, gender, birthdate)
MovieExec(name, address, cert#, netWorth)
Studio(name, address, presC#)
```

图6-1 和前面重复的数据库模式例子

例6.1　在本例和后续的几个例子中，使用2.2.8节的电影数据库模式。图6-1再次给出了这些关系模式以供参考。

第一个查询是从关系

Movies(title, year, length, genre, studioName, producerC#)

中找出由Disney电影公司在1990年制作的电影，其SQL语句为

```
SELECT *
FROM Movies
WHERE studioName = 'Disney' AND year = 1990;
```

该查询展示了大部分SQL查询语句的典型格式，即select-from-where 形式。

> **如何使用SQL**
>
> 本章假设有一个**基本查询界面**（generic query interface），该界面可以输入SQL查询或者其他语句并使其运行。但在实际应用中，很少使用基本查询界面。大量程序是用C或Java等常规语言（称为**主语言**——host language）编写，这些程序使用主语言的一个特定的库函数将SQL语句提交给数据库。数据从主语言变量传到SQL语句，这些语句的结果又从数据库传到主语言变量。第9章将深入探讨这一问题。

- FROM子句给出查询所引用的关系，在本例中查询引用的关系是Movies。
- WHERE子句是一个条件子句，就像关系代数中的选择条件。和查询匹配的元组必须满足此条件。在本例中，条件是元组的studioName属性（值为‘Disney’）和year属性（值为1990）。满足这两个约束的元组符合条件，否则不符合条件。
- SELECT子句决定满足条件元组的哪些属性应该在结果中列出。例子中的*表示列出元组的所有属性。查询结果就是处理后的元组所形成的关系。

解释查询的一种方法是逐个考虑FROM子句中涉及的关系元组。将WHERE子句的条件应用到元组上。更准确地说，所有在WHERE子句里出现的属性由元组中对应属性的值来代替，如果计算的表达式为真，则在SELECT中指定的属性值作为结果中的一个元组。这样，查询的结果就是Movies元组中那些由Disney在1990年制作的电影，例如Pretty Woman。

更详细地说，当SQL查询处理器碰到Movies里的如下元组

title	*year*	*length*	*genre*	*studioName*	*producerC#*
romance	1990	119	true	Disney	999

（这里，999是一个虚构的电影制片人的证书号），将WHERE子句条件中的studioName换成值‘Disney’，year换成值1990，因为这是条件中的那些属性的值。于是WHERE子句变成了

```
WHERE 'Disney' = 'Disney' AND 1990 = 1990
```

显然该条件为真，这样 Pretty Woman通过了WHERE子句的检查并成为查询结果的一部分。 □

> **阅读和书写查询语句的小技巧**
>
> 检查一个selcet-from-where查询的最简单的方式是，首先查看FROM子句，找出该查询涉及了哪些关系。接着查看WHERE子句，了解要找出的是什么样的元组，它对查询很重要。最后再看SELECT子句来了解输出结果是哪些。同样地，在写查询语句的时候也要遵照同样的顺序，即先FROM再WHERE最后SELECT。这样做对理解语句非常有用。

6.1.1 SQL中的投影

如果需要，可以减少选定的元组的字段，即将SQL查询中产生的关系投影到它的一些属性上去。在SELECT子句中*所在的位置上，如果列出的是FROM子句中涉及的关系的部分属性，那么结果将被投影到所列出的属性之上[⊖]。

例6.2 修改例6.1的查询，仅仅输出电影的标题和长度。其SQL语句是

```
SELECT title, length
FROM Movies
WHERE studioName = 'Disney' AND year = 1990;
```

该结果是一个两列的表，两个列的标题分别为title和length。表中元组的列是成对的，每个元组包括电影的标题和长度，每部电影由Disney在1990年制作。该关系模式和它的一个元组如下所示：

title	*length*
Pretty Woman	119
...	...

□

有时人们希望结果关系的列标题和FROM子句中给出的关系的属性有不同的名字。这可以通过在属性后面跟一个AS保留字和一个别名完成，该别名成为结果关系的列标题。保留字AS是可选的，即别名可以直接跟在它所代表的表达式之后，而不必在两者间插入任何标记。

例6.3 修改例6.2，产生一个关系，用属性name和duration替换title和length。

```
SELECT title AS name, length AS duration
FROM Movies
WHERE studioName = 'Disney' AND year = 1990;
```

其结果与例6.2中的元组集相同，但是列标题变成了name和duration。结果关系如下所示：

name	*duration*
Pretty Woman	119
...	...

□

SELECT子句的另一种选项是用表达式取代属性。换句话说，SELECT列表的功能与5.2.5节中扩展投影中的列表一样。在6.4节还可以看到SELECT列表中包含5.2.4节中讲到的γ操作符的聚集操作。

例6.4 假定需要例6.3的输出，但是要把长度由分钟表示改为以小时表示。于是，可以把该例的SELECT子句改为

```
SELECT title AS name, length*0.016667 AS lengthInHours
```

该查询的电影结果与前例查询相同，但是它的长度是以小时计算，第二列对应的标题改名为lengthInHours，如下所示：

name	*lengthInHours*
Pretty Woman	1.98334
...	...

□

例6.5 人们甚至可以将一个常量作为表达式在SELECT子句中列出。这样做似乎没有什么意义，但有些应用需要输出一些有意义的词语到SQL的显示结果中去。下面的查询

⊖ 因此，SQL中的SELECT保留字实际上和关系代数中的投影运算符对应，而关系代数中选择运算符则对应于SQL查询中的WHERE子句。

```
SELECT title, length*0.016667 AS length, 'hrs.' AS inHours
FROM Movies
WHERE studioName = 'Disney' AND year = 1990;
```

产生的元组如下：

title	*length*	*inHours*
Pretty Woman	1.98334	hrs.
...	...	...

这里将第三列命名为inHours，使得它和第二列的标题在意义上关联。输出结果中的每一个元组在第三列包含常量hrs，这样看起来好像它是表示第二列值的计量单位。 □

6.1.2 SQL中的选择

关系代数中的选择操作符在SQL中是通过SQL的WHERE子句表示。WHERE子句中的表达式（包括条件表达式）和普通的计算机语言（如C和Java）中的表达式类似。

> **不区分大小写**
>
> SQL是大小写无关的，它把大写和小写字母看作相同的字母。举个例子，对于保留字FROM，无论写作FROM、From或者from甚至FrOm都是正确的。关系名、属性名和别名都同样是大小写无关的。只有引号里面的字符才是区分大小写的。所以'FROM'和'from'是不同的字符串。当然，它们都不是保留字FROM。

可以通过值比较运算来建立表达式，比较运算使用六个常用的比较运算符：=、<>、<、>、<=和>=。最后四个运算符与C语言中的相同，而<>在SQL中表示"不等于"（在C语言中是!=），=在SQL中表示"等于"（在C语言中是==）。

> **SQL查询和关系代数**
>
> 到目前为止所看到的简单的SQL查询都具有以下形式：
>
> ```
> SELECT L
> FROM R
> WHERE C
> ```
>
> 其中L是一个表达式列表，R是一个关系，C是一个条件。这种表达式和如下形式的关系代数表达式的意义相同：
>
> $$\pi_L(\sigma_C(R))$$
>
> 即首先对FROM子句关系中的每个元组使用WHERE子句中指定的条件进行筛选，然后投影到SELECT子句中的属性或表达式列表上。

常量以及跟在FORM后面的关系的属性都可以比较。在进行比较之前也可以使用普通的算术运算符如+、*等等作用于数值上。例如(year−1930)*(year−1930)<100对于那些和1930之间的差别小于等于9的年份的值为真。也可以通过||连接运算符对字符串作连接运算。例如'foo' || 'bar'的运算结果为'foobar'。

例6.1中提到的一个比较运算

```
studioName = 'Disney'
```

将判断关系Movies的studioName属性是否与常量'Disney'相等。这是一个字符串常量，在SQL中，字符串常量是由单引号括起的字符串表示。数值常量，如整数和实数，都可以作为常量。SQL使用普通的记数法表示实数，如－12.34或1.23E45。

比较运算的结果是一个布尔值：要么TRUE要么FALSE⊖。布尔值可以通过逻辑运算符AND、OR和NOT来进行组合，分别为并、或和非运算。例如，在例6.1中已经看到使用AND运算符来组合两个比较表达式。该例的WHERE子句为真，当且仅当两个比较都为真，即当电影公司名称为'Disney'，并且制作年份是1990时整个WHERE子句为真。下面再看一些包含复杂WHERE子句的查询语句。

例6.6 考虑查询

```
SELECT title
FROM Movies
WHERE (year > 1970 OR length < 90) AND studioName = 'MGM';
```

这个查询要找出由MGM电影公司制作的影片名称，它们要么在1970以后制作要么影片长度小于90分钟。注意，比较表达式可以用括号括起来。这里使用括号是因为逻辑运算符优先级的原因。在SQL中逻辑运算符的优先级和其他高级语言相同：AND的优先级高于OR，NOT具有最高优先级。 □

6.1.3 字符串比较

当两个字符串里的字符序列完全相同时称两个字符串相等。回顾一下2.3.2节的内容，字符串可以用CHAR存成定长字符串，也可以用VARCHAR存成变长字符串。当比较不同类型的字符串时，只比较实际的字符串；SQL忽略任何为了保证字符串所需长度而在数据库中采用的填充字符。

当使用如 < 或 >= 等比较运算符对字符串作比较运算时，实际上比较的是它们的词典顺序（如字典顺序或字母表顺序）。也就是说，如果$a_1 a_2 \cdots a_n$和$b_1 b_2 \cdots b_m$是两个字符串，当$a_1<b_1$时，或者$a_1 = b_1$且$a_2<b_2$时，或者$a_1 = b_1$，$a_2 = b_2$且$a_3<b_3$时，如此下去，则前者小于后者。如果$n<m$并且$a_1 a_2 \cdots a_n = b_1 b_2 \cdots b_n$，则称字符串$a_1 a_2 \cdots a_n<b_1 b_2 \cdots b_m$；也就是说第一个字符串正好是第二个字符串的一个前缀。例如，'fodder' < 'foo'，因为每个字符串的头两个字符相同都是fo，而fodder中的第三个字符在字母表中顺序是在foo的第三个字符之前。同样的，'bar' < 'bargin'，因为前者正好是后者的一个前缀。

> **位串的表示**
>
> 二进制位串是一个以B开头，后面跟着由单引号括起来的0和1串。例如B '011' 表示包含三个位的串，第一位为0，其他两位为1。也可以用十六进制表示，即用X打头后面跟着由单引号括起来的十六进制数字（0到9及a到f，a到f表示数字10到15）。例如，X '7ff' 表示一个十二位长的位串，由一个0和后面的十一个1构成。注意，每一个十六进制数字表示4比特位，开头的0不能省去。

6.1.4 SQL中的模式匹配

SQL也提供了一种简单的模式匹配功能用于字符串比较。比较表达式的另一种方式是

```
s LIKE p
```

其中s是一个字符串，p是模式（pattern），即一个可能使用了两个特殊字符%和_的字符串。p中普通字符仅能匹配s中与其相同的字符，而%能匹配s中任何任意长度（包括零长度）的字符

⊖ 关于布尔值的一些详细情况见6.1.7节。

串，p中的_则能匹配s中任何一个字符。该表达式的值为真当且仅当字符串s匹配模式p。同样，s NOT　LIKE p为真时当且仅当字符串s不匹配模式p。

例6.7　如果只记得某个电影的片名开始部分是“Star”，另外知道记不起来的部分是一个四个字母的单词。则可以通过如下查询找到电影的片名：

```
SELECT title
FROM Movies
WHERE title LIKE 'Star ____';
```

这个查询是查找那些电影片名由九个字符组成，开始的五个字符是Star加一个空格。后面四个字符可以是任意四个字符，因为每一个_可以匹配任何一个字符。查询结果是满足完全匹配要求的电影片名的集合，如Star Wars或Star Trek。□

例6.8　找出所有电影标题中含有所有格's的电影。查询语句为：

```
SELECT title
FROM Movies
WHERE title LIKE '%''s%';
```

要理解这个模式，需要先理解SQL中的单引号。括起字符串两边的单引号不能代表字符串中的单引号。SQL约定，字符串中两个连续的单引号表示一个单引号，而不作为字符串的结束符。所以模式中的''s表示一个单引号后面跟一个s。

在's两边的两个%符号可以匹配任何形式的字符串。所以只要包括子串's的字符串都能匹配该模式。该查询结果包括如 Long's Run或Alice's Restaurant等电影。□

6.1.5　日期和时间

SQL的实现版本通常将时间和日期作为特殊的数据类型。其值常常用不同形式表示，如05/14/1948或14 May 1948。这里仅仅描述SQL标准中时间和日期的特定表示法。

日期（date）常量由保留字DATE后跟一个单引号括起的特定形式字符串组成。例如DATE'1948-05-14'是符合规范的表示。前四个数字字符表示年份，紧接着后面跟一个连字符号，接下来的两个数字字符表示月份。注意，如同在给出的例子中所表示的那样，单数字的月份前要补上了一个0。最后是一个连字符和两个数字字符表示日。和月份的表示一样，必须用两位数字表示日，所以在前面如有必要需填充一个0。

类似地，时间（time）常量由保留字TIME后跟一个单引号字符串组成。该字符串用两个字符表示小时，采用24小时制表示。接着是一个冒号后跟两个字符表示分钟。接着又是一个冒号后跟两个字符表示秒。如果要表示分秒，则继续在后面跟一个小数点和任意多的数字字符。例如：TIME'15:00:02.5'表示下午3点过两秒半。

LIKE表达式中的转义字符

如果要在LIKE表达式的模式中直接使用%和_字符该怎么办呢？SQL没有采用特殊的字符作为转义字符（如UNIX中的反斜线），对于单个模式SQL允许使用任何一个字符作为转义字符。方法是通过在模式后面跟一个保留字ESCAPE和一个用单引号括起来的字符指定转义字符。跟在转义字符后面的的%和_作为其本身所表示的字符出现在模式字符串中，而不表示匹配一个或多个字符。例如，

```
s LIKE 'x%%x%' ESCAPE 'x'
```

使得x成为模式x%%x%中的转义字符。字串x%表示单个%。这个模式匹配任何以字符%开头并同时以它结尾的字符串。注意，这里仅仅中间的%能匹配“任何字符串”。

作为一个可选项，可以用格林威治（GMT）时间之前（用一个加号表示）和格林威治时间之后（用一个减号表示）若干小时和分钟表示时间。例如，TIME’12:00:00-8:00’表示太平洋标准时间的正午，正好比格林威治时间晚八个小时。

如果要将日期和时间组合起来就要用到TIMESTAMP类型。通过关键字TIMESTAMP，一个日期值后跟一个空格和一个时间值来组合表示。例如，TIMESTAMP’1948-05-14 12:00:00’表示1948年5月14号正午。

可以使用字符串和数值运算中的比较运算符对日期和时间进行比较运算。即 < 对于日期比较意味着前一个日期比第二个早；<对时间而言也是前者早于后者（对于同一天的时间来说）。

6.1.6 空值和涉及空值的比较

SQL允许属性有一个特殊值NULL，称作*空值*（null value）。对于空值有许多不同的解释。下面是一些最常见的解释：

1. *未知值*（value unknown）：即知道它有一个值但不知道是什么，例如一个未知的生日。

2. *不适用的值*（value inapplicable）：“任何值在这里都没有意义”，例如，对于MovieStar关系，如果有一个spouse属性表示其配偶。对于一个未婚的影星这个属性可能为NULL值，不是因为不知道其配偶的名字，而是因为没有配偶。

3. *保留的值*（value withheld）：“属于某对象但无权知道的值”。例如，未公布的电话号码在phone属性中显示为NULL值。

在5.2.7节中已看到使用外连接操作符如何导致某些元组中产生了空值。SQL允许外连接并且在外连接中产生空值，参见6.3.8节。SQL还有一些其他的方式产生空值，例如，在6.5.1节中将会看到，元组的某些插入产生空值。

在WHERE子句中，要考虑元组中的空值可能带来的影响。当对空值进行运算时有两个重要的规则要记住。

1. 对NULL和任何值（包括另一个NULL值）进行算术运算（如×和+），其结果仍然是空值。

2. 当使用比较运算符，如 = 或 >，比较NULL值和任意值（包括另一个NULL值）时，结果都为UNKONWN值。值UNKNOWN是另外一个与TRUE和FALSE相同的布尔值。后面将简介地介绍UNKNOWMN值的操作。

可是，要记住，虽然NULL也是一个可以出现在元组中的值，但是它不是一个常量。因此，虽然可以利用上面的规则对值为NULL的表达式进行运算，但是不可以直接将NULL作为一个操作数。

例6.9 如果x的值是NULL，那么$x + 3$的值也是NULL，但是NULL + 3不是合法的SQL表达式。同样的，表达式x = 3的值是UNKNOWN，因为x值为NULL，不能确定x是否等于3。而比较表达式NULL=3是非法的SQL表达式。 □

正确判断x的值是否为NULL的方式是用表达式x IS NULL表示。如果x的值为NULL，那么该表达式为TRUE，否则为FALSE。例如，x IS NOT NULL 值为TRUE，除非x的值是NULL。

6.1.7 布尔值UNKNOWN

在6.1.2节中已知，比较运算结果要么是TRUE要么是FALSE，并且这两种布尔值可以通过逻辑运算符AND、OR和NOT组合在一起。由于上面刚刚讲到的NULL值出现，比较结果可能产生第三个布尔值：UNKNOWN。现在必须知道逻辑运算符对于三种布尔值进行运算的规则。

可以用一种简单的方式来记住这个规则。把TRUE看作1（完全真），FALSE看作0（完全假），UNKNOWN看作1/2（即处于真假之间）。那么：

使用空值的小缺陷

NULL值在SQL中通常表示“一个未知的但是的确存在的值”。然而这样表示有时和人们的直觉不符合。例如，假定x是某个元组的一字段，该字段的域类型是整型。因此可以推断无论整数x的值是什么，$0*x$的结果肯定是0。但是如果x的值是NULL，应用6.1.5节的规则(1)，0和NULL的积却是NULL。同样地$x-x$的值肯定是0，因为一个整数减去它本身结果为0，而应用规则(1)再次导致结果为NULL。

1. 两个布尔值之间的AND运算结果取两者之间最小的值。也就是说，如果x或y两者之一为FALSE，则x AND y为FALSE；如果两者都不为FALSE，但是至少有一个是UNKOWN，则为UNKNOWN；当二者皆为TRUE时结果为TRUE。

2. 两个布尔值的OR运算取两者之间较大值。即当两者之一为真，则x OR y为TRUE；当两者都不为TRUE，但是至少有一个为UNKNOWN时，结果为UNKNOWN；当两者都为FALSE时，结果为FALSE；

3. 布尔值v的非为$1-v$。即当x为FALSE时，NOT x的值为TRUE；当x的值为TRUE时，其值为FALSE；当x的值为UNKNOWN时，其结果仍然为UNKNOWN。

图6-2是对操作数x和y赋予布尔值形成的九种不同组合时三值逻辑运算的结果。最后一个操作符NOT的计算结果仅仅依赖于x。

x	y	x AND y	x OR y	NOT x
TRUE	TRUE	TRUE	TRUE	FALSE
TRUE	UNKNOWN	UNKNOWN	TRUE	FALSE
TRUE	FALSE	FALSE	TRUE	FALSE
UNKNOWN	TRUE	UNKNOWN	TRUE	UNKNOWN
UNKNOWN	UNKNOWN	UNKNOWN	UNKNOWN	UNKNOWN
UNKNOWN	FALSE	FALSE	UNKNOWN	UNKNOWN
FALSE	TRUE	FALSE	TRUE	TRUE
FALSE	UNKNOWN	FALSE	UNKNOWN	TRUE
FALSE	FALSE	FALSE	FALSE	TRUE

图6-2　三值逻辑真值表

SQL的条件，即出现在select-from-where语句中的WHERE子句，被应用到关系的每一个元组。对于每一个元组，条件可以有三种值：TURE、FALSE或UNKNOWN。但是只有条件为TRUE时，元组才符合要求。而那些值为FALSE和UNKNOWN的元组则不在查询结果之中。这种情形导致了一个类似“使用空值的小缺陷”框中提到的问题。下面的例子说明这一点。

例6.10　假定对关系

```
Movies(title, year, length, genre, studioName, producerC#)
```

进行如下查询：

```
SELECT *
FROM Movies
WHERE length <= 120 OR length > 120;
```

直观地看，查询期望返回关系Movies的所有元组，因为电影的长度要么小于或等于120，要么大于120。

但如果该关系某个元组的length字段具有NULL值，那么表达式length<=120和表达式length>120的结果都为UNKNOWN。图6-2显示，两个UNKOWN的OR运算仍然是UNKOWN。这样对于任何length字段取值NULL的元组，WHERE子句的结果为UNKNOWN。从而导致该元组不出现在查询结果集合里面。这样，该查询的真正意义变成了“从关系Movies中找出所有length字段为非空的元组”。 □

6.1.8 输出排序

有时需要对查询结果的元组以某种顺序表示。可以基于任何一个属性来排序，并且将其他的属性跟在它之后进行约束。当第一属性值相同时，将第二个属性作为排序的依据，如此类推。类似5.2.6节中的τ操作。为了获得排序的输出结果，在select-from-where语句后加上如下子句用于排序：

```
ORDER BY <list of attributes>
```

排序的默认序为升序，但也可以通过给某个属性加上保留字DESC（表示“降序”）按照其降序排列。同样可以指定保留字ASC按升序排列，但是ASC可以省略。

ORDER BY子句位于WHERE子句和任何其他（即可选的GROUP BY和HAVING子句，将在6.4节中介绍）子句之后。排序是在FROM、WHERE和别的子句的结果上进行，排序之后再应用SELECT子句。根据ORDER BY子句列表中的属性对结果元组进行排序，然后按正常方式执行，将结果元组传给SELECT子句。

例6.11 下面的例子是对例6.1的查询进行重写，找出Disney在1990年制作的电影，该关系为

```
Movies(title, year, length, genre, studioName, producerC#)
```

其结果按照电影的长度排列，短的排在前面。如果两部电影长度相同，则按电影名的字典顺序排列。查询按如下方式写：

```
SELECT *
FROM Movies
WHERE studioName = 'Disney' AND year = 1990
ORDER BY length, title;
```

排序的一个微妙之处是，在排序时，Movies的所有属性都可用，即使有些属性没有被SELECT子句包含也没关系。因此可以用SELECT producerC#替换SELECT *，而该查询仍然有效。 □

与SELECT子句一样，排序的另一个选项是位于ORDER BY后的列表，它可以包含表达式。例如，根据元组的两个分量之和将关系$R(A, B)$的元组从大到小排序，语句如下：

```
SELECT *
FROM R
ORDER BY A+B DESC;
```

6.1.9 习题

习题6.1.1 如果一个查询的SELECT子句为

```
SELECT A B
```

如何判断A和B是不同的属性或B是A的别名？

习题6.1.2 根据给出的电影数据库样例用SQL语句写出后面的查询。

```
Movies(title, year, length, genre, studioName, producerC#)
StarsIn(movieTitle, movieYear, starName)
MovieStar(name, address, gender, birthdate)
MovieExec(name, address, cert#, netWorth)
Studio(name, address, presC#)
```

a) 找出电影公司MGM的地址。

b) 找出Sandra Bullock的生日。

c) 找出那些在1980年制作的，或者电影名中包括“Love”单词的电影中出现的所有电影明星。

d) 找出所有的净产值（netWorth）至少为$10 000 000的制片人。

e) 找出所有的男性或住在Malibu（地址中包含Malibu字符串）的电影明星。

习题6.1.3 基于习题2.4.1给出的数据库模式和数据写出后面的查询语句以及查询结果。

```
Product(maker, model, type)
PC(model, speed, ram, hd, price)
Laptop(model, speed, ram, hd, screen, price)
Printer(model, color, type, price)
```

a) 找出所有价格低于$1000的个人计算机的型号、速度和硬盘大小。

b) 要求同(a)，但要将列speed重命名为gigahertz，并将列hd重命名为gigabytes。

c) 找出所有打印机制造厂商。

d) 找出价格高于$1500的笔记本电脑的型号、内存大小和屏幕尺寸。

e) 找出关系Printer中所有彩色打印机元组。注意属性color是一个布尔类型。

f) 找出速度为3.2且价格低于$2000的个人计算机的型号和硬盘大小。

习题6.1.4 基于习题2.4.3给出的数据库模式和数据写出后面的查询语句以及查询结果。

```
Classes(class, type, country, numGuns, bore, displacement)
Ships(name, class, launched)
Battles(name, date)
Outcomes(ship, battle, result)
```

a) 找出至少有10门炮的军舰类别名和制造国家。

b) 找出在1918年以前下水的舰船的名字，并且把结果列名改为ShipName。

c) 找出所有在战斗中被击沉的船只和那次战斗的名字。

d) 找出所有和它的类别名同名字的船只。

e) 找出所有以“*R*”字符打头的船只的名字。

! f) 找出所有包括三个或三个以上单词的船只名字（如 King George V）。

习题6.1.5 假定a和b是可能为NULL的整型属性。对于以下的条件（可以出现在WHERE子句中），准确地描述满足这些条件的(a, b)元组集合。包括那些a和（或）b可能为NULL值的元组。

a) `a = 10 OR b = 20`

b) `a = 10 AND b = 20`

c) `a < 10 OR a >= 10`

!d) `a = b`

!e) `a <= b`

!习题6.1.6 在例6.10中讨论的查询

```
SELECT *
FROM Movies
WHERE length <= 120 OR length > 120;
```

当某部电影的长度属性为空值时，该查询显得不是很直观。请写出一个WHERE子句，其中只包括一个条件（条件中不使用AND和OR）的和上面等价的更简单的查询。

6.2 多关系查询

关系代数的强大主要在于它能够通过连接、笛卡儿积、并、交和差来组合多个关系。在SQL中也可以做相同的操作。集合理论中的操作（并、交和差）在SQL中直接出现。这些将在6.2.5节中讨论。这里首先学习如何在SQL的select-from-where句型中进行关系的笛卡儿积和连接运算。

6.2.1 SQL中的积和连接

SQL用简单的方式在一个查询中处理多个关系：在FROM子句中列出每个关系，然后在SELECT子句和WHERE子句中引用任何出现在FROM子句中关系的属性。

例6.12 找出电影Star Wars的制片人名字。回答这个问题至少要使用以前例子中出现的两个关系：

```
Movies(title, year, length, genre, studioName, producerC#)
MovieExec(name, address, cert#, netWorth)
```

制片人的证书号(procucerC#)在Movies关系中给出，因此可以对Movies做一个简单查询取得这个证书号码。然后对关系MovieExec做第二次查询找出具有该证书号的人名。

不过还有更好的方法，即把这两步合并成对关系Movies和MovieExec的一个查询，如下所示：

```
SELECT name
FROM Movies, MovieExec
WHERE title = 'Star Wars' AND producerC# = cert#;
```

这个查询检查关系Movies和MovieExec的所有元组对。这一对元组的匹配条件在WHERE子句中给出：

1. 关系Movies元组的title字段值必须为‘Star Wars’。

2. 关系Movies元组的producerC#属性和MovieExec关系中的cert#属性必须具有相同的证书号，即这两个元组必须指的是同一个电影制片人。

当找到符合上面两个条件的一对元组的时候，输出MoveExec元组的name属性作为答案的一部分。如果来自Movies的元组是Star Wars，并且来自MoveiExec中的元组是George Lucas，这时电影名是正确的并且证书号也符合，两个条件都满足，于是获得所需要的资料。这时George Lucas作为唯一输出的值。图6-3说明了整个过程。6.2.4节中将更详细地解释多关系查询。 □

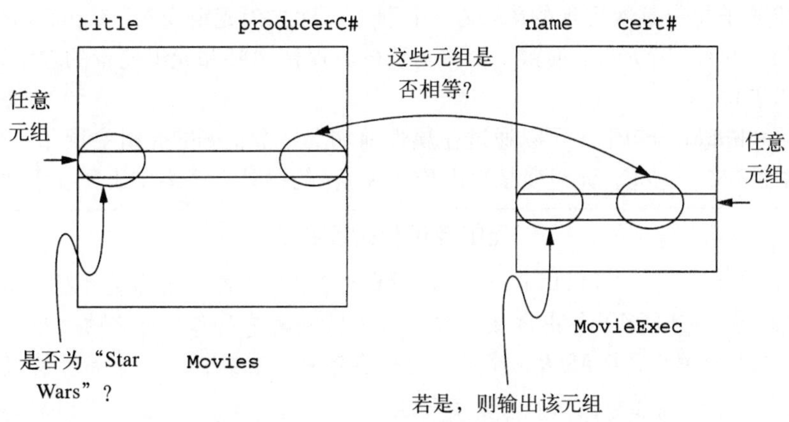

图6-3 例6.12的查询处理过程示意图

6.2.2 消除属性歧义

有时当查询涉及几个关系的时候，关系中可能会有两个或两个以上的属性具有相同的名字。如果是这样，就需要用明确的方式指定这些相同名字的属性是如何被使用的。SQL通过在属性前面加上关系名和一个点来解决这个问题。如$R.A$表示关系R的属性A。

例6.13 两个关系

```
MovieStar(name, address, gender, birthdate)
MovieExec(name, address, cert#, netWorth)
```

都有属性name和address。假定希望找出地址相同的影星和制片人。下面的查询符合要求。

```
SELECT MovieStar.name, MovieExec.name
FROM MovieStar, MovieExec
WHERE MovieStar.address = MovieExec.address;
```

在这个查询里，查找一对元组，一个来自MovieSatr，另一个来自MovieExec，它们的address字段相同。WHERE子句指明了来自两个关系的address字段必须相同。对于每一对匹配的元组，从MovieStar和MovieExec的元组里分别提取name属性，结果是元组配对的一个集合，如：

MovieStar.name	*MovieExec.name*
Jane Fonda	Ted Turner
...	...

□

即使属性没有二义性，在它前面加上关系名和一个点也是允许的。例如，也可以把例6.12的查询写成

```
SELECT MovieExec.name
FROM Movies, MovieExec
WHERE Movie.title = 'Star Wars'
      AND Movie.producerC# = MovieExec.cert#;
```

和前面例子不同的是，这里在属性前面给出了属性所属的关系。

6.2.3　元组变量

只要查询涉及多个关系，就可以通过在属性名前面加上属性的关系名和一个点来区分不同关系同名的属性。但有时查询可能使用到同一个关系中的两个或更多的元组。由于查询需要，可以在FROM子句里将关系*R*列出任意次，但是对每一个*R*的出现需要一种方式来区分。SQL允许为FROM子句中每次出现的*R*定义一个别名，称之为元组变量（tuple variable）。方法是在FROM子句中的每一个*R*的后面跟一个（可选的）保留字AS和元组变量的名字。下面的讨论中将省略保留字AS。

在SELECT和WHERE子句中，可以通过在属性前加上一个正确的元组变量和一个点符号来消除关系*R*的属性歧义。这样，元组变量可以作为关系*R*的另外一个名字出现在需要的地方。

元组变量和关系名字

从技术角度上来说，对SELECT子句和WHERE子句中的属性引用都是针对元组变量的。但如果一个关系名仅在FROM子句中出现一次，则可以将该关系名作为它的元组变量。也可以认为FROM子句中的关系是*R* AS *R*的简写。进一步还可以看到，当一个属性明确地属于某个关系时，这个关系名（元组变量）可以省略。

例6.14　与例6.13中查找具有相同地址的影星和制片人不同，本例是想找出具有相同地址的两个影星。查询本质上是相同的，但本例中要考虑两个来自MovieStar中的元组，而不是分别来自MovieStar和MovieExec关系的元组。用元组变量作为别名区分对MovieStar的两次使用。查询语句可以写成如下形式。

```
SELECT Star1.name, Star2.name
FROM MovieStar Star1, MovieStar Star2
WHERE Star1.address = Star2.address
      AND Star1.name < Star2.name;
```

可以看到在FROM子句中声明了两个元组变量Star1和Star2，每一个都是关系MovieStar的别名。这两个元组变量在SELECT子句中引用两个元组的name字段，而在WHERE子句中，由Star1和Star2表示两个MovieStar元组的address字段的值相同。

WHERE子句中的第二个条件Star1.name<Star2.name表示一个影星名字的字典顺序在第二个影星名字之前。如果这个条件漏掉的话，那么Star1和Star2可能引用的是同一个元组。两个元组变量引用address字段值相同的元组，这样就会产生一对相同的影星[⊖]。第二个条件也使得对于每一对具有相同地址的影星仅以字典顺序输出一次。如果使用 <> (不等于)作为比较运算符，将会把那些住在一起的已婚影星重复输出。如：

Star1.name	*Star2.name*
Paul Newman	Joanne Woodward
Joanne Woodward	Paul Newman
...	...

□

6.2.4 多关系查询的解释

有几种不同的方式定义前面讲到的select-from-where表达式的意义。如果每个查询应用到相同的关系实例上并且返回相同的结果，则称它们都等价。下面将对它们依次进行讨论：

嵌套循环

到目前为止，在例子中一直隐含使用的语义是元组变量。一个元组变量包括了相应关系的所有元组。如同在方框"元组变量和关系名字"中提到的，没有使用别名的关系名也是元组变量，它也包括了该关系的所有元组。如果使用了几个元组变量，可以把它们想象成嵌套循环，每一个元组变量为一个循环，访问了所代表的关系里的每一个元组。当每次把元组的值赋给元组变量的时候，要判断WHERE子句是否为真。如果是，则产生一个由跟在SELECT语句后面的表达式值构成的元组。注意，是用当前赋给元组变量的元组中的值取代表达式中的每一项。查询－回答算法由图6-4给出。

```
LET the tuple variables in the from-clause range over
      relations R1, R2, ..., Rn;
FOR each tuple t1 in relation R1 DO
    FOR each tuple t2 in relation R2 DO
        ...
        FOR each tuple tn in relation Rn DO
            IF the where-clause is satisfied when the values
            from t1, t2, ..., tn are substituted for all
            attribute references THEN
                evaluate the expressions of the select-clause
                according to t1, t2, ..., tn and produce the
                tuple of values that results.
```

图6-4　回答一个简单SQL查询

并行赋值

可以通过一个等价的定义来说明，该定义中非显式地创建包括了元组变量嵌套循环，而是以一种任意的顺序，或者说并行的顺行从适当的关系中把所有可能的元组都赋给元组变量。

⊖ 在例6.13中，当某个人既是影星又是制片人的时候也会出现类似问题。可以通过要求两个名字不同来解决该问题。

对于每一个赋值，考虑WHERE子句是否为真。每一种产生真值WHERE子句的赋值给答案贡献一个元组。该元组由SELECT子句中的属性构造给出，通过赋给的值计算相应字段的值。

转换为关系代数

第三种方案是把SQL查询和关系代数关联起来。从FROM子句后面的元组变量开始，求它们表示的关系的笛卡儿积。如果两个元组变量表示同一个关系，那么这个关系在笛卡儿乘法中出现两次，并且对它的属性重新命名以保证所有属性的名字都不相同。同样，对来自不同关系的同名属性也重命名以防止歧义。

在获得笛卡儿积之后，通过直接把WHERE子句转换成一个选择条件对它进行选择操作。即WHERE子句中引用的属性由笛卡儿积中对应的属性所取代。最后，利用SELECT子句中提供的表达式列表作最后的（扩展的）投影操作。和WHERE子句一样，直接把SELECT子句中引用的每个属性作为关系积中的相应属性。

例6.15　把例6.14的查询转换成关系代数。首先，FROM子句中存在两个元组变量，每一个都引用关系MovieStar。这样表达式（没有重命名）开始为

MovieStar × MovieStar

结果关系拥有八个属性，前面四个来自关系MovieStar第一份拷贝的属性name、address、gender和birthdate。后四个来自关系MovieStar第二份拷贝的同名属性。通过在属性前加上元组变量的别名和一个点来重命名（例如Star1.gender）。为了简洁，这里使用新的符号把这些属性称为$A_1, A_2, \cdots, A_8$。这样，A_1对应Star1.name，A_5对应Star2.name，如此类推。

在对属性重命名后，从WHERE子句获得的选择条件是$A_2 = A_6$和$A_1<A_5$。投影列表是A_1、A_5。这样关系代数运算

$$\pi_{A_1,A_5}\left(\sigma_{A_2=A_6 \text{ AND } A_1<A_5}\left(\rho_{M(A_1,A_2,A_3,A_4)}(\text{MovieStar}) \times \rho_{N(A_5,A_6,A_7,A_8)}(\text{MovieStar})\right)\right)$$

描述了整个查询。□

SQL语义导致的意外结果

假定R、S和T是一元关系（仅包含一个字段），每个关系仅仅包含一个属性A。如果希望找出那些在R中同时也在S或T中（或者在二者中）的元素，即计算$R \cap (S \cup T)$。人们可以指望下面的SQL查询完成这项工作。

```
SELECT R.A
FROM R, S, T
WHERE R.A = S.A OR R.A = T.A;
```

然而当关系T为空的时候情况有些特别。由于$R.A = T.A$不可能满足，人们可能直观地根据“OR”操作符认为该查询产生$R \cap S$。然而无论使用6.2.4节的哪种定义，不管R和S有多少相同的元素，结果都是空。如果用图6-4嵌套循环语义来解释，会发现元组变量T循环重复0次，这是因为该关系中没有元组可以扫描。这样，for循环的if子句就不会执行，因此不会产生任何结果。同样，如果采用把元组赋给元组变量的方式，因为没有任何可以赋给元组变量T的元组，所以没有任何赋值。最后，如果使用笛卡儿积的方式开始计算$R \times S \times T$，结果也会是空，因为T是空。

6.2.5　查询的并、交、差

在关系代数中可以用集合操作的并、交和差来组合关系。SQL提供了对应的操作用在查

询结果上，条件是这些查询结果提供的关系具有相同的属性和属性类型列表。保留字UNION、INTERSECT和EXCEPT分别对应∩、∪和－。当UNION这样的保留字用于两个查询时，查询应该分别用括号括起来。

例6.16 假定要找出那些既是女影星又同时是具有超过$10 000 000资产的制片人的名字和地址。使用下面两个关系：

```
MovieStar(name, address, gender, birthdate)
MovieExec(name, address, cert#, netWorth)
```

可以使用图6-5的查询来完成任务。这里第(1)到第(3)行产生一个模式为（name, address）的关系，该关系的元组是女影星的名字和地址。

```
1)  (SELECT name, address
2)   FROM MovieStar
3)   WHERE gender = 'F')
4)       INTERSECT
5)  (SELECT name, address
6)   FROM MovieExec
7)   WHERE netWorth > 10000000);
```

图6-5 女影星和富有的制片人的交集

类似地，第(5)到第(7)行产生那些身价在$10 000 000的“富有”制片人的元组集合。这个查询也同样产生一个只具有属性name和address的关系模式。由于两个查询产生的模式是相同的，可以对它们取交，如图第(4)行所示。 □

例6.17 按照类似的方式，也能够从两个关系中找出两类人员组成的集合的差异。查询语句

```
(SELECT name, address FROM MovieStar)
    EXCEPT
(SELECT name, address FROM MovieExec)
```

给出了不是电影公司制片人的影星的名字和地址，这里没有考虑性别和资产。 □

在上面的两个例子中，进行交或者差运算的关系的属性恰好完全相同。然而，如果有必要得到相同的属性集的话，可以像例6.3中那样重新命名属性。

例6.18 假定想得到所有出现在Movies或StarsIn关系中的电影的名字和年份。其关系定义是：

```
Movies(title, year, length, genre, studioName, producerC#)
StarsIn(movieTitle, movieYear, starName)
```

在理想情况下，电影的元组集应该相同，但是实际使用的关系中通常不同。例如可能有的电影没有列出影星，或者StarsIn中的元组提到某部电影但是在Movie关系中却找不到⊖。其查询语句可以这样写：

```
(SELECT title, year FROM Movie)
    UNION
(SELECT movieTitle AS title, movieYear AS year FROM StarsIn);
```

结果是返回所有出现在Movie或StarsIn中的影星。查询结果的关系属性为title和year。 □

易读的SQL查询

通常，在写SQL查询时把重要的保留字如FROM或WHERE作为每一行的开头。这种风格使得读者能直观地理解查询的结构。但在一个查询或子查询非常短的时候，可以直接把它写成一行，就像例6.17所示的那样。这种风格使得查询语句很紧凑，也具有很好的可读性。

6.2.6 习题

习题6.2.1 根据给出的电影数据库模式例子，用SQL写出下面的查询。

⊖ 防止出现这种分歧的方法见7.1.1节。

```
Movies(title, year, length, genre, studioName, producerC#)
StarsIn(movieTitle, movieYear, starName)
MovieStar(name, address, gender, birthdate)
MovieExec(name, address, cert#, netWorth)
Studio(name, address, presC#)
```

a) 哪些男影星出演了电影Titanic？

b) 哪些影星在MGM于1995年制作的电影里演出？

c) 谁是MGM电影公司的总裁？

!d) 哪些电影的时间比 Gone with the wind长？

!e) 哪些制片人的资产比Merv Griffin多？

习题6.2.2　根据习题2.4.1的数据库模式和数据写出下面的查询，并求出查询结果。

```
Product(maker, model, type)
PC(model, speed, ram, hd, price)
Laptop(model, speed, ram, hd, screen, price)
Printer(model, color, type, price)
```

a) 查询硬盘容量至少30G的笔记本电脑制造商及该电脑的速度。

b) 查询制造商*B*生产的任意类型的所有产品的型号和价格。

c) 查询只卖笔记本电脑不卖PC的厂商。

! d) 查询出现在两种或两种以上PC中的硬盘的大小。

! e) 查询每对具有相同速度和RAM的PC的型号。每一对只能列出一次；例如，若（i, j）已被列出，则（j, i）就不能再被列出。

!!f) 查询生产至少两种速度至少为3.0的电脑（PC或笔记本电脑）的厂商。

习题6.2.3　根据习题2.4.3的数据库模式和数据写出下面的查询并求出查询结果。

```
Classes(class, type, country, numGuns, bore, displacement)
Ships(name, class, launched)
Battles(name, date)
Outcomes(ship, battle, result)
```

a) 找出重量超过35 000吨的船只。

b) 找出参加Guadalcanal战斗的船只的名字、排水量和火炮数量。

c) 列出数据库中提到的所有船只（切记，并非所有的船只都出现在Ships关系中）。

! d) 找出同时拥有战列舰和巡洋舰的国家。

! e) 找出曾在某次战斗中被击毁但后来又在其他战斗中出现的船只。

! f) 找出来自同一个国家的至少三艘船只参战的战斗。

!习题6.2.4　一个关系代数查询的一般形式为：

$$\pi_L(\sigma_C(R_1 \times R_2 \times \cdots \times R_n))$$

这里，L是任意属性列表，C是任意条件。关系列表中$R_1, R_2, \cdots, R_n$可能包括某个几次重复出现的关系，这种情况下可以对R_i进行重命名。用SQL给出这种形式的任意查询。

!习题6.2.5　另一个常用的关系代数查询格式是

$$\pi_L(\sigma_C(R_1 \bowtie R_2 \bowtie \cdots \bowtie R_n))$$

使用与习题6.2.4中同样的假定。不同的是这里使用的是自然连接而不是笛卡儿积。用SQL给出这种形式的查询。

6.3　子查询

在SQL中，一个查询可以通过不同的方式被用来计算另一个查询。当某个查询是另一个查询的一部分时，称之为*子查询*（subquery）。子查询还可以拥有下一级的子查询。如此递推，可以随需要拥有多级子查询。前面已经看到过使用子查询的例子。在6.2.5节中，通过连接两个子查询形成一个新的查询可以完成关系的并、交和差。还有一些使用子查询的其他方式：

1. 子查询可以返回单个常量，这个常量能在WHERE子句中和另一个常量进行比较。

2. 子查询能返回关系，该关系可以在WHERE子句中以不同的方式使用。

3. 像许多存储的关系一样，子查询形成的关系能出现在FROM子句中，并且后面紧跟该关系的元组变量。

6.3.1 产生标量值的子查询

一个能成为元组字段值的原子值称为*标量*（scalar）。一个select-from-where表达式产生的关系可以有任意多的属性和元组。可是，人们往往只对一个属性的值感兴趣，而且有时可以通过键的信息或其他信息推断出该属性仅有一个值。

如果这样的话，可以把这个select-from-where子句括起来看作一个标量。特定条件下，它可以出现在WHERE子句中任何常量或者表示元组字段的属性的地方。例如，可以用子查询的结果和一个常量或属性比较。

例6.19 回忆在例6.12中，为了要找出影片Star Wars的制片人，不得不对如下两个关系进行查询：

```
Movies(title, year, length, genre, studioName, producerC#)
MovieExec(name, address, cert#, netWorth)
```

这是因为只有前者包含电影片名信息，而后者含有制片人的名字。两个信息通过证书号连接在一起。证书号码唯一地标识了制片人。查询可以写为：

```
SELECT name
FROM Movies, MovieExec
WHERE title = 'Star Wars' AND producerC# = cert#;
```

还可以用另一种方式去理解这个查询。这里使用关系Movies仅仅是为了取得影片Star Wars的制片人的证书号。一旦获得这个号码，就可以用它在关系MovieExec中查到对应的制片人名字。第一个问题，取得制片人的证书号可以写成一个子查询。该子查询的结果可以作为单个值用在主查询中，从而取得和上面查询同样的结果。图6-6给出了这个查询语句。

```
1) SELECT name
2) FROM MovieExec
3) WHERE cert# =
4)      (SELECT producerC#
5)       FROM Movies
6)       WHERE title = 'Star Wars'
        );
```

图6-6 通过嵌套子查询找出影片Star Wars的制片人

图6-6的第(4)到第(6)行是子查询。单独地看这个简单查询，它的结果是一个具有唯一属性producerC#的关系，我们期望从这个关系中仅找到一个元组。该元组为(12345)的形式，也就是说，是某个整型值的单个值，即可能是12345或是其他某个数值代表George Lucas的证书号。如果子查询返回零个或多个元组，就会出现运行错误。

执行完这个子查询后，可以看作先用12345替换了整个子查询，然后再执行图6-6的第(1)到第(3)行，即主查询按照如下的方式执行：

```
SELECT name
FROM MovieExec
WHERE cert# = 12345;
```

查询的结果是George Lucas。 □

6.3.2　关系的条件表达式

有许多SQL运算符可以作用在关系R上并产生布尔值结果。但关系R必须被表示为子查询。举个极端的例子，若想对保存的表Foo应用这些运算符，可以用子查询(SELECT*FROM Foo)。对于关系的并、交和差，也可以举出类似的例子。注意，6.2.5节介绍的那些运算符作用于两个子查询上。

一些运算符，如IN、ALL和ANY，将首先在包含标量值s的简单形式中被解释。在这种情况下，子查询R需要产生一个单列的关系。这里给出这些运算符的定义。

1. EXISTS R 是一个条件，表示当且仅当R非空时为真。

2. s IN R为真，当且仅当s等于R中的某一个值。类似地，s NOT IN R为真，当且仅当s不等于R中的任何一个值。这里假定R是一元关系。在6.3.3节中将讨论当R的属性不止一个且s是一个元组时，IN和NOT IN运算符的扩展情况。

3. s > ALL R为真，当且仅当s大于一元关系R中的任何一个值。运算符>可以替换成其他五个比较运算符之一，得到的条件表达式具有类似的意义：s对R中每个元组都满足给定的比较关系。例如，s <> ALL R和s NOT IN R的意义相同。

4. s > ANY R为真，当且仅当s至少大于一元关系R中的某个值。类似地，运算符>可以替换成其他五个比较运算符之一，得到的条件表达式具有类似的意义：s至少和R中一个元组满足给定的比较关系。例如，s = ANY R和 s IN R的意义相同。

就像别的布尔表达式一样，可以在使用EXISTS、ALL和ANY的表达式前面加上NOT以取非。这样，NOT EXISTS R表示当且仅当R为空时为真；NOT s > ALL R表示当且仅当s不大于R中的最大值时为真；NOT s > ANY R表示当且仅当s不大于R中的最小值时为真。在后面会看到几个使用这些运算符的例子。

6.3.3　元组的条件表达式

元组在SQL中通过括号括起来的标量值列表来表达。例如(123, ‘foo’)和(name, address, networth)。前者用常量作为元组分量，后者用属性作为元组分量。属性和常量混合在一起也是可以的。

如果一个元组t和关系R的元组有相同的组成分量个数，那么使用6.3.2节的运算对t和R进行比较是有意义的。例如t IN R或 t<>ANY R。如果第二个比较表达式为真，意味着R中存在着与t不同的元组。注意，当对一个元组和关系R的成员进行比较时，必须按照关系属性的假定标准顺序来比较各字段值。

```
SELECT name
FROM MovieExec
WHERE cert# IN
    (SELECT producerC#
     FROM Movies
     WHERE (title, year) IN
         (SELECT movieTitle, movieYear
          FROM StarsIn
          WHERE starName = 'Harrison Ford'
         )
    );
```

图6-7　找出Harrison Ford演过的电影的制片人

例6.20 在图6-7的查询中，使用了如下三个关系：

```
Movies(title, year, length, genre, studioName, producerC#)
StarsIn(movieTitle, movieYear, starName)
MovieExec(name, address, cert#, netWorth)
```

要查找Harrison Ford主演的电影的制片人。它包括一个主查询和一个嵌套在主查询中的子查询，以及嵌套在该子查询中的另一个子查询。

分析嵌套查询应当从里向外分析。因此，先来看从第(7)到第(9)行的嵌在最里层的子查询。这个查询检查关系StarsIn，并找出所有starName字段为‘Harrison Ford’的元组。该子查询获得所有满足检查条件的电影名字和制作年份。记住title和year属性合起来才是关系Movies的键，所以需要产生包括这两个属性的元组去唯一标志一部电影。这样，第(7)到第(9)行的结果类似图6-8所示。

现在，考虑第(4)到第(6)行的中间子查询。它从Movies关系中检索元组，这些元组的title和year包含在图6-8所形成关系中。对于每个找到的元组，返回制片人的证书号，所以中间子查询的结果是所有Harrison Ford出演的电影制片人的证书号集合。

最后，考虑第(1)到第(3)行的主查询。它检查关系MovieExec中的元组，从中找出Cert#字段值与中间子查询返回的证书号集中的某一个相等的元组。对于每一个这样的元组，返回制片人的名字，即给出了Harrison Ford出演影片的制片人的集合。 □

顺便说一下，图6-7的嵌套查询以及其他的一些嵌套查询都可以写成select-from-where 形式的单个查询语句，与FROM子句中的关系在一起，而不论是主查询还是子查询中的关系。而IN联系由WHERE子句中等于联系所代替。如图6-9的查询和图6-7中的查询本质上是相同的。不同之处在于图6-9中的查询可能会返回重复的制片人—例如George Lucas-会重复。6.4.1节中将讨论这个问题。

title	*year*
Star Wars	1977
Raiders of the Lost Ark	1981
The Fugitive	1993
...	...

图6-8 内层查询返回的Title-year 属性对

```
SELECT name
FROM MovieExec, Movies, StarsIn
WHERE cert# = producerC# AND
      title = movieTitle AND
      year = movieYear AND
      starName = 'Harrison Ford';
```

图6-9 不用嵌套子查询找出Ford的电影制片人

6.3.4 关联子查询

最简单的子查询只需计算一次，它返回的结果用于高层查询。复杂的嵌套子查询要求一个子查询计算多次，每次赋给查询中的某项来自子查询外部的某个元组变量的值。这种类型的子查询叫做*关联*（correlated）子查询。下面通过例子来说明。

例6.21 找出被两部或两部以上电影使用过的电影名。使用一个外查询从下面关系中查找。

```
Movies(title, year, length, genre, studioName, producerC#)
```

对于该关系中的每个元组，在子查询中询问是否有一部电影具有相同的名字和一个比它大的年份。整个查询如图6-10所示。

和分析其他的子查询一样，先从第(4)到第(6)行的最里层的子查询开始分析。如果第(6)行的Old.title被一个常量字符串如‘King Kong’所替换的话，那么该子查询很容易理解，即要找出名为King Kong的影片的制作年份。这个嵌套查询和以前的稍有不同。唯一的问题在于不能确定Old.title的值。然而，当第(1)到第(3)行的外层查询对Movies中的元组进行遍历时，每个元组可以为Old.title提供一个值。这样可以用提供的Old.title去执行第(4)到第(6)行的子查询，从而决定第(3)到第(6)行的WHERE子句是否为真。

当某部电影具有和Old.title相同的电影名，并且制作年份晚于元组变量Old当前所表示的元组的电影制作年份时，第(3)行的条件为真。只有当Old元组的年份是该同名电影的最近一次制作时间时，该条件为真。接下来的第(1)到第(3)行输出比具有同名电影数少一次的电影名称。也就是说，某部电影制作了两次只输出一次，制作了三次的电影只输出两次，如此类推[⊖]。

```
1)  SELECT title
2)  FROM Movies Old
3)  WHERE year < ANY
4)       (SELECT year
5)        FROM Movies
6)        WHERE title = Old.title
          );
```

图6-10　找出不止一次出现的电影名

写关联子查询时很重要的一点是要注意名字的作用范围（scoping rules）。通常子查询中的某个属性是属于该子查询FROM子句中的某个元组变量，这时只要该元组变量所表示的关系模式中定义了该属性。如果没有定义该属性，就直接查找该子查询的外层查询，如此类推。这样，图6-10第(4)行的year和第(6)行的title是第(5)行中引用关系Movies副本的元组变量属性。也就是第(4)到第(6)行的子查询所使用的Movies关系的副本。

另外，可以通过在属性前加上某个元组变量名和一个点表明该属性属于该元组变量。这就是为外层查询的Movies关系取Old别名的原因，也是在第(6)行引用Old.title的原因。注意，如果第(2)行和第(5)行FROM子句中的两个关系不同，就有可能不用别名。而且，在子查询中可以直接使用第(2)行中提到的关系的属性。 □

6.3.5 FROM子句中的子查询

子查询的另一个作用是在FROM子句中当关系使用。在FROM列表中，除了使用一个存储关系以外，还可以使用括起来的子查询。由于这个子查询的结果没有名字，必须给它取一个元组变量别名。然后就可以像引用FROM子句中关系的元组一样引用子查询结果中的元组。

例6.22　重新考虑例6.20中的问题。在该例中使用一个查询来找出Harrison Ford演过的电影的制片人。如果有一个关系给出了这些电影的制片人的证书号，那么找出关系MovieExec中制片人的名字将变得很简单。图6-11给出了这样一个查询。

```
1)  SELECT name
2)  FROM MovieExec, (SELECT producerC#
3)                   FROM Movies, StarsIn
4)                   WHERE title = movieTitle AND
5)                         year = movieYear AND
6)                         starName = 'Harrison Ford'
7)                  ) Prod
8)  WHERE cert# = Prod.producerC#;
```

图6-11　使用FROM子句中的子查询找出Ford出演的电影的制片人

图中第(2)到第(7)行是外查询的FROM子句。除了MovieExec关系以外，它还有一个子查询。该子查询在第(3)到第(5)行连接关系Movies和StarsIn，在第(6)行加上条件要求影星是Harrison Ford，在第(2)行返回电影的制片人的集合。在第(7)行为这个集合取了一个别名Prod。

⊖ 本例第一次提醒：在SQL中，关系是包，而不是集合。在几种情况下，SQL关系中可能突然出现复制。6.4节将详细讨论该问题。

第(8)行将关系MovieExec和别名为Prod的子查询通过证书号相同连接在一起。第(1)行语句从MovieExec中返回制片人的名字，该制片人的证书号在别名为Prod的集合中。 □

6.3.6 SQL的连接表达式

可以通过将许多不同的连接运算符作用在两个关系上创建新的关系。这些不同的运算包括积、自然连接、θ连接和外连接。结果本身可以作为一个查询。另外，由于这些表达式产生的是关系，所以这些表达式可以在select-from-where表达式中的FROM子句中用作子查询。这些表达式主要是更复杂的select-from-where查询的速记（见习题6.3.11）。

连接表达式的最简单形式是*交叉连接*（cross join）；这个术语和在2.4.7节中的笛卡儿积或“积”是同义词。例如，如果要计算下面两个关系

```
Movies(title, year, length, genre, studioName, producerC#)
StarsIn(movieTitle, movieYear, starName)
```

的积，则可以写作

```
Movies CROSS JOIN StarsIn;
```

结果是包含关系Movies和StarsIn所有属性的九个列的关系。连接结果关系中的每个元组由一对分别来自Movies和StarsIn中的元组组成。

关系积中的属性可以称为$R.A$，其中R是两个连接关系中的一个，A是它的一个属性。像以前提到的一样，如果只有一个关系具有属性A，那么R和后面的点可以省略。在上面的例子中，两个关系没有同名属性，积中直接使用属性名就可以了。

通常关系积运算本身很少在实际中单独使用。更常用的是通过保留字ON来获得θ连接运算，即在关系R和S之间放一个JOIN保留字，后面再跟一个保留字ON和一个条件。JOIN...ON的意义是在积运算$R \times S$的基础上再使用ON后面的条件进行选择运算。

例6.23　假设要对如下两个关系做连接操作

```
Movies(title, year, length, genre, studioName, producerC#)
StarsIn(movieTitle, movieYear, starName)
```

连接条件是同一部电影的元组才进行连接，也就是说来自两个关系的电影名和年份属性相同。该查询语句如下：

```
Movies JOIN StarsIn ON
        title = movieTitle AND year = movieYear;
```

结果仍然是具有九列的关系和同样的属性名。不同的是对于来自StarsIn的元组和来自Movies的元组，只有当它们的电影名和年份相同时才合并成为新的关系中的元组。结果中有两个列是冗余的，因为结果中每个元组的title和movieTitle字段值及year和movieYear字段值相同。

对于上面连接中包含有冗余而不满意的话，可以把整个连接表达式作为一个子查询在FROM子句中使用，然后使用SELECT子句去掉不需要的属性。这样，该查询可写成

```
SELECT title, year, length, genre, studioName,
        producerC#, starName
FROM Movies JOIN StarsIn ON
        title = movieTitle AND year = movieYear;
```

该查询返回七列的关系，其中每个元组可以看作是一个Movies关系的元组，加上演过该部电影的某个影星，并以所有可能的方式扩展而成。 □

6.3.7 自然连接

回顾2.4.8节的内容，自然连接和θ连接的不同之处在于：

1. 自然连接是对两个关系中具有相同名字并且其值相同的属性作连接，除此之外再没有其他的条件。

2. 两个等值的属性只投影一个。

SQL自然连接也是按照这种方式进行。关键字NATURAL JOIN出现在两个关系之间所表达的意义和⋈操作符的意义相同。

例6.24 假定需要计算下面两个关系的自然连接：

```
MovieStar(name, address, gender, birthdate)
MovieExec(name, address, cert#, netWorth)
```

结果关系模式中包括属性name和address，再加上所有出现在这两个关系中的其他属性。结果元组表示既是影星也是制片人的那些人，并且还包括所有相关的属性：姓名、地址、性别、生日、证书号和净资产等。表达式

```
MovieStar NATURAL JOIN MovieExec;
```

以简洁的方式表达了该关系。 □

6.3.8 外连接

外连接在5.2.7节中介绍过，它是一种通过在悬浮元组里填充空值来使之成为查询结果。在*S*QL中，也可以指定外连接。NULL用来表示空值。

例6.25 对下面两个关系进行外连接：

```
MovieStar(name, address, gender, birthdate)
MovieExec(name, address, cert#, netWorth)
```

SQL使用标准的外连接，它对两个关系的悬浮元组都进行填充，即它是一个完全（full）外连接。语法形式为：

```
MovieStar NATURAL FULL OUTER JOIN MovieExec;
```

该运算结果和例6.24相同，也是一个具有六个属性的关系。关系中的元组可以分为三类。第一类表示既是影星又是制片人的人，这部分元组包含的六个属性都不为空，和例6.24中返回的结果相同。

第二类元组表示是影星但不是制片人的一类人。来自关系MovieStar的属性name、address、gender和birthday包含有值，而仅仅来自关系MovieExec的属性cert#和netWorth都是NULL值。

第三类元组表示是制片人但不是影星的一类人。这时来自关系MovieExec的属性都包含有值，但是仅仅来自关系MovieStar的属性如genger和birthdate都是NULL值。例如，图6-12包含的三个元组分别对应了三种类型的人。 □

name	*address*	*gender*	*birthdate*	*cert#*	*networth*
Mary Tyler Moore	Maple St.	'F'	9/9/99	12345	$100···
Tom Hanks	Cherry Ln.	'M'	8/8/88	NULL	NULL
George Lucas	Oak Rd.	NULL	NULL	23456	$200···

图6-12 对MovieStar和MovieExec进行外连接产生的三个元组

在5.2.7节提到的所有不同的外连接在SQL中都提供。如果想要左或右外连接，用保留字LEFT或RIGHT放在FULL的位置即可。例如，

```
MovieStar NATURAL LEFT OUTER JOIN MovieExec;
```

将产生图6-12中的前两个元组但不产生第三个。类似地，

```
MovieStar NATURAL RIGHT OUTER JOIN MovieExec;
```

将产生图6-12的第一个和第三个元组，不产生第二个。

如果希望是一个θ外连接而不是一个自然外连接，这时不使用保留字NATURAL，而是在连接后面加ON保留字和一个所有元组都服从的条件。如果指定了FULL OUTER JOIN，那么在对两个连接关系进行匹配以后，对每个关系中的悬浮元组填充NULL值，并把它们包括在结果中。

例6.26 重新考虑例6.23，该例中对关系Movies和StarsIn进行连接操作，条件是分别来自两个关系的title和movieTitle属性值相同，以及year和MovieYear属性值相同。如果修改该例使之成为一个完全外连接：

```
Movies FULL OUTER JOIN StarsIn ON title = movieTitle AND year = movieYear;
```

那么结果关系中不但包括那些至少有一个影星在StarsIn中出现的电影的元组，同时也包括没有影星的电影的元组，这些元组的movieTitle、movieYear和starName属性都为NULL值。同样地，对于没有出现在关系Movies的任何一部电影中的影星也用一个元组列出，其来自Movies关系的六个属性为NULL。 □

例6.26给出的那种类型的外连接中的保留字FULL可以由RIGHT或LEFT取代。例如，

```
Movies LEFT OUTER JOIN StarsIn ON title = movieTitle AND year = movieYear;
```

给出了有影星出现的Movies元组和用NULL值填充的没有影星出现的Movies元组。但是不会包括不在任何电影中出现的影星。相反，

```
Movies RIGHT OUTER JOIN StarsIn ON title = movieTitle AND year = movieYear;
```

将会省去那些没有任何影星出现的电影的元组，但是会包括没有在任何一部电影中出现的影星，并在相应字段填上NULL值。

6.3.9 习题

习题6.3.1 基于习题2.4.1的数据库模式写出后面的查询。

```
Product(maker, model, type)
PC(model, speed, ram, hd, price)
Laptop(model, speed, ram, hd, screen, price)
Printer(model, color, type, price)
```

每题的答案应当至少使用一个子查询，并且要求使用两种不同的方法写出每个查询（例如，使用不同运算符EXISTS、IN、ALL和ANY)。

a) 找出速度在3.0以上的PC制造商。

b) 找出价格最高的打印机。

!c) 找出速度比任何一台PC都慢的笔记本电脑。

!d) 找出价格最高的产品（PC、笔记本电脑或打印机)的型号。

!e) 找出价格最低的彩色打印机的制造商。

!!f) 找出RAM容量最小而PC中速度最快者的制造商。

习题6.3.2 基于习题2.4.3的数据库模式写出后面的查询。

```
Classes(class, type, country, numGuns, bore, displacement)
Ships(name, class, launched)
Battles(name, date)
Outcomes(ship, battle, result)
```

每题的答案应当至少使用一个子查询，并且要求使用两种不同的方法写出每个查询（例如，使用不同运算符EXISTS、IN、ALL和ANY）。

a) 找出火炮数量最多的船只所属的国家。

!b) 找出至少有一艘船在战斗中被击沉的船只种类。

c) 找出具有16英寸口径火炮的船只的名字。

d) 找出有Kongo类型的船只参加的战斗。

!!e) 找出具有相同口径火炮的船只中火炮数量最多的船只的名字。

!习题6.3.3　不用子查询写出图6-10的查询。

!习题6.3.4　考虑关系代数表达式$\pi_L(R_1 \bowtie R_2 \bowtie \cdots \bowtie R_n)$，其中$L$是仅属于$R_1$的属性的列表。将该表达式写成仅用子查询的SQL语句。更准确地说，写出一个等价的SQL语句，该语句中每个FROM子句列表中的关系均不超过一个。

!习题6.3.5　不使用交或差运算符写出下面的查询。

a) 图6-5的交查询。

b) 例6-17的差查询。

!!习题6.3.6　人们已经注意到SQL的某些运算符是冗余的，即它们可以被其他的一些运算符替代。例如，s IN R能被s = ANY R替换。用一个不使用EXISTS（不考虑R里面的EXISTS）的表达式来替换形如EXISTS R或NOT EXISTS R的表达式，以证明EXISTS和NOT EXISTS是冗余的。提示：切记在SELECT子句中可以使用常量。

习题6.3.7　对于如下电影数据库模式：

```
StarsIn(movieTitle, movieYear, starName)
MovieStar(name, address, gender, birthdate)
MovieExec(name, address, cert#, netWorth)
Studio(name, address, presC#)
```

描述下列SQL表达式表示的元组。

a) `StarsIn CROSS JOIN MovieStar;`

b) `Studio NATURAL FULL OUTER JOIN MovieExec;`

c) `StarsIn FULL OUTER JOIN MovieStar ON name = starName;`

!习题6.3.8　使用如下数据库模式：

```
Product(maker, model, type)
PC(model, speed, ram, hd, rd, price)
Laptop(model, speed, ram, hd, screen, price)
Printer(model, color, type, price)
```

写出一个SQL查询，该查询将会返回所有产品——PC、笔记本电脑和打印机——的信息，包括它们的制造商（如果有的话）和任何与产品相关的信息（即在该关系中找到的关于该类型产品的信息）。

习题6.3.9　使用习题2.4.3中的数据库模式的如下两个关系：

```
Classes(class, type, country, numGuns, bore, displacement)
Ships(name, class, launched)
```

用SQL查询输出关于船只的所有可用信息，包括关系Classes中的可用信息。如果在关系Ships中没有出现某类型的船只，就不必输出该类型的信息。

!习题6.3.10　重做习题6.3.9，对于任何在Ships中没有出现的类型C，将类型的名字C作为船只的名字，将船只的信息添加到结果中。可以假设有艘该类型的船，即使它没有出现在Ships中。

!习题6.3.11　本节学习的连接运算符（而不是外连接）是冗余的，即它可以用select-from-where表达式来替换。写出下列各式的select-from-where表达式。

a) `R CROSS JOIN S;`

b) `R NATURAL JOIN S;`

c) `R JOIN S ON C;`，其中*C*是一个SQL条件。

6.4 全关系操作

本节中，将学习把关系作为一个整体而不是单个元组或一定数量的元组进行操作（如几个关系的连接)的操作符。首先，SQL把关系当作包而不是集合使用，一个元组可以在关系中多次出现。在6.4.1节中将讨论如何把操作的结果强制转换成集合。在6.4.2节中将讨论如何阻止在SQL系统中默认地消除重复元组。

接着，开始讨论SQL对5.2.4节中的聚集操作运算符γ的支持。SQL也有聚集运算符和GROUP-BY子句。还有一个“HAVING”子句允许以某些方式对群组进行选择。它把每个群组看作一个操作的实体而不是单个的元组。

6.4.1 消除重复

如在6.3.4节提到的，SQL中关系的概念不同于2.2节中提出的关系的抽象概念。一个关系是一个集合，不能包含某个元组一份以上的拷贝。当SQL查询创造了一个新关系时，SQL系统正常情况下不消除重复的元组，这样，SQL查询返回的关系中可能多次重复出现某个元组。

回忆6.2.4节讲到SQL的一个等价的select-from-where定义，该定义首先对FROM子句中列出的关系做积运算。积中的每一元组先使用WHERE子句中的条件进行测试，通过测试的元组再使用SELECT子句进行投影。投影可能造成积中不同的元组形成某个重复相同的元组，如果这种情况发生，这些元组都将作为投影后的结果输出。还有，SQL关系本身可以有重复元组，做笛卡儿积后的关系就会产生重复的元组。因为每一元组还要和来自其他关系中的元组配对，所以在积运算后可能产生更多的重复元组。

如果希望结果中不出现重复的元组，可以在保留字SELECT后跟上DISTINCT。该保留字告诉SQL仅产生每个元组的一份拷贝。这个和5.4.1节中对查询结果进行δ运算相似。

例6.27　考虑图6-9的查询，在那里不使用子查询来查找Harrison Ford出演的电影的制片人。该例查询会使George Lucas的名字在输出结果中多次出现，如果希望仅仅看到每一个制片人的名字一次，可把第(1)行改成

```
1) SELECT DISTINCT name
```

那么，制片人列表中重复出现的名字在打印输出前就去掉了。

> **消除重复的代价**
>
> 或许有人想在每个SELECT后面放上一个DISTINCT消除重复，这样做在理论上似乎不费事，但实际上从关系中消除重复的代价非常昂贵。关系必须排序或者分组才能保证相同的元组紧挨在一起。也只有按该算法分组后才能决定某个元组是否可以去掉。为消除重复，对元组进行排序的时间通常比执行查询的时间更长。所以如果想要查询运行得快就要谨慎地使用消除重复。

顺便提一下，图6-7的查询中由于使用到了子查询，不会出现结果中元组重复的问题。虽然图6-7中的第(4)行会产生George Lucas的证书号多次，但是在第(1)行的主查询中，MovieExec中的每个元组仅被检查一次。假定该关系中只有一个关于George Lucas的元组，该元组就是唯一满足第(3)行WHERE子句中条件的元组。这样，George Lucas只输出一次。　□

6.4.2 并、交、差中的重复

SELECT语句中默认的是保留重复的元组，除非使用DISTINCT保留字指明。与之不同的是在6.2.5节介绍的集合操作中的并、交和差操作在默认情况下消除重复。也就是说，包被转换成了集合，操作的集合版本在这里适用。如要要阻止消除重复元组，必须在UNION、INTERSECT和EXCEPT后跟上保留字ALL。这样，就又回到了5.1.2节中讨论的这些操作的包语义。

例6.28　再次考虑例6.18中的集合表达式，但是加上保留字ALL使之成为：

```
(SELECT title, year FROM Movies)
    UNION ALL
(SELECT movieTitle AS title, movieYear AS year FROM StarsIn);
```

现在，把出现在关系Movies和Stars中的title和year组合放在一起，导致它们将会在结果中多次出现。例如，如果某部电影在Movies关系中有一条记录，并且这部电影中有三位影星在StarsIn关系中（因此这部电影将会在StarsIn三个不同的元组中出现），最后这部电影的名字和年份将会在集合的并运算结果中出现四次。　□

对于并运算，操作INTERSECT ALL和EXCEPT ALL是包的交和差。这样，如果R和S是关系的话，那么表达式

R INTERSECT ALL S

表示的关系中，元组t出现的次数是它在R中出现的次数和在S中出现的次数的较小者。表达式

R EXCEPT ALL S

表示的关系中如果元组t多次出现，那么它出现的次数是在R中出现的次数减去在S中出现的次数，结果差为正数。以上讨论的每一个定义都是使用了5.1.2节关系的包语义。

6.4.3 SQL中的分组和聚集

在5.2.4节中，分组和聚集操作符γ被引进用来扩展关系代数。在5.2.3节的讨论中，使用该操作能根据元组的一个或多个属性将关系中的元组划分成“组”。然后对关系中的其他列可以使用聚集操作符进行聚集操作。如果该关系已经分组，那么聚集操作是对每个分组单独进行。SQL通过在SELECT子句中的聚集操作和特定的GROUP BY子句提供了γ操作的所有功能。

6.4.4 聚集操作符

SQL使用在5.2.2节中提到的五个聚集操作符，分别是SUM、AVG、MIN、MAX和COUNT。这些操作符通常作用在一个标量表达式上，典型的是SELECT子句中的一个列名。一个例外是表达式COUNT(*)，它计算由查询中FROM子句和WHERE子句所创建的关系中的元组个数。

另外，通过使用保留字DISTINCT可以在使用聚集操作符之前从列中消除重复元组，即如COUNT(DISTINCT x)这样的表达式将只计算列x中不重复的x的个数。可以把COUNT替换成其他的操作符。不过像SUM(DISTINCT x)这样的表达式几乎没有什么意义，它要求计算列x中不同值的和。

例6.29　下面的查询是找出所有的电影制片人资产的平均值。

```
SELECT AVG(netWorth)
FROM MovieExec;
```

注意，这里没有使用WHERE子句，保留字WHERE没有出现在句中。该查询检查如下关系的netWorth列：

```
MovieExec(name, address, cert#, netWorth)
```

对找到的值求和，每元组计算一次（即使该元组是其他元组的重复），然后对求得的和除以元组的数目。如果没有重复的元组，查询就会给出制片人的平均资产，这正是查询所求。但如果该关系中有重复的元组，即一个制片人的元组出现了n次，那么求得的平均值中此人的资产重复计算了n次。□

例6.30 下面的查询

```
SELECT COUNT(*)
FROM StarsIn;
```

计算StarsIn关系中元组的数目。类似的查询

```
SELECT COUNT(starName)
FROM StarsIn;
```

计算starName列中的值出现的次数。由于SQL中对starName列进行投影时不消除重复，这个计数的结果和COUNT(*)的结果相同。

如果想保证不对重复的值多次计数，在聚集的属性前加上DISTINCT保留字就可以了。如：

```
SELECT COUNT(DISTINCT starName) FROM StarsIn;
```

现在，每个影星无论在多少部电影中出现都只计数一次。□

6.4.5 分组

在WHERE子句后面加上一个GROUP BY子句可以对元组进行分组。保留字GROUP BY后面跟着一个分组（grouping）属性列表。最简单的情况是，FROM子句后面只有一个关系，根据分组属性对它的元组进行分组。SELECT子句中使用的聚集操作符仅应用在每个分组上。

例6.31 从关系Movies(title, year, length, genre, studioName, producerC#)中找出每个电影公司制作的电影总长度。可用如下语句表达：

```
SELECT studioName, SUM(length)
FROM Movies
GROUP BY studioName;
```

该语句是将Movies关系的元组重新组织，并且进行分组使得所有的Disney公司的元组被组织在一起，所有MGM公司的元组被组织在一起，等等，就像图5-17所展示的那样。然后计算每个分组里面的所有元组的length字段值之和。对于每一个分组，电影公司的名字与求得的和一起被打印出来。□

从例6.31中可以看出，SELECT子句有两种概念。

1. 聚集，每个聚集运算符被作用在一个属性上或涉及属性的表达式上。上面已提到，这些项目是以分组为单位计算的。

2. 属性，如例子中的studioName，这些属性同时在GROUP BY中出现。如果SELECT子句中有聚集运算，那么GROUP BY子句中出现的属性可以在SELECT子句中以非聚集的形式出现。

虽然，包含GROUP BY保留字的查询SELECT子句中通常有聚集属性和聚集运算符，但其两者也不必都出现，例如

```
SELECT studioName
FROM Movies
GROUP BY studioName;
```

这个查询对Movies关系根据studioName进行分组，并打印每个分组的studioName。无论多少个元组使用了这个studioName，它只打印一次。这样，上面的查询和语句

```
SELECT DISTINCT studioName
```

```
FROM Movies;
```

有同样的效果。

也可以在多关系查询中使用GROUP BY子句。这种查询可以由下面几步来说明。

1. 计算由FROM和WHERE子句所表达的关系*R*。也就是说，*R*是对FROM子句中的关系进行积运算后，再用WHERE中的条件进行选择操作后形成的关系。

2. 根据GROUP BY子句中的属性对*R*的元组进行分组操作。

3. 把SELECT子句中的属性和聚集运算作为查询结果输出，就好像查询是在一个存储的关系*R*上进行的。

例6.32　假定想要输出每个制片人制作的电影总长度，那么需要用到两个关系

```
Movies(title, year, length, genre, studioName, producerC#)
MovieExec(name, address, cert#, netWorth)
```

因此，开始使用θ连接，要求两个关系的证书号(*cert#*和*producerC#*)相同。这一步给出了一个关系，该关系中每一个MovieExec元组和Movies中的元组连接，条件是MovieExec元组表示的人是这些电影的制片人。注意不是制片人的MovieExec元组不会和任何Movies中的元组配对的，也就不会在结果关系中出现。现在，可以根据制片人的名字对从关系中选择出来的元组进行分组。最后，对分组中电影的长度求和。图6-13给出了该查询。□

```
SELECT name, SUM(length)
FROM MovieExec, Movies
WHERE producerC# = cert#
GROUP BY name;
```

图6-13　计算每个制片人的电影长度之和

6.4.6　分组、聚集和空值

当元组含有空值时，要记住下面几条规则：

- 空值在任何聚集操作中都被忽视。它既不对求和、取平均和计数作贡献，也不能是某列的最大值或最小值。例如，COUNT(*)是某个关系中所有的元组数目之和，但是COUNT(*A*)却是*A*属性非空的元组个数之和。
- 另一方面，在构成分组时，NULL值被作为一般的值对待。即分组中的一个或多个分组属性可以被赋予NULL值。
- 除了计数之外，对空包执行的聚集操作，结果均为NULL。空包的计数结果为0。

例6.33　假设关系*R*(*A*, *B*)只有一个元组，且两个字段的值均为NULL：

A	*B*
NULL	NULL

则

```
SELECT A, COUNT(B)
FROM R
GROUP BY A;
```

的结果是一个元组(NULL, 0)。原因是，当根据*A*分组时，只有一个NULL值的分组。该分组有一个元组，属性*B*的值为NULL，于是对值{NULL}的包进行计数。由于包的计数不对NULL进行计数，所以该计数为0。

另一方面，

```
SELECT A, SUM(B)
FROM R
GROUP BY A;
```

的结果是一个元组(NULL, NULL)。原因如下：NULL值的分组有一个元组，即*R*中仅有的一个元组。但是，当尝试对该分组的属性*B*的值进行求和时，却发现只有NULL，而NULL对求和没有贡献。因此，这是对空包进行求和，其结果被定义为NULL。 □

> **SQL查询中的子句顺序**
>
> 到目前为止，已经讨论了六种可能出现在select-from-where查询中的子句。它们分别是：SELECT、FROM、WHERE、GROUP BY、HAVING和ORDER BY。六个子句中只有SELECT和FROM两个是必须的，而且，其他子句若出现的话，也都应该按照上面给定的顺序出现。

6.4.7 HAVING子句

假设不希望查询所有在例子6.32结果中出现的制片人。此时，元组在分组之前就按某种方式加上限制，使得不需要的分组为空。例如，如果只统计资产在$10 000 000以上制片人制作的电影长度，可将图6-13的第三行改为

```
WHERE producerC# = cert# AND networth > 10000000
```

另外，如果需要对基于某些分组聚集的性质选择分组，可以在GROUP BY子句后面加上一个HAVING子句。后者由保留字HAVING后跟一个分组的条件组成。

例6.34 假定需要输出至少曾在1930以前制作过一部电影的制片人制作的电影总长度，则需在图6-13后面加上如下子句：

```
HAVING MIN(year) < 1930
```

最后的查询在图6-14中给出。该查询将会去掉那些year字段值大于或等于1930的元组分组。 □

应当记住下面几条关于HAVING子句的规则：

- HAVING子句中的聚集只应用到正在检测的分组上。
- 所有FROM子句中关系的属性都可以在HAVING子句中用聚集运算，但是只有出现在GROUP BY子句中的属性，才可能以不聚集的方式出现在HAVING子句中（和SELECT子句同样的规则）。

```
SELECT name, SUM(length)
FROM MovieExec, Movies
WHERE producerC# = cert#
GROUP BY name
HAVING MIN(year) < 1930;
```

图6-14 计算各个早期制片人的电影长度和

6.4.8 习题

习题6.4.1 用SQL写出习题2.4.1中的查询，消除结果中重复的元组。

习题6.4.2 用SQL写出习题2.4.3中的查询，消除结果中重复的元组。

!习题6.4.3 查看习题6.3.1的答案，看看你写的查询结果中是否有重复元组出现。若有，重写该查询以消除重复；若无，写出一个不使用子查询的结果同样不含重复的查询。

!习题6.4.4 按习题6.4.3的要求重做习题6.3.2。

!习题6.4.5 在例6.27中，对于“找出Harrison Ford出演的电影的制片人”这一查询的不同版本，虽然其产生的结果集合相同，但是其结果的包不同。考虑例6.22中的查询版本，其在FROM子句中使用了一个子查询。这个查询版本是否会产生重复？如果会，为什么？

习题6.4.6 根据习题2.4.1的数据库模式和数据写出后面的查询并求出查询结果。

```
Product(maker, model, type)
PC(model, speed, ram, hd, price)
Laptop(model, speed, ram, hd, screen, price)
Printer(model, color, type, price)
```

a) 查询PC的平均速度。

b) 查询价格高于$1000的笔记本电脑的平均速度。

c) 查询厂商“A”生产的PC的平均价格。

! d) 查询厂商“D”生产的PC和笔记本电脑的平均价格。

e) 查询每种不同速度的PC的平均价格。

! f) 查询每家厂商生产的笔记本电脑的屏幕尺寸的平均值。

! g) 查询至少生产三种不同型号PC的制造商。

! h) 查询每个销售PC的厂商的PC的最高价格。

! i) 查询每种高于2.0速度的PC的平均价格。

!!j) 查询所有生产打印机的厂商生产的PC的硬盘容量的平均大小。

习题6.4.7　基于习题2.4.3给出的数据库模式和数据写出后面的查询语句以及查询结果。

```
Classes(class, type, country, numGuns, bore, displacement)
Ships(name, class, launched)
Battles(name, date)
Outcomes(ship, battle, result)
```

a) 查询军舰类型的数目。

b) 查询军舰的所有类型的平均火炮数量。

!c) 查询军舰的平均火炮数量。注意，b)和c)的不同在于：在计算均值的时候，是使用军舰的数目还是军舰的类型的数目。

!d) 查询每个类型（class)的第一艘船下水的年份。

!e) 查询每个类型在战斗中被击沉的船的数目。

!!f) 查询至少有3艘船的类型在战斗中被击沉的船的数目。

!!g) 军舰火炮使用的炮弹的重量（以磅为单位）大约是火炮的口径（以英寸为单位）的一半。查询每个国家的军舰的炮弹重量的平均值。

习题6.4.8　例5.10给出了一个查询的例子：“找出每个至少演过三部影片的影星最早出演影片的年份。”该例使用γ运算符写出该查询，现在请用SQL写出该查询。

!习题6.4.9　扩展关系代数中的γ运算符没有一个特征对应于SQL中的HAVING子句。是否能在关系代数中模仿包含HAVING子句的SQL查询？若能，一般应怎样做？

6.5　数据库更新

到目前为止本章的讨论都集中于一般的SQL查询形式，即select-from-where句型。还有许多其他形式的不返回查询结果的句子，这些句子只改变数据库的状态。在本节中，将具体讨论如下三种类型的句子。

1. 插入元组到关系中去。
2. 从关系中删除元组。
3. 修改某个元组的某些字段的值。

这三类操作统称为*更新*（modification）操作。

6.5.1　插入

插入语句的基本形式为：

INSERT INTO $R(A_1, \ldots, A_n)$ VALUES $(v_1, \ldots, v_n)$;

该插入将创建一个元组，其属性A_i的值是v_i，$i = 1, 2, \cdots, n$。如果属性列表不包括关系R中所有的属性，那么创建的元组会对那些没有赋值的属性赋予一个默认的值。

例6.35　如果要把Sydney Greenstreet加到The Maltese Falcon演员列表中去，可以这样写插入语句：

```
1) INSERT INTO StarsIn(movieTitle, movieYear, starName)
2) VALUES('The Maltese Falcon', 1942, 'Sydney Greenstreet');
```

该语句的执行结果是将具有第(2)行三个字段值的元组插入到关系StarsIn中。由于关系StarsIn中所有的属性都在第(1)行列出，所以也就没有必要使用默认的属性值。第(2)行的值和第(1)行的属性按给定的顺序对应。因此'The Maltese Falcon'成为属性movieTitle的值，其他的也是如此类推。□

如果像例6.35那样，关系的所有属性值都给出了，那么可以省掉跟在关系名后面的属性列表。其插入语句可以写成

```
INSERT INTO StarsIn
VALUES('The Maltese Falcon', 1942, 'Sydney Greenstreet');
```

但是，当省略属性列表时，一定要保证提供的属性值的顺序和关系属性的标准顺序一致。

- 如果不能确定属性声明时的排列顺序，最好在INSERT句子中按照VALUES子句中属性值的顺序给出属性列表。

上面给出的简单INSERT语句仅仅能插入一个元组到关系中去。除了明确地指定值来插入一个元组以外，还可以通过使用子查询往关系中插入计算出的元组集合。该子查询语句替换上面给出的INSERT语句中的保留字VALUES和后面的元组表达式。

例6.36　往关系Studio(name, address, presC#)中添加在关系Movies(title, year, length,genre,studioName, producerC#)中提到的、但没有在Studio出现的所有的电影公司。由于Movies中没有给出电影公司的地址和制片经理，插入到Studio的元组的属性address和presC#只好使用NULL值。图6-15给出了一种插入方式。

```
1)  INSERT INTO Studio(name)
2)      SELECT DISTINCT studioName
3)      FROM Movies
4)      WHERE studioName NOT IN
5)          (SELECT name
6)           FROM Studio);
```

图6-15　添加新的制片厂

和其他的嵌套SQL语句一样，图6-15从里层往外分析较容易。第(5)和第(6)行生成关系Studio中所有的电影公司的名字。第(4)行检查来自Movies关系的电影公司的名字是否包含在Studio中。

这样，从第(2)到第(6)行输出存在于关系Movies中但不在Studio中的电影公司名字的集合。第(2)行的DISTINCT保留字保证无论拍过多少部电影，每个电影公司在集合中只出现一次。最后，第(1)行语句把这些电影公司插入到关系Studio中，属性address和presC#用NULL值填充。□

插入的时机选择

SQL标准需要元组被插入到关系之前要完成对查询的计算。例如，在图6-15中，第(2)到第(6)行的查询计算应当在执行第(1)行的插入前完成。这样插入到第(1)行Studio中的新元组就不会影响到第(4)行的条件。

这个例子比较特殊，插入是否要等到查询完全计算结束后对结果没什么影响。但是，假设从图6-15中去掉第(2)行的DISTINCT保留字。如果在插入前计算第(2)到第(6)行的查询，结果会导致某个多次出现在Movies中的新电影公司的名字在查询结果中多次出现，并多次插入到关系Studio中去。然而，如果DBMS在计算第(2)到第(6)行查询的同时将找到的新的电影公司插入到Studio中去（按照标准，这样做有不正确的地方），那么新的电影公司就不会被重复插入。而且，一旦新的电影公司添加一次，它的名字就不会满足第(4)到第(6)行的条件，也就不会在第(2)到第(6)行的查询结果中再次出现。

6.5.2 删除

删除语句的形式为

```
DELETE FROM R WHERE <条件>;
```

执行该语句的结果是每个满足条件的元组将从关系*R*中删掉。

例6.37 从关系

```
StarsIn(movieTitle, movieYear, starName)
```

删掉Sydney Greenstreet出演电影The Maltese Falcon这一事实。删除语句为

```
DELETE FROM StarsIn
WHERE movieTitle = 'The Maltese Falcon' AND
      movieYear = 1942 AND
      starName = 'Sydney Greenstreet';
```

注意，和例6.35中的插入语句不同，不能简单地指定把某个元组删掉。必须通过WHERE子句明确地描述要删除的元组。 □

例6.38 这里是删除语句的另一个例子。这次是使用条件语句从关系

```
MovieExec(name, address, cert#, netWorth)
```

中一次删掉多个元组。给出的条件可能有多个元组满足。语句

```
DELETE FROM MovieExec
WHERE netWorth < 10000000;
```

删掉所有的资产低于一千万美元的制片经理。 □

6.5.3 修改

虽然可以把元组的插入和删除均看作对数据库的“修改”，但SQL中的修改（update）是对数据库的一种特殊类型的改变：即数据库中已经存在的一个或多个元组的某些字段的值发生改变。修改语句的一般形式为：

```
UPDATE R SET <新值赋值> WHERE <条件>;
```

每一个新值赋值由一个属性、一个等号和一个表达式组成。若有不止一个赋值，就用逗号隔开。该语句的效果是，找出所有满足条件的元组，然后对每个元组计算出赋值表达式的结果，并根据*R*的对应属性对元组的字段进行赋值。

例6.39 修改关系

```
MovieExec(name, address, cert#, netWorth)
```

在每个是电影公司制片经理的电影导演名字前加上称呼Pres.。MovieExec中待修改元组满足的条件是导演的证书号出现在关系Studio中某些元组的presC#字段值上。该修改语句为：

```
1)  UPDATE MovieExec
2)  SET name = 'Pres. ' || name
3)  WHERE cert# IN (SELECT presC# FROM Studio);
```

第(3)行检查MovieExec中的某个证书号是否作为关系Studio中某个制片经理的证书号出现。

第(2)行对选定的元组执行修改操作。前面讲过||运算符表示字符串的连接，所以第(2)行的=符号后面的表达式在该元组的name字段的旧值前面加上了字符串Pres.和一个空格。新的字符串成为该元组的name字段的新值；效果是把‘Pres.’加在了name字段的旧值前面。 □

6.5.4 习题

习题6.5.1 根据习题2.4.1给出的数据库模式，写出下面的数据库更新。描述对该习题数据更新后的结果。

```
Product(maker, model, type)
PC(model, speed, ram, hd, price)
Laptop(model, speed, ram, hd, screen, price)
Printer(model, color, type, price)
```

a) 通过两条INSERT语句在数据库中添加如下信息：厂商C生产的型号为1100的PC，其速度为3.2，RAM容量大小为1024，硬盘容量大小为180，售价为$2499。

!b) 加入如下信息：对于数据库中的每台PC，都有一台与其具有相同的生产厂商、速度、RAM容量、硬盘容量，且具有一个17英寸的屏幕，型号大于1100，价格高于500美元的笔记本电脑。

c) 删除所有硬盘容量低于100GB的PC。

d) 删除所有不生产打印机的厂商生产的笔记本电脑。

e) 厂商*A*收购了厂商*B*。将所有*B*生产的产品改为由*A*生产。

f) 对于每台PC，将其RAM容量加倍，并将其硬盘容量增加60GB。（切记UPDATE语句可以同时修改多个属性的值。）

!g) 把厂商*B*生产的笔记本电脑的屏幕尺寸增加一英寸并将价格下调$100。

习题6.5.2 根据习题2.4.3给出的数据库模式，写出下面的数据库更新操作。描述对该习题的数据执行更新后的效果。

```
Classes(class, type, country, numGuns, bore, displacement)
Ships(name, class, launched)
Battles(name, date)
Outcomes(ship, battle, result)
```

a) 两艘Nelson类型的英国军舰——Nelson号和Rodney号——均在1927年下水，均具有16英寸口径的火炮，排水量均为34 000吨。把这些信息插入数据库中。

b) 三艘Vittorio Veneto类型的意大利军舰中的两艘——Vitorio Veneto号和Italia号——在1940年下水；第三艘该型军舰Roma号在1942年下水。每艘该型军舰有9门15英寸口径火炮，排水量为41 000吨。把这些信息插入数据库中。

c) 从Ships中删除所有在战斗中被击沉的军舰。

d) 修改关系Classes，使得火炮口径使用厘米作为单位（1英寸＝2.5厘米），排水量使用公制吨。（1公制吨=1.1吨）。

e) 删除所有军舰少于3艘的类型。

6.6 SQL中的事务

目前，在数据库上的操作模型是用户查询或更新数据库。这样，数据库上的操作一次只执行一个，一个操作留下的数据库状态正是下一个操作所要起作用的。甚至，假定操作的执行是作为一个实体（“原子性地”）。也就是说操作过程中硬件和软件都不会出错，不会留下操作的结果不能解释的数据库状态。

实际情况比这更复杂。首先应考虑是什么导致数据库处于这样一种状态：它不能反映在其上执行的操作，接着考虑SQL提供给用户的工具，以确保不会出现这些问题。

6.6.1 可串行化

在像网络服务（Web Service）、银行业务或机票预订这样的应用中，数据库中可能每秒钟执行上百个操作。这些操作由成千上万的地点启动，如桌面电脑或自动取款机。完全可能有两个操作影响同一个银行账目或航班，并且这些操作在时间上重叠。如果出现这种情况，它们可能以奇怪的方式互相影响。

如果完全不约束DBMS对数据库进行操作的顺序，那么可能会出现错误，这里有一个例子。这个例子包含一个与人交互的数据库，而举这个例子的目的是为了说明对可能出现相互影响的事件的序列进行控制的重要性。但是，DBMS不会对“大”到包含等待用户做出选择的时间进行控制。DBMS控制的事件序列仅包含SQL语句的执行。

例6.40　典型的航空公司为顾客提供一个选择航班座位的网络界面，界面显示空闲座位分布图，而分布图的数据是从航空公司数据库中获得。可能有一个如下关系：

```
Flights(fltNo, fltDate, seatNo, seatStatus)
```

根据这个关系，可以提交对该关系的查询：

```
SELECT seatNo
FROM Flights
WHERE fltNo = 123 AND fltDate = DATE '2008-12-25'
    AND seatStatus = 'available';
```

航班号和日期是示例数据，实际上可以从用户的上一个交互获得。

当顾客点击一个空座，比如说22*A*时，这个座位就被他预订了。于是，数据库被一个修改语句更新，如：

```
UPDATE Flights
SET seatStatus = 'occupied'
WHERE fltNo = 123 AND fltDate = DATE '2008-12-25'
    AND seatNo = '22A';
```

但是，可能预订2008年12月25日航班123座位的并非仅有这一个顾客。与此同时，可能另一个顾客已经看到了座位分布图，而且他也看到了座位22A是空座。如果他也选择了座位22A，那么他也认为自己已经预订到了座位22A。这些事件的时间如图6-16所示。　□

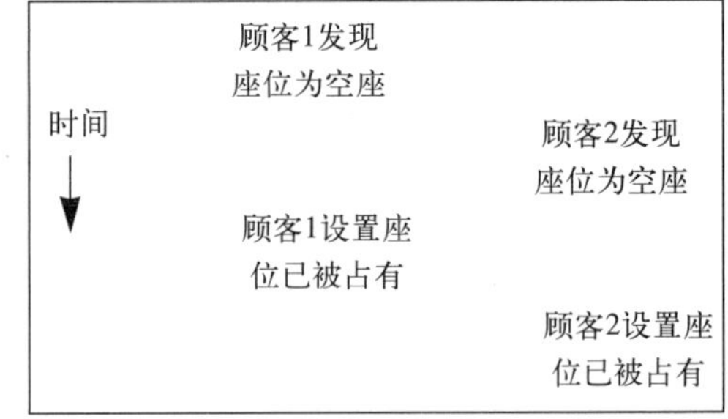

图6-16　两个顾客同时试图预定同一座位

从例6.40中可见，这两个操作的每一个都可以正确地执行，但是全局结果不对：两个顾客都认为自己获得了座位22A。在SQL中，可以通过“事务”的概念来解决这个问题。非正式地说，事务是一组需要一起执行的操作。假设在例6.40中，查询和更新组成一个事务[⊖]。那么SQL允许程序员规定一个特定的事务必须对于别的事务是可串行化（serializable）的。即这些事务必须表现得好像它们是*串行*（serially）执行——即一个时刻只有一个事务，相互之间没有重叠。

保证可串行化的行为

实际上要求操作连续运行是不可能的，因为有着太多的操作，并需要某种并行性。因此，DBMS采用了一种机制来保证可串行化行为。即使操作不是连续的，对用户而言其结果看起来仍好像操作是在连续执行。

⊖ 但是，不能轻率地组成一个包含一个用户、甚或一台不属于航空公司（如旅游公司）的计算机的事务操作。必须采用另一种机制来处理包含数据库外的操作的事件序列。

> 对于DBMS，一个普通的方式是锁定（lock）数据库的元素防止被两个函数同时访问。1.2.4节提到了锁机制，有一种在DBMS中实现锁的粗泛的技术。例如，如果例6.40中的事务锁定了涉及关系Flights的其他事务，那么没有访问Flights的操作可以和选择座位的事务并行执行，但是不能再有其他的座位选择操作的调用并行执行。

明显地，如果座位选择操作的两个调用是串行执行的（或可串行化的），那么就不会出现刚才看到的那种错误。一个顾客的调用首先开始执行。该顾客看到座位22A是空的，并预定了它。然后，另一个顾客的调用开始执行，而座位22A没有提供给他作为选择之一，因为它已经被预订了。或许对顾客而言这个座位归谁是要紧的，但对数据库而言至关重要的是一个座位只能被分配一次。

6.6.2 原子性

如果两个或多个数据库操作在同一时间执行，除了可能出现不可串行化的行为之外，在一个操作执行过程中出现硬件或软件“崩溃”的话，这个操作有可能使那个数据库置于不可接受的状态。这里有一个例子说明会出现什么问题。和例6.40一样，要记住实际的数据库系统不允许在正确设计的程序中出现这种错误。

例6.41 现在来看另一个通常的数据库：银行的账目记录。可以通过

```
Accounts(acctNo, balance)
```

来表示这种情况。

考虑从账户123向账户456转账100美元的操作。可以先检查账户123中是否至少有100美元，若有，执行以下两个步骤：

1. 通过如下SQL修改语句向账户456加上100美元：

```
UPDATE Accounts
SET balance = balance + 100
WHERE acctNo = 456;
```

2. 通过如下SQL修改语句从账户123减去100美元：

```
UPDATE Accounts
SET balance = balance - 100
WHERE acctNo = 123;
```

现在，考虑如果在步骤1之后和步骤2之前发生故障会如何。可能是计算机停止运转，或者是数据库和正在执行转账的处理器之间的网络连接出现故障。然后，数据库处于如下状态：钱已经被转入第二个账户，但这笔钱尚未从第一个账户减去。银行实际已经白送了那笔本来应该转账的钱。 □

例6.41说明的问题是数据库操作的某些组合（如该例中的两个修改）需要*原子地*（atomically）执行，即它们要么都执行要么都不执行。例如，一个简单的解决方案是将对数据库的所有修改都在一个本地工作区中执行，而且只有在所有工作都完成后才将修改*提交*（commit）到数据库，于是所有改变成为数据库的一部分，并且对其他操作可见。

6.6.3 事务

6.6.1节和6.6.2节提出的对可串行化和原子性问题的解决方案将把数据库操作分组为*事务*（Transaction）。事务是必须原子地执行的一个或多个数据库操作的集合；即要么所有操作都执行要么所有操作都不执行。另外，SQL要求默认事务以可串行化方式执行。DBMS可以允许

用户对两个或多个事务的操作交叉指定一个不那么严格的约束条件。后面几节将讨论对可串行化条件的修改。

当使用基本SQL界面（generic SQL interface），即使用方便人们提交查询和别的SQL语句的工具时，每条语句自身就是一个事务。不过，SQL允许程序员将几条语句组成一个事务。SQL命令START TRANSACTION可用来标记事务的开始。有两种结束事务的方式：

1. SQL语句COMMIT使得事务成功结束。由这条SQL语句或自当前事务开始以来的语句引起的任何对数据库的修改都被持久地建立在数据库中，即它们被提交了（committed）。在COMMIT语句执行之前，改变是试探性的，对其他事务可不可见均有可能。

2. SQL语句ROLLBACK使得事务夭折（abort）或不成功结束。任何由该事务的SQL语句所引起的修改都被撤销，即它们被回滚（rolled back），所以它们不会持久地出现在数据库中。

事务中数据库如何变化

不同的系统可以采用不同的方法实现事务。事务执行时，它可能会引起数据库的变化。如果事务夭折，那么（如果没有预防）这些变化可能已经被其他的事务看到。对数据库系统而言，最普通的方式是锁定被改变的项目直到选择了COMMIT或者ROLLBACK，这样就阻止了其他事务看到这些暂时的变化。如果用户想让事务以串行化方式运行，那么一定使用了锁或者其他等效方法。

但是，如在6.6.4节看到的，SQL提供了关于数据库暂时变化的几个选项。被改变的数据有可能没有被加锁并且可见，即使随后的回滚使变化消失也如此。它是由事务的设计者来决定是否需要避免暂时变化的可见性。

例6.42　假设要把例6.41中的转账操作变成一个事务。在访问数据库之前要执行START TRANSACTION。如果发现资金不够进行转账，那么执行ROLLBACK命令。但是，如果有足够的资金，那么执行那两条修改语句，然后执行COMMIT。 □

应用与系统产生的回滚

在事务讨论中，假定事务提交还是回滚由产生该事务的应用程序来决定。也就是说，和例6.44和6.42一样，一个事务可以执行多个数据库操作，然后决定是通过发出COMMIT来使得修改持久化，还是通过发出ROLLBACK来返回初始状态。但是，系统也可以执行事务回滚，以保证事务原子地执行，并且使得事务在其他并发事务或系统故障出现时符合为其指定的隔离层次。典型情况是，如果系统“夭折”一个事务，那么会产生一个特殊的错误代码或异常。如果应用程序希望确保事务成功执行，就必须捕捉这些条件并重启这个有问题的事务。

6.6.4　只读事务

例6.40和例6.41都包含一个先读然后（可能）向数据库中写一些数据的事务。这种事务容易出现可串行化问题。因此，在例6.40中看到，如果该函数的两个调用同时试图预定同一个座位会发生什么问题；而在例6.41中看到，如果在资金转账的过程中出现崩溃又会发生什么问题。然而，当一个事务只读数据而不写数据时，就可以更自由地让该事务与别的事务并发执行。

例6.43　假定写了一个从例6.40的关系Flights读取数据来判断某个座位是否空闲的程序。那么可以一次执行多个该程序的调用，不用担心会对数据库造成永久性的伤害。可能出现的最坏情况是，在读取某个座位是否空闲的数据时，该座位正在被某个别的程序预定或释放。

因此，依赖于执行该查询时的细微差别，可能得到答案“空闲”或“被占用”，而该答案只在某些时刻有意义。 □

如果告知SQL执行系统当前的事务是*只读*（read-only）事务，即它不会修改数据库，那么SQL系统很可能能够充分利用这一点。通常，多个访问同一数据的只读事务可以并行执行，但是多个写同一数据的事务不能并行执行。

告知SQL系统下一个事务是只读事务的语句是：

```
SET TRANSACTION READ ONLY;
```

这条语句必须在事务开始之前执行。可以通过如下语句通知SQL下一个事务可以写数据：

```
SET TRANSACTION READ WRITE;
```

不过，这个选项是默认选项。

6.6.5 读脏数据

脏数据（Dirty data)是表示还没有提交的事务所写的数据的通用术语。*脏读*（dirty read）是对脏数据的读取。读脏数据的风险是写数据的事务可能最终夭折。如果这样，那么脏数据将从数据库中移走，就像这个数据不曾存在过。如果某个别的事务读取了这个脏数据，那么该事务可能提交或采取别的手段反映它对脏数据的了解。

脏读有时是要紧的，有时是无关紧要的。当它非常无关紧要时，可以冒险偶尔脏读一次，从而避免：

1. DBMS用来防止脏读所做的耗时的工作。

2. 为了等到不可能出现脏读而造成的并发性的损失。

下面有一些例子说明当允许脏读时可能出现什么情况。

例6.44 再次考虑例6.41的转账。不过，假定转账由程序P实现，P执行如下步骤：

1. 将这笔钱加到账户2。

2. 检查账户1是否有足够的钱。

a) 如果没有足够的钱，将这些钱从账户2移走，结束[⊖]。

b) 如果有足够的钱，从账户1减去这些钱，结束。

如果程序P是串行执行的，那么把钱临时放入账户2是无关紧要的。没人会看到这笔钱，若不能转账则减去这笔钱。

但是，假定可能有脏读。想象有三个账户：A_1、A_2和A_3，分别有100、200、300美元。假设事务T_1执行程序P从A_1向A_2转账150美元。在大约同一时刻，事务T_2运行程序P从A_2向A_3转账250美元。事件序列可能如下：

1. T_2执行步骤1将250美元加到A_3，现在A_3有550美元。

2. T_1执行步骤1将150美元加到A_2，现在A_2有350美元。

3. T_2执行步骤2的检查，发现A_2有足够的资金（350美元)，能够从A_2向A_3转账250美元。

4. T_1执行步骤2的检查，发现A_1没有足够的资金（100美元)，不能从A_1向A_2转账150美元。

5. T_2执行步骤2b。从A_2减去250美元，A_2现在有100美元，结束。

6. T_1执行步骤2a。从A_2减去150美元，A_2现在有－50美元，结束。

钱的总数没变；这三个账户仍然总共有600美元。但是因为T_2在上述六个步骤中的第三步

⊖ 读者应该知道程序P试图执行DBMS的更典型的功能。特别地，像P在这一步所做的那样，当P决定不必完成这个事务时，它将向DBMS发出一个回滚（夭折）命令，让DBMS撤销P的执行效果。

中读取了脏数据，所以导致一个账户变为负值，而这一步本来的目的是检查第一个账户是否有足够的资金。□

例6.45　假设对例6.40中的座位选择函数进行修改。新方法如下：

1. 发现一个有效座位，通过设置seatStatus为‘occupied’来预订该座位。若无空闲座位，结束。

2. 询问顾客是否要这个座位。若要，提交。若不要，通过设置seatStatus为‘available’来释放该座位，并重复步骤1以获得另一个座位。

如果两个事务几乎同时执行这个算法，一个事务可能预订到一个座位*S*，*S*后来被顾客拒绝。如果在座位*S*被标记为已被占用时第二个事务执行步骤1，那么该事务的顾客不能选择座位*S*。

与例6.44一样，问题是发生了脏读。第二个事务看到一个由第一个事务所写的元组（*S*被标记为已被占用），而该元组后来又被第一个事务修改。□

脏读有多重要？在例6.44中，它很重要；它导致一个账户变为负值，而这种情况明显是禁止出现的。例6.45中，问题似乎不太严重。实际上，第二个顾客可能没获得他喜欢的座位，甚或可能被告知没有座位了。不过，后一种情况中，再次执行该事务几乎肯定会发现座位*S*是空闲的。因此，在实现座位选择函数时允许脏读，以降低预订请求的平均处理时间是值得的。

使用6.6.4节的SET TRANSACTION语句，SQL允许指定一个给定的事务是否可以脏读。对于像例6.45中描述的事务，合适的形式为：

```
1)  SET TRANSACTION READ WRITE
2)      ISOLATION LEVEL READ UNCOMMITTED;
```

上述语句做了两件事：

1. 第(1)行声明事务可以写数据。

2. 第(2)行声明事务用*读未提交*（read-uncommitted)的“隔离层次”运行。即允许事务读脏数据。6.6.6节将讨论四种隔离层次。到目前为止，已经学习了两种：可串行化和读未提交。

注意，如果事务不是只读的（即有可能修改数据库），且指定了隔离层次READ UNCOMMITED，那么也必须指定READ WRITE。回顾6.6.4节，默认的假设是事务是读写的。不过，SQL对于允许脏读的情况有一个例外。这里默认假设是只读，因为如已经看到的那样，包含脏读的读写事务要冒很大的风险。所以，如果让读写事务在读未提交的隔离层次上运行，就需要像上述那样显式地指定READ WRITE。

6.6.6　其他隔离层次

> **在不同隔离层次运行的事务之间的相互影响**
>
> 微妙之处在于事务的隔离层次只影响该事务可以看到的那些数据，不影响其他事务所看到的数据。作为佐证，如果事务*T*正在串行化层次运行，那么*T*的执行必须看起来好像所有其他事务要么完全在*T*之前运行，要么完全在*T*之后运行。但是，如果一些事务正运行在其他的隔离层次上，那么它们可以在*T*写数据时看到*T*所写的数据。如果它们运行在读未提交隔离层次，它们可以看到来自*T*的脏数据，且*T*夭折。

SQL一共提供了四种*隔离层次*（isolation level）。有两种已经看到了：可串行化和读未提交（允许脏读）。其余两种是*读提交*（read-committed）和*可重复读*（repeatable-read）。它们可分别通过如下语句指定：

```
SET TRANSACTION ISOLATION LEVEL READ COMMITTED;
```

和

```
SET TRANSACTION ISOLATION LEVEL REPEATABLE READ;
```

对于每条语句，默认事务是读写的，所以在适当的情况下，可在每条语句后面加上READ ONLY。顺便提一下，还有一个指定选项

```
SET TRANSACTION ISOLATION LEVEL SERIALIZABLE;
```

但是，这是SQL的默认情况，不必显式指定。

顾名思义，读提交隔离层次禁止读取脏数据（未提交数据）。但是，它确实允许一个在该隔离层次执行的事务多次发出同一个查询并得到不同的答案，只要答案反映了已提交事务写入的数据。

例6.46　重新考虑例6.45的座位选择程序，但是假定声明程序运行在读提交隔离层次。那么在第1步寻找座位时，如果某个其他事务正在预订座位但尚未提交，那么它不会将这些座位看作是已被预订的[⊖]。但是，如果旅客拒绝了座位，并且执行查询函数多次来查询空闲座位，那么每次查询时都可以看到不同的空闲座位集合，因为和这个事务并行执行的其他事务成功地预订或释放了座位。□

现在，考虑可重复读隔离层次。这个术语有点用词不当，因为同一个查询发出的访问不能保证得到相同的答案。在可重复读隔离层次下，如果第一次检索到一个元组，那么可以确信重复这个查询时会再次检索到同一元组。但是，同一个查询的第二次执行及后续的执行也有可能检索到*幻像*（phantom）元组。幻像元组是在该事务执行时数据库插入操作带来的元组。

例6.47　继续讨论例6.45和例6.46中的座位选择问题。如果在可重复读隔离层次下执行这个函数，那么在第1步的第一次查询时是空闲的座位将在后续查询中保持空闲。

但是，假定关系Flights有了一些新的元组。例如，航空公司可能将航班改用较大的飞机，创建了一些以前不存在的新元组。那么在可重复读隔离层次下，一个后续的对空闲座位的查询可能也会检索到这些新座位。□

图6-17总结了四种SQL隔离层次之间的不同之处。

Isolation Level	Dirty Reads	Nonrepeatable Reads	Phantoms
Read Uncommitted	Allowed	Allowed	Allowed
Read Committed	Not Allowed	Allowed	Allowed
Repeatable Read	Not Allowed	Not Allowed	Allowed
Serializable	Not Allowed	Not Allowed	Not Allowed

图6-17　SQL隔离层次的特性

6.6.7　习题

习题6.6.1　本题和下一题的程序都对如下两个关系进行操作。

```
Product(maker, model, type)
PC(model, speed, ram, hd, price)
```

使用SQL语句和传统语言，简要地写出下列程序。不要忘记在恰当的时候使用BEGIN TRANSACTION、COMMIT和ROLLLLBACK语句，且如果你的事务是只读的，要告诉系统。

⊖ 实际上发生的情况看起来有些神秘，因为我们不能确定采用不同隔离层次的算法。很可能出现如下情况：两个事务都看到一个座位空闲并试图预订，系统将强迫其中之一回滚以解除死锁（见6.6.3节的方框“应用与系统产生的回滚”）。

a) 给定速度和RAM容量（作为函数的参数），查询具有该速度和RAM容量的PC，输出其型号和价格。

b) 给定型号，从PC和Product中删除具有该型号的元组。

c) 给定型号，将具有该型号的PC减价100美元。

d) 给定生产商、型号、处理器速度、RAM容量、硬盘容量和价格，检查是否没有产品具有该型号。若有该型号，为用户输出一条出错信息。若数据库中无该型号，将关于该型号的信息输入表PC和Product。

!**习题6.6.2**　对于上题中的每个程序，若在程序执行过程中出现系统崩溃，是否有原子性问题？若有，请讨论之。

!**习题6.6.3**　假设将6.6.1的四个程序中的一个作为事务*T*执行，而在大约同一时间，其他作为这四个程序中的同一个或另一个执行的事务可能也在执行。如果所有的事务都在读未提交隔离层次运行（它们不可能都在可串行化隔离层次运行），事务*T*会出现什么情况？分别考虑事务*T*是习题6.6.1中的程序(a)到(d)中的任意一个的情况。

!!**习题6.6.4**　假设有一个事务*T*是"永远"运行的函数，每隔一小时检查是否有速度为3.5或更高、售价低于1000美元的PC。若有，输出相关信息并终止。在这段时间内，其他的作为习题6.6.1的四个程序中的一个的执行的事务可能也在执行。对于每一个隔离层次——可串行化、可重复读、读提交以及读未提交，说出事务*T*在隔离层次下执行的效果。

6.7　小结

- SQL：SQL语言是关系数据库系统使用的主要查询语言。目前最新标准是SQL-99或SQL3。商业系统通常和SQL标准略有出入。
- *select-from-where查询*（select-from-where Query）：SQL查询最常用的形式是select-from-where。它允许使用几个关系的积（在FROM子句中）、对结果元组施加过滤条件（在WHERE子句中），并产生需要的字段（SELECT子句）。
- *子查询*（Subquery）：select-from-where查询也能在其他查询中的WHERE子句或FROM子句中作为子查询使用。操作符EXISTS、IN、ALL和ANY都可以作用在WHERE子句中子查询形成的关系上，并形成布尔值表达式。
- *关系上的集合运算*（Set Operation on Relation）：可以通过使用保留字UNION、INTERSECT和EXCEPT分别连接关系或者产生关系的查询，达到实现关系的并、交和差的操作。
- *连接表达式*（Join Expression）：SQL提供如NATURAL JOIN这样的操作符作用在关系上，可以看作将其看作是一个查询或在FROM子句中定义的一个新关系。
- *空值*（Null Value）：SQL在元组的字段值没有指定具体值的时候，提供一个特殊的值NULL。NULL的逻辑和算术运算规则都比较特殊。任何值和NULL值比较的结果都是布尔值UNKNOWN，即使该值也是NULL值。UNKNOWN值也能在布尔运算中出现，但把它看作处于TRUE和FALSE之间的一个值。
- *外连接*（Outerjoin）：SQL提供一个OUTER JION操作符连接关系。连接结果中包括来自连接关系的悬浮元组。结果关系中悬浮元组被填上NULL值。
- *关系的包模型*（the Bag Model of Relation）：SQL实际上把关系看作装满元组的包而不是元组的集合。可以使用DISTINCT保留字来消除元组重复，而保留字ALL在某些不认为关系是包的情况下允许结果是包。
- *聚集*（Aggregation）：关系中某列的值可以通过使用保留字SUM、AVG（平均值）、MIN、MAX和COUNT进行统计（聚集）。在进行聚集操作前元组可以通过GROUP BY进行分组。利用保留字HAVING可以消除某些分组。

- *更新语句*（Modification Statement）：SQL允许改变关系中元组的值。可以在SQL语句中使用INSERT（插入新元组）、DELETE（删除元组）和UPDATE（修改某些存在的元组）来达到目的。
- *事务*（Transaction）：SQL允许程序员把SQL语句组成事务，这些事务可以提交或者回滚（夭折）。事务回滚的原因或者是应用程序为了取消所作的变动，或者是系统为了保证原子性和独立性。
- *隔离层次*（Isolation Level）：SQL允许事务以四个隔离层次运行，从最串行的到最不串行的："可串行化"（事务必须完全在另一个事务之前或之后运行）、"可重复读"（查询得到的每个元组如果在此查询再次执行时必须重现）。"读提交"（只有那些被已提交事务写入的元组才可以被这个事务看到）、"读未提交"（对事务可以看到的信息不加限制）。

6.8 参考文献

有许多关于SQL编程的书可供参考。其中比较流行的有[3]、[5]和[7]。[6]是对SQL-99标准的早期介绍。

[4] 最早定义了SQL。它被作为第一代关系数据库原型之一——Systme R[1]——的一部分加以实现。

[2] 讨论了该标准在事务和游标方面的问题。

1. M. M. Astrahan et al., "System R: a relational approach to data management," *ACM Transactions on Database Systems* **1**:2, pp. 97–137, 1976.

2. H. Berenson, P. A. Bernstein, J. N. Gray, J. Melton, E. O'Neil, and P. O'Neil, "A critique of ANSI SQL isolation levels," *Proceedings of ACM SIGMOD Intl. Conf. on Management of Data*, pp. 1–10, 1995.

3. J. Celko, *SQL for Smarties*, Morgan-Kaufmann, San Francisco, 2005.

4. D. D. Chamberlin et al., "SEQUEL 2: a unified approach to data definition, manipulation, and control," *IBM Journal of Research and Development* **20**:6, pp. 560–575, 1976.

5. C. J. Date and H. Darwen, *A Guide to the SQL Standard*, Addison-Wesley, Reading, MA, 1997.

6. P. Gulutzan and T. Pelzer, *SQL-99 Complete, Really*, R&D Books, Lawrence, KA, 1999.

7. J. Melton and A. R. Simon, *Understanding the New SQL: A Complete Guide*, Morgan-Kaufmann, San Francisco, 2006.

第7章 约束与触发器

本章讨论SQL中允许创建“主动”元素的相关内容。*主动*（active）元素是一个表达式或语句。该表达式或语句只需编写一次，存储在数据库中，然后在适当的时间被执行。主动元素的执行可以是由于某个特定事件引发，如对关系插入元组，或者是当修改数据库的值引起某个逻辑值为真等。

应用程序编写者面临的一个重要问题是，当更新数据库时，新的信息有可能存在各种形式的错误。例如，手工录入数据时常常有抄写或印刷错误。因此编写应用程序过程中要对每个插入、删除或修改命令都编写与其结合的检查，以保证其正确性。但是，最好的方法是把这些检查保存在数据库中，由DBMS管理检查。这样做既可以确保检查不会被遗忘，同时可以避免重复工作。

SQL提供了各种技术把*完整性约束*（integrity constraint）作为数据库模式的一部分。本章讨论其基本方法。前面章节中已学习了键约束，它将一个或一组属性声明为一个关系的键。SQL支持引用完整性，称为“外键约束”（foreign-key constraint），它是指一个关系中的一个属性或一组属性的值也必须在另一个关系的一个或一组属性的值中出现。SQL也允许属性上、元组上和关系之间的约束。关系之间的约束称为“断言”。最后将讨论“触发器”（trigger），触发器是主动元素的一种形式，它在某个特定事件发生时被调用，例如对一个特定关系的插入事件。

7.1 键和外键

回顾2.3.6节中SQL允许用保留字`PRIMARY KEY`或`UNIQUE`定义一个属性或一组属性为一个关系的键。在与某个引用完整性约束连接中，SQL也使用“键”这一术语。这类约束被称为“外键约束”，该约束判定一个关系中出现的值也必须在另一个关系的主键中出现。

7.1.1 外键约束声明

外键约束是一个断言，它要求某些属性的值必须有意义。比如，在例2.21中考虑如何在关系代数中表示这一约束，即对于每部影片，其制片人的“证书号”也是`MovieExec`关系中某制片人的证书号。

在SQL中可以将关系的一个属性或属性组声明为*外键*（foreign key），该外键引用另一个关系（也可以是同一个关系）的属性（组）。外键声明隐含着如下两层意思：

1. 被引用的另一个关系的属性在它所在的关系中，必须被声明为`UNIQUE`或`PRIMARY KEY`。否则，就不能做外键声明。

2. 在第一个关系中出现的外键值，也必须在被引用关系的某个元组的属性中出现。更精确地说，若令外键F引用某个关系的属性集G，并假定第一个关系中的元组t在F的所有属性上的值非空，t的这些属性值列表记为$t[F]$。于是，在被引用的关系上必定有元组s，s的G属性（组）值与$t[F]$值相等。也就是说，$s[G]=t[F]$。

对于主键，有两种方法声明外键：

a) 如果外键是单个属性，则可以在此属性的名字和类型之后，声明其”引用”某个表的某个属性（被引用的属性必须有主键或唯一性声明）。声明的格式如下：

REFERENCES <表名> (<属性名>)

b) 另一种方法是，可以在CREATE TABLE语句的属性列表上追加一个或多个声明，来说明一组属性是一个外键。然后给出外键引用的表和属性（这些属性必须是键）。声明的格式为：

FOREIGN KEY (<属性名列表>) REFERENCE <表名> (<属性名列表>)

例7.1 假设要说明关系

Studio(name, address, presC#)

其主键是name，外键是presC#，它引用的属性是关系MovieExec的cert#，MovieExec关系如下：

MovieExec(name, address, cert#, netWorth)

直接声明presC#引用cert#的语句如下：

```
CREATE TABLE Studio (
    name CHAR(30) PRIMARY KEY,
    address VARCHAR(255),
    presC# INT REFERENCES MovieExec(cert#)
);
```

另一种格式是单独添加外键声明：

```
CREATE TABLE Studio (
    name CHAR(30) PRIMARY KEY,
    address VARCHAR(255),
    presC# INT,
    FOREIGN KEY (presC#) REFERENCES MovieExec(cert#)
);
```

注意，被引用的属性MovieExec中的cert#必须是MovieExec的键。无论上面使用哪种形式的声明，其意义都是说无论何时，在Studio元组中presC#的属性值都必须也在某个MovieExec元组的cert#分量中出现。例外情况是当Studio元组中presC#取空值时，并不要求cert#的值也是NULL（但注意，cert#是主键，因此它永远不会有NULL值）。 □

7.1.2 维护引用完整性

模式设计者可以从三种方法中选择强制外键约束。通过研究例7.1可以学习其总体思想，它要求在关系Studio中presC#的值也是MovieExec中cert#的值。DBMS将阻止如下行为（会产生一个运行时异常或错误）：

a) 对Studio插入一新元组，其presC#值非空，但是它不是MovieExec关系中任何元组的cert#值。

b) 修改Studio关系元组的presC#属性为非空值，但是该值不是MovieExec关系中任何元组的cert#值。

c) 删除MovieExec元组，该元组的cert#值非空，是一个或多个Studio元组的presC#值。

d) 修改MoivExec元组的cert#值，而旧的cert#值是某电影公司的presC#值。

前两种更新是在声明了外键约束的关系上的修改，别无选择，系统不得不拒绝这种违法修改。但是，对于在被引用关系上的修改，如后两种更新，设计者可以在以下三种选项中进行选择：

1. *缺省原则*（The Default Policy）：*拒绝违法更新*（Reject Violating Modification）。SQL

有缺省原则，即拒绝任何违反引用完整性约束的更新。

2. 级联原则（The Cascade Policy）：在该原则下，被引用属性(组)的改变被仿造到外键上。例如，在级联原则下，当对电影公司经理删除MovieExec元组时，为了维护引用完整性，系统将从Studio中删除引用元组。如果对于某电影制片人将cert#的值从c_1修改为c_2，同时有某Studio元组的presC#值是c_1，则系统也把该presC#值修改为c_2。

3. 置空值原则（The Set-Null Policy）：这里，当在被引用的关系上的更新影响外键值时，后者被改为空值（NULL）。例如，如果从MovieExec中删除一个电影公司经理的元组，则系统会把该电影公司的presC#值改为空值。如果修改MovieExec中经理的证书号，则还是在Studio中把presC#置为空值。

这些选项可独立地选择删除和修改，并且它们同外键一起声明。声明的方法是在ON DELETE或ON UPDATE后面加上SET NULL或CASCADE选项。

```
1)  CREATE TABLE Studio (
2)      name CHAR(30) PRIMARY KEY,
3)      address VARCHAR(255),
4)      presC# INT REFERENCES MovieExec(cert#)
5)          ON DELETE SET NULL
6)          ON UPDATE CASCADE
    );
```

图7-1　选择不同原则保持引用完整性

例7.2　修改例7.1中对Studio(name, address, presC#）的声明，以详细描述关系MovieExec(name, address, cert#, networth)的删除和修改操作。

图7-1使用例7.1的CTREATE TABLE 语句，并用ON DELETE和ON UPDATE对其进行扩展。第(5)行声明，删除MovieExec元组的同时，也从Studio中将该制片经理的presC#值改为NULL。第(6)行声明，修改MovieExec元组的cert#值时，Studio中具有该值的presC#值也被同时修改。

悬浮元组和更新原则

外键值在被引用的关系中不出现的元组称为悬浮元组（dangling tuple），而未能参与连接运算的元组也称为“悬浮”。这两个概念紧密相关。如果元组的外键值在被引用的关系中不出现，那么在外键和其所引用的键上做相等连接运算（也称为**外键连接运算**（foreign-key join））时，该元组将不会参与其关系和被引用关系的连接运算。确切地说，悬浮元组就是那些对于外键约束来说违反引用完整性的元组。

注意，该例中置空原则使删除具有更多的含义，而级联原则更适于修改。例如，电影公司经理退休时，电影公司仍然存在，其经理属性值在经理没有确定前要取空值。可是，电影公司经理证书号的修改更像是办事员的变更。此时人员继续存在，而且将是该电影公司的经理，因此Studio中presC#属性值也应该随着改变。□

7.1.3　延迟约束检查

假定在例7.1中，Studio的presC#是引用MovieExec中cert#的外键。假设Arnold Schwarzenegger卸任加州州长并决定建立一个电影公司，称作La Vista电影公司，当然他就是该公司的经理。但是，执行如下插入语句会有些麻烦。

```
INSERT INTO Studio
VALUES('La Vista', 'New York', 23456);
```

原因是MovieExec没有证书号码为23456的元组（假定23456是最新为Arnold Schwarzenegger颁发的证书），显然这违反了外键约束。

解决此问题的一种方法是先插入La Vista元组，但是经理证书的值为空。如：

```
INSERT INTO Studio(name, address)
VALUES('La Vista', 'New York');
```

这种改变避免了违反约束。因为La Vista元组插入时，presC#的值是NULL，系统对空的外键不检查其引用的列是否有已存在的值。可是，在执行如下修改语句前，还必须要把带有正确证书号的Arnold Schwarzenegger元组插入MovieExec关系。

```
UPDATE Studio
SET presC# = 23456
WHERE name = 'La Vista';
```

因为如果不首先插入MovieExec元组，该修改语句同样也违反了外键约束。

当然，在这种情形下，把La Vista元组插入Studio之前，先把Arnold Schwarzenegger及他的证书元组插入MovieExec，将防止违反外键约束。但是，当*循环约束*（circular constraint）发生时，如上仔细安排的数据库更新顺序也不能解决其违反约束问题。

例7.3 如果电影制片人被约束为是电影公司经理，则要声明cert#是引用Studio（presC#）的外键。于是presC#必须被声明为UNIQUE。该声明意味着，两个电影公司的经理不能同时是同一个人。

现在，不可能插入带有新经理的新电影公司。因为不能对Studio插入其presC#值是新值的元组，这样做将违反presC#是引用MovieExec（cert#）的外键约束。也不能对MovieExec插入其cert#值是新值的元组，因为这将违反cert#是引用Studio（presC#）的外键约束。 □

例7.3中的问题可如下解决：

1. 首先，必须将两个插入操作（一个插入Studio，另一个插入MovieExec）组成一个单一事务。

2. 然后，需要有一种方法通知DBMS不要检查其约束，直到整个事务完成执行并要提交为止。

为了通知DBMS第(2)点，任何约束的声明——键、外键或其他将在本章中见到的约束——后面可以有DEFERRABLE或NOT DEFERRABLE选项。后者是缺省值，也即意味着每次执行一条数据库更新语句时，如果该更新可能违反外键约束，则随后立即检查该约束。可是，如果约束被声明为DEFERRBLE，则约束检查将推迟到当前事务完成时进行。

保留字DEFERRBLE后面可有INITIALLY DEFERRED 或者INITIALLY IMMEDIATE选项。在前一种情况中，检查仅被推迟到事务提交前执行。在后一种情况中，检查在每个语句后都立即被执行。

```
CREATE TABLE Studio (
    name CHAR(30) PRIMARY KEY,
    address VARCHAR(255),
    presC# INT UNIQUE
        REFERENCES MovieExec(cert#)
        DEFERRABLE INITIALLY DEFERRED
);
```

图7-2 修改presC#为UNIQUE，并推迟其外键约束检查

例7.4 图7-2给出了将Studio的外键约束检查修改为推迟到事务结束时进行的声明。将presC#声明为UNIQUE，是便于被其他关系外键约束引用。

如果对例7.3中提到的假设MovieExec（cert#）是引用Studio（presC#）的外键约束给出类似的声明，则可以编写插入两个元组的事务，分别为每个关系插入一元组，而这两个外键约束的检查将推迟到两个插入动作完成之后进行。这样一来，当插入新的电影公司和它的新经理，并且这两个元组具有相同的证书号时，将避免违反任何外键约束。 □

对于推迟约束检查，有两点要记住：

- 任何类型的约束都可以命名。7.3.1节中将讨论如何做这件事。
- 如果约束有名字，比如MyConstraint，就可以用如下SQL语句将该约束从立即检查改为推迟检查。

```
SET CONSTRAINT MyConstraint DEFERRED;
```

同样，也可以把上面的DEFERRED检查改为IMMEDIATE。

7.1.4 习题

习题7.1.1 2.2.8节的电影数据库例子中，对所有关系都定义了键，如下所示：

```
Movies(title, year, length, genre, studioName, producerC#)
StarsIn(movieTitle, movieYear, starName)
MovieStar(name, address, gender, birthdate)
MovieExec(name, address, cert#, netWorth)
Studio(name, address, presC#)
```

对上述电影数据库声明如下引用完整性约束。

a) 电影的制片人必须是MovieExec中的某个制片人。任何对MovieExec的更新，若违反此约束则拒绝该操作。

b) 重复(a)，但是当违反约束时，将Movies中的producerC#置为NULL。

c) 重复(a)，但是当违反约束时，Movies中违反约束的元组被删除或修改。

d) 出现在StarsIn中的电影，也必须出现在Movies中。当违反约束时，拒绝其更新。

e) 在StarsIn中出现的影星，也必须在MovieStar中出现。当违反约束时，删除违规的元组。

!习题7.1.2 在关系Movies中的每部电影都必须至少带有一个在关系StarsIn中出现的影星。这样的约束能否用外键约束声明？请说出其理由。

习题7.1.3 对习题2.4.1中的PC数据库：

```
Product(maker, model, type)
PC(model, speed, ram, hd, price)
Laptop(model, speed, ram, hd, screen, price)
Printer(model, color, type, price)
```

给出适合每个关系的键和外键。修改习题2.3.1的SQL模式定义，以包括这些键的声明。

习题7.1.4 对习题2.4.3中的战舰数据库

```
Classes(class, type, country, numGuns, bore, displacement)
Ships(name, class, launched)
Battles(name, date)
Outcomes(ship, battle, result)
```

给出适合每个关系的键。修改习题2.3.2的SQL模式定义，以包括这些键的声明。

习题7.1.5 对习题7.1.4中的战舰数据库，写出如下引用完整性约束。根据习题7.1.4中有关键的假定，通过设置引用属性值为NULL来处理所有违反约束之处。

a) 在Ships中提到的每一类，也必须在Classes中出现。

b) 在Outcomes中提到的每一次战斗，也必须在Battles中出现。

c) 在Outcomes 中提到的每艘战舰，也必须在Ships中出现。

7.2 属性和元组上的约束

在SQL的CREATE TABLE语句中可以声明两种约束：

1. 在单一属性上的约束。
2. 在整个元组上的约束。

7.2.1节中将介绍属性上的简单约束类型：属性值不能是NULL的约束。7.2.2节中将给出约束类型(1)的基本形式：*基于属性的CHECK约束*（attribute-based CHECK constraint）。第二种类型，即基于元组的约束将在7.2.3节中给出。

更一般性的约束将在7.4节和7.5节中见到。这些约束可用于约束整个关系或多个关系上的改变，以及在单个属性或元组值上的约束。

7.2.1　非空值约束

与属性相连的简单约束是NOT NULL，其作用是不允许元组的该属性取空值。约束声明方法是在CREATE TABLE 语句的属性声明之后用保留字NOT NULL声明。

例7.5　假定关系Studio中需要PresC#不取空值，可以将图7-1中的第(4)行改为:

```
4)     presC# INT REFERENCES MovieExec(cert#) NOT NULL
```

这个修改会造成几种结果。例如：

- 对Studio关系插入元组时，不能只给出名字和地址，因为此时其PresC#的值可能是NULL。
- 图7-1中第(5)行的置空值原则此处不能用。因为该原则通知系统，当违反外键约束时要将PresC#值置空。□

7.2.2　基于属性的CHECK约束

更复杂的约束是将保留字CHECK和用圆括号括起来的条件附加在属性声明上，该条件是该属性的每个值都应满足的条件。实际中，基于属性的CHECK约束是值上的简单约束，如合法值的枚举或算术不等式。可是，原则上CHECK条件可以是任何在SQL语句的WHERE子句中允许的描述。条件可以通过表达式中的属性名字引用被约束的属性。但是，如果条件要引用其他关系，或是其他属性，则该关系必须是子查询的FROM子句中出现的关系（即使该关系是被检查属性的关系）。

基于属性的CHECK约束是在元组为该属性获得新值时被检查。新值可能是由于修改元组而引入的，也可能是插入元组的一部分。在修改的情况下，是对新值而不是对旧值进行约束检查。如果新值违反约束，则该修改被拒绝。

如果数据库的修改没有改变与约束相关的属性，则不进行基于属性的CHECK约束检查，理解这一点很重要。如果约束中的其他值发生改变，这一限制可能导致违反该约束。下面首先考虑一个基于属性的CHECK约束的简单例子。然后考虑包含子查询的约束，并且领会仅当修改其属性时才检查该约束的这一事实的结果。

例7.6　假设证书号必须至少有6位数字。图7-1中关系

```
Studio(name, address, presC#)
```

模式声明的第(4)行可以改为：

```
4)     presC# INT REFERENCES MovieExec(cert#)
                 CHECK (presC# >= 100000)
```

另外一个例子，图2-8中关系

```
MovieStar(name, address, gender, birthdate)
```

的gender属性的数据类型被声明为CHAR(1)——也就是说，是一个单字符。可是，该字符的期望值只能是‘F’和‘M’。如下对图2-8中第(4)行的替换强化了这一规则：

```
4) gender CHAR(1) CHECK (gender IN ('F', 'M')),
```

注意，表达式（‘F’，‘M’）描述了一个只有两个元组的单个分量的关系。该约束是说任何gender的值必须是此集合中的值。 □

例7.7 假设用基于属性的CHECK约束模拟引用完整性约束，要求被引用值必须存在。下面是模拟

```
Studio(name, address, presC#)
```

关系中presC#值必须在关系

```
MovieExec(name, address, cert#, netWorth)
```

的cert#之中出现的错误尝试。

假定图7-1的第(4)行改为：

```
4)      presC# INT CHECK
            (presC# IN (SELECT cert# FROM MovieExec))
```

该语句是一个合法的基于属性的CHECK约束，但是看看它的作用。对Studio引入一个不是MovieExec中cert#值的presC#值时，这样的修改将被拒绝。除了对于没有空值的cert#，基于属性的CHECK约束还将为presC#拒绝一个空值之外，这几乎就是类似的外键约束会做的事情。但更重要的是，这里如果改变MovieExec关系，比方说删除电影公司经理元组，此变化对上述CHECK约束不可见。于是，删除动作被执行，即使这样违反了presC#上的基于属性的CHECK约束。 □

7.2.3 基于元组的CHECK约束

为了对单个表*R*的元组声明约束，在用CREATE TABLE语句定义表时，可以在属性列表、键或外键声明上附加CHECK保留字，其约束条件用括号括起。括号中的条件可以是WHERE子句中出现的任何表达式。表达式被解释为表*R*元组上的条件，*R*的属性可以用它的名字在该表达式中被引用。但是，如同基于属性的CHECK约束，该条件还可以在子查询、其他关系或同一关系*R*的其他元组中提及。

> **约束检查的局限：是缺陷还是特征？**
>
> 人们可能奇怪，如果基于属性和基于元组的约束引用了其他关系或同一个关系的其他元组时，为什么能允许它们被违反。理由是，这样的约束实现可以比更通用的约束的实现更有效。带有基于属性或基于元组的检查，仅仅需要计算插入或修改的元组的约束。而另一方面，断言则必须在其所提及的任一个关系每次被改变时都要做计算。对于仔细的数据库设计者，仅仅当这类约束不可能被违反时才使用基于属性和基于元组的约束。否则，将使用其他机制，如断言（7.4节）或触发器（7.5节）等。

每次向*R*插入元组以及当*R*的元组被修改时，都要检查基于元组的CHECK约束条件。要为这个新元组或被修改的元组计算该条件。如果该元组的约束条件计算结果是假，则表明违反约束，违规的插入或修改语句被拒绝。可是，如果条件在子查询中提及其他关系，而那个关系的改变将使关系*R*的某些元组对条件的计算结果为假，CHECK就不能阻止这种改变。也就是说，类似基于属性的CHECK约束，基于元组的CHECK约束对其他关系不可见。事实上，如果*R*在子查询中被提及，那么即使是*R*中的删除操作也能使该条件变为假。

另一方面，如果基于元组的检查没有子查询，那么这类约束总可以保持。下面是一个没有子查询而涉及元组中多个属性的基于元组的CHECK约束的例子。

例7.8 对于例2.3的MovieStar表的模式声明，图7-3重复了那个CREATE TABLE语句，另外

增加了主键声明和另一个约束，这一约束是将要检查的可能的“一致性条件”之一。该约束的意思是，如果影星的性别是男性，则他的名字不能以‘Ms’开头。

```
1)  CREATE TABLE MovieStar (
2)      name CHAR(30) PRIMARY KEY,
3)      address VARCHAR(255),
4)      gender CHAR(1),
5)      birthdate DATE,
6)      CHECK (gender = 'F' OR name NOT LIKE 'Ms.%')
    );
```

图7-3 MovieStar表上的约束

在第(2)行，name被声明为关系的主键。第(6)行声明了一个约束。对于每一个女影星和名字开头不是‘Ms.’的影星元组，该约束条件取真值。使条件不为真的元组仅是那些开头是‘Ms.’的男影星元组。这些正是应该从MovieStar中去除的元组。 □

正确地书写约束

很多约束与例7.8相同，都是为了禁止满足两个或更多个条件的元组。紧跟CHECK之后的表达式是每个条件的否定（或肯定）的OR运算。该变换是“摩根定律”(DeMorgan's Laws）之一：AND项的否定是各项否定的OR。因此，例7.8中第一个条件是声明影星是男性，使用gender=‘F’作为合适的否定（虽然gender<>‘M’应该是更一般的表述否定的方法)。第二个条件是说，name开头必须是‘Ms.’，使用NOT LIKE比较运算。该比较运算本身包含否定成分，在SQL中可以写成name LIKE ' Ms.%'。

7.2.4 基于元组和基于属性的约束的比较

如果元组上的约束涉及该元组的多个属性，那么它必须作为基于元组的约束。但是，如果约束仅涉及元组的一个属性，那么可以作为基于元组或基于属性的约束。无论哪种情况，不计算在子查询中提及的属性个数，即使基于属性的约束可以在子查询中提及同一关系的其他属性。

当仅涉及该元组的一个属性（不计子查询）时，不管是作为基于元组还是基于属性的约束，条件检查是一样的。但是，基于元组的约束将比基于属性的约束更频繁地被检查，只要该元组的任一个属性被改变，而不是仅当在约束中提及的属性改变时都要检查。

7.2.5 习题

习题7.2.1 对关系

```
Movies(title, year, length, genre, studioName, producerC#)
```

写出如下关于属性的约束。

a) 年份不能是1915年以前。

b) 长度不能少于60也不能多于250。

c) 电影公司的名字只能是Disney、Fox、MGM或者Paramount。

习题7.2.2 对习题2.4.1中的关系模式写出如下关于属性的约束。习题2.4.1的模式是：

```
Product(maker, model, type)
PC(model, speed, ram, hd, price)
Laptop(model, speed, ram, hd, screen, price)
Printer(model, color, type, price)
```

a) 笔记本电脑的速度至少是2.0。

b) 打印机的类型只能是激光（laser）、喷墨（ink-jet）和点阵（bubble-jet）。

c) 产品类型（type）只能是PC、笔记本电脑和打印机。

!d) 产品型号（model）必须是PC、笔记本电脑或打印机的型号。

习题7.2.3 对给出的电影例子，写出如下基于元组的CHECK约束。

```
Movies(title, year, length, genre, studioName, producerC#)
StarsIn(movieTitle, movieYear, starName)
MovieStar(name, address, gender, birthdate)
MovieExec(name, address, cert#, netWorth)
Studio(name, address, presC#)
```

如果约束涉及两个关系，则应在两个关系中都给出约束声明。这样，无论哪个关系被改变，约束都将对插入和修改做检查。由于删除操作不可能维护基于元组的约束，所以暂不考虑。

a) 电影明星不可能出现在制作于其出生日期之前的影片之中。

!b) 两个电影公司不能有相同的地址。

!c) 在MovieStar中出现的名字不能也出现在MovieExec中。

!d) Studio中出现的电影公司名字至少要在Movies的一个元组中出现。

!!e) 如果某人既是某部电影的制片人又是电影公司经理，那么他必须是制作这部电影的这家电影公司的经理。

习题7.2.4 关于“PC”模式写出如下基于元组的CHECK约束。

a) 处理器速度低于2.0的PC价格不能超过$600。

b) 显示器小于15英寸的笔记本电脑要么硬盘至少有40GB，要么售价低于$1000。

习题7.2.5 关于“战舰”模式写出如下基于元组的CHECK约束。

```
Classes(class, type, country, numGuns, bore, displacement)
Ships(name, class, launched)
Battles(name, date)
Outcomes(ship, battle, result)
```

a) 没有哪一类战舰具有大于16英寸口径的火炮。

b) 如果某类船只的火炮多于9门，则这些火炮的口径不能大于14英寸。

!c) 船没下水前不能参战。

!习题7.2.6 在例7.6和7.8中，介绍了在MovieStar的gender属性上的约束。如果gender值为空值，那么每个约束该执行什么限制？

7.3 修改约束

任何时候都可以添加、修改、删除约束。表示这种修改的方式依赖于该约束是涉及属性、表还是（如同7.4节）数据库模式。

7.3.1 给约束命名

为了修改或删除一个已经存在的约束，约束必须有名字。为了命名，在约束前加保留字CONSTRAINT和该约束的名字。

例7.9 重写图2-9的第(2)行，以说明属性name是主键的约束命名，如：

```
2)    name CHAR(30) CONSTRAINT NameIsKey PRIMARY KEY,
```

同样，对出现在例7.6中的基于元组CHECK的约束命名如下：

```
4) gender CHAR(1) CONSTRAINT NoAndro
                  CHECK (gender IN ('F', 'M')),
```

最后，如下约束：

```
6)    CONSTRAINT RightTitle
          CHECK (gender = 'F' OR name NOT LIKE 'Ms.%');
```

是为图7-3中第(6)行基于元组CHECK约束命名重写的语句。 □

7.3.2 修改表上的约束

7.1.3节中提到，通过SET CONSTRAINT 语句，可以将约束检查从立即执行转换到延期执行，或者反过来，从延期执行转为立即执行。对约束的其他改变是使用ALTER TABLE语句。2.3.4节中已讨论过某些ALTER TABLE语句的应用，那里是用它来添加和删除属性。

ALTER TABLE语句可以多种方式影响约束。用保留字DROP和要删除的约束的名字可以删除约束。也可以用保留字ADD，后跟要添加的约束实现约束添加。要注意的是，添加的约束必须是与元组相关，如基于元组的约束、键或外键约束。还要注意的是，除非要添加的约束在那个时刻持有表中的每个元组，否则不能对表添加约束。

为你的约束命名

记住，最好为你的每个约束都起个名字，即使你认为不会引用到它也要如此。如果约束创建时没有命名，再想为它起名就晚了。但是，当你必须要改变一个没有名字的约束时，你会发现DBMS可能已经为你提供了一种查找此约束的方式。通过列出所有约束的列表，可以发现DBMS对未命名的约束给出了DBMS的内部名称，因此你可以用此名称来引用该约束。

例7.10 对例7.9中关系MovieStar添加和删除约束。下面是三个删除的语句序列：

```
ALTER TABLE MovieStar DROP CONSTRAINT NameIsKey;
ALTER TABLE MovieStar DROP CONSTRAINT NoAndro;
ALTER TABLE MovieStar DROP CONSTRAINT RightTitle;
```

如果想要恢复这些约束，可以修改MovieStar关系模式，添加相同的约束。例如：

```
ALTER TABLE MovieStar ADD CONSTRAINT NameIsKey
    PRIMARY KEY (name);
ALTER TABLE MovieStar ADD CONSTRAINT NoAndro
    CHECK (gender IN ('F', 'M'));
ALTER TABLE MovieStar ADD CONSTRAINT RightTitle
    CHECK (gender = 'F' OR name NOT LIKE 'Ms.%');
```

这些约束都是基于元组而不是基于属性的检查，不能将其恢复到基于属性的约束。

重新引入的约束的名字可以任意给定。可是，不能依赖SQL能记住已删除的约束，因此，当添加以前的约束时，需要再次写出该约束，不能引用它以前的名字。 □

7.3.3 习题

习题7.3.1 按照如下要求修改电影例子的关系模式：

```
Movie(title, year, length, genre, studioName, producerC#)
StarsIn(movieTitle, movieYear, starName)
MovieStar(name, address, gender, birthdate)
MovieExec(name, address, cert#, netWorth)
Studio(name, address, presC#)
```

a) 将title和year作为Movie的键。

b) 在MovieExec中，每个影片制片人都必须出现的引用完整性约束。

c) 影片的长度不能少于60，也不能多于250。

!d) 同一个名字不能在影片中的影星和影片制片人中同时出现（该约束在删除中不必维护）。

!e) 两个电影公司不能有同一个地址。

习题7.3.2 修改“战舰”数据库模式，使其有如下基于元组的CHECK约束：

```
Classes(class, type, country, numGuns, bore, displacement)
Ships(name, class, launched)
Battles(name, date)
Outcomes(ship, battle, result)
```

a) 关系Classes中Class和country形成键。

b) 在Outcomes中出现的每场战斗也在Battles中出现。

c) 在Outcomes中出现的每艘船也在Ships中出现的引用完整性约束。

d) 没有船装备有多于14门火炮。

!e) 不允许船没有下水前就参战。

7.4 断言

SQL中主动元素的最强有力的形式与特定的元组或元组的分量并不相关。这些元素称作“触发器”和“断言”，它们是数据库模式的一部分，等同于表。

- 断言是SQL逻辑表达式，并且总是为真。
- 触发器是与某个事件相关的一系列动作，例如向关系中插入元组。触发器总是当这些事件发生时被执行。

由于断言只要求程序员声明什么是真，所以断言很便于程序员使用。但是，触发器是DBMS的特性，通常提供作为通用目的的主动元素。理由是，断言的有效实现非常困难。DBMS必须推断数据库的任何更新是否影响断言的真假。另一方面，触发器确切地告知DBMS需要在何时处理这些影响。

7.4.1 创建断言

SQL标准提出了一种简单的断言（assertion）形式来加强任何条件（WHERE之后的表达式）。与其他模式成分一样，断言用CREATE语句声明。断言的形式是：

```
CREATE ASSERTION <断言名> CHECK (<条件>)
```

当断言建立时，断言的条件必须是真，并且要永远保持是真。任何引起断言条件为假的数据库更新都被拒绝⊖。已经介绍过的其他类型CHECK约束，如果涉及子查询，可以在某些条件下避免操作被拒绝。

7.4.2 使用断言

基于元组的CHECK约束和断言约束在书写方式上有差别。基于元组的检查能直接引用在它声明中出现的关系的属性。断言没有如此特权。断言条件中引用的任何属性都必须要介绍，特别是要提及在select-from-where表达式中的关系。

由于条件必须是逻辑值，因此，必须用某种方式聚集条件的结果，以获得单个的真/假值选择。例如，可能有一些条件表达式的结果产生一个关系，此时用NOT EXISTS，也就是说，约束该关系永远是空。另外，也可以在关系的一个列上使用SUM之类的聚集操作，将其结果与一常数比较。例如，用这种方法要求SUM值总是小于某个限定值。

例7.11 假如希望其净资产值少于$10 000 000的人不能成为电影公司经理。可以写一个

⊖ 但是，在7.1.3节中约束的检查可以一直延期到事务提交前。如果对断言也这样做，到事务结束它可能暂时变成假值。

断言，声明经理净资产值少于$10 000 000的电影公司集合是空。该断言涉及两个关系：

```
MovieExec(name, address, cert#, netWorth)
Studio(name, address, presC#)
```

断言描述如图7-4所示。 □

```
CREATE ASSERTION RichPres CHECK
    (NOT EXISTS
        (SELECT Studio.name
         FROM Studio, MovieExec
         WHERE presC# = cert# AND netWorth < 10000000
        )
    );
```

图7-4 保证电影公司经理富有的断言

例7.12 另一个断言的例子。涉及关系：

```
Movies(title, year, length, genre, studioName, producerC#)
```

声明对一个给定电影公司，其所有电影的总长度不能超过10 000分钟。

```
CREATE ASSERTION SumLength CHECK (10000 >= ALL
    (SELECT SUM(length) FROM Movies GROUP BY studioName)
);
```

由于该约束只涉及关系Movies，似乎可以用基于元组的CHECK约束，而不是用断言来表达。也就是说，对表Movies的定义增加如下基于元组的CHECK约束。

```
CHECK (10000 >= ALL
    (SELECT SUM(length) FROM Movies GROUP BY studioName));
```

注意，原则上，该条件对Movies表的每个元组有效。可是，它并不显式地提及元组的属性，所有工作都是在子查询中完成。

另外还要看到，如果作为基于元组的约束实现，对关系Movies元组的删除并不作检查。该例中，这个差别并不带来危害。因为如果删除前该约束被满足，那么，删除后仍满足约束要求。可是，如果约束是总长度的下限，而不是像本例中的上限，那么将发现由于是基于元组的检查而不是断言，将导致违反约束。 □

最后一点，断言可以被删除。删除断言的语句与删除任何数据库模式元素的格式一样，其语句格式是：

```
DROP ASSERTION < 断言名>
```

约束的比较

下面的表格列出了基于属性的检查约束、基于元组的检查约束和断言之间的主要差别。

约束类型	声明的位置	动作的时间	确保成立?
基于属性的CHECK	属性	对关系插入元组或属性修改时	如果是子查询，则不能确保
基于元组的CHECK	关系模式元素	对关系插入元组或属性修改时	如果是子查询，则不能确保
断言	数据库模式元素	对任何提及的关系做改变时	是

7.4.3 习题

习题7.4.1 将如下要求写成断言。数据库模式是习题2.4.1中的“PC”例子。

```
Product(maker, model, type)
```

```
PC(model, speed, ram, hd, price)
Laptop(model, speed, ram, hd, screen, price)
Printer(model, color, type, price)
```

a) 没有同时也制造笔记本电脑的PC制造商。

b) PC制造商必须也能制造处理器速度至少等于PC的笔记本电脑。

c) 如果笔记本电脑的内存大于PC的内存，则笔记本电脑的价格也应高于PC的价格。

d) 如果Product关系中有某个型号和它的类型，则该型号必须也出现在适合该类型的关系中。

习题7.4.2　将如下要求写成断言。数据库模式是习题2.4.3中的战舰例子。

```
Classes(class, type, country, numGuns, bore, displacement)
Ships(name, class, launched)
Battles(name, date)
Outcomes(ship, battle, result)
```

a) 同一类型的舰船不能多于2艘。

!b) 同一国家不能同时具有战列舰和巡洋舰。

!c) 战斗中，多于9门火炮的战船不能被少于9门火炮的战船击沉。

!d) 没有船可以比与类同名的船只早下水。

!e) 对每个类，应该有一艘船具有该类的名字。

!习题7.4.3　习题7.1.1的断言可以写成两个基于元组的约束。请给出该约束。

7.5 触发器

触发器（trigger）有时也称作*事件－条件－动作规则*（event-condition-action rule），或者ECA规则。触发器与前面已介绍的几种约束有如下三点不同。

1. 仅当数据库程序员声明的事件发生时，触发器被激活。所允许的事件种类通常是对某个特定关系的插入、删除或修改。很多SQL系统中允许的另一种事件是事务的结束。

2. 当触发器被事件激活时，触发器测试触发的*条件*（condiction）。如果条件不成立，则响应该事件的触发器不做任何事情。

3. 如果触发器声明的条件满足，则与该触发器相连的*动作*（action）由DBMS执行。动作可以是以某种方式修改事件的结果，甚至可以是撤销事件所在的事务。事实上，动作可以是任何数据库操作序列，包括与触发事件毫无关联的操作。

7.5.1 SQL中的触发器

SQL触发器语句在事件、条件和动作等部分都为用户提供了多种选择。主要特征有：

1. 触发器的条件检查和触发器的动作可以在触发事件执行之前的*数据库的状态*（state of the database）（即当前所有关系的实例）上或在触发动作被执行后的状态上执行。

2. 条件和动作可以引用元组的旧值和/或触发事件中更新的元组的新值。

3. 更新事件可以被局限到某个特定的属性或某一些属性。

4. 程序员可以选择动作执行的方式：

a）一次只对一个更新元组（row-level trigger，*行级触发器*），或者

b）一次针对在数据库操作中被改变的所有元组（statement-level trigger，*语句级触发器*；记住一个SQL更新语句可以影响许多元组）。

在对触发器给出语法细节之前，先来看一个说明最重要的语法和语义点的例子。注意图7-5给出的触发器示例中键元素和其出现的顺序：

a) CREATE TRIGGER语句（第(1)行）。

b) 指出触发事件并告诉触发器是在触发事件之前还是之后使用数据库状态的子句（第(2)行）。

c) REFERENCING 子句允许触发器的条件和动作引用正被修改的元组（第(3)至第(5)行）。在更新的情况下，例如本例，该子句允许给在改变之前和之后的元组命名。

d) 告诉触发器只对每个修改的行执行一次，还是对由SQL语句作的所有修改执行一次的子句（第(6)行）。

e) 使用保留字WHEN和逻辑表达式的条件（第(7)行）。

f) 由一个或多个SQL语句组成的动作（第(8)至第(10)行）。

上述每个元素都有选项，这将在该例子之后讨论。

例7.13　图7-5是一个应用在下面MovieExec表上的SQL触发器：

```
MovieExec(name, address, cert#, netWorth)
```

当修改netWorth属性时，激活触发器。该触发器的作用是阻挠降低电影制作人净资产值的企图。

```
 1) CREATE TRIGGER NetWorthTrigger
 2) AFTER UPDATE OF netWorth ON MovieExec
 3) REFERENCING
 4)     OLD ROW AS OldTuple,
 5)     NEW ROW AS NewTuple
 6) FOR EACH ROW
 7) WHEN (OldTuple.netWorth > NewTuple.netWorth)
 8)     UPDATE MovieExec
 9)     SET netWorth = OldTuple.netWorth
10)     WHERE cert# = NewTuple.cert#;
```

图7-5　SQL 触发器

第(1)行用保留字CREATE TRIGGER和触发器名引入触发声明。第(2)行给出名为MovieExec关系的netWorth属性被修改的触发事件。第(3)到第(5)行建立了一种在触发的条件和动作部分声明旧元组（修改前的元组）和新元组（修改后的元组）的方法。根据第(4)行和第(5)行的声明，新旧元组分别用NewTuple和OldTuple引用。在条件和动作中，这些名字就如同通常SQL查询的FROM短语中的元组变量声明一样使用。

第(6)行的FOR EACH ROW短语表达了该触发器是每修改一个元组执行一次的方式。第(7)行是触发的条件。声明动作的执行仅仅当新的净资产值低于旧的净资产值时，触发器被激活。也就是制片人净资产值收缩的时候被激活。

第(8)到第(10)行是动作部分。该动作是通常的SQL修改语句，其作用是把制片人的净资产值重新还原为修改前的值。注意，原则上认为每个MovieExec的元组都要被修改，但是第(10)行的WHERE短语保证了该动作仅仅只对那些被修改的元组(即只与新元组的cert#值相等的元组)有作用。□

7.5.2　触发器设计的选项

当然，例7.13仅仅解释了SQL触发器的一部分特征。下面将概述触发器提供的选项，以及这些选项如何表达。

- 通过保留字AFTER，图7-5中的第(2)行指出该规则的条件测试和动作将在触发事件之后的数据库状态上被执行。AFTER可以用BEFORE替换，替换后，WHEN条件将在触发事件执行之前的数据库状态上测试。如果条件是真，则在该状态上执行触发器的动作。最后，执行唤醒触发器的事件，不管条件是否仍然为真。另一选项INSTEAD OF将在8.2.3节中讨论，它与视图的修改有关。

- 除了UPDATE之外，其他可能的触发事件是INSERT和DELETE。图7-5中第(2)行中OF netWorth短语是UPDATE事件的可选项，若给出该选项，那么它定义的事件仅仅是OF保留字后列出的属性（组）的修改。OF短语在INSERT或DELETE事件中不可使用，因为这两个事件都是作用在整个元组上。
- WHEN短语是可选项。如果该短语缺省，则只要触发器被唤醒，都要执行动作。若有该短语，则仅当WHEN后的条件为真时执行动作。
- 虽然在例子中只显示了单个SQL语句作为动作，但实际上，动作可以是任意多个这样的语句组成。这些语句需由BEGIN...END括起，并且语句之间用分号分隔。
- 当行级触发器的触发事件是修改时，则有旧元组和新元组之分，分别表示修改之前和修改之后的元组。它们是用OLD ROW AS 和NEW ROW AS 短语命名，如同第(4)行和第(5)行中所见。如果触发事件是插入，则使用NEW ROW AS 短语命名被插入的元组，而OLD ROW AS不可使用。相反，删除时，OLD ROW AS 被用于命名被删除的元组，而NEW ROW AS不可使用。
- 如果忽略第(6)行的FOR EACH ROW，或用默认的FOR EACH STATEMENT替代它，则图7-5中的行级触发器就变成了语句级触发器。一旦有合适类型的语句被执行，语句级触发器就被执行，而不问它实际上会影响多少元组——零个、一个或多个。例如，如果用SQL更新语句更新整个表，语句级的修改触发器将只执行一次，而元组级触发器将对要修改的元组一次一个地执行。
- 在语句级触发器中，不能像第(4)行和第(5)行那样直接引用旧的和新的元组。可是，任何触发器——无论是元组级或语句级——都可以引用*旧元组*（old tuple，删除的元组或更新的元组的旧版本）的关系和*新元组*（new tuple，插入元组或更新元组的新版本）的关系，声明方式是用保留字OLD TABLE AS OldStuff和NEW TABLE AS NewSuff。

例7.14 假定要阻止电影制作人的平均净资产值降到\$500 000。在对关系

```
MovieExec(name, address, cert#, netWorth)
```

的netWorth列做插入、删除或修改时可能会违反上述约束。

该例的细微之处是，可以在一个语句中插入、删除或改变MovieExec的许多元组。在修改期间，平均净资产值可以暂时地低于\$500 000，然后，当所有变更结束时，其净资产值将超过\$500 000。约束要做的工作是，若语句执行结束后，净资产值仍然是低于\$500 000，则整个一组更新操作被拒绝。

对于关系MovieExec的插入、删除和修改这三个事件有必要分别写一个触发器。图7-6给出了修改事件的触发器。插入和删除事件的触发器与此类似。

图中第(3)到第(5)行声明的NewStuff和OldStuff分别是包含新元组和旧元组的关系名，这些元组是唤醒上述触发器操作涉及的数据库元组。注意，一个数据库语句可以更新关系的很多元组，所以，如果执行这样的语句，在NewStuff和OldStuff中可能有很多元组。

如果是修改操作，则NewStuff和OldStuff中分别是被修改元组的新版本和旧版本。如果类似地写出删除触发器，则删除元组在OldStuff中，不需要像本触发器那样为NEW TABLE声明NewStuf。同样，在类似的插入触发器中，新元组在NewStuff中，也不需要声明OldStuff。

第(6)行声明表示本触发器的执行是一次一语句，而不管有多少元组被修改。第(7)行是条件，声明如果修改之后平均净资产值少于\$500 000则条件成立。

```
 1) CREATE TRIGGER AvgNetWorthTrigger
 2) AFTER UPDATE OF netWorth ON MovieExec
 3) REFERENCING
 4)     OLD TABLE AS OldStuff,
 5)     NEW TABLE AS NewStuff
 6) FOR EACH STATEMENT
 7) WHEN (500000 > (SELECT AVG(netWorth) FROM MovieExec))
 8) BEGIN
 9)     DELETE FROM MovieExec
10)     WHERE (name, address, cert#, netWorth) IN NewStuff;
11)     INSERT INTO MovieExec
12)         (SELECT * FROM OldStuff);
13) END;
```

图7-6 平均净资产值约束

第(8)到第(13)行是动作，由两个语句组成。当WHEN短语中的条件成立时，即新的平均值太低时，该语句将恢复关系MovieExec的原有值。第(9)到第(10)行删除所有新元组，即被修改过的元组版本。而第(11)到第(12)行恢复修改之前的值。 □

例7.15 BEFORE触发器的重要用途，是在插入元组之前以某种方式处理被插入的元组。假设对关系

Movies(title, year, length, genre, studioName, producerC#)

插入电影元组，但有时候不知道该电影的年份。由于year是主键的一部分，该属性不能为NULL。但是，可以用触发器确保year非空，用某个适当值替代NULL，它也可能是用复杂方法计算出来的值。图7-7是一个采用简单权宜的方法用1915替代NULL的触发器（有的可用默认值处理，这将作为一个例子）。

```
1) CREATE TRIGGER FixYearTrigger
2) BEFORE INSERT ON Movies
3) REFERENCING
4)     NEW ROW AS NewRow
5)     NEW TABLE AS NewStuff
6) FOR EACH ROW
7) WHEN NewRow.year IS NULL
8) UPDATE NewStuff SET year = 1915;
```

图7-7 处理被插入元组的空值

第(2)行指出在插入事件之前执行该条件和动作。第(3)到第(5)行的引用短语为将被插入的新元组和仅由该元组组成的表定义名字。虽然触发器一次执行一个插入元组[因为第(6)行声明该触发器为行级触发器]，但第(7)行的条件需要能引用被插入元组的属性，第(8)行的动作为了描述修改需要引用表。 □

7.5.3 习题

习题7.5.1 对MovieExec的删除和插入事件编写类似于图7-6的触发器。

习题7.5.2 将如下要求写成触发器。在每种情况中，如果不满足声明的约束，则拒绝或撤销更新。数据库模式是习题2.4.1中的“PC”例子。

Product(maker, model, type)
PC(model, speed, ram, hd, price)

```
Laptop(model, speed, ram, hd, screen, price)
Printer(model, color, type, price)
```

a) 当修改PC的价格时，检查不存在速度与其相同但价格更低的PC机。

b) 插入新打印机时，检查其型号是否已在Product中存在。

!c) 当对Laptop关系做任何更新时，要求每个制造商生产的笔记本电脑的平均价格至少是$1500。

!d) 当修改任何PC机的RAM或硬盘时，要求被修改的PC机的硬盘至少是RAM的100倍。

!e) 当插入新的PC、笔记本电脑或打印机时，要确保型号与以前已有的PC、笔记本电脑或打印机型号不重复。

习题7.5.3 将如下要求写成触发器。在每种情形，如果不满足描述的约束，则拒绝或撤销相应的更新。数据库模式是习题2.4.3中的战舰例子。

```
Classes(class, type, country, numGuns, bore, displacement)
Ships(name, class, launched)
Battles(name, date)
Outcomes(ship, battle, result)
```

a) 当插入一新类到Classes时，也插入一具有该类名字和NULL下水日期的舰船。

b) 允许插入一排水量超过35 000吨的新类，但是要改变其排水量为35 000。

!c) 当插入Outcomes元组时，要分别检查Ships和Battles关系中的船与战役元组。如果没有这样的船和战役存在，则在这些关系中插入相应元组，其中不确定的属性要赋以NULL值。

!d) 当对Ships进行插入操作或修改Ships的class属性时，要求没有国家拥有超过20艘以上的船。

!!e) 在所有可能引起违反约束的环境下检查，没有船可以在此船被击沉之后又出现在战役中。

!习题7.5.4 将如下要求编写为触发器。在每种情况，如果不满足要求的约束，则拒绝或撤销相应的更新。所有要求是在有关电影例子的关系上提出。

```
Movies(title, year, length, genre, studioName, producerC#)
StarsIn(movieTitle, movieYear, starName)
MovieStar(name, address, gender, birthdate)
MovieExec(name, address, cert#, netWorth)
Studio(name, address, presC#)
```

你可以假定所有条件在数据库被改变之前成立。另外，系统宁可选择更新数据库，即使是用NULL值或缺省值插入元组，也不拒绝更新。

a) 保证在所有时间里，任何在StarsIn中出现的影星也出现在MovieStar中。

b) 保证在所有时间里，每个电影制片人是一电影公司经理、电影制片人或二者兼而有之。

c) 保证每个电影至少有一个男明星和一个女明星。

d) 保证在任一年，任何电影公司制作的电影数量不能多于100。

e) 任一年中制作的所有电影的平均长度不超过120。

7.6 小结

- 引用完整性约束（Referential-Integrity Constraint）：可以声明出现在某个属性或一组属性中的值，必须也出现在同一个关系或另一个关系的某个元组相应的属性（组）中。为此，在关系模式中使用REFERENCES或FOREIGN KEY声明。
- 基于属性的检查约束（Attribute-Based Check Constraint）：关系模式属性声明的后面加保留字CHECK和要检查的条件，可以实现对属性值的约束。
- 基于元组的检查约束（Tuple-Based Check Constraint）：通过在关系本身的声明中加CHECK保留字和要检查的条件，可以实现对关系元组的约束。
- 修改约束（Modifying Constraint）：用ALTER语句为适当的表添加或删除基于元组的检查约束。

- 断言（Assertion）：可以声明断言为数据库模式的元素。该声明给出一个要检查的条件。该条件可以涉及一个或多个数据库模式关系，还可以将整个关系作为一个整体（例如，用聚集），也可以只对单个的元组。
- 激活检查（Invoking the Check）：断言涉及的关系被改变时，断言声明的条件被检查。基于属性和基于元组的检查仅仅当属性或关系用插入或修改操作改变时被检查。因此，这些约束有子查询时被违反。
- 触发器（Trigger）：SQL标准包括触发器，它指明唤醒该触发的特定事件（例如，对某个关系的插入、删除或修改）。一旦触发器被唤醒，触发的条件便被检查。如果条件是真，则指明的动作序列（SQL语句，如查询和数据库更新）将被执行。

7.7 参考文献

参考文献[5]和[4]概述了数据库系统中主动元素的所有方面。[1]讨论了SQL-99和将来标准中有关主动元素的最新思想。参考文献[2]和[3]讨论了HiPAC，这是一个早期的提供主动数据库元素的原型系统。

1. R. J. Cochrane, H. Pirahesh, and N. Mattos, "Integrating triggers and declarative constraints in SQL database systems," *Intl. Conf. on Very Large Database Systems*, pp. 567–579, 1996.

2. U. Dayal et al., "The HiPAC project: combining active databases and timing constraints," *SIGMOD Record* **17**:1, pp. 51–70, 1988.

3. D. R. McCarthy and U. Dayal, "The architecture of an active database management system," *Proc. ACM SIGMOD Intl. Conf. on Management of Data*, pp. 215–224, 1989.

4. N. W. Paton and O. Diaz, "Active database systems," *Computing Surveys* **31**:1 (March, 1999), pp. 63–103.

5. J. Widom and S. Ceri, *Active Database Systems*, Morgan-Kaufmann, San Francisco, 1996.

第8章 视图与索引

本章首先介绍虚拟视图，虚拟视图是由其他关系上的查询所定义的一种关系。虚拟视图并不在数据库中进行存储，但是可以对其进行查询，就好像它确实被存储在数据库中一样。查询处理器会在执行查询时用视图的定义来替换视图。

视图也可以被物化，即它们从数据库中定期地进行构造并存储。物化视图可以加速查询的执行。其中一种非常重要的“物化视图”类型是索引，索引是一种被存储在数据库中的数据结构，它可以加速对存储的关系中特定元组的访问。本章也将介绍索引，并探讨在存储的表上选择合适索引的原则。

8.1 虚拟视图

用CREATE TABLE语句定义的关系实际存储在数据库中。也就是说，SQL系统以物理组织的方式存储这些表。它们是持久的，除非对它们显式地调用SQL更新语句进行更改，否则它将无限期地存在且保持不变。

还有另一类称为（虚拟）视图（virtual view）的SQL关系，它们并不以物理的形式存在。而且，视图通过类似查询的表达方式定义。可以将视图当作物理存在进行查询，在某些情况下，视图也可以更新。

8.1.1 视图定义

最简单的视图定义如下：

```
CREATE VIEW <视图名> AS <视图定义>;
```

视图定义是一个SQL查询。

关系、表和视图

SQL程序员倾向于使用术语“表”来代替“关系”。因为区分存储的关系和虚拟的关系非常重要，前者是“表”，而后者是“视图”。现在既然已经知道表和视图的区别，我们将在使用表或者视图的情况下用术语“关系”。当想强调一个关系是被存储的而不是一个视图时，有时会用到术语“基本关系”或者 “基本表”。

还存在第三种关系，它既不是视图也不是永久存储的关系。这些关系是一些暂时性的结果，它们可能为一些子查询构造。这些临时性的关系也被后继操作当作“关系”来处理。

例8.1 假设想有个视图是关系

```
Movies(title, year, length, genre, studioName, producerC#)
```

的一部分，它由Paramount Studios制作的所有电影的片名和年份所组成。可以按如下的语句来定义这个视图：

```
CREATE VIEW ParamountMovies AS
    SELECT title, year
    FROM Movies
    WHERE studioName = 'Paramount';
```

首先，在第(1)行中给出了视图的名字ParamountMovies。在第(2)行中列出了视图的属性，即title和year。视图的定义是第(2)到第(4)行的查询。 □

例8.2 现在用一个更加复杂的查询来定义视图。定义的目标是建立一个包含电影名和制片人姓名的关系MovieProd。该查询定义的视图涉及两个关系：

```
Movies(title, year, length, genre, studioName, producerC#)
MovieExec(name, address, cert#, netWorth)
```

视图定义如下：

```
CREATE VIEW MovieProd AS
    SELECT title, name
    FROM Movies, MovieExec
    WHERE producerC# = cert#;
```

查询首先对关系Movies和MovieExec按授权证书号进行等值连接，然后从中抽取出电影片名和制片人姓名元组对。 □

8.1.2 视图查询

视图可以像一个被真正存储的表一样来查询。在对视图的查询中，FROM子句后面接的是视图名，查询的处理过程实际上是由DBMS从定义该虚拟视图的关系中选择出所需要的元组。

例8.3 可以把视图ParamountMovies当一个存储的表来查询，例如

```
SELECT title
FROM ParamountMovies
WHERE year = 1979;
```

该示例找出Paramount1979年制作的电影。 □

例8.4 查询中可以同时使用视图和基本表，下面给出一个例子：

```
SELECT DISTINCT starName
FROM ParamountMovies, StarsIn
WHERE title = movieTitle AND year = movieYear;
```

该查询找出所有在Paramount制作的电影中的演员姓名。 □

解释包含虚拟视图查询的最简单方式是将FROM子句后面的视图用等价的视图定义子查询来替换。该子查询后面跟一个元组变量，因此可以引用视图的元组。例如，例8.4的查询可以看作图8-1的查询。

```
SELECT DISTINCT starName
FROM (SELECT title, year
      FROM Movies
      WHERE studioName = 'Paramount'
     ) Pm, StarsIn
WHERE Pm.title = movieTitle AND Pm.year = movieYear;
```

图8-1 将虚拟视图解释为子查询

8.1.3 属性重命名

有时，人们不想用来自视图定义中的查询的属性名，而更愿意选用自己定义的属性名。此时就会用到属性重命名。可以在CREATE VIEW语句的视图名字之后加上一对圆括号，将视图的属性对应地填写在括号内，并用逗号分隔。例如，将例8.2的视图定义重写如下：

```
CREATE VIEW MovieProd(movieTitle, prodName) AS
    SELECT title, name
```

```
FROM Movies, MovieExec
WHERE producerC# = cert#;
```

该视图实质内容与例8.2一致，但是视图的列头由原来的title和name变为movieTitle和prodName。

8.1.4 习题

习题8.1.1 从如下的基本表构造以下视图：

```
MovieStar(name, address, gender, birthdate)
MovieExec(name, address, cert#, netWorth)
Studio(name, address, presC#)
```

a) 视图RichExec给出了所有资产在$10 000 000以上的制片人的名字、地址、证书号和资产。

b) 视图StudioPress给出了既是电影公司经理（Studio president）又是制片人(Movie Executive)的那些人的名字、地址和证书号。

c) 视图ExecutiveStar给出了既是制片人又是演员的那些人的名字、地址、性别、生日、证书号和资产总值。

习题8.1.2 不用基本表，只用一个或多个习题8.1.1中的视图，写出下面的每个查询：

a) 找出既是演员又是制片人的女性姓名。

b) 找出是电影公司经理，同时资产至少有$10 000 000的制片人名字。

!c) 找出是演员同时资产至少有$50 000 000的电影公司经理名字。

8.2 视图更新

在某些特定条件下可以对视图进行插入、删除和修改。这种说法听起来没什么意义，因为视图不像基本表（存储关系）那样实际存在。那么插入元组到视图里面意味着什么？插入的元组放到哪里了？数据库系统怎么记住这个操作？

对于多数视图，答案是“不能这样做”。然而，对于一些充分简单的视图，有时也称为*可更新视图*（updatable views），可以把对视图的更新转变成一个等价的对基本表的更新，更新操作最终作用在基本表上。此外，“替换”触发器可以将视图上的更新转变为基本表上的更新。利用这种方式，程序员就能够强制地对任何要求进行更新的视图进行操作。

8.2.1 视图删除

视图更新的一个极端情况是删除视图。更新操作是否可以执行取决于视图是否可更新。一个典型的DROP语句是：

```
DROP VIEW ParamountMovies;
```

注意，这条语句删除了视图的定义，因此不再能对该视图进行查询或修改操作。但是，删除视图并不会影响基本关系Movies中的任何元组。相反，

```
DROP TABLE Movies
```

不但使得表Movies从此消失，也使得视图ParamountMovies不可用，这是因为使用该视图的查询会间接地引用一个不存在的关系Movies。

8.2.2 可更新视图

当视图的修改操作被允许时，SQL提供了一个形式定义。该SQL的语法规则很复杂，但是粗略地讲，它允许这样的视图更新操作：该视图是由从单个关系R（R本身也可能是一个可更新视图）选取出（用SELECT关键字，而非SELECT DISTINCT）的一些属性组成。这里有三

个很重要的技术要点：

- WHERE子句在子查询中不能使用关系R。
- FROM语句只能包含一个关系R，不能再有其他关系。
- SELECT语句中的属性列表必须包括足够多的属性，以保证对该视图进行元组插入时，能够用NULL或者适当的默认值来填充所有其他不属于该视图的属性。比如，SELECT语句中不允许包括被定义为非空或者没有默认值的属性。

视图上的一个插入操作可以直接应用到基本关系R。仅有的细微差别是，这里视图SELECT子句中的属性是提供值的属性。

例8.5 假设在例8.1中的视图ParamounMovies中插入一个元组：

```
INSERT INTO ParamountMovies
VALUES('Star Trek', 1979);
```

视图ParamountMovie满足SQL的可更新条件，因为视图只包含了如下的基本表部分元组的部分分量：

```
Movies(title, year, length, genre, studioName, producerC#)
```

对视图ParamountMovies的插入操作就好像对关系Movies执行如下的插入：

```
INSERT INTO Movies(title, year)
VALUES('Star Trek', 1979);
```

注意title和year属性必须被指定在插入操作中，因为这里不能给关系Movies的其他属性提供值。

插入到Movies中的元组，title值为‘Star Trek’，year值为1979，其他属性的值为NULL。令人奇怪的是，被插入的元组由于它的属性studioName的值为NULL，不满足视图ParamountMovies的选择条件，因此，被插入的元组不会对视图有任何影响。例如，例8.3中的查询不会检索出元组(‘Star Trek’,1979)。

要解决这个明显不合常理的现象，可以向定义视图的SELECT语句中加入studioName属性：

```
CREATE VIEW ParamountMovies AS
   SELECT studioName, title, year
   FROM Movies
   WHERE studioName = 'Paramount';
```

然后，向视图中插入Star-Trek元组：

```
INSERT INTO ParamountMovies
VALUES('Paramount', 'Star Trek', 1979);
```

这个插入同下面的插入操作对于关系Movies有同样的效果：

```
INSERT INTO Movies(studioName, title, year)
VALUES('Paramount', 'Star Trek', 1979);
```

注意结果元组，虽然不在视图SELECT后面列出的属性会具有NULL值，但是该插入操作确实会为视图ParamountMovies产生新的合适的元组。 □

也可以从可更新视图中删除元组。如同视图的插入一样，删除操作最终也是传递到基本关系R上执行。然而，为了保证删除的是那些只能在视图中看到的元组，要把视图的WHERE语句中的条件（用AND）添加到删除操作的WHERE子句中。

例8.6 假设要删除可更新视图ParamountMovies中所有电影名包含字符串“Trek”的电影，则删除语句是：

```
DELETE FROM ParamountMovies
WHERE title LIKE '%Trek%';
```

这个删除将被转换成基本表Movies的一个等价删除，唯一的差别是要将定义视图ParamountMovies的条件添加到该删除操作的WHERE子句中。因而最终被执行的删除语句如下：

```
DELETE FROM Movies
WHERE title LIKE '%Trek%' AND studioName = 'Paramount';
```

□

同样地，对可更新视图的修改操作也是通过修改定义它的关系完成的。对视图的修改就是修改那些基本关系中的相应元组，从而引起对视图元组的修改。

例8.7　考虑如下的视图修改：

```
UPDATE ParamountMovies
SET year = 1979
WHERE title = 'Star Trek the Movie';
```

它与下面对基本表的修改等价。

```
UPDATE Movies
SET year = 1979
WHERE title = 'Star Trek the Movie' AND
    studioName = 'Paramount';
```

□

8.2.3　视图中的替换触发器

当视图上定义了一个触发器时，可以用INSTEAD OF代替BEFORE或AFTER。如果这样做，那么当一个事件唤醒触发器时，触发器的操作将会取代事件本身而被执行。即替换触发器会拦截任何试图对视图进行修改的操作，并且将代替它们执行任何数据库设计者认为合适的操作。下面是一个典型的例子。

为什么某些视图是不可更新的

考虑例8.2中的视图,它将电影名和制片人的名字关联起来。根据SQL定义，这个视图是不可更新的，因为它的FROM子句中包含两个关系：Movies和MovieExec。如果想往视图中插入一个元组

```
('Greatest Show on Earth', 'Cecil B. DeMille')
```

就必须同时往关系Movies和MovieExec中加入元组。虽然可以给属性length和address提供缺省的属性值，但是对于均表示DeMille未知证书号的producerC#和cert#两个相等属性却不好处理。即使对它们都使用相同的NULL值，由于SQL不认为两个NULL值是相等的（见6.1.6节），所以无法使用NULL进行连接。这样，'Greatest Show on Earth'不会和视图MovieProd中的'Cecil B.Demille'关联。于是插入操作不成功。

例8.8　重新考虑例8.1中视图Paramount的定义，它描述了所有属于Paramount的电影。

```
CREATE VIEW ParamountMovies AS
    SELECT title, year
    FROM Movies
    WHERE studioName = 'Paramount';
```

如在例8.5中所讨论的，该视图是可更新的，但是它有个让人意想不到的缺陷，即当向ParamountMovies插入一个元组时，系统不能判断属性studioName值是否为Paramount，所以在插入后的Movies元组中，studioName的值为NULL。

如图8-2所示，如果在该视图中创建一个替换触发器，将会得到更好的结果。该触发器并不令人觉得突兀。第(2)行中的关键字INSTEAD OF表明向ParamountMovies中进行的插入尝试将永远不会被执行。

而第(5)行和第(6)行就是用于替换对视图插入的操作。有一个对关系Movies的插入操作，并列举出了对应的三个属性。属性title和属性year来自要插入视图的元组，即在第(3)行声明的元组变量NewRow。属性studioName的值是常量‘Paramount’。这个值不是插入视图元组的一部分。可以假定它是插入到关系Movies的正确的电影公司名，因为这个插入操作来自视图ParamountMovies。 □

```
1) CREATE TRIGGER ParamountInsert
2) INSTEAD OF INSERT ON ParamountMovies
3) REFERENCING NEW ROW AS NewRow
4) FOR EACH ROW
5) INSERT INTO Movies(title, year, studioName)
6) VALUES(NewRow.title, NewRow.year, 'Paramount');
```

图8-2 触发器用对基本表的插入代替对视图的插入

8.2.4 习题

习题8.2.1 习题8.1.1中的哪些视图是可更新的？

习题8.2.2 如果创建视图

```
CREATE VIEW DisneyComedies AS
    SELECT title, year, length FROM Movies
    WHERE studioName = 'Disney' AND genre = 'comedy';
```

a) 该视图是可更新视图吗？

b) 写一个替换触发器用于处理对于该视图的插入操作。

c) 写一个替换触发器用于处理在视图中修改一部电影（给出了属性title和year）的长度。

习题8.2.3 使用基本表

```
Product(maker, model, type)
PC(model, speed, ram, hd, price)
```

假设创建视图：

```
CREATE VIEW NewPC AS
SELECT maker, model, speed, ram, hd, price
FROM Product, PC
WHERE Product.model = PC.model AND type = 'pc';
```

注意，这里已做了一致性检查：模型号不仅出现在关系PC中，而且关系Product的属性type表明该产品是PC。

a) 该视图是可更新视图吗？

b) 写一个替换触发器用于处理对视图的插入操作。

c) 写一个替换触发器用于处理对视图中属性price的修改。

d) 写一个替换触发器用于处理从视图中删除一个特定的元组。

8.3 SQL中的索引

关系中属性A上的*索引*（index）是一种数据结构，它能提高在属性A上查找具有某个特定值的元组的效率。可以把索引认为是一棵二叉查找树中的键-值对，在键-值对中，一个键a（属性A可能含有的一个值）与一个“值”相关联，而该值是属性A上分量具有值a的元组集的存放位置。这样的索引有助于对包含属性A的值与常量作比较的查询，比如包含$A=3$或$A\leqslant 3$的查询。注意，索引的键可以来自关系的任何一个属性或者属性组，而不必是建立索引的关系的键属性。为了区别索引的键与关系的键，将索引的属性称为*索引键*（index key）。

大型关系的索引的实现技术是DBMS实现中最重要的核心问题。典型的DBMS中用到的最重要的数据结构是“B−树”，它是一种广义上的平衡二叉树。当讨论DBMS的实现时必然涉及B−树细节，但是目前，只需把索引想象成二叉查找树就足够了。

8.3.1　建立索引的动机

当关系变得很大时，通过扫描关系中所有的元组来找出那些（可能数量很少）匹配给定查询条件的元组的代价太高。例如，考虑例6.1的查询：

```
SELECT *
FROM Movies
WHERE studioName = 'Disney' AND year = 1990;
```

关系中可能存在10 000个电影元组，但只有大约200部是1990年制作的。

实现这个查询的最原始的方式是获取所有10 000个元组，并用WHERE子句中的条件逐个测试每个元组。但如果存在某种方法，它仅取出年份值为1990的200个元组并逐个测试电影公司是否是Disney，那么查询效率就会大大提高。更有效的方法是能直接取得满足两个条件的10个左右的元组，其电影公司是Disney，而制作年份是1990年。有关它的具体细节请参阅8.3.2节中的“多属性索引”。

在包含连接的查询中，索引同样非常有用。下面的例子将说明这一点。

例8.9　回顾例6.12中的查询

```
SELECT name
FROM Movies, MovieExec
WHERE title = 'Star Wars' AND producerC# = cert#;
```

该查询要求找出电影Star Wars的制片人名字。如果在关系Movies的title属性上建有索引，那么就可以用索引来获取title分量值为Star Wars的元组。从这个元组中，可以析取producerC#值从而得到制片人的证书号。

现在假设关系MovieExec的cert#属性上也建有索引。那么为了找到Star Wars的制片人，可以先通过索引中键值等于producerC#值的项找到MovieExec中相应的元组，然后从这个元组中取得制片人的名字。注意，通过这两个索引，仅需察看分别来自两个关系中的两个元组，而它们是回答该查询所真正需要的。如果没有索引，就需要遍历两个关系中的每一个元组。□

8.3.2　索引的声明

尽管索引的创建还不是SQL标准（包括SQL-99）的一部分，但是大部分商用系统都为数据库设计者提供一些方法，用于在关系的某个属性上创建索引。下面的例子是典型的索引创建语句。假设要在关系Movies的year属性上创建一个索引，则创建语句为：

```
CREATE INDEX YearIndex ON Movies(year);
```

该语句的结果是在关系Movies的属性year上创建一个名为YearIndex的索引。这样，SQL查询处理器在处理指定年份的查询时，仅仅对年份为指定值的Movies的元组进行测试，从而使获得查询结果的时间大大缩短。

通常，DBMS允许在多个属性上创建一个单独索引。这种类型的索引使用几个属性的值进行查找，并能有效地找到匹配给定属性值的元组。

例8.10　由于title和year组成了关系Movies的键，所以通常这两个属性的值要么同时指定，要么一个也不指定。下面是在这两个属性上建立一个索引的声明：

```
CREATE INDEX KeyIndex ON Movies(title, year);
```

因为（title,year）是键，所以当给出某个title和year时，只有一个符合需要的元组返回，而且那就是所期望的元组。相反，如果查询同时指定了title和year值，但是只有一个YearIndex索引可用，那么最好的做法是，系统先检索出所有值为该指定年份的元组，然后逐个检查每个元组的title是否为给定值。

通常，如果多属性索引中的键是某些属性按特定顺序的组合，那么可以使用这个索引找出匹配属性列表中前面的任何属性子集值的全部元组。这样，多属性索引的设计即是属性列表顺序的选择。例如，若查找时对电影名的查询比对年份的查询要多，就使用上面定义的多属性索引。若对电影年份的查询比对电影名的查询多，那么最好创建一个（year,title）上的索引。□

如果想删除索引，则使用下面的语句指定其索引名即可。

```
DROP INDEX YearIndex;
```

8.3.3 习题

习题8.3.1 对下面的电影样本的数据库：

```
Movies(title, year, length, genre, studioName, producerC#)
StarsIn(movieTitle, movieYear, starName)
MovieExec(name, address, cert#, netWorth)
Studio(name, address, presC#)
```

为下面的属性或者属性组声明索引。

a) studioName

b) MovieExec的属性address

c) genre和length

8.4 索引的选择

选择创建哪个索引要求数据库设计者做一个开销上的分析。实际上，索引的选择是衡量数据库设计成败的一个重要因素。设计索引时要考虑以下两个重要因素：

- 如果属性上存在索引，则为该属性指定一个值或者取值范围能极大地提高查询的执行效率。同样，如果查询涉及该属性上的连接操作，也会带来性能上的改善。
- 另一方面，为关系上的某个属性或者某个属性集建立的索引会使得对关系的插入、删除和修改变得更复杂和更费时。

8.4.1 简单代价模型

为了理解怎样为数据库选择索引，首先需要知道在执行查询时时间消耗在哪儿。关系是怎样存储的细节将在DBMS的实现中详细讨论，但是现在，暂时假设关系的元组被正常地分配在磁盘的多个页面上⊖。每个磁盘页通常至少包含几千字节，可以存储多个元组。

为了检查哪怕只是一个元组，需要将包含它的整个磁盘页调入到主存中。另一方面，检查一个磁盘页上所有元组所花费的时间通常和检查一个元组所花费的时间几乎没有什么差别。所以，如果需要的磁盘页已经在主存中了，则将可能节省大量的时间，但是为了简单起见，假定不会出现这种情况，即每一个磁盘页都必须从硬盘上读入。

8.4.2 一些有用的索引

通常，关系上最有用的索引是其键上的索引。原因有两个：

⊖ 在有关数据库的讨论中，磁盘页就是通常所说的磁盘块，但是如果你对采用分页存储机制的操作系统比较熟悉，则可以很自然地把整个磁盘看成是很多页的集合。

1. 在查询中为主键指定值是比较普遍的。因此，键上的索引通常会被频繁地使用。

2. 因为键值是唯一的，故与给定键值匹配的元组最多只有一个，因此索引返回的要么是这个元组的位置，要么什么也不返回。也就是说，为了取得这个元组，最多只有一个磁盘页需要被读入到主存（尽管有时为了使用索引本身需要读入存储索引的其他磁盘页）。

从下面的例子可以看到键索引带来的性能上的改进，甚至在包含连接操作的查询情况下，这种改进也非常明显。

例8.11　回顾图6-3，在计算连接时使用了穷举的方式查找关系Moivies和MovieExec中的配对元组。这种实现方式需要读取每个含有Movies元组和MovieExec元组的磁盘页至少各一次。事实上，由于这些磁盘页可能会太多而不能同时共驻主存，这就需要多次地从磁盘上进行磁盘页读取。而通过使用合适的索引，整个查询仅需2次磁盘页读取即可完成。

在关系Movies中，键title和year上的索引有助于快速地找出Star Wars对应的Movies元组。此时只有一个磁盘页（即包含所需元组的页）需要从磁盘上读入。然后，从这个元组中找到制片人证书号后，再利用关系MovieExec的键cert#上的索引即可快速找到MovieExec关系中包含Star Wars制片人的那个元组。同样，尽管为了使用cert#上的索引可能需要读入少量的其他页，但这里只有一个包含MovieExec元组的磁盘页需要读入主存。□

当索引不是建立在键上时，则在执行查询时，它可能会也可能不会加速元组的检索速度。存在两种情况，即使不是建立在键属性上的索引也仍然有效。

1. 该属性几乎可以看成是一个键，即相对来说基本上没有多少元组在该属性上具有给定值。所以，即使每个具有给定值的元组分别位于不同的磁盘页上，也不需要检索大量的磁盘页。

2. 元组在该属性上是“聚集”的，即通过将具有该属性上公共值的元组分组到尽可能少的磁盘页里来将一个关系聚合到一个属性上。在这种情况下，即使符合要求的元组可能有很多，但是却不必检索与符合要求的元组数目相同的磁盘页。

例8.12　作为第一种情况的一个例子，假设关系Movies的属性title上建有索引，而不是在属性对title和year上。因为title本身不是键，所以，可能存在几个元组它们在title分量上的值与索引键title相同，例如均为King Hong。现在对比一下例8.11，看看会有什么不同。当在查询中为title指定值King Hong时，结果集中返回三个元组（因为存在三部电影名字均为King Hong，分别产于1933年、1976年和2005年）。这三个元组可能存在于三个不同的磁盘页中，所以一共需要将三个磁盘页读入主存。这一步将会消耗大约3倍于例8.11的时间。然而，由于关系Movies可能分布于远多于三个的页中，所以使用该索引还是可以节省相当可观的时间。

接下来第二步，需要获得上面找到的三个元组中的三个producerC#的值，并从关系MovieExec中找出这三部电影的制片人。可以利用cert#上的索引找到MovieExec里相应的三个元组。当然，这三个元组也可能位于三个不同的页，但是相对于将整个关系MovieExec读入主存来讲，花费的时间仍然要少得多。□

例8.13　现在假设关系Movies上的唯一索引位于属性year上，如果要回答如下的查询：

```
SELECT *
FROM Movies
WHERE year = 1990;
```

首先，假设Movies的元组不是按year进行“聚合”的，而是按照title属性值的字典序排列。那么属性year上的索引基本上不会带来任何改进。如果每页存储100个元组，则有相当的几率使得每页至少包含一部1990年制作的电影。这样，用于存储关系Movies的页将会大量被读入到主存。

然而，如果Movies元组是按属性year值进行“聚合”的，则利用其上的索引就会找到只有少量的页包含year值为1990的元组。在这种情况下，索引会带来极大的好处。反过来，如果在title和year上建立索引将不会起任何作用，并且无论是在哪个属性或者属性集上进行“聚合”都如此。 □

8.4.3 计算最佳索引

看起来似乎建立的索引越多，对于一个给定的查询来说，索引就越有可能起到作用。但是，如果更新是最频繁发生的操作，则对于索引的创建应该采取非常保守的策略。每个对于关系*R*的更新操作都会迫使同时更新*R*的修改过的属性或者属性集上的任何索引。这样，不仅要读取和回写修改的*R*的页，还必须花费额外代价读取和回写存储索引的页。尽管有时更新操作是对数据库采取的主要操作，在频繁访问的属性上建立索引仍然可以获得性能改进。因为，实际上，一些更新操作本身也包含了对数据库的查询操作（比如，带有select-from-where子查询的插入或者是带条件的删除等操作）。所以，对于怎样估计查询和更新操作的相对频度问题必须采取非常谨慎的态度。

必须牢记，典型的关系被存储在很多的磁盘块（页）上，而查询或者更新操作的主要代价通常来自于将所需的磁盘页读入到主存的数目。因此，能够快速找到所需元组而不需要对整个关系进行测试的索引能节省大量的时间。然而，不幸的是，索引本身也需要(至少是部分地)被存储在磁盘上，访问索引和修改索引本身也需要进行磁盘访问。实际上，由于修改操作需要一次磁盘访问以读取磁盘页，而另一次磁盘访问用于将修改后的页写回磁盘，所以它的开销是查询中访问索引或数据的两倍。

为了计算索引的新值，需要假设那些查询和更新对于数据库来说是最频繁发生的操作。有时，基于未来总是会与过去相似的假定，可以从查询历史中获得一些有用的信息。在另外一种情况下，可能已知数据库会支持特殊的应用，于是可以查看过去这些应用执行的所有SQL查询和修改的代码。任一种情况下，都可以列出我们期望的最可能出现的查询和更新操作的形式。在这些形式中可以将原查询中的常量换成变量，但是必须保证它们看起来像真实的SQL语句。下面的例子演示了需要做的处理和计算。

例8.14 考察关系

```
StarsIn(movieTitle, movieYear, starName)
```

假设会在该关系上执行三种数据操作：

Q_1：查找某个给定的演员演过的电影的片名和年份，使用下面的查询形式：

```
SELECT movieTitle, movieYear
FROM StarsIn
WHERE starName = s;
```

其中*s*是一个常量。

Q_2：查找出现在给定电影里的演员名字。使用下面的查询形式：

```
SELECT starName
FROM StarsIn
WHERE movieTitle = t AND movieYear = y;
```

其中*t*和*y*是常量。

I：插入新的元组到关系StarsIn。使用下面的插入语句：

```
INSERT INTO StarsIn VALUES(t, y, s);
```

其中*t*, *y*和*s*是常量。

对数据作如下的假定：

1. 关系StarsIn存储在10个磁盘页中，如果要检查整个关系，则代价为10。

2. 平均每部电影包含3个影星，每个影星出现在3部电影中。

3. 因为对于给定的某个影星或某部电影，其相关元组可能随机分布在10个磁盘页中，所以即使在starName或movieTitle和movieYear的组合上建有索引，平均也需要3次磁盘访问才能找出某个影星或某部电影的3个元组。如果影星或影片上没有建索引，则分别需要10次磁盘访问操作。

4. 对于一个给定的加索引的属性（组）值，为了利用该属性上的索引定位对应元组，每次需要一次磁盘访问将索引所在的页读入主存。如果索引页需要更新（比如在插入的情况下），那么还需要一次磁盘访问将改变后的索引写回到磁盘。

5.同样地，在进行插入操作时，需要一次磁盘访问读取用于容纳新元组的磁盘页，然后再花费一次磁盘访问用于回写这个磁盘页。这里假定：即使在没有索引的情况下，也不需要扫描整个关系，就能找到用于添加新元组的磁盘页。

图8-3给出了三种操作的代价：Q_1（给定影星信息的查询）、Q_2（给定电影信息的查询）和I（插入操作）。如果不使用索引，则对于Q_1或Q_2必须扫描整个关系(代价为10)[⊖]，而对于插入仅需要找到一个有空闲空间的磁盘页并将新的元组（代价为2，因为假定不需要索引也可以找到）写入即可。详情见图8-3标号为“无索引”的列。

Action	No Index	Star Index	Movie Index	Both Indexes
Q_1	10	4	10	4
Q_2	10	10	4	4
I	2	4	4	6
Average	$2 + 8p_1 + 8p_2$	$4 + 6p_2$	$4 + 6p_1$	$6 - 2p_1 - 2p_2$

图8-3　三种操作在使用不同索引情况下的操作代价

如果仅仅对影星建立索引，那么Q_2仍然需要扫描整个关系（代价为10）。但是，Q_1能通过访问一个索引页快速找到给定影星对应的3个元组，然后再通过3次磁盘访问将包含这3个元组的磁盘页读入主存。插入操作I要求对索引页和数据页均进行一次读入操作和回写操作，所以总共是4次磁盘访问操作。

仅对电影建立索引的情况和仅对影星建立索引的情况类似。最后，如果对影星和电影都建立索引，那么回答Q_1和Q_2都只需4次磁盘访问操作。但是插入I却需要对两个索引页和一个数据页块进行读写操作，总共需要6次磁盘访问操作。上面的分析结果显示在图8-3的最后一列。

图8-3的最后一行给出了操作的平均代价。这里假定执行Q_1的时间的比例为p_1，执行Q_2的时间的比例为p_2，因此执行I的时间的比例为$1-p_1-p_2$。

随着p_1和p_2的取值不同，给出的四种方案对于三种操作都可能产生最低的平均代价。比如，如果$p_1 = p_2 = 0.1$，那么表达式$2+8p_1 + 8p_2$最小，所以这时更倾向于不建立索引。也就是如果插入操作是主要的，只有少量的查询，那么就不需要索引。但是另一方面，如果$p_1 = p_2 = 0.4$，那么表达式$6-2p_1-2p_2$将会获得最小值，这时可以选择在starName和(movieTitle, movieYear)组合上均建立索引。直觉上，如果需要进行大量的查询，并且指定电影信息的查

⊖ 有一个微妙之处，在这里可以忽略它。在很多种情况下，可以将一个关系存储在磁盘的一些连续页面或块上。在这种情形下，检索整个关系的次数会远小于采取随机页面选择策略时的检索次数。

询数量和指定影星信息的查询数量大致相同时，则两个索引都需要。

如果$p_1 = 0.5$，$p_2 = 0.1$，那么仅在影星上建立索引获得了最好的平均性能，因为$4+6p_2$取到最小值。同样地，$p_1 = 0.1$，$p_2 = 0.5$要求仅在电影上创建索引。从直观上来讲，如果某类查询非常频繁，那么就仅仅创建有助于该查询的索引。□

8.4.4 索引的自动选择

“调优”一个数据库不仅仅包括索引的选择，还包含很多其他有关参数的选择。我们至今还没有具体讨论数据库的物理实现，只是列举了一些有关多进程主存分配以及数据库备份和设置检查点（为了能够从故障中恢复）的例子。数据库的设计者已经设计出很多工具来负责上述事宜和数据库的自动调整，它们至少能为开发者提供比较好的建议。

本章的参考书目中将会提到一些有关这方面的项目。下面则是一些有关索引选择的建议。

1. 第一步是确定查询工作集。因为DBMS通常会记录对它执行的所有操作，所以可以用手工的方式检查log日志，并找出其中对数据库有代表性的查询和更新操作集。另一种方法是，可以从使用数据库的应用程序得知典型的查询将是何种形式。

2. 可能会要求设计者指定一些约束条件。比如，必须或者不能建立索引。

3. “调优顾问”会生成一系列*候选索引*（Candidate index），并对它们进行评估。典型的查询被提交给DBMS的查询优化器。查询优化器会在某候选索引集存在的假设下估算查询的执行时间，从而据此得出最佳选择。

4. 最后具有最小代价的索引集会被提交给设计者，或者它们自动创建。

在上述第三步中，当考虑可能的索引时会出现一个问题，即以前选择的索引将会在多大程度上影响其他索引带来的*收益*（指查询集上平均执行时间的改进）。“贪心策略”在索引的选择上已被证明是有效的。

a) 初始情况，当没有选择索引时，逐一评估各候选索引带来的收益。如果至少有一个索引可以带来正面的收益（比如，它能够减少查询的平均执行时间），那么选择该索引。

b) 然后，在假设第一步中选出的索引是真实存在的情况下，评估剩下来的候选索引，同样，选出能够带来最大正面收益的索引。

c) 总之，在假定选择出来的索引是真实存在的情况下，重复上面的评估。选出能够带来最大收益的索引，直到没有索引能够带来正面收益为止。

8.4.5 习题

习题8.4.1　现在假设在例8.14中讨论的关系StarsIn占100页而不是原来的10页，其他的假设保持不变。请用关于$p1$和$p2$的公式来描述查询$Q1$、$Q2$以及插入I的代价，分别考虑没有索引、Star上建有索引、Movie上建有索引和Star与Movie上均建有索引的四种情况。

!习题8.4.2　本题中，考虑关系

`Ships(name, class, launched)`

上的索引，这个关系来自于以前关于Battleships的习题。假定：

i. name是键。

ii. 存储关系Ships的磁盘页超过50。

iii. 关系按照类别(class)进行聚合，这样只需一次磁盘访问操作就可以找到给定类别的船。

iv. 平均来说，每个类别包含5艘船，每年有25艘船下水。

v. 在该关系上如下形式的查询

`SELECT * FROM Ships WHERE name = n`

的概率为$p1$。

vi.在该关系上如下形式的查询

```
SELECT * FROM Ships WHERE class = c
```

的概率为$p2$。

vii. 在该关系上如下形式的查询

```
SELECT * FROM Ships WHERE launched = y
```

的概率为$p3$。

viii.插入一个新元组的概率为$1-p1-p2-p3$。

你可以类似例8.14那样假设关于访问索引和为插入查找空块的代价。

分别考虑在name、class和launched上建立索引。对每一种索引组合，估算操作的平均代价。用关于$p1$、$p2$和$p3$的函数说明最佳的索引方式是什么？

8.5　物化视图

视图描述了如何通过在基表上执行查询来构造一个新的关系。到目前为止，仅仅认为视图是关系的一个逻辑上的描述，然而，如果一个视图被经常使用，则可能会想到将它物化(materialize)，即在任何时间都保存它的值。因为当基本表发生变化时，每次必须重新计算部分物化视图，所以就像维护索引一样，维护物化视图也要一定的代价。

8.5.1　物化视图的维护

原则上讲，当基本表发生任何变化时，每次都要重新计算物化视图。但是对于简单的视图来说，在维护物化视图的过程中，可以少做一些工作。下面，将举一个连接视图的例子，从中可以看到有大量的机会简化要做的工作。

例8.15　假如需要频繁地查找出一部电影的制片人，则会发现使用如下的物化视图是方便的：

```
CREATE MATERIALIZED VIEW MovieProd AS
    SELECT title, year, name
    FROM Movies, MovieExec
    WHERE producerC# = cert#;
```

首先，BDMS不需考虑在Movies或者MovieExec中不涉及物化视图定义的查询中的任一属性的MoviepProd更新上的影响。当然对于既不是Movies也不是MovieExec的任何其他关系的改变也会被DBMS忽略。然而，存在一些其他的简化措施，能够使得对于Movies或者MovieExec的修改比重新执行定义物化视图的查询更为简单有效。

1. 假设需要在Movies中插入一部新的电影，其中片名title= ‘Kill Bill’，制作年份year=2003，制片人的证书号producerC#=23456。则只需要在MovieExec中查找cert#=23456的元组。因为cert#是关系MovieExec的键，所以下面的查询最多只会返回一条结果：

```
SELECT name FROM MovieExec
WHERE cert# = 23456;
```

假设查询返回的结果为name= ‘Quentin Tarantino’，则DBMS可以通过下面的语句将适当的元组插入MovieProd：

```
INSERT INTO MovieProd
VALUES('Kill Bill', 2003, 'Quentin Tarantino');
```

注意，因为MovieProd被物化，于是它像基本表一样被存储下来，所以上面的操作是有意义的，即系统不需要替换触发器或任何其他机制重新解释执行该物化视图的定义。

2. 假设要从关系Movies里面删除一部电影，电影名为‘Dumb&Dumber’，制作年份为1994年。则DBMS只需要使用如下语句从MovieProd中删除一部电影：

```
DELETE FROM MovieProd
WHERE title = 'Dumb & Dumber' AND year = 1994;
```

3. 假设需要将一个元组插入MovieExec，其中cert#等于34567，name值为‘Max Bialystock’。则DBMS可能需要在视图MovieProd中插入一些原来不在其中的电影，因为插入电影的制片人从前没有出现过。DBMS会执行下面的操作：

```
INSERT INTO MovieProd
    SELECT title, year, 'Max Bialystock'
    FROM Movies
    WHERE producerC# = 34567;
```

4. 现在假设要从MovieExec中删除cert#=45678的元组。则DBMS也要将视图MovieProd中producerC#值为45678的元组删去，因为MovieExec中已经不存在和其基本元组Movies匹配的元组了。下面的操作将会被执行：

```
DELETE FROM MovieProd
WHERE (title, year) IN
    (SELECT title, year FROM Movies
     WHERE producerC# = 45678);
```

注意，仅仅找出MovieExec中与45678对应的name值然后从MovieProd中删除制片人名字与它相等的所有电影是不够的。因为属性name并不是MovieExec的键，可能存在两个制片人具有相同姓名的情况。

当对关系Movies的更新涉及属性titile和year时该怎样考虑，以及当对于MovieExec的更新涉及属性cert#时又该如何操作，这些将留作习题。 □

从例8.15中得到的最重要的信息是：对于物化视图的更改都是*增量式的*（incremental）。即，不需要从定义重新计算和构造整个视图。更进一步地说，只需要通过很少量的对基本表的查询加上一些对物化视图的修改，就可以使得对于基本表的插入、删除以及更新操作能够在一个连接视图（比如MovieProd）上完成。这些修改不会影响视图的所有元组，而仅仅只是那些至少有一个属性值为特殊常量的元组。

人们不可能为每个能构造的物化视图找到类似例8.15那样的规则，有些视图太过复杂。但是，有很多常见类型的物化视图确实允许增量式维护。在后面的习题里将探讨另一种常见的物化视图-聚集视图。

8.5.2 物化视图的定期维护

使用物化视图还存在一种其他的情况，在这种情况下不需要考虑基本表被更改时视图一致性更新的维护代价或者复杂性。10.6节介绍OLAP时将会遇到这种情况。通常数据库有两种用途。举例说，一个百货商店会利用它的数据库来记录当前的库存，这个数据库会随着每一笔交易而变化。同样地，这个数据库也可能被决策者使用，用于研究顾客的消费习惯，从而决定商店什么时候需要购入什么样的货物。

对于决策者来说，他们所提交的查询如果能用对物化视图的查询来替代，则可能更具效率，特别是当视图包含聚集数据时（比如，按类型分组后汇总库存里不同尺寸衬衫的数量）。由于每一笔交易都会导致对数据库的修改，于是更新比查询要频繁得多。所以对于更新占主导地位的情况，在数据上建立物化视图甚至索引带来的开销是可以接受的。

通常的做法是建立物化视图，但是当基本表改变的时候并不马上对视图进行更新，而是定期地对物化视图进行重新构造（典型的做法是在晚上重构一次），一般重构视图会选择在对数据库的修改或者查询活动比较少的时间段。物化视图仅仅供决策者使用，所以视图的数据可能会比最新的数据"过期"24小时（每天更新一次）。但是，在通常情况下，顾客的购物习惯改变得非常不明显或者说比较慢，因此，物化视图里的数据对于决策者来讲对于预计哪一种货物会畅销而哪一种货物将会滞销已经"足够好"。当然，要是布拉德·皮特在一天早晨穿了一件Hawaiian牌子的衬衫，那么可能每个耍酷的家伙都会想在当天傍晚之前也买一件，但是由于决策者一直到第二天早晨才注意到库存里面没有Hawaiian品牌的衬衫了，因而错过了商机，不过可以肯定，发生这种危险的概率很低。

8.5.3 利用物化视图重写查询

物化视图就像虚拟视图（8.12节）一样可以出现在一个查询的FROM子句中。但是由于物化视图是被真正地存储在数据库中，这样就可以利用物化视图将查询进行重写，即使原查询里面该视图根本没有出现也可以。这样的重写可以使查询具有更高的执行效率，因为查询中较复杂的部分，比如关系的连接，可能在物化视图构造的时候已经被计算出来了。

尽管如此，也必须小心地检查一个查询是否能够利用物化视图重写。一套完整的能够利用任何类型物化视图的规则已经超出了本书的范围。但是，这里将给出一条相对比较简单的规则，它适用于类似例8.15的视图。

假设有一个物化视图V，它由下面的查询定义：

```
SELECT L_V
FROM R_V
WHERE C_V
```

其中L_V是属性列表，R_V是关系列表，而C_V是条件表达式。类似地，假设有如下形式的查询Q：

```
SELECT L_Q
FROM R_Q
WHERE C_Q
```

在下面的条件满足时，可以用视图V来替换查询Q中的部分内容：

1. 在列表R_V中出现的关系均在R_Q中出现。

2. 在某种条件C下，C_Q与C_V AND C等价。作为一种特殊情况，当C_Q与C_V等价时，"AND C"是不必要的。

3. 如果C是必要的，则在条件C中出现的属于R_V中关系的属性也是L_V的属性。

4. L_Q中属性如果是来自于R_V中的关系，则它们也出现在L_V中。

如果上面四个条件都满足，则可以按下面的步骤用V重写查询Q：

a) 用V以及在R_Q中出现但是没有在R_V中出现的关系替换列表R_Q。

b) 用C替换C_Q。如果C不是必要的（比如当$C_V = C_Q$时），则可以去掉查询中的WHERE子句。

例8.16　假如有例8.15中的物化视图Movieprod。该视图由下面的查询V定义：

```
SELECT title, year, name
FROM Movies, MovieExec
WHERE producerC# = cert#;
```

同时假设需要回答查询Q，Q要求给出所有出现在Max Bialystock制作的电影里面的影星的姓名。对于上述的查询，需要以下的几个关系：

```
Movies(title, year, length, genre, studioName, producerC#)
StarsIn(movieTitle, movieYear, starName)
```

```
MovieExec(name, address, cert#, netWorth)
```

查询Q可以被写成：

```
SELECT starName
FROM StarsIn, Movies, MovieExec
WHERE movieTitle = title AND movieYear = year AND
    producerC# = cert# AND name = 'Max Bialystock';
```

现在对比视图V的定义和查询Q，发现它们满足上面列举出的所有替换条件。

1. 在V的FROM子句中出现的关系都出现在查询Q的FROM子句里面。

2. 查询Q的条件表达式可以写成V AND C的条件表达式，其中C =

```
movieTitle = title AND movieYear = year AND name = 'Max Bialystock'
```

3. C中来自于V中关系(Movies和MovieExec)的属性为title、year和name。所有这些属性都在V的SELECT子句中出现。

4. 出现在查询Q的SELECT列表中的属性不属于V中FROM列表中的任何一个关系。

所以可以在查询Q中使用视图V，将查询重写为下面的形式：

```
SELECT starName
FROM StarsIn, MovieProd
WHERE movieTitle = title AND movieYear = year AND
    name = 'Max Bialystock';
```

也就是说，用物化视图MovieProd替换原查询中FROM子句里面的关系Movies和MovieExec，同时将视图的条件从WHERE子句中去掉，仅仅保留条件C。由于重写后的查询只涉及两个关系的连接而非原来的三个，所以重写后的查询会比原查询执行得更快。 □

8.5.4 物化视图的自动创建

在8.4.4节讨论的关于索引的一些思想同样也适用于物化视图。首先要确立或者估算出查询的工作集。一个自动物化视图的选择顾问也需要产生一些候选视图，而不幸的是这个任务远比产生候选索引困难。对于索引而言，每个关系的每个属性仅有一种可能的索引。尽管可能会在关系的小的属性集上建立索引，但是为它生成所有候选索引是直接的。然而，对于物化视图，任何符合规则的查询都可以用来定义一个视图，所以可以考虑任何视图。

如果我们牢记物化视图的创建至少对于可能期待的一个查询有帮助，那么处理可以被限制。举例来说，假设工作集中所有或者部分查询都具有8.5.3节中的形式，那么就可以使用该节中的分析来找到对查询有帮助的视图。可以限定候选的物化视图为：

1. 视图FROM子句中的关系列表至少是工作集中一个查询的FROM语句关系列表的子集。

2. WHERE子句中的条件表达式至少是一个查询中条件表达式的逻辑与条件。

3. SELECT子句中的属性列表至少对于一个查询来说是足够的。

为了评估使用物化视图带来的效益，分别在使用和不使用物化视图的情况下，让查询优化器给出查询运行的时间估计。当然，查询优化器必须被设计成知道怎样利用物化视图。所有现代的查询优化器都知道怎样利用索引来提高效率，但并不是所有的优化器都知道利用物化视图。如果优化器要利用物化视图，则8.5.3节就是有必要使用查询优化器的一个例子。

当考虑物化视图的自动选择时，会出现另外一个问题，这个问题不会在考虑索引时出现。关系上的索引一般比关系本身更小，而且一个关系上所有的索引都占据着同样的物理空间。但是不同的物化视图所占的空间尺寸相差非常大，有些（比如涉及连接操作的）视图会比关系本身大得多。所以需要重新考虑物化视图的“收益”问题。比如，可以用查询的平均执行时间的改进除以视图所占用的空间来衡量“收益”。

8.5.5 习题

习题8.5.1　完成例8.15的练习，分别考虑对其中的每一个基本表做修改。

!习题8.5.2　假设例8.2.3中的视图NewPC是一个物化视图，请问对基本表Product和PC做什么样的修改时才会要求对物化视图做出相应的修改？你怎样用增量式的维护方法实现这些修改？

!习题8.5.3　本习题将探讨基于聚集数据的物化视图。假设物化视图是基于下面的来自舰船习题的基本表：

```
Classes(class, type, country, numGuns, bore, displacement)
Ships(name, class, launched)
```

该视图定义如下：

```
CREATE MATERIALIZED VIEW ShipStats AS
    SELECT country, AVG(displacement), COUNT(*)
    FROM Classes, Ships
    WHERE Classes.class = Ships.class
    GROUP BY country;
```

请问，当对基本表Classes和Ships做什么样的更新时才会要求对物化视图做出相应的更新？你怎样用增量式的维护方法实现这些更新？

!习题8.5.4　在8.5.3节中给出了一个条件，在这个条件下的简单形式的物化视图可以用于执行简单形式的查询。对于例8.15的视图，请给出所有能够使用该物化视图的查询形式。

8.6 小结

- *虚拟视图*（Virtual View）：虚拟视图描述了怎样从数据库中存储的表或者其他视图逻辑地构造出一个新的关系（视图）。视图可以被查询就好像它是存储的关系一样。查询处理器会修改该查询，将其中的视图替换成定义该视图的基本表。
- *可更新视图*（Updatable View）：有些仅基于一个关系的虚拟视图是可更新的，这意味着能对该视图作插入、删除以及修改操作，就好像它是存储的表一样。这些操作会转换为等效的对定义该视图的基本表上的修改。
- *替换触发器*（Instead-Of Trigger）：SQL允许一类特殊的触发器应用于虚拟视图。当对视图的更新发生时，替换触发器就会将该更新操作转换为触发器中指定的作用于基本表的操作。
- *索引*（Index）：尽管索引并不是SQL标准的一部分，但是商用SQL系统都允许在属性上建立索引。当查询或者更新操作涉及建有索引的属性（组）的某个特定值或者一个取值范围时，索引能够加速该查询的执行。
- *索引选择*（Choosing Index）：在索引加速查询的同时，它也会减慢数据库的更新，因为对于要更新的关系来说，它上面的索引也需要被更新。所以索引的选择是一个很复杂的问题，是不是要建立索引取决于对数据库的操作中执行查询和更新所占比重。
- *自动索引选择*（Automatic Index Selection）：有些DBMS会提供工具用于为数据库自动选择索引。它们考察在数据库上执行的一些典型的查询和更新，并以此评估各种可能的索引所带来的开销。
- *物化视图*（Materialized View）：除了把视图当作基本表上的一个查询外，也可以将它定义为一个额外存储下来的关系，即物化视图。它的值是基本表的值的一个函数。
- *物化视图的维护*（Maintaining Materialized View）：当基本表改变时，必须对值受到改变影响的物化视图进行相应的修改。对于很多常见类型的物化视图来说，可以使用增量式的维护方法，这样可以不需要重新计算整个视图。

• 通过查询重写来使用物化视图（Rewriting Queries to Use Materialized View）：重写查询以使得它可以利用物化视图的条件很复杂。然而，如果查询优化器能够执行这样的查询重写，则自动设计工具就可以评估出由于建立物化视图所带来的性能改进，从而自动地选择一些视图将其进行物化。

8.7 参考文献

有关物化视图技术的综述参见文献[2]和[7]。文献[3]介绍了怎样利用贪心算法来选择物化视图。

Microsoft的AutoAdmin和IBM的SMART是两个关于数据库自动调优的项目。你可以从[8]处获得AutoAdmin当前的一些在线信息。关于支持这个系统的技术描述参见[1]。

关于SMART项目的综述在[4]中可以找到，而有关该项目的索引选择方面的内容则在文献[6]中进行了描述。

文献[5]对于本章所讲的索引选择、物化视图、自动调优以及其他相关内容都有涉及。

1. S. Agrawal, S. Chaudhuri, and V. R. Narasayya, "Automated selection of materialized views and indexes in SQL databases," *Proc. Intl. Conference on Very Large Databases*, pp. 496–505, 2000.

2. A. Gupta and I. S. Mumick, *Materialized Views: Techniques, Implementations, and Applications*, MIT Press, Cambridge MA, 1999.

3. V. Harinarayan, A. Rajaraman, and J. D. Ullman, "Implementing data cubes efficiently," *Proc. ACM SIGMOD Intl. Conf. on Management of Data* (1996), pp. 205–216.

4. S. S. Lightstone, G. Lohman, and S. Zilio, "Toward autonomic computing with DB2 universal database," *SIGMOD Record* **31**:3, pp. 55–61, 2002.

5. S. S. Lightstone, T. Teorey, and T. Nadeau, *Physical Database Design*, Morgan-Kaufmann, San Francisco, 2007.

6. G. Lohman, G. Valentin, D. Zilio, M. Zuliani, and A. Skelley, "DB2 Advisor: an optimizer smart enough to recommend its own indexes," *Proc. Sixteenth IEEE Conf. on Data Engineering*, pp. 101–110, 2000.

7. D. Lomet and J. Widom (eds.), Special issue on materialized views and data warehouses, *IEEE Data Engineering Bulletin* **18**:2 (1995).

8. Microsoft on-line description of the AutoAdmin project.
   `http://research.microsoft.com/dmx/autoadmin/`

第9章 服务器环境下的SQL

现在开始思考一个问题：怎样把SQL嵌入到一个完整的编程环境中。典型的服务器环境在9.1节中进行介绍。9.2节阐述了客户–服务器处理以及数据库连接中的SQL术语。

接着开始讨论当SQL必须作为典型应用程序的一部分而用于访问数据库时，实际编程怎样完成。在9.3节介绍怎样将SQL嵌入到一些用普通编程语言（例如C）编写的程序中。一个关键问题是怎样在SQL关系和环境变量，或者“宿主”语言之间移动数据。9.4节考虑另外一种结合SQL与通用程序设计语言的编程方法：持久存储模块，它是一些作为部分数据库模式的存储代码片断，同时由用户命令执行。

第三种编程方法称做“调用层接口”，利用它可以使用传统的语言与函数库进行编程和访问数据库。9.5节讨论名为SQL/CLI的SQL标准库，它能在C程序中进行调用。9.6节会介绍Java的JDBC（数据库连接），它也是一种调用层接口。最后，9.7节介绍另一种流行的调用层接口PHP。

9.1 三层体系结构

数据库有各种不同的规模，包括小的单机型数据库。例如，一个科学家可以使用实验室电脑运行MySQL或者Microsoft Access来存储实验数据。然而，大型数据库的安装具有通用的体系结构，这一章就是讨论这类体系结构。这种体系结构称为*三层*（three-tier）或者*三阶*（three-layer）的，因为它区分三种不同而又相互关联的功能：

1. *Web服务器*（Web Server）。它是指那些连接客户端与数据库系统的进程，通常通过Internet或者本地连接进行操作。

2. *应用服务器*（Application Server）。这些进程执行“交易逻辑”，即系统有意要做的所有操作。

3. *数据库服务器*（Database Server）。这些进程运行DBMS并且执行应用服务器请求的查询和更新。

所有这些进程可以在一个小型系统的同一个处理器上运行，但是更为普遍的做法是每一层分别分配大量的处理器。图9-1给出了怎样组织一个大型数据库的安装。

9.1.1 Web服务器层

Web服务器进程管理与用户的交互。当用户发起连接时，可能是通过打开URL，Web服务器则响应用户请求，具有代表性的是运行Apache/Tomcat来完成该过程。之后用户便成为Web服务器进程的一个*客户端*（client）。具有代表性的是Web浏览器将执行客户端的操作，例如管理表单的填写，而表单将被提交给Web服务器。

以Amazon.com网站为例。一个用户（客户）在浏览器中输入URL地址www.amazon.com打开与Amazon数据库系统的连接。数据库系统的Web服务器则将“主页”呈现给用户，其中包括能表达用户想要操作的表单、菜单和按钮。例如，用户点击书籍（book）菜单，输入他们感兴趣的书籍的名字，客户端Web浏览器将这条消息提交给Amazon的Web服务器，而Web服务器必须与下一层（应用层）进行洽谈，才能完成客户端的请求。

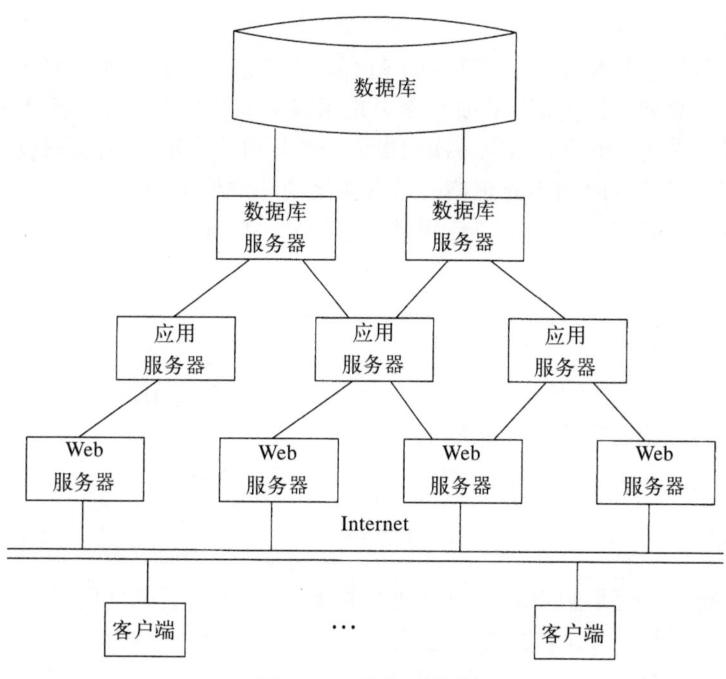

图9-1　三层体系结构

9.1.2　应用层

应用层的工作是将数据作为响应从数据库发回给那些从Web服务器获得的请求。每一个Web服务器的进程可以调用一个或者多个应用层的进程来处理请求；这些进程可以在一台或者多台机器上运行，还可以运行在与Web服务器进程相同或者不同的机器上。

被应用层执行的操作通常被称为数据库运行结构的*交易逻辑*（business logic）。换句话说，应用层是根据推理潜在客户的请求响应和实现这些推理的策略来设计。

以Amazon.com上的书籍信息为例，客户请求将作为Amazon显示书籍信息主页的一个组成元素。这些信息包括书名、作者、价格以及其他一些关于书籍的数据。另外还包括一些相关的链接信息，例如评论、卖家信息和类似书籍的信息。

对于一个简单的系统，应用层可以在一个HTML页面中直接向数据库层发出查询请求，以及汇集这些查询请求的结果。而稍微复杂一点的系统，则有许多应用层的子层结构，它们每一个都具有自己的进程。一种常见的结构是其中的一些子层支持“对象”。这些对象包括一些数据信息，例如“书籍对象”的书名和价格。对象的数据信息通过数据库查询获得。对象还包含了一些被应用层进程调用的方法，如果这些方法被调用时，还会依次引起被提交给数据库的附加查询。

另外的子层则支持*数据库集成*（database integration）。也就是说，有多个完全独立的数据库支持应用操作，但是它们一次提交的查询不可能包含多个数据库数据。来自不同源的查询结果需要在集成子层进行组合。这些数据库在多个重要方面的互不兼容使集成更加复杂。信息集成技术将在别处讨论。而在这里，思考下面这个假设的例子。

例9.1　Amazon数据库包含了书籍的信息，其中用美元表示书本的价格。但是对于来自欧洲的用户，他们的账户信息在位于欧洲的另外一个数据库中，同时账单票据信息都是用欧元表示。当数据集成子层从数据库获得书籍价格同时将此价格信息填入呈现给客户的账单时，它需要知道两种货币的不同。□

9.1.3　数据库层

类似于其他两层，数据库层也具有多个进程，它们能被分配到多台机器，也可以在一台机器上共同工作。数据库层负责执行那些来自应用层请求的查询，另外还提供一些数据缓冲。例如，产生很多结果元组的查询可以一次只提供一个元组给应用层的请求进程。

由于与数据库连接的时间不能忽略，通常会保持一定数量的连接处于开放状态，同时允许应用进程共享这些连接。为了避免应用进程之间的一些异常交互，每个应用进程必须返回它获得的连接状态。

本章剩下的部分主要是关于怎样去实现一个数据库层。尤其需要学习的是：

1. 怎样使数据库与诸如C或者Java之类传统语言编写的“普通”程序进行交互？

2. 怎样解决SQL和传统语言在数据类型上的差异？需要特别指出的是，查询请求的结果是关系，但它们不直接被传统语言所支持。

3. 当与数据库的连接被一些短暂进程共享时，怎样管理这些连接？

9.2　SQL环境

这一节尽可能广泛地查看DBMS和其所支持的数据库和程序。从这里可以看到数据库是如何被定义以及如何组成簇、目录和模式，还可以看到程序如何与它们需要操作的数据连接。由于许多细节依赖于特定的实现，因此这里着重于描述SQL标准包含的一般思想。9.5节、9.6节和9.7节阐述了这些高级的概念如何出现在“调用层接口”，它要求程序员对数据库作出显式的连接。

9.2.1　环境

SQL环境（environment）是一个框架，该框架下可以存在数据，可以对数据进行SQL操作。实际上，SQL环境可以看做安装并运行在某些系统上的DBMS。例如，ABC公司买了Megatron 2010 DBMS的许可证以便在ABC的机器上运行。于是运行在这些机器上的系统便是SQL环境。

前面已经讨论了数据库的所有元素——表、视图、触发器等，它们都是在SQL环境中定义的。这些元素组成了层次性结构，每个元素在该结构中扮演不同的角色。图9-2给出了SQL的标准结构。

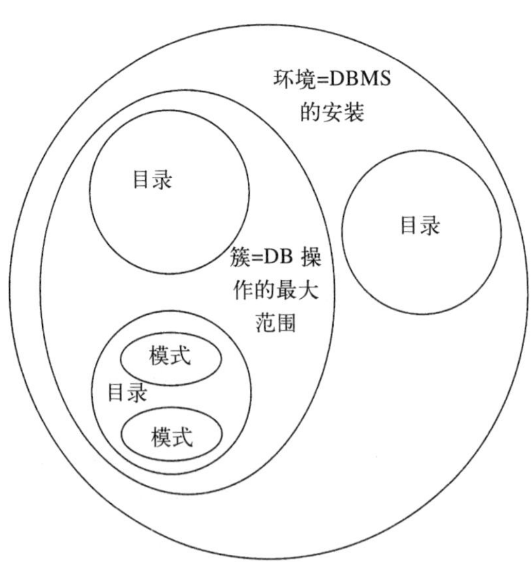

图9-2　环境中数据库元素的组织结构

简短地说，这个结构的内容如下所示：

1. *模式*（schema）。模式是表、视图、断言、触发器和其他信息类型（参见9.2.2节的“更多模式元素”框）的集合。模式是组织的基本单元，可近似地当作“数据库”，不过事实上，在某种程度上它比数据库要略微小一些，下面第（3）点可以看到。

2. *目录*（catalog）。这是模式的集合，是支持唯一的可访问术语的基本单元。每个目录有一个或多个模式，目录中的模式名必须唯一，每个目录包含一个叫IMFORMATION_SCHEMA的特殊模式，这个模式包含了该目录中所有模式的信息。

3. *簇*（cluster）。这是目录的集合。每个用户有一个关联的簇：用户可访问的所有目录的集合（参见10.1节解释如何访问目录和其他受控的元素）。簇是被提交的查询的最大范围，故在一定程度上，簇是特定用户所看到的“数据库”。

9.2.2 模式

模式声明的最简形式如下：

```
CREATE SCHEMA <模式名>  <元素声明>
```

元素声明采用的是如2.3节、8.1.1节、7.5.1节和9.4.1节等不同地方讨论的形式。

例9.2　声明一个模式，该模式包括关于本书一直使用的电影例子中的五个关系，加上一些其他已经介绍的元素，如视图。图9-3描述了这样的声明。□

没有必要一次就声明完所有的模式。可以使用合适的CREATE、DROP或ALTER语句来修改或增加模式，例如，CREATE TABLE后跟随模式里一张新表的声明。使用SET SCHEMA语句改变“当前”的模式。例如，

```
SET SCHEMA MovieSchema;
```

将使图9-3描述的模式作为当前模式。于是，任何模式元素的声明都被加到该模式中，任何DROP或ALTER语句都是指已经在该模式中的元素。

```
CREATE SCHEMA MovieSchema
    CREATE TABLE MovieStar ... 图7-3所示
        另外4张表的声明语句
    CREATE VIEW MovieProd ... 例8.2所示
        其他视图的声明
    CREATE ASSERTION RichPres ... 例7.11所示
```

图9-3　模式声明

> **更多模式元素**
>
> 有些没有提到的模式元素偶尔也能使用到，如：
>
> - **域**（Domain）：值或简单数据类型集合。现在很少用到了，因为对象-关系数据库提供了更强大的创建类型的机制，参见10.4节。
> - **字符集**（Character set）：符号以及如何编制它们的方法的集合。ASCII和Unicode是较为常见的字符集。
> - **核对**（Collation）：核对具体说明哪些字符“小于”另外哪些字符。例如，可以用ASCII码隐含的顺序，或可以把小写和大写字符看作是相同的，并且不比较那些非字母的字符。
> - **授权语句**（Grant statement）：它关心的是谁可以访问模式元素。10.1节将讨论授权优先级问题。
> - **存储过程**（Stored Procedure）：可执行代码；参见9.4节。

9.2.3 目录

正如像表一类的模式元素在模式中创建一样，模式的创建和修改是在目录中。原则上，希望目录的创建和增加进程与模式的创建和增加进程类似。不幸的是，SQL没有定义一个标

准来这么做，如语句

```
CREATE CATALOG <目录名>
```

使得后面紧跟着的是属于该目录的模式列表和那些模式的声明。

然而，SQL又规定了语句

```
SET CATALOG <目录名>
```

这条语句允许设置“当前”目录，因此，新的模式将进入那个目录，并且如果存在名字冲突的话，修改的模式将是指向当前目录的模式。

9.2.4 SQL环境中的客户和服务器

SQL环境不仅仅是目录和模式的集合，它还包含这样的元素：该元素的目的是支持数据库上操作或者是那些目录和模式代表的数据库中的操作。依照SQL标准，SQL环境有两种特殊的进程：SQL客户和SQL服务器。

根据图9-1，术语“SQL服务器”扮演着“数据库服务器”的角色。“SQL客户”则类似于应用服务器。标准SQL没有定义诸如“Web服务器”和“客户端”之类的进程。

模式元素的完全名

形式上，像表这样的模式元素的名称是它的目录名称、它的模式名和它自己的名称，并且这些名称间以这种顺序用点连接。因此，目录MovieCatalog中的模式MovieSchema的表Movie的引用如下：

```
MovieCatalog.MovieSchema.Movies
```

如果目录是缺省的或是当前的目录，那么可以省去目录名。如果模式也是缺省的或当前的模式，那么模式部分也可以省去，这样只留下元素自己的名称。然而，当需要访问当前模式或目录以外的元素时，就不得不使用完全名。

9.2.5 连接

如果在SQL客户端主机上运行包含了SQL的程序，那么将通过下面的SQL语句打开客户和服务器之间的连接：

```
CONNECT TO <服务器名> AS <连接名>
    AUTHORIZATION <名字和密码>
```

服务器名依赖于安装。单词DEFAULT可以替代一个名称且将用户连接到任何被作为“缺省服务器”安装的SQL服务器。授权子句后跟随着用户名和密码。虽然AUTHORIZATION后可以跟随其他的字符串，但密码是用户被服务器识别的典型方式。

连接名可以在以后用来引用连接。引用连接的原因是SQL允许用户打开好几个连接，但是任何时候只有一个连接有效。为了切换连接，可以用下面的语句将conn1变成有效连接：

```
SET CONNECTION conn1;
```

任何当前有效的连接进入休眠（dormant）状态后，只有用SET CONNECTION语句显式地调用才能将其激活。

当断开连接时也要用连接名。断开连接conn1的语句如下：

```
DISCONNECT conn1;
```

现在，conn1被中止。它不是休眠，也不能被激活。

然而，如果连接创建后再也不被引用，那么CONNECT TO子句中的AS和连接名可以省略，也可以完全省略连接语句。如果仅仅在主机和SQL客户之间执行SQL语句，那么可以建立一个缺省的连接。

9.2.6 会话

连接有效时，执行的SQL操作形成了一个*会话*（session）。会话和创建它的连接具有相同的生命周期。例如，当连接处于休眠状态时，它的会话也处于休眠态，SET CONNECTION语句可以激活连接，同时也激活了相应的会话。因此，会话和连接是客户和服务器之间链路的两个方面，见图9-4。

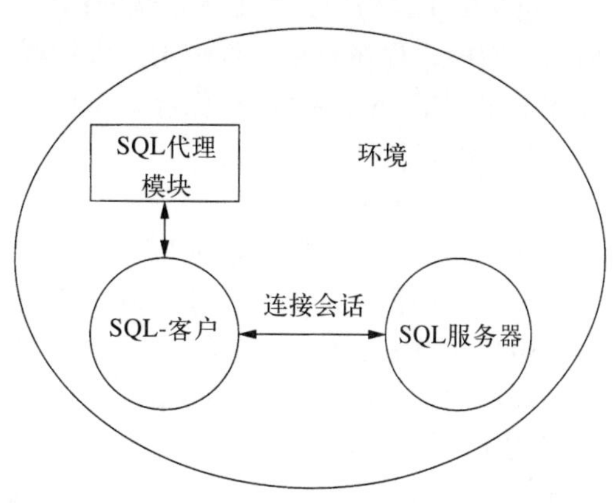

图9-4 SQL客户–服务器的交互图

每个会话有一个当前目录和该目录中的一个当前模式。这些由语句SET SCHEMA和SET CATALOG进行设置，它们都在9.2.2 节和9.2.3节中讨论过。每个会话都有一个授权用户，对此将在10.1节讨论。

SQL标准语言

符合SQL标准的实现要求支持以下七种宿主语言中的至少一种：ADA、C、Cobol、Fortran、M（早期叫Mumps，主要应用于医疗业）、Pascal和PL/I。本书例子中用的是C语言。

9.2.7 模块

模块（module）是对应用程序而言的SQL术语。SQL标准提出了三种模块，但是仅要求SQL的实现中至少提供一种类型给用户。

1. *普通SQL界面*（Generic SQL interface）。用户可以键入SQL服务器执行的SQL语句。这种模式下，每个查询或其他语句本身是一个模块。虽然这种模式实际上很少使用，但是本书中大多数例子都是这种模块。

2. *嵌套SQL*（Embedded SQL）。这种类型将在9.3节讨论。预处理器将这个嵌套的SQL语句转变为SQL系统的对应函数或过程调用。编译后的宿主语言程序（包括这些函数调用）是一个模块。

3. *真模块*（True module）。SQL设想模块的最为一般形式是一个含有存储函数或过程集合的模块，这些函数或过程一部分是宿主语言代码，一部分是SQL语句。它们之间可以通过参数也可以通过共享变量进行通讯。PSM模块（9.4节）就是这样的一个例子。

模块的执行被称为SQL*代理*（agent）。图9-4显示了模块和SQL代理作为一个单元，通过访问SQL客户建立与数据库的连接。然而，模块和SQL代理的区别与程序和进程的区别相似；前者是代码，后者是代码的执行。

9.3 SQL/宿主语言接口

到目前为止，例子中都使用了*普通SQL界面*（Generic SQL interface）。也就是说，假定有一个SQL解释器来接受和执行各种已经学习过的SQL查询和命令。虽然这种操作模式几乎是由所有的DBMS作为一个选项提供的，但实际很少用到。在真实的系统中，诸如9.1节所描述的那样，用*宿主语言*（host language）（例如C）编写的程序中，一些步骤实际上就是SQL语句。

包含SQL语句的典型编程系统的框架如图9-5所示。图中，程序员用一种宿主语言编程，但是程序中用到了一些特殊的“嵌套”SQL语句。这种嵌套可以有两种方式实现。

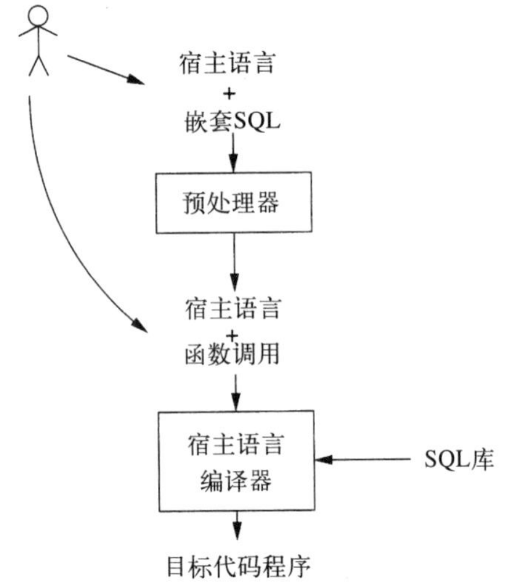

图9-5　处理包含嵌套SQL语句的过程

1. *调用层接口*（Call-level interface）。提供一个库，该库中函数和方法的调用真正指代的就是宿主语言中嵌入的SQL。通常SQL语句为这些方法中的字符型参数。这种实现方法常常被称为调用层接口或者CLI，将在9.5节进行讨论。在图9-5中从用户直接到宿主语言的曲线箭头即为这种方法。

2. *直接嵌套*SQL（Directly embedded SQL ）。包含了嵌套SQL语句的整个宿主语言程序将被提交给预处理器，这些预处理器将嵌套的SQL语句转变为一些对于宿主语言有意义的内容。具有代表性的是，调用库中的函数和方法来代替SQL语句，因此CLI和直接嵌套SQL之间的差别较实物之间的差别更具有感官性。预处理的宿主语言程序用传统的方式进行编译，并通过执行库中函数和方法的调用来操作数据库。

这一节将学习在宿主语言特别是C中直接嵌套的SQL标准。同时还会介绍很多概念，诸如全部或者几乎全部嵌套SQL系统中都出现的游标。

9.3.1　阻抗不匹配问题

连接SQL语句和那些常规的编程语言的基本问题就是*阻抗不匹配*（impedance mismatch），即SQL数据模式与其他语言的模式差别甚大。众所周知，SQL的核心使用的是关系数据模型。然而，C和其他普通的编程语言使用的数据模型有整型、实型、算术型、字符型、指针、记录、数组等等。集合在C或者其他语言中不能直接表示，相对地，SQL不使用指针、循环和分支，或者其他普通编程语言的结构体。因此，在SQL和别的语言之间不能直接转移数据，必须设计一种机制允许程序的开发既可以使用SQL，也可以使用别的编程语言。

首先假设只用单一语言，这种方法看来可取。也即是，要么使用SQL完成所有的计算，要么不用SQL，只用常规语言完成所有的计算。然而，当涉及数据库操作时，忽略SQL的想法很快就被放弃了。SQL系统很大程度上帮助了程序员编写数据库操作，使这些操作可以有效地执行，并且是以很高的级别表示。SQL降低了程序员对于数据在存储器中如何组织或者如何利用这个存储结构以在数据库中高效运行的理解需求。

另一方面，有许多重要的事情SQL根本不能完成。例如，不能用SQL查询来计算数n的阶乘，这个问题用C或者类似的语言[⊖]就可以很轻松地完成。另外一个例子是，SQL不能把输出直接格式化到图表等常规的格式中。所以，真正的数据库编程既要有SQL，也要有宿主语言。

⊖ 这里要注意，基本SQL语言的扩展，像在10.2节中讨论的递归SQL或者9.4节中讨论的SQL/PSM一样，确实提供了“图灵完备性”，也就是说，能够计算用其他编程语言计算的任何问题。然而，这些扩展不准备用于通用性计算，因此它们不被看作是通用性语言。

9.3.2 SQL与宿主语言连接

在宿主语言中使用SQL语句时，通过语句前面的关键字EXEC SQL提示预处理器将有SQL代码进入。数据库只能由SQL语句访问，在数据库和宿主语言程序之间的信息交换是通过*共享变量*（shared variables）实现的，这种变量允许出现在宿主语言和SQL语句中。SQL中共享变量前面要加上冒号作为前缀，而在宿主语言中这些变量并不需要冒号。

在SQL标准中，SQLSTATE这个特殊变量用于连接宿主语言程序与SQL执行系统。SQLSTATE是五个字符的数组类型。每次调用SQL的库函数，向SQLSTATE变量中存放一个代码，该代码表示调用过程中出现的问题。SQL标准同时指定了大量的五个字符的代码和它们的意义。

例如，'00000'（五个零）表示没有产生任何错误，'02000'表示没有找到作为SQL查询结果组成部分的元组。后面这个代码非常重要，因为它允许在宿主语言程序中创建一个循环并且每执行一次循环检查一个元组，当关系中最后一个元组被检查后中止这个循环。

9.3.3 DECLARE节

共享变量的声明加入到如下两个嵌套SQL语句之间：

```
EXEC SQL BEGIN DECLARE SECTION;
    ...
EXEC SQL END DECLARE SECTION;
```

两个语句之间称为*声明节*（declare section）。声明节中的变量声明形式可以是宿主语言要求的任何形式。为使声明的变量有意义，其类型必须是宿主语言和SQL都可以处理的，如整型、实型和字符型，或者数组类型。

例9.3 下面的语句是修改Studio关系的C函数的一部分：

```
EXEC SQL BEGIN DECLARE SECTION;
    char studioName[50], studioAddr[256];
    char SQLSTATE[6];
EXEC SQL END DECLARE SECTION;
```

第一个和最后一个语句是声明节必需的开头和结束。中间的语句声明了两个共享变量studioName和studioAddr。它们都是字符型数组，如将看到的，是用来保存一个电影公司的名称和地址，它们被组成一个元组并插入到Studio关系式中。第三个语句将SQLSTATE声明为包含六个字符的数组[⊖]。 □

9.3.4 使用共享变量

共享变量可以用在SQL语句中任何需要和允许常量的地方。回忆一下，共享变量这样使用时，都要加前缀冒号。下面的例子使用了例9.3中的变量作为元组的一部分插入到Studio关系中。

例9.4 图9-6中显示了一个C函数getStudio，该函数要求用户提供一个电影公司的名称和地址，读取结果，并将合适的元组插入到Studio。第(1)到第(4)行是例9.3中已知的声明。图中省略了打印要求的C代码以及扫描所输入的文本以填写到两个数组studioName和studioAddr的C代码。

接着，第(5)行和第(6)行是常规的INSERT嵌套SQL语句。这个语句以EXEC SQL开头，表明这实际上是一个嵌套SQL语句，而非不符合语法的C代码。和前面的例子一样，第(5)行和第

⊖ 对于5字符值的SQLSTATE应使用6个字符，因为下面的程序中，使用C函数strcmp来测试SQLSTATE是否是确定的值。既然strcmp希望字符串以'\0'结束，那么对于这个结束符就需要第六个字符。第六个字符必须初始化为'\0'，后面的程序中将不再说明这个赋值。

(6)行插入的值不是显式常量。而且，第(6)行中出现的值是共享变量，这些共享变量的当前值构成了被插入元组的一部分。 □

```
    void getStudio() {

1)      EXEC SQL BEGIN DECLARE SECTION;
2)          char studioName[50], studioAddr[256];
3)          char SQLSTATE[6];
4)      EXEC SQL END DECLARE SECTION;

        /* print request that studio name and address
           be entered and read response into variables
           studioName and studioAddr */

5)      EXEC SQL INSERT INTO Studio(name, address)
6)               VALUES (:studioName, :studioAddr);
    }
```

图9-6　使用共享变量插入新的电影公司

任何不返回结果的SQL语句（也就是说，非查询语句）都可以用EXEC SQL为前缀嵌入到宿主语言中。可嵌套的SQL语句的例子包括删除和修改语句以及那些创建、修改或者删除表和视图之类模式元素的语句。

然而，由于“阻抗不匹配”，select-from-where查询不能直接嵌套到宿主语言。查询产生的结果是元组包，但是大多数宿主语言均不直接支持集合或包数据类型。因此，为了将查询结果与宿主语言程序相连接，嵌套SQL不得不从下面两种机制中选择一种。

1. *单元组选择语句*（Single-Row SELECT statement）。只有一个结果元组的查询可以将该元组存储到共享变量中，一个变量对应元组的一个分量。

2. *游标*（Cursor）。如果为查询声明一个*游标*，那么产生多于一个元组的查询就可以执行了。游标范围覆盖了结果关系中的所有元组，每个元组依次被提取到共享变量，并由宿主语言进行处理。

下面依次对每种机制进行讨论。

9.3.5　单元组选择语句

单元组选择的形式类似于普通的select-from-where语句，只是除了SELECT子句后紧跟着关键字INTO和一连串的共享变量。与SQL语句中的所有共享变量一样，这些共享变量以冒号作为前缀。如果查询结果是个单一元组，那么这个元组的分量将分配给这些变量并成为它们的值。如果结果没有元组或者多于一个元组，那么不会分配给这些共享变量，同时一个相应的错误码被写入到SQLSTATE变量中。

例9.5　写一个C函数来读取一个电影公司的名称并输出电影公司制片经理的资产。函数如图9-7所示。它开始于第(1)到第(5)行的声明部分，声明了全部所需的变量。接着，C语句从标准输入获得电影公司的名称，但这部分没有明确写出。

第(6)到第(9)行是单元组选择语句，这与以前看到的查询十分相似。有两点不同：一是在第(9)行的条件中，变量studioName的值代替了常量字符串；二是第(7)行有一个INTO子句显示了查询结果放置的位置。这种情况下，只希望产生单一的元组，且元组只有一个分量，即属性netWorth。该元组的这个分量的值被存储在共享变量presNetWorth中。 □

```
void printNetWorth() {

    EXEC SQL BEGIN DECLARE SECTION;
        char studioName[50];
        int presNetWorth;
        char SQLSTATE[6];
    EXEC SQL END DECLARE SECTION;

    /* print request that studio name be entered.
       read response into studioName */

    EXEC SQL SELECT netWorth
             INTO :presNetWorth
             FROM Studio, MovieExec
             WHERE presC# = cert# AND
                   Studio.name = :studioName;

    /* check that SQLSTATE has all 0's and if so, print
       the value of presNetWorth */
}
```

图9-7 嵌套在C函数中的单元组选择

9.3.6 游标

将SQL查询连接到宿主语言中最通用的方法是使用游标，游标可以遍历关系的元组。这个关系可以是一个被存储的表，也可以是由查询产生的结果。为了创建和使用游标，需要下列语句：

1. 游标声明。游标声明的最简形式如下：

```
EXEC SQL DECLARE <游标名称> CURSOR FOR <查询>
```

其中查询可以是通常的select-from-where查询或者关系名。游标范围（range）覆盖该查询产生的关系元组。

2. 语句EXEC SQL OPEN，其后跟随着游标的名称。这个语句初始化游标的位置，使游标指向其覆盖的那个关系中的第一个元组，并从那里开始检索。

3. 一次或者多次使用fetch子句。fetch子句的目的是得到游标覆盖的那个关系中的下一个元组。fetch子句的形式如下：

```
EXEC SQL FETCH FROM <游标名称> INTO <变量列表>
```

每个关系元组的属性对应列表里的一个变量。假如有一个可获取的元组，那么该元组相应的分量将赋值给对应的变量。如果元组已经被遍历过了，那么不会返回任何元组，且SQLSTATE被赋值为‘02000’，这个代码表示“没有发现任何元组”。

4. EXEC SQL CLOSE子句，其后跟随着游标的名称。这条语句关闭游标，游标将不再覆盖关系的元组。然而，游标可以由另外一条OPEN语句重新初始化，它将重新覆盖这个关系的元组。

例9.6 查询满足以下条件的电影出品人的个数，这些出品人的净资产呈指数型增长，每一个数值段代表相应净资产的位数。因此设计了一个查询，该查询用来检索所有MovieExec元组的netWorth字段，并存入worth共享变量中。游标execCursor将覆盖所有这些单分量元组。每取一个元组时，计算整数worth的位数，并将数组counts中相应元素加1。

C函数worthRanges开始于图9-8的第(1)行。第(2)行声明了只能被C函数使用而不能被嵌套SQL使用的变量。数组counts保存了出品人数目，digits计算净资产的位数，而*i*是一个下标，用来遍历数组counts的元素。

第(3)到第(6)行是SQL的声明节，声明了共享变量worth和通常的SQLSTATE。第(7)行和第(8)行定义了游标execCursor，该游标覆盖了由第(8)行的查询所产生的值。这个查询仅仅要求MovieExec中所有元组的netWorth字段。游标在第(9)行打开。第(10)行通过数组counts清零来完成初始化。

主要的工作由第(11)到第(16)行的循环完成。在第(12)行，一个元组被读取到共享变量worth中。虽然一般说来，变量的数目和被检索的元组的分量的数目一样，但由于第(8)行的查询产生的元组只有一个分量，所以只需一个共享变量。第(13)行测试提取是否成功。这里，使用了一个宏NO_MORE_TUPLES，其定义如下：

```
#define NO_MORE_TUPLES !(strcmp(SQLSTATE,"02000"))
```

回忆一下，"02000"是一个SQLSTATE代码，表示没有找到元组。这样，如果没有任何元组，就中断循环，跳转到第(17)行。

如果提取了一个元组，那么第(14)行净资产的数字位数被初始化为1。第(15)行是一个循环，此循环重复地用10除净资产并且将变量digits重复加1。当净资产被10除为零时，digits保留了被检索过的worth值的正确位数。最后，第(16)行将数组counts中相应元素加1。这里假定位数不超过14。然而，净资产有15或者更多的数位，可是第(16)行对数组counts的元素不作任何增加，因为没有对应的范围；也就是说，过大的净资产被丢弃但并不影响统计。

第(17)行开始结束函数的工作。首先关闭游标。然后第(18)行和第(19)行输出数组counts中的值。□

```
 1)  void worthRanges() {

 2)      int i, digits, counts[15];
 3)      EXEC SQL BEGIN DECLARE SECTION;
 4)          int worth;
 5)          char SQLSTATE[6];
 6)      EXEC SQL END DECLARE SECTION;
 7)      EXEC SQL DECLARE execCursor CURSOR FOR
 8)          SELECT netWorth FROM MovieExec;

 9)      EXEC SQL OPEN execCursor;
10)      for(i=1; i<15; i++) counts[i] = 0;
11)      while(1) {
12)          EXEC SQL FETCH FROM execCursor INTO :worth;
13)          if(NO_MORE_TUPLES) break;
14)          digits = 1;
15)          while((worth /= 10) > 0) digits++;
16)          if(digits <= 14) counts[digits]++;
         }
17)      EXEC SQL CLOSE execCursor;
18)      for(i=1; i<15; i++)
19)          printf("digits = %d: number of execs = %d\n",
                 i, counts[i]);
     }
```

图9-8　分组出品人净资产呈现指数型增长

9.3.7 游标更新

当游标遍历一个基本表的元组（也就是说，存储到数据库中的关系）时，不仅可以读和处理每个元组的值，而且可以修改或者删除当前元组。UPDATES和DELETE语句的语法除了WHERE子句外，和6.5节中的一样。WHERE子句只能是WHERE　CURRENT　OF，其后跟着游标的名称。当然对于读取元组的宿主语言而言，在决定删除或者修改这个元组之前，它都有可能将任何条件应用到该元组中。

例9.7　图9-9中C函数将查看MovieExec的每个元组并决定是删除该元组还是将其净资产翻倍。第(3)行和第(4)行定义了与MovieExec的四个属性相对应的变量，以及必需的SQLSTATE。然后，在第(6)行中声明的execCursor覆盖存储关系MovieExec自身。

```
 1)  void changeWorth() {

 2)      EXEC SQL BEGIN DECLARE SECTION;
 3)          int certNo, worth;
 4)          char execName[31], execAddr[256], SQLSTATE[6];
 5)      EXEC SQL END DECLARE SECTION;
 6)      EXEC SQL DECLARE execCursor CURSOR FOR MovieExec;

 7)      EXEC SQL OPEN execCursor;
 8)      while(1) {
 9)          EXEC SQL FETCH FROM execCursor INTO :execName,
                 :execAddr, :certNo, :worth;
10)          if(NO_MORE_TUPLES) break;
11)          if (worth < 1000)
12)              EXEC SQL DELETE FROM MovieExec
                         WHERE CURRENT OF execCursor;
13)          else
14)              EXEC SQL UPDATE MovieExec
                         SET netWorth = 2 * netWorth
                         WHERE CURRENT OF execCursor;
         }
15)      EXEC SQL CLOSE execCursor;
     }
```

图9-9　更新出品人的净资产

第(8)到第(14)行是循环，循环中游标execCursor依次指向MovieExec的每个元组。第(9)行将当前元组提取到为其设置的四个变量中，要注意的是，实际只用到了worth。第(10)行测试MovieExec的元组是否都检索过了。这里再次使用了宏ON_MORE_TUPLES作为变量SQLSTATE所包含的“02000”代码的条件，即“没有元组”。

第(11)行查询净资产是否低于$1000。如果是，元组被第(12)行的DELETE语句删除。注意涉及游标的WHERE子句，于是刚刚提取的MovieExec的当前元组被从MovieExec中删除。如果净资产至少是$1000，那么在第(14)行，同一个元组中的净资产被翻倍。□

9.3.8 避免并发修改

假定用图9-8中的函数worthRanges检查电影出品人的净资产时，某个其他的进程正在修改底层的MovieExec关系。对于这种可能性应该做些什么呢？恐怕不能做任何事情。例如，人们满意于近似的统计，而不在意统计时该出品人的数据是否被其他进程删除。于是简单地接受通过游标所获取到的元组。

可是，人们并不希望游标读取的元组被并发的变化所影响，而是强调统计是针对某个时刻已存在的关系。利用6.6节事务处理中的术语，我们要让那些关系上运行的游标的代码能与该关系上的其他任何操作可串行化。为了保证这一点，对于并发变化可以将游标声明为对并发修改不敏感（insensitive）。

例9.8　图9-8中的第(7)行和第(8)行修改成如下形式：

```
7)      EXEC SQL DECLARE execCursor INSENSITIVE CURSOR FOR
8)          SELECT netWorth FROM MovieExec;
```

这样声明的execCursor使得SQL系统将保证在execCursor打开和关闭之间对关系MovieExec所作的变化不会影响提取到的元组集合。　□

某些关系R上的游标可以确信不会改变R。这样的游标可以与R的不敏感游标同时运行，而不用担心会改变被不敏感游标读到的关系R。如果游标声明为FOR READ ONLY，那么数据库系统可以保证基本关系不会因为读取游标而修改了该关系。

例9.9　在图9-8的第(8)行后面加上下面一行：

```
FOR READ ONLY;
```

这样，任何试图通过游标execCursor所做出的关系修改都会产生错误。　□

9.3.9　动态SQL

目前为止，嵌套在宿主语言中的SQL模型都是在宿主语言程序中特定的SQL查询和命令。嵌套SQL的另一种形式是自身可以被宿主语言处理的语句。这种语句编译时不可知，因此，不能被SQL预处理器和宿主语言编译器处理。

例如这种情况下的一个程序，它提示用户输入SQL查询，然后读这个查询，并执行这个查询。第6章中假定的针对这种特定SQL查询的基本界面就是这样的一个程序。如果查询是在运行时读取和执行，那么编译时什么都不能做。查询被读到后，将立即进行语法分析，并且由SQL系统寻找适合执行该查询的方式。

宿主语言程序必须指导SQL系统接受刚刚读到的字符串，并将字符串转化为可执行的SQL语句，最后执行这条语句。下面两条动态SQL（Dynamic SQL）语句完成这两步工作。

1. EXEC SQL PREPARE *V* FROM <表达式>，其中*V*是SQL变量。表达式可以是其值为字符串的任意一条宿主语言表达式，而该字符串被当作SQL语句。假设能对SQL语句进行语法分析，且由SQL系统寻找到一个不错的执行该语句的方案，但是，语句并没有被执行。而且，执行该SQL语句的计划变成了*V*的值。

2. EXEC SQL EXECUTE *V*。这条语句引起*V*所代表的SQL语句的执行。

上述两步可以用下面的语句合二为一：

```
EXEC SQL EXECUTE IMMEDIATE <表达式>
```

如果一条语句被编译一次，然后执行很多次时，就会看到合并这两步是不利的。使用EXECUTE IMMEDIATE，每次语句执行时都要付出准备该语句的代价，而不是只付出一次。

例9.10　图9-10是一个C程序。该程序从标准输入中读取文本输送到一个变量query中，准备并执行这个查询。SQL变量SQLquery保留着那些准备好的查询。既然查询只执行一次，那么语句：

```
EXEC SQL EXECUTE IMMEDIATE :query;
```

可以替代图9-10中的第(6)行和第(7)行。　□

```
void readQuery() {

    EXEC SQL BEGIN DECLARE SECTION;
        char *query;
    EXEC SQL END DECLARE SECTION;

    /* prompt user for a query, allocate space (e.g.,
       use malloc) and make shared variable :query point
       to the first character of the query */
    EXEC SQL PREPARE SQLquery FROM :query;
    EXEC SQL EXECUTE SQLquery;
}
```

图9-10　准备并执行动态SQL查询

9.3.10　习题

习题9.3.1　基于习题2.4.1的数据库模式，写出下列嵌套SQL查询：

```
Product(maker, model, type)
PC(model, speed, ram, hd, price)
Laptop(model, speed, ram, hd, screen, price)
Printer(model, color, type, price)
```

可以使用你所熟悉的任何宿主语言，宿主语言编程的细节可以用清楚的注释代替。

a) 询问用户一个价格，找出与这个价格最为接近的PC。输出该PC的maker、model number和speed。

b) 询问用户能接受的速度、RAM、硬盘大小和显示器尺寸的最小值。找出满足要求的所有笔记本电脑（laptop）。输出它们的说明（Laptop的所有属性）和它们的制造商。

!c) 询问用户一个制造商。输出该制造商的所有产品的规格，即输出型号、产品类型以及适合这个类型的所有关系的属性。

!!d) 询问用户的“预算”（PC和打印机的总价格）和PC机的最小速度。找出最便宜的“系统”（PC加上打印机），使其在预算之内同时满足最小速度，但尽可能使打印机为彩色打印机。输出所选系统的型号。

e) 询问用户制造商、型号 、速度、RAM、硬盘的大小以及新PC的价格。检查系统中是否有这种型号的PC。如果有该型号，输出一个警告，否则将信息插入到表Product和PC中。

习题9.3.2　基于习题2.4.3的数据库模式，写出下列的嵌套SQL查询：

```
Classes(class, type, country, numGuns, bore, displacement)
Ships(name, class, launched)
Battles(name, date)
Outcomes(ship, battle, result)
```

a) 船的火力大约与火炮的数目和火炮口径立方的乘积成比例。找出具有最大火力的类别。

!b) 询问用户战役的名称。找出该战役中涉及的舰船的国家。输出沉船最多的国家和损坏船只最多的国家。

c) 询问用户类别的名称以及表Classes中元组所要求的其他信息。接着询问那个类别的船只名字和下水日期的列表。但是用户给出的第一个名字不必是类别的名字。将收集的信息插入到Classes和Ships中。

!d) 检查关系Battles、Outcomes和Ships中那些下水前已经参战的舰船。当发现错误时，提示用户并提供改变下水日期和战役日期的选项，完成所要求的改变。

9.4　存储过程

本节介绍持久性存储模块（persistent，stored modules）（SQL/PSM 或简写为PSM）。PSM是SQL标准最新版本的一部分，被称为SQL:2003。它允许用简单通用的语言编写过程，并且将它们存储在数据库中，作为模式的一部分。然后可以用这些包含在SQL查询和其他语句中的过程来执行那些不能用SQL单独完成的处理。每个商用性的DBMS均向用户提供了其自身的PSM扩展。本书将描述SQL/PSM标准。该标准表明了这些功能的主要思想，有助于读者理解任何与特定系统相关的该类语言。参考目录里给出了许多支持PSM扩展的商用系统。

9.4.1　创建PSM函数和过程

PSM中定义了模块（modules），该模块是如下内容的集合：函数和过程定义、临时关系声明和其他可选声明。过程声明的要素如下：

```
CREATE  PROCEDURE  <名字>  (<参数>)
    <局部声明>
    <过程体>;
```

这种形式与许多编程语言相似：它由过程名、用圆括号括起的参数列表、可选的局部变量声明和定义过程的可执行的代码体组成。函数定义基本上与过程定义的方式相同，不同之处只是使用的是保留字FUNCTION，并且必须指定返回值的类型。于是，函数定义的要素如下：

```
CREATE  FUNCTION  <名字>  (<参数>)  RETURNS <类型>
           <局部声明>
           <函数体>;
```

PSM过程的参数是模式-名字-类型的三元组。也就是说，不仅要如同编程语言一样，在参数名后跟随参数所定义的类型，而且要加一个“模式”前缀。该前缀要么是IN，要么是OUT，或者INOUT。这三个关键字分别表明参数是仅输入的、仅输出的或者既可输入又可输出的。缺省前缀是IN，可以省略。

另一方面，函数的参数只可以是IN模式。换句话说，PSM阻止了函数中的副作用，所以从函数中得到信息的唯一方式是通过函数的返回值。虽然在过程定义中常常指出IN模式，但是在函数参数中将不指明IN模式。

例9.11　虽然还没有学习过程体和函数体的各种语句，但SQL语句的出现并不令人感到意外。这些语句的限制和9.3.4节介绍的嵌套SQL是一样的：只允许查询进行单元组选择语句和基于游标的访问。图9-11的PSM过程将新旧两个地址作为其参数，并且用新地址替换MovieStar中每一个旧地址。

```
1)  CREATE PROCEDURE Move(
2)      IN oldAddr VARCHAR(255),
3)      IN newAddr VARCHAR(255)
    )
4)  UPDATE MovieStar
5)  SET address = newAddr
6)  WHERE address = oldAddr;
```

图9-11　改变地址的过程

第(1)行引入了过程及其名称Move。第(2)行和第(3)行声明了两个输入参数，其类型都是VARCHAR(255)。注意，该类型和图2-8中定义MovieStar的属性address的类型一致。第(4)到第(6)行是传统的UPDATE语句。然而，参数名可以被当作常量使用。宿主变量在SQL中使用时必须加上前缀冒号(9.3.2节)，但是PSM过程和函数中的参数或别的局部变量不要求加冒号。　□

9.4.2　PSM中的简单语句格式

先来看一下一些容易掌握的语句格式。

1. *调用语句*（call-statement）：过程调用的形式：

```
CALL <过程名> (<参数>);
```

也就是说，保留字CALL后跟随过程名和用圆括号括起的参数表，这与大多数语言一样。可是，这种调用语句在不同的地方使用不同的形式：

i. 例如，在宿主语言中的调用形式是：

```
EXEC SQL CALL Foo(:x, 3);
```

ii. 作为另一个PSM函数或过程的语句。

iii. 作为发送给基本SQL界面的SQL命令。例如，可以把语句

```
CALL Foo(1, 3);
```

发送给该界面，并且分别用1和3作为赋值过程的两个参数，然后执行存储过程Foo。

要注意的是，这里不允许调用函数。在PSM中调用函数和在C中一样：使用函数名和匹配的参数作为表达式的一部分。

2. *返回语句*（return-statement）：格式如下：

```
RETURN <表达式>;
```

该语句只能出现在函数中。它计算表达式的值，并将函数的返回值设置为该计算结果。然而，和普通编程语言不同的是，PSM的返回语句不结束这个函数。甚至，它将继续控制后面的语句，而且在函数完成之前返回值都可能会改变。

3. *局部变量声明*（declarations of local variable）：语句格式为

```
DECLARE <名字> <类型>;
```

用给定的类型声明给定名称的变量。这个变量是局部的，在函数或者过程运行后，DBMS不再保存其值。函数或过程体中的声明必须在可执行语句之前。

4. *赋值语句*（assignment statement）：格式如下：

```
SET <变量> = <表达式>;
```

除了引导保留字SET外，PSM中的赋值和别的语言完全相似。计算等号右边的表达式，它的值将成为左边变量的值。表达式可以是NULL，甚至可以是查询，只要该查询是返回一个单值。

5. *语句组*（statement group）：语句组以分号结束，并置于保留字BEGIN和END之间。这种构造被当作单个语句，可以出现在任何单个语句可以出现的地方。特别是，由于过程或函数体相当于单个语句，所以在过程和函数体中可插入任何语句序列，只要它们被置于BEGIN和END之间。

6. *语句标号*（statement label）：用名字（标号名）和冒号作为前缀来标识语句。

9.4.3 分支语句

复杂的PSM语句类型中，先考虑if语句。其形式有点奇怪；与C和其他类似语言的不同是：

1. 用保留字END IF结束。

2. 嵌套在if语句中的else子句以单词ELSEIF开始。

因此，if语句的一般格式如图9-12所示。如同SQL语句的WHERE子句一样，条件可以是任何布尔类型的表达式。语句列表由以分号结束的语句构成，但不必置于BEGIN ... END之间。最后的ELSE和它的语句是可选项。也就是说，可以只有IF... THEN ... END IF，也可以带有ELSEIF。

```
IF <condition> THEN
    <statement list>
ELSEIF <condition> THEN
    <statement list>
ELSEIF
    ...
ELSE
    <statement list>
END IF;
```

图9-12　if语句的格式

例9.12　编写一个关于年份y和电影公司s的函数，它返回一个布尔值，其值为TRUE当且仅当电影公司s在第y年至少制作了一部喜剧电影，或者在那一年没有制作任何电影。其代码见图9-13。

```
1)  CREATE FUNCTION BandW(y INT, s CHAR(15)) RETURNS BOOLEAN

2)  IF NOT EXISTS(
3)      SELECT * FROM Movies WHERE year = y AND
            studioName = s)
4)  THEN RETURN TRUE;
5)  ELSEIF 1 <=
6)      (SELECT COUNT(*) FROM Movies WHERE year = y AND
            studioName = s AND genre = 'comedy')
7)  THEN RETURN TRUE;
8)  ELSE RETURN FALSE;
9)  END IF;
```

图9-13　如果制作了电影，则至少有一部是喜剧电影

第(1)行引入了函数和它的参数。参数模式不必指定，因为对于函数只能是IN模式。第(2)行和第(3)行判断电影公司s在第y年是否没有制作任何电影，如果是，则第(4)行返回值赋为TRUE。注意第(4)行并没有使函数返回。从技术上讲，是由if语句规定的控制流引起了从第(4)行到第(9)行的跳转，在第(9)行函数完成并返回。

如果电影公司s在第y年制作了电影，那么第(5)行和第(6)行测试是否至少有一部电影是喜剧电影。如果是的话，返回值在第(7)行再次被置为真。其余情况下，电影公司s制作的都不是喜剧电影，则第(8)行返回值被置为FALSE。 □

9.4.4 PSM中的查询

PSM中有多种select-from-where的查询方式：

1. 子查询可用于条件语句中，或者一般而言，在SQL中任何地方使用子查询都是合法的。例如，图9-13中第(3)行和第(6)行的子查询。

2. 返回单一值的查询可用在赋值语句的右边。

3. PSM中单元组选择语句是合法语句。回忆含有INTO子句的语句，INTO子句将变量赋值为单个返回元组的分量。这些变量可以是局部变量或PSM过程的参数。它的一般形式曾在9.3.5节的嵌套SQL内容中讨论过。

```
CREATE PROCEDURE SomeProc(IN studioName CHAR(15))

DECLARE presNetWorth INTEGER;

SELECT netWorth
INTO presNetWorth
FROM Studio, MovieExec
WHERE presC# = cert# AND Studio.name = studioName;
    ...
```

图9-14　PSM中的单元组选择

4. 声明和使用游标，本质上和9.3.6节嵌套SQL的描述差不多。游标的声明及OPEN、FETCH和CLOSE语句等都和那里描述的一样，但是下面几点是不同的：

a) 语句中不出现EXEC SQL。

b) 局部变量不使用冒号前缀。

例9.13 图9-14是用PSM重新编写了一次图9-7所示的单元组选择，并且是置于假设的过程定义中。注意，因为单元组选择只返回一个分量的元组，故下面的赋值语句可以有同样的作用：

```
SET presNetWorth = (SELECT netWorth
    FROM Studio, MovieExec
    WHERE presC# = cert# AND Studio.name = studioName);
```

使用游标的例子将被延迟到下一节学习了PSM循环语句之后。 □

9.4.5 PSM中的循环

PSM中的基本循环结构如下：

```
LOOP
        <语句列表>
END LOOP;
```

LOOP语句常常被标识出来，所以可能使用下面的语句中断循环：

```
LEAVE <循环标识>;
```

通常情况下，循环涉及用游标读取元组，当没有更多的元组时，就希望离开这个循环。对于表示没有找到元组的SQLSTATE值（回忆一下，是‘02000’），可以定义一个条件（condition）名。其方法是用如下语句：

```
DECLARE Not_Found CONDITION FOR SQLSTATE '02000';
```

更一般地，可以用如下语句声明表示任何希望与SQLSTATE值相对应的标识作为条件：

```
DECLARE <名字> CONDITION FOR SQLSTATE <值>;
```

下面研究一个在PSM中混合使用游标操作和循环的例子。

例9.14 图9-15显示了一个PSM过程，该过程将电影公司名称*s*作为输入参数，并且用输出参数mean和variance给出电影公司*s*拥有的所有电影长度的平均值和方差。第(1)到第(4)行声明了该过程和参数。

第(5)到第(8)行是局部声明。定义Not_Found作为条件的名称，该条件表示FETCH在第(5)行返回元组失败。接着，在第(6)行，游标MovieCursor被定义为返回电影公司*s*制作的电影的长度集合。第(7)行和第(8)行声明了所需的两个局部变量。整数newLength保存了FETCH的结果，而movieCount计数电影公司*s*制作的电影的数目。之所以需要movieCount，是在最后能够将长度的和转变为长度的平均值，将长度的平方和转化为方差。

图中其余行是过程体。mean和variance为临时变量，也可作为最后的“返回”结果。在主循环中，mean实际保存长度的和，variance实际保存长度的平方和。因此，第(9)到第(11)行初始化这些变量和电影的数目为0。第(12)行打开游标，第(13)到第(19)行形成了标识为movieLoop的循环。

第(14)行执行读取元组，第(15)行检查是否找到了另一个元组。如果不是，结束循环。第(15)到第(18)行计算值，将MovieCount加1，并且把长度加到mean上（这里mean实际是计算长度和），将长度的平方加到variance。

当电影公司*s*的所有电影被检索过后，循环结束，转到第(20)行。在第(20)行，用电影总的长度和除以电影的数目得到mean的正确值。第(21)行，电影长度的平方和除以电影的数目，再减去mean的平方，使variance得到真正的方差。参见习题9.4.4关于为什么这么计算是正确的讨论。第(22)行关闭游标，过程结束。 □

```
1)  CREATE PROCEDURE MeanVar(
2)      IN s CHAR(15),
3)      OUT mean REAL,
4)      OUT variance REAL
    )
5)  DECLARE Not_Found CONDITION FOR SQLSTATE '02000';
6)  DECLARE MovieCursor CURSOR FOR
        SELECT length FROM Movies WHERE studioName = s;
7)  DECLARE newLength INTEGER;
8)  DECLARE movieCount INTEGER;

    BEGIN
9)      SET mean = 0.0;
10)     SET variance = 0.0;
11)     SET movieCount = 0;
12)     OPEN MovieCursor;
13)     movieLoop: LOOP
14)         FETCH FROM MovieCursor INTO newLength;
15)         IF Not_Found THEN LEAVE movieLoop END IF;
16)         SET movieCount = movieCount + 1;
17)         SET mean = mean + newLength;
18)         SET variance = variance + newLength * newLength;
19)     END LOOP;
20)     SET mean = mean/movieCount;
21)     SET variance = variance/movieCount - mean * mean;
22)     CLOSE MovieCursor;
    END;
```

图9-15 某电影公司制作的影片长度的平均值和方差

9.4.6 for循环

PSM中也有for循环结构，不过它的作用仅仅是游标的迭代。其语句形式如图9-16所示。该语句不但声明了游标，而且处理了许多“麻烦的细节”：打开和关闭游标、取值、检测是否没有元组可以获取等。但是，因为不是直接获取自己的元组，所以不能为那些被替代的元组分量指定存储变量。这样，查询结果的属性名也交由PSM作为相同类型的局部变量处理。

```
FOR <loop name> AS <cursor name> CURSOR FOR
    <query>
DO
    <statement list>
END FOR;
```

图9-16 PSM中的for循环语句

例9.15 使用for循环重新编写图9-15的过程。代码见图9-17。很多事情没有变化。图9-17中第(1)到第(4)行的过程声明不变，第(5)行中局部变量movieCount的声明也一样。

其他的循环结构

PSM中也有while和repeat循环，其含义与C相同。也就是说，可以创建如下形式的循环：

```
WHILE <条件> DO
<语句列表>
END WHILE;
```

或者这种形式的循环：

```
REPEAT
<语句列表>
```

```
UNTIL <条件>
END REPEAT;
```

顺便提及，如果要标识这些循环，包括由loop语句或for语句形成的循环，可以把标识置于END LOOP或其他标识符之后。这样做的优点是使循环结束的位置更清楚，使PSM解释器能检测包括忽略了END的语法错误。

```
1)  CREATE PROCEDURE MeanVar(
2)      IN s CHAR(15),
3)      OUT mean REAL,
4)      OUT variance REAL
    )
5)  DECLARE movieCount INTEGER;

    BEGIN
6)      SET mean = 0.0;
7)      SET variance = 0.0;
8)      SET movieCount = 0;
9)      FOR movieLoop AS MovieCursor CURSOR FOR
            SELECT length FROM Movies WHERE studioName = s;
10)     DO
11)         SET movieCount = movieCount + 1;
12)         SET mean = mean + length;
13)         SET variance = variance + length * length;
14)     END FOR;
15)     SET mean = mean/movieCount;
16)     SET variance = variance/movieCount - mean * mean;
    END;
```

图9-17　用for循环计算长度的均值和方差

然而，在过程的声明部分中不必声明游标，也不必定义条件Not_Found。第(6)到第(8)行像前面一样初始化这些变量。接着，第(9)行的for循环定义了游标MovieCursor。第(11)到第(13)行是循环体。注意，在第(12)行和第(13)行，通过游标检索的长度是用属性名length来引用，而不是用局部变量newLength（在过程编程中该变量不存在）。第(15)行和第(16)行计算输出变量正确的值，这与前一个版本相同。 □

9.4.7 PSM中的异常处理

SQL系统通过在长为5个字符的字符串SQLATATE变量中设置非零数字序列来表明错误条件。前面已经看到这些代码中的一个：'02000'表示"没有找到元组"。另外，'21000'表示单元组选择返回了多个元组。

PSM可以声明叫做*异常处理*（exception handler）的代码。也就是说，在语句或语句组执行过程中，当错误代码列表中的任何一个出现在SQLSTATE中时，就调用异常处理。每一个异常处理都和一个由BEGIN...END描述的代码块有关。处理过程出现在代码块中，并且仅仅只用于代码块中的语句。

异常处理的组成是：

1. 一组异常条件，当这些条件成立时调用异常处理。

2. 当异常发生时，与该异常相关联的执行代码。

3. 指明处理器完成处理后的转移去处。

异常处理的声明形式如下：

```
DECLARE <下一步到哪里> HANDLER FOR <条件列表>
    <语句>
```

转移有如下几种选择方式：

a) CONTINUE，表示执行异常处理声明中的语句之后，继续执行产生异常的语句之后的那条语句。

b) EXIT，表示执行异常处理语句后，控制离开声明异常处理的BEGIN...END块。下一步执行该代码块之后的语句。

c) UNDO，与EXIT差不多，只是有一点不同，即到目前为止，已执行的该块语句对数据库或局部变量产生的变化都被撤消。也就是说，块是事务，因此它会由于异常而被撤消。

for循环中为什么需要命名

注意movieLoop和MovieCursor，它们虽然在图9-17的第(9)行被声明，却从未在这个过程中使用过。但是，仍然不得不为for循环本身和用来迭代的游标起名。原因是PSM解释程序将for循环解释为一个普通的循环，就像图9-15中的代码，该代码中需要这两个名字。

“条件列表”是由逗号分隔的条件的列表，可以是图9-15第(5)行中Not_Found之类被声明的条件，也可以是SQLSTATE和5位字符串的表达式。

例9.16　编写一个PSM函数，以电影片名作为参数，返回电影的年份。如果该片名的电影不存在或是不止一个的话，则返回NULL。代码见图9-18。

```
1)  CREATE FUNCTION GetYear(t VARCHAR(255)) RETURNS INTEGER

2)  DECLARE Not_Found CONDITION FOR SQLSTATE '02000';
3)  DECLARE Too_Many CONDITION FOR SQLSTATE '21000';

    BEGIN
4)      DECLARE EXIT HANDLER FOR Not_Found, Too_Many
5)          RETURN NULL;
6)      RETURN (SELECT year FROM Movies WHERE title = t);
    END;
```

图9-18　单元组选择返回不止一个元组情况下的异常处理

第(2)行和第(3)行声明了符号条件；这些定义不是必须要写的，也可以使用第(4)行所代表的SQL状态。第(4)、(5)、(6)行是一个代码块，块中首先为两个条件声明了异常处理：它们是返回零个元组的条件和返回多于一个元组的条件。第(5)行是异常处理动作，它仅仅是把返回值置为NULL。

第(6)行语句做了函数GetYear的工作。它是希望正好返回一个整数的SELECT语句，该整数亦是函数GetYear要返回的值。如果对于片名*t*（函数的输入参数)恰好只有一部电影，那么就返回这个值。然而，如果第(6)行出现了异常，即要么因为与片名*t*对应的元组没有，要么因为对应的元组不止一个，那么调用异常处理，且返回值NULL。同样，因为处理是EXIT类型，故流程的下一步跳到END之后。该处是函数的结束处，此刻GetYear结束，返回NULL值。　□

9.4.8 使用PSM函数和过程

如9.4.2节提到的，在嵌套的SQL程序、PSM代码本身或提供给基本界面的普通SQL命令中都可以调用PSM函数和过程。我们用保留字CALL作为前缀来调用过程。另外，函数作为表达式的一部分出现，例如WHERE子句。下面给出一个在表达式中使用函数的例子。

例9.17　假定模式中包括了具有图9-18中GetYear函数的模块。想象面对基本界面，准备输入Denzel Washington是Remember the Titans中的影星这个事实。可是，却忘记了电影的年份。然而，只要这个名称的电影只有一部，并且它就在关系Movies中，那么，就不必通过预先查询去找出该年份。而且，可以将下面的语句插入到基本SQL界面中：

```
INSERT INTO StarsIn(movieTitle, movieYear, starName)
VALUES('Remember the Titans', GetYear('Remember the Titans'),
    'Denzel Washington');
```

因为如果具有Remember the Titans名称的电影不是一部时，GetYear将返回NULL，所以有可能会使元组中间分量中的插入值是NULL。 □

9.4.9 习题

习题9.4.1　在电影数据库上用PSM过程或函数完成下列任务：

```
Movies(title, year, length, genre, studioName, producerC#)
StarsIn(movieTitle, movieYear, starName)
MovieStar(name, address, gender, birthdate)
MovieExec(name, address, cert#, netWorth)
Studio(name, address, presC#)
```

a) 给定电影公司的名称，计算其制片经理的净产值。

b) 给定名称和地址，如果这个人是影星而不是出品人，返回1；如果是出品人而不是影星，则返回2；如果既是影星又是出品人，返回3；如果既不是影星又不是出品人，返回4。

!c) 给定电影公司名称，将该电影公司的两部最长的电影片名作为参数输出。如果没有这样的电影则参数中的一个或两个被赋值为NULL（例如，如果电影公司只有一部电影，则没有“第二长的”电影）。

!d) 给定一个影星的名字，找出由他出演的时间超过120分钟的最早（年份小的）的电影。如果没有这样的电影，则返回年份0。

e) 给定地址，如果该地址居住的影星恰好只有一个时，找出这唯一的影星的名字，如果找到的影星不止一个或没有找到，则返回NULL。

f) 给定影星名字，将其从MovieStar中删除，并从StarsIn和Movies中删除他们所演出的所有电影。

习题9.4.2　根据习题2.4.1中的数据库模式，写出下列的PSM过程或函数。

```
Product(maker, model, type)
PC(model, speed, ram, hd, price)
Laptop(model, speed, ram, hd, screen, price)
Printer(model, color, type, price)
```

a) 将价格作为参数，返回与该价格最接近的PC的型号。

b) 将制造商和型号作为参数，返回这种型号的任何类型的产品的价格。

!c) 将型号、速度、ram、硬盘和价格信息作为参数，将该信息插入到关系PC中。然而，如果已经有这种型号的PC（假定插入的键约束被违反产生异常，这时SQLSTATE为’23000’），那么将该型号加1直到找到一个不存在的PC型号。

!d) 给定价格，输出超过这个价格卖出的PC的数目、手提电脑的数目和打印机的数目。

习题9.4.3 根据习题2.4.3的数据库模式，写出下列PSM函数或过程。

```
Classes(class, type, country, numGuns, bore, displacement)
Ships(name, class, launched)
Battles(name, date)
Outcomes(ship, battle, result)
```

a) 船的火力大约与火炮的数目与火炮口径的立方的乘积成正比。给定一个类别，求出它的火力。

!b) 给定战役的名称，输出该战役所涉及的船只所属的两个国家。如果所涉及的国家多于或少于两个，则输出时两个国家都为NULL。

c) 将新的类别名称、类型、国家、火炮的数目、口径和排水量等作为参数。将这些信息插入到Classes，而且将带有这个类别名称的船加入到Ships中。

!d) 给定船的名字，判断该船参与的战役的日期是否比船下水的日期早。如果这样，战役的日期和船下水的日期都置为0。

!**习题**9.4.4 在图9-15中，使用一个巧妙的公式来计算数字序列$x_1, x_2, \cdots, x_n$的方差。方差是这些数字与其平均值之差的平方再取均值。即方差是 $\sum_{i=1}^{n}(x_i-\bar{x})^2/n$ ，这里平均值 $\bar{x}$ 是 $\left(\sum_{i=1}^{n}x_i\right)\Big/n$ 。证明图9-15中使用的方差公式

$$\left(\sum_{i=1}^{n}(x_i)^2\right)\Big/n-\left(\left(\sum_{i=1}^{n}x_i\right)\Big/n\right)^2$$

输出相同的结果。

9.5 使用调用层接口

使用*调用层接口*（call-level interface，CLI）时，只需编写普通的宿主语言代码，并使用可连接和访问数据库的函数库，从而将SQL语句传递到那个数据库。这种方法和嵌套SQL编程的区别在某种程度上说是表面上的，因为预处理器是通过调用那些类似于标准SQL/CLI函数的库函数替换了嵌套的SQL语句。

这里将给出三个调用层接口的例子。本节考虑标准SQL/CLI，它是ODBC（开放数据库连接）的变型。还将讨论JDBC，它是一些类的集合，这些类支持Java程序访问数据库。接着，会引入PHP，它是在HTML形式的网页中访问嵌入式数据库的方法。

9.5.1 SQL/CLI简介

用C和SQL/CLI（以后只写CLI）编写的程序包括头文件sqlcli.h，从而得到大量的函数、类型定义、结构和符号常量。这样程序能够创建和处理四种记录（C中称作结构）：

1. *环境记录*（environment）。这种类型的记录由应用（客户）程序创建，为与数据库服务器的一个或多个连接做准备。

2. *连接记录*（connection）。这种记录创建的目的是连接应用程序和数据库。每个连接记录要存在于某个环境记录中。

3. *语句记录*（statement）。应用程序可以创建一个或多个语句记录。每个语句记录保存了单条SQL语句的信息，如果是查询语句则还包括隐含的游标。不同时刻，同一个CLI语句代表不同的SQL语句。每条CLI语句存在于某一连接记录中。

4. *描述记录*（description）。这种记录保存元组或参数的信息。应用程序或数据库服务器适当地设置记录描述的组成成分，以指定属性或属性值的名称和类型。每条语句都有一些隐式创建的描述记录，用户需要时可创建更多。在CLI的表示中，描述记录一般都是不可见的。

每个记录在应用程序中是用*句柄*（handle）来表示，句柄是记录的指针。头文件

sqlcli.h分别提供了环境记录、连接记录、语句记录和描述记录的句柄类型：SQLHENV、SQLHDBC、DQLHSTMT和SQLHDESC，但它们都被看作是指针或整型。除了使用这些类型外，另外还使用其他有明显含义的定义类型，如sqlcli.h中提供的SQLCHAR和SQLINTEGER。

在此不详细地讨论如何设置和使用描述记录。然而，其他三种记录的句柄是用如下语句创建：

SQLAllocHandle(*hType, hIn, hOut*)

这里三个参数的含义是：

1. *hType*是所希望的句柄类型。SQL_HANDLE_ENV表示一个新的环境，SQL_HANDLE_DBC表示一个新的连接，SWL_HANDLE_STMT表示一个新的语句。

2. *hIn*是高层元素的句柄，该高层元素存放了新近分配的元素。如果要得到一个环境句柄，该参数就是SQL_NULL_HANDLE；后面的名字是一个定义过的常量，告诉SQLAllocHandle这里没有相关值。如果要得到连接句柄，那么*hIn*是该连接所在环境的句柄。如果要得到语句句柄，那么*hIn*是语句所在连接的句柄。

3. *hOut*是由SQLAllocHandle所创建的句柄地址。

SQLAllocHandle返回一个SQLRETURN（整数）类型的值。值是0表示没有错误发生，发生错误时返回一非零值。

例9.18 图9-8中函数worthRanges曾作为嵌套SQL的例子，现在来考虑该函数如何在CLI中开始。这个函数检查MovieExec的所有元组，将他们的净产值分成不同范围。最初的步骤见图9-19。

```
 1)  #include sqlcli.h
 2)  SQLHENV myEnv;
 3)  SQLHDBC myCon;
 4)  SQLHSTMT execStat;
 5)  SQLRETURN errorCode1, errorCode2, errorCode3;

 6)  errorCode1 = SQLAllocHandle(SQL_HANDLE_ENV,
         SQL_NULL_HANDLE, &myEnv);
 7)  if(!errorCode1) {
 8)      errorCode2 = SQLAllocHandle(SQL_HANDLE_DBC,
             myEnv, &myCon);
 9)  if(!errorCode2)
10)      errorCode3 = SQLAllocHandle(SQL_HANDLE_STMT,
             myCon, &execStat); }
```

图9-19 声明和创建环境、连接和语句记录

第(2)到第(4)行分别声明了环境、连接和语句的句柄。它们的名称分别为myEnv、myCon和execStat。execStat代表SQL语句：

```
SELECT netWorth FROM MovieExec;
```

很像图9-8中游标execCurosr所做的，但是目前还没有与execStat相关的SQL语句。第(5)行声明3个变量，用以存放函数调用的结果并指明出现的错误。值0表示调用过程中没有出现错误。

第(6)行调用SQLAllocHandle，需要一个环境句柄（第一个参数），第二个参数提供一个空句柄（因为当请求环境句柄时，什么都不需要），同时还提供地址myEnv作为第三个参数；而产生的句柄则放在此处。如果第(6)行成功，第(7)行和第(8)行用环境句柄来得到连接记录句柄myCon。假定这个调用也成功，第(9)行和第(10)行获得语句句柄execStat。 □

9.5.2 进程语句

在图9-19的结尾，创建了句柄为execStat的语句记录。不过，还没有与该记录相关联的SQL语句。与语句句柄相关且执行SQL语句的进程与9.3.9节描述的动态SQL相似。9.3.9节中，使用PREPARE将SQL语句的内容与所谓的“SQL变量”关联，接着使用EXECUTE执行这条语句。

如果将“SQL变量”看作语句句柄，则与CLI中的情况十分相似。函数

```
SQLPrepare(sh, st, sl)
```

表示它有：

1. 语句句柄*sh*，
2. 指向SQL语句的指针*st*，
3. *st*指向字符串的长度*sl*。如果不知道长度，定义过的常量SQL_NTS将通知SQLPrepare从字符串本身计算出长度。或许，该串是个“以空值结束的字符串”，这样SQLPrepare可以扫描这个字符串直至遇到结束符‘\0’。

该函数的作用是使得被句柄*sh*涉及的语句现在代表特定的SQL语句*st*。

另一个函数

```
SQLExecute(sh)
```

则引起句柄*sh*涉及的语句被执行。对于SQL语句的多种形式，如插入和删除，这条语句的执行对数据库的影响显而易见。当*sh*涉及的SQL语句是一个查询语句时其影响就不是那么明显。如9.5.3节所要讨论的，该类查询语句有一个隐式的游标，它是其语句记录的一部分。原则上语句被执行了，所以可以想象所有返回的元组存放在某个位置，等待着被访问。使用隐式游标每次可以读取一个元组，这与9.3节和9.4节使用真实游标所做的工作差不多。

例9.19　继续讨论图9-19开始的函数worthRanges。查询语句

```
SELECT netWorth FROM MovieExec;
```

与句柄execStat所涉及语句的关联可以用下面两个函数调用实现：

```
11)  SQLPrepare(execStat, "SELECT netWorth FROM MovieExec",
         SQL_NTS);
12)  SQLExecute(execStat);
```

它们可以紧接在图9-19的第(10)行之后。记住SQL_NTS将让SQLPrepare确定以空值结束的字符串长度，该字符串被SQL_NTS的第二个参数引用。 □

与动态SQL相似，使用函数SQLExecDirect可以将准备和执行步骤合二为一。合并上面第(11)行和第(12)行的一个例子如下：

```
SQLExecDirect(execStat, "SELECT netWorth FROM MovieExec",
    SQL_NTS);
```

9.5.3 从查询结果中取数据

与嵌套SQL或PSM中FETCH命令相当的函数是

```
SQLFetch(sh)
```

这里*sh*是一个语句句柄。假定sh涉及的语句已经被执行，或者这个取数据操作产生一个错误。于是像所有的CLI函数一样，SQLFetch返回一个表明成功或失败的SQLRETURN类型的值。返回值SQL_NO_DATA表明查询结果中没有剩下元组。如同以前读数据的例子，这个值用来跳出从查询结果中重复取新元组的循环。

然而，如果例9.19中SQLExecute后跟随一个或更多的SQLFetch调用，那么元组会在什么

地方出现呢？答案是其组成部分将存于一个描述记录中，该记录与句柄出现在SQLFetch调用中的语句相关联。在每次取数据前，可以通过在开始取数据之前把分量绑定到宿主语言变量来抽取相同的分量。完成这个工作的函数是：

SQLBindCol(*sh, colNo, colType, pVar, varSize, varInfo*)

这六个参数的意义为：

1. *Sh*是所涉及的语句的句柄。

2. *ColNo*是要获得元素的值的（元组内）分量的数目。

3. *colType*是一个代码，表示存放的分量值的变量类型。由sqlcli.h提供的代码中，SQL_CHAR表示字符数组和字符串，而SQL_INTEGER表示整型。

4. *pVar*是一个指针，指向存放值的变量。

5. *varSize*是*pVar*指向的变量值的字节长度。

6. *varInfo*是一个整型指针，SQLBindCol用其提供关于输出值的附加信息。

例9.20 用CLI调用代替嵌套SQL，重写图9-8中的函数worthRanges。开始时如图9-19，不过为了简明，省去了所有的错误检查，只保留了测试SQLFetch是否表明目前没有更多的元组。代码见图9-20。

```
 1)  #include sqlcli.h
 2)  void worthRanges() {

 3)      int i, digits, counts[15];
 4)      SQLHENV myEnv;
 5)      SQLHDBC myCon;
 6)      SQLHSTMT execStat;
 7)      SQLINTEGER worth, worthInfo;

 8)      SQLAllocHandle(SQL_HANDLE_ENV,
             SQL_NULL_HANDLE, &myEnv);
 9)      SQLAllocHandle(SQL_HANDLE_DBC, myEnv, &myCon);
10)      SQLAllocHandle(SQL_HANDLE_STMT, myCon, &execStat);
11)      SQLPrepare(execStat,
             "SELECT netWorth FROM MovieExec", SQL_NTS);
12)      SQLExecute(execStat);
13)      SQLBindCol(execStat, 1, SQL_INTEGER, &worth,
             sizeof(worth), &worthInfo);
14)      for(i=1; i<15; i++)counts[i]=0;
15)      while(SQLFetch(execStat) != SQL_NO_DATA) {
16)          digits = 1;
17)          while((worth /= 10) > 0) digits++;
18)          if(digits <= 14) counts[digits]++;
         }
19)      for(i=1; i<15; i++)
20)          printf("digits = %d: number of execs = %d\n",
                 i, counts[i]);
     }
```

图9-20 出品人净产值分组：CLI版本

图中第(3)行声明了与嵌套SQL中函数使用的局部变量相同的局部变量，第(4)到第(7)行用sqlcli.h提供的类型声明附加的局部变量：这些变量都是与SQL相关的变量。第(4)到第(6)行与图9-19中相同。不同的是第(7)行新加了worth（对应于图9-8中的同名共享变量）和worthInfo声明，这是SQLBindCol所要求的，但是没有用到。

第(8)到第(10)行分配所需的句柄，如图9-19所示；第(11)行和第(12)行准备和执行SQL语句，与例9.19所讨论的相同。在第(13)行，查询结果的第一列（也是唯一的列）被绑定到变量worth。第一个参数是语句所涉及的句柄，第二个参数是涉及的列，本例中是1。第三个参数是列的类型，第四个参数是一个指针，指向值所放置的位置，即变量worth。第五个参数是变量的长度，最后一个参数指向worthInfo，是SQLBindCol放置附加信息（此处没有用到）的地方。

剩下的函数部分与图9-8中第(11)到第(19)行十分相似。while循环开始于图9-20的第(15)行。注意，读取一个元组并检验是否超出元组的范围，都是在第(15)行的while循环条件中。如果存在一个元组，那么第(16)到第(18)行确定整数（被绑定为worth）的位数并对合适的增量进行计数。循环结束后，也就是执行第(12)行语句返回的所有元组已经被检查过，第(19)行和第(20)行输出计算的结果。 □

9.5.4 向查询传递参数

嵌套SQL使得部分由共享变量当前值决定的SQL语句可以执行。CLI有相似的功能，但是更复杂。所需的步骤如下：

1. 用SQLPrepare准备一条语句，该语句的某些叫做*参数*（parameter）的部分用问号取代。第i个问号代表第i个参数。

2. 使用函数SQLBindParameter将值绑定到有问号的地方。这个函数有十个参数，在这里只解释其中几个基本参数。

3. 通过调用SQLExecute来执行带绑定的查询。注意，如果改变了一个或多个参数的值，那么需要再次调用SQLExecute。

> **用SQLGetData抽取分量**
>
> 另外一种绑定程序变量与查询结果输出的方式是不作任何绑定地读取元组，然后在需要时将其分量转化为程序变量。使用的函数是SQLGetData，它的参数与SQLBindCol相同。不过，它只复制一次数据，并且必须在读取数据之后使用，这样才能和开始时就把列绑定到变量产生相同的作用。

下面的例子将解释这个进程，并指出SQLBindParameter所需的重要参数。

例9.21　重新考虑图9-6的嵌套SQL代码，在那个图中得到了两个变量studioName和studioAddr的值，并将它们作为插入到Studio元组的分量。图9-21描述了进程在CLI中如何工作。它假定对于插入语句有一个语句句柄myStat可供使用。

```
    /* get values for studioName and studioAddr */

    SQLPrepare(myStat,
        "INSERT INTO Studio(name, address) VALUES(?, ?)",
        SQL_NTS);
    SQLBindParameter(myStat, 1,..., studioName,...);
    SQLBindParameter(myStat, 2,..., studioAddr,...);
    SQLExecute(myStat);
```

图9-21　通过绑定值与参数来插入一个新的studio

代码从赋给studioName和studioAddr的值（图中没有给出步骤）开始。第(1)行语句myStat为一条插入语句作准备，该插入语句是带有两个参数（问号）的VALUE子句。接着，第(2)行和第(3)行分别绑定第一个和第二个问号至studioName和studioAddr的当前内容。最后，第(4)行执行插入语句。如果图9-21中步骤的整个序列，包括没写出的赋给studioName和studioAddr新值的工作，被置于一个循环中，那么每次执行循环，一个带有电影公司新名称和地址的新元组被插入到Studio中。□

9.5.5 习题

习题9.5.1 使用带有CLI调用的C语言重做习题9.3.1。

习题9.5.2 使用带有CLI调用的C语言重做习题9.3.2。

9.6 JDBC

JDBC（Java Database Connectivity）是一个与CLI类似的软设备，允许Java程序访问SQL数据库。虽然JDBC中Java的面向对象的特性非常明显，但其内容与CLI十分相似。

9.6.1 JDBC简介

使用JDBC首先要做以下工作：

1. 包含如下命令行：

```
import java.sql.*;
```

以便Java程序中可以使用JDBC的类。

2. 加载将要使用的数据库系统的“驱动器”。这个驱动器取决于哪一个DBMS是可用的，用以下语句加载所需的驱动器：

```
Class.forName (<驱动器名>);
```

例如，要获得MySQL数据库的驱动器，则执行语句：

```
Class.forName("com.mysql.jdbc.Driver");
```

其结果产生了一个叫做DriverManager的类。在很多方面，该类与使用CLI时的第一步取得句柄的环境十分相似。

3. 建立与数据库的连接。如果将方法getConnection应用到DriverManager，那么就创建了一个Connection类型的变量。

创建连接的Java语句如下：

```
Connection myCon = DriverManager.getConnection(<URL>,
<用户名>,<密码>);
```

也就是说，方法getConnection将希望连接的数据库的URL、用户名和密码作为参数。它返回Connection类型的对象，对象名称是myCon。

例9.22 在方法getConnection中每个DBMS有自己的方式来具体指明URL。例如，如果要连接到MySQL数据库，其URL为：

```
jdbc:mysql://<主机名>/<数据库名>
```

□

JDBC Connection对象和CLI连接非常相似，而且它们的目的相同。通过把合适的方法应用到诸如myCon的连接中，可以创建语句对象，将SQL语句“置入”这些对象，然后将值绑定至SQL语句参数，执行SQL语句并且逐个元组地检查结果。

9.6.2 JDBC中的创建语句

为了创建语句，有两种方法可以应用到Connection对象中：

1. createStatement()返回Statement类型的对象。此时，该对象没有相关的SQL语句，所以方法createStatement()被认为与CLI中SQLAllocHandle的调用相似，该调用接受一个连接句柄，返回一个语句句柄。

2. prepareStatement(*Q*)返回PreparedStatement类型的对象，此处*Q*是一个作为字符串被传递的SQL查询。因此，JDBC中prepareStatement(*Q*)的执行和两个CLI步骤的执行相似，这两个CLI步骤是使用SQLAllocHandle得到一个语句句柄，接着将SQLPrepare应用到这个句柄和查询*Q*中。

有四种不同的执行SQL语句的方法。像上述的两个方法，它们的区别在于是否接受一个语句作为参数。不过，在查询和别的SQL语句中这些方法存在区别，这里别的语句统称为“更新”。注意SQL UPDATE语句只是JDBC中术语“更新”的一个很小的实例。后者包括所有的修改语句（例如插入语句）以及所有模式相关的语句，如CREATE TABLE。这四种“执行”方法是：

a) executeQuery(*Q*)接受一条必须是查询的语句*Q*，并被应用于Statement对象。这种方法返回ResultSet类型的对象，它是由查询*Q*产生的元组的集合（准确地说是包）。9.6.3节中将看到如何访问这些元组。

b) executeQuery()被用于PreparedStatement对象。因为预备好的语句已经有相关的查询，故没有参数。这种方法也返回ResultSet类型的对象。

c) executeUpdate(*U*)接受非查询语句*U*，而当应用到Statement对象时，执行*U*。它仅对数据库有影响，没有ResultSet对象返回。

d) executeUpdate()没有参数，被应用于PreparedStatement对象。在这种情况下，与准备好的语句相关的SQL语句被执行。这条SQL语句当然也不能是查询语句。

例9.23　假定有一个连接对象myCon，希望执行查询：

```
SELECT netWorth FROM MovieExec;
```

一种方法是创建名为execStat的Statement对象，接着用它直接执行查询。

```
Statement execStat = myCon.createStatement();
ResultSet worths = execStat.executeQuery(
    "SELECT netWorth FROM MovieExec");
```

其结果集被置于ResultSet类型的对象worths中，9.6.3节将看到如何从worths中提取元组并进行处理。

另一种方法是立即准备查询然后再执行查询。如果要重复地执行相同的查询，这种方法更可取。这样，它只做一次准备但可多次执行，而不是要DBMS重复准备相同的查询。遵循这种方法的JDBC所需的步骤是：

```
PreparedStatement execStat = myCon.createStatement(
    "SELECT netWorth FROM MovieExec");
ResultSet worths = execStat.executeQuery();
```

执行查询的结果同样也是一个ResultSet类型的对象，称之为worths。　□

例9.24　如果要执行一个无参数的非查询，那么在两种风格中的执行步骤相似，不过没有结果集。例如，假定想把下面的事实插入到StarsIn中：2000年Denzel Washington出演Remember the Titans。可以用下面两种方式中的任一个来创建和使用语句starStat：

```
Statement starStat = myCon.createStatement();
```

```
starStat.executeUpdate("INSERT INTO StarsIn VALUES(" +
    "'Remember the Titans', 2000, 'Denzel Washington')");
```

或是

```
PreparedStatement starStat = myCon.createStatement(
    "INSERT INTO StarsIn VALUES('Remember the Titans'," +
    "2000, 'Denzel Washington')");
starStat.executeUpdate();
```

注意，每个Java语句序列都利用了一个事实，即Java操作符“+”连接字符串。因此在必要时，能够将SQL语句扩展为多行Java语句。 □

9.6.3 JDBC中的游标操作

当执行查询得到一个结果集对象时，可以运行一个游标遍历结果集的元组。为达到这个目的，类ResultSet提供了如下有用的方法：

1. next()，当将其应用到结果集对象中时，引起隐式游标移向下一个元组（对第一个元组，它是第一次应用）。如果没有下一个元组，该方法返回FALSE。

2. getString(*i*)、getInt(*i*)、getFloat(*i*)和获取SQL值的其他类型的类似方法，它们每一个都是返回游标所指的当前元组的第*i*个组成。所使用的方法必须适合于第*i*个分量的类型。

例9.25 在例9.23中已经得到结果集worths，可逐个地访问它的元组。由于这些元组只有一个分量，且为整型。循环的形式为：

```
while(worths.next()) {
        worth = worths.getInt(1);
    /* process this net worth */
};
```

□

9.6.4 参数传递

在CLI中，是使用问号替代查询的部分，然后将值绑定到相应的参数（parameters）。在JDBC中需要创建一个准备好的语句，并需要应用到PreparedStatement对象方法，如setString(*i*, *v*)或setInt(*i*, *v*)，它们将值*v*绑定到查询的第*i*个参数，而且值*v*必须是方法中一种合适的类型。

例9.26 模仿例9.21的CLI代码，例9.21中准备了一条语句将新的电影公司插入到关系Studio中，该语句带有表示那个电影公司名称和地址的参数。准备这条语句、设置其参数并且执行它的Java代码参见图9-22。继续假定连接对象myCon有效。

```
1)  PreparedStatement studioStat = myCon.prepareStatement(
2)      "INSERT INTO Studio(name, address) VALUES(?, ?)");
    /* get values for variables studioName and studioAddr
       from the user */
3)  studioStat.setString(1, studioName);
4)  studioStat.setString(2, studioAddr);
5)  studioStat.executeUpdate();
```

图9-22 在JDBC中设置和使用参数

第(1)行和第(2)行创建和准备插入语句。该语句对每个被插入的值有相应的参数。第(2)行以后开始了一个循环，该循环重复地向用户询问电影公司的名称和地址，并将这些字符串置于变量studioName和studioAddr中。这里的赋值没有显示出来，而是通过注释表达。第(3)行和第(4)行分别将第一个和第二个参数指向保存studioName和studioAddr当前值的字符串。最后，第(5)行用参数的当前值执行插入语句。第(5)行之后，用注释表示的步骤开始再次进行循环。 □

9.6.5 习题

习题9.6.1 用带JDBC的Java代码重做习题9.3.1。

习题9.6.2 用带JDBC的Java代码重做习题9.3.2。

9.7 PHP

PHP是一种用来帮助创建HTML网页的脚本语言。类似于JDBC，PHP通过一个可用的库来提供对数据库操作的支持。这一节将给出有关PHP的一个简要综述，同时展示在该语言中数据库操作如何被执行。

> **PHP代表什么？**
>
> 最初，PHP是“个人主页”（Personal Home Page）首字母的缩写。近来，它被认为是“PHP：超文本预处理器”（PHP：Hypertext Preprocessor）的递归型首字母缩写，同GNU（=“GNU is Not Unix”）一样。

9.7.1 PHP基础

所有的PHP代码都是用来嵌入到HTML文本中。浏览器通过将PHP代码放置于特殊的标记中来识别它，类似于：

```
<? php
                PHP 代码
?>
```

PHP的许多方面，如赋值语句、分支和循环都类似于C或者Java，因此这里不会再明确地讨论它们。但是，PHP中有一些有趣的且应该关注的特点。

变量

变量无类型并且不需声明。所有变量以$符号开始。

通常，变量被声明为“类”的成员，类中的某些函数（类似于Java的方法）可以应用这些变量。函数-应用操作符是->，相当于Java或C++中的点。

字符串

PHP中字符串的值用单引号或双引号括起，但两者有着重要的不同。用单引号括起的字符串照字面意思处理，像SQL字符串一样。而当字符串用双引号括起时，字符串中的任一个变量都被它们的值所替代。

例9.27 如下代码：

```
$foo = 'bar';
$x = 'Step up to the $foo';
```

$x的值是Step up to the $foo。但是，如果用以下代码来替换上述代码来执行：

```
$foo = "bar";
$x = "Step up to the $foo";
```

$x的值是Step up to the bar。因为bar不包含美元符号，因此不是变量，所以无论是单引号还是双引号对它都没有关系。然而，仅当变量$foo用双引号括起时，它才会被替换，如第二个例子所示。□

用点来串联字符串。因此，语句

```
$y = "$foo" . 'bar';
```

将值barbar赋给$y。

9.7.2 数组

PHP有普通数组（称为数字型），其下标为0，1，…。它也含有那些实质上是映射的数组，被称为关联数组（associative arrays）。关联数组的下标（键）可以是任何一个字符，每个键关联一个值。两种数组都可以用传统的方括号来标定下标，但是对于关联数组，数组元素这样来表示：

```
<键> => <值>
```

例9.28 下面一行

```
$a = array(30,20,10,0);
```

设置`$a`为一个长度为4的数字型数组，将`$a[0]`赋值为30，`$a[1]`赋值为20，等等。 □

例9.29 下面一行

```
$seasons = array('spring' => 'warm',  'summer' => 'hot',
                 'fall' => 'warm', 'winter' => 'cold');
```

声明`$seasons`为一个长度为4的关联型数组。例如，`$seasons['summer']`的值为'hot'。 □

9.7.3 PEAR DB库

PHP有一个称作PEAR（PHP扩展和应用仓库）的库的集合。其中的一个库DB包含一些类似于JDBC中方法的普通函数。需要告诉函数`DB::connect`哪个DBMS是人们希望读取的DBMS，而DB中的其他函数中没有一个需要知道当前使用的DBMS。注意`DB::connect`中的双冒号是PHP告诉“函数`connect`在DB库中”的方式。用以下语句来使DB库可应用于PHP程序：

```
include(DB.php);
```

9.7.4 使用DB创建数据库连接

`connect`函数的调用形式如下：

```
$myCon = DB::connect(<卖家>://<用户名>:<密码>)
          <主机名>/<数据库名>);
```

该调用的分量类似于创建连接的JDBC语句（见9.6.1节）。其中一个例外就是卖家，它是被DB库使用的代码。例如，`mysqli`就是指MySQL数据库最近版本的代码。

执行完该语句后，变量`$myCon`成为一个连接。像所有的PHP变量一样，`$myCon`可以更改类型。但只要它是连接，就可以将它应用于那些处理与该连接相连的数据库的有用的函数中。例如，要断开与数据库的连接，可以用语句：

```
$myCon->disconnect();
```

记住PHP中符号->表示应用一个函数到一个“对象”。

9.7.5 执行SQL语句

所有的SQL语句都涉及“查询”且由`query`函数执行，它接受语句作为参数，并且应用于连接变量。

例9.30 我们复制例9.24的插入语句，插入Denzel Washington和Remember the Titans到表`StarsIn`中。假设`$myCon`已经连接到电影数据库，于是可以简单地表示为：

```
$result = $myCon->query("INSERT INTO StarsIn VALUES(" .
    "'Denzel Washington', 2000, 'Remember the Titans')");
```

注意，这里圆点串联了两个组成查询的字符串。因为要将查询用两行表示，所以将字符串分为两部分。

如果插入语句执行失败，变量$result将保存一个错误代码。如果“查询”确实是一个SQL查询，则变量$result是一个指向结果元组的游标（见9.7.6节）。 □

正如将在9.7.7节讨论的那样，PHP允许SQL带有参数，并通过问号来表示。然而，双引号中的扩展变量的能力提供了一种简单的方法去执行那些依赖用户输入的SQL语句。实际上，因为PHP在网页中使用，所以有嵌入的方法去拓展HTML的性能。

通常通过展示表单给用户并且获得他们“提交”的结果，可以得到网页上用户的信息。PHP提供一个叫做$_POST的关联数组存储用户提供的信息。它的键为表单元素的名称，关联的值则是用户在表单中的输入。

例9.31　假设要求用户填写一张各要素为title、year和starName的表单。这三项的值组成一个元组，可以将其插入到StarsIn表中。语句是：

```
$result = $myCon->query("INSERT INTO StarsIn VALUES(
    $_POST['title'], $_POST['year'], $_POST['starName'])");
```

它将获得这三项表单要素所提交的值。因为查询参数是一个双引号的字符串，所以PHP评估像$_POST[' title']这样的术语，并用它们的值来替代它们。 □

9.7.6 PHP中的游标操作

当一个query函数接受一个真实的查询作为参数时，它将返回一个结果对象，即一个元组列表。每个元组都是下标从0开始的数字型数组。可以应用在结果对象中的基础函数是fetchRow()，它返回下一行，没有下一行则返回0（假）。

例9.32　图9-23中的代码是例9.23和例9.25中JDBC的赋值语句。它假设连接$myCon跟前面一样是可用的。

```
1) $worths = $myCon->query("SELECT netWorth FROM MovieExec");
2) while ($tuple = $worths->fetchRow()) {
3)     $worth = $tuple[0];
           // process this value of $worth
       }
```

图9-23　PHP中查找和处理净产值

第(1)行传递查询到连接$myCon，结果对象赋值给变量$worths。接着进入一个循环，重复地从结果中取出元组，并且将元组赋给变量$tuple，它巧妙地成为了一个长度为1的数组，只有netWorth列成为它的分量。类似C语言，fetchRow()返回的值成为while语句的条件。因此，如果没有发现元组，则值为0，终止循环。在第(3)行，元组第一个（唯一的)分量的值被提取出来并赋给变量$worth。这里没有写出对该值的处理。 □

9.7.7 PHP中的动态SQL

如同JDBC一样，PHP允许SQL查询包含问号。这些问号是那些在语句执行过程中稍后会被填写的值的占位符。处理操作说明如下。

可以在连接中应用函数prepare和execute；这些函数类似于在9.3.9节或别处讨论过的相似的命名函数。函数prepare接受一个SQL语句作为参数，并且返回该语句一个准备好的版本。函数execute接受两个参数：准备好的语句以及该语句中用来替换问号值的数组。当然，如果只有一个问号，那么就是一个简单变量，而不是一个数组了。

例9.33 再次回到例9.26的问题，插入多个名称－地址对到关系Studio。开始先准备带有参数的查询：

```
$prepQuery = $myCon->prepare("INSERT INTO Studio(name, ".
        "address) VALUES(?,?)");
```

现在，$prepQuery是一个“准备好的查询”。可以将它连同一个具有电影公司名称和地址这两个值的数组作为函数execute的参数。例如，可以执行以下代码：

```
$args = array('MGM', 'Los Angeles');
$result = $myCon->execute($prepQuery, $args);
```

这样安排的优点与动态SQL的所有实现一样。如果用该方法插入多个不同的元组，只需要准备一次插入语句就能多次执行它。 □

9.7.8 习题

习题9.7.1 用PHP的代码重做习题9.3.1。

习题9.7.2 用PHP的代码重做习题9.3.2。

!习题9.7.3 例9.31中讲到PHP的特性，即双引号内的字符串有变量扩展功能。这个特性有多重要？是否能够做一些如同JDBC中的工作？如果可以，该怎么做呢？

9.8 小结

- *三层体系结构*（Three-Tier Architecture）：支持大规模用户网络间交互的大型数据库安装通常使用三层处理：Web服务器、应用服务器和数据库服务器。每层可有多个激活的进程，而这些进程可以运行在一个处理器或分布于多个处理器。
- *SQL标准下的客户/服务器系统*（Client-Server System in the SQL Standard）：SQL客户通过创建一个连接（两个进程之间的链接）和会话（操作序列）来建立到服务器的连接。在会话中执行的代码来自一个模块，此模块的执行叫做SQL代理。
- *数据库环境*（the Database Environment）：使用SQL DBMS的安装创建一个SQL环境。在此环境中，数据库元素(比如关系)组成（数据库）模式、目录以及簇。目录是模式的集合，而簇是用户可以看到的最大的元素集合。
- *阻抗不匹配*（Impedance Mismatch）：SQL的数据模型和传统的宿主语言的数据模型有着很大的不同。因此，两者之间信息的传递是通过共享变量来实现的，共享变量可以表示程序中SQL部分的元组的分量。
- *嵌套SQL*（Embedded SQL）：不采用基本查询界面来表达SQL查询以及更新，而是在传统的宿主语言中嵌套SQL查询，这样编写的程序通常更为有效。处理器将嵌套SQL语句转换成合适的宿主语言的函数调用。
- *游标*（Cursor）：游标是一个SQL变量，它指示关系中的一个元组。通过游标覆盖关系的每个元组，宿主语言与SQL的连接变得较为容易。检索到当前元组的分量后存入共享变量中，并使用宿主语言进行处理。
- *动态SQL*（Dynamic SQL ）：宿主语言程序中不是嵌套特定的SQL语句，而是创建字符串，由SQL系统将该字符串解释为SQL语句并执行。
- *永久存储模块*（Persistent Stored Module）：可以创建一些过程和函数的集合，把它作为数据库模式的一部分。这些过程和函数用特殊语言编写，该语言拥有常见控制原语和SQL语句。

- 调用层接口（the Call-Level Interface）：有一个称作SQL/CLI（或者ODBC）的标准函数库可以链接到任何一个C程序。其功能与嵌套SQL相似，但它不需要预处理器。
- JDBC：Java数据库连接是一个Java类的集合，类似于CLI，用来连接Java程序与数据库。
- PHP：另一种实现调用层接口的常用系统是PHP。这种语言嵌套在HTML网页中，能够使网页与数据库进行交互。

9.9 参考文献

PSM标准是[4]，而[5]是一本关于这个主题的内容全面的书。Oracle版本的PSM被称为PL/SQL；在[2]中能找到关于它的概述。SQL Server有一个叫做Transact-SQL[6]的版本。IBM的版本叫做SQL PL[1]。

[3]是关于JDBC的普及参考书。[7]是关于PHP的，它最初由本书的作者之一R. Lerdorf给出。

1. D. Bradstock et al., *DB2 SQL Procedure Language for Linux, Unix, and Windows*, IBM Press, 2005.

2. Y.-M. Chang et al., "Using Oracle PL/SQL"
   `http://infolab.stanford.edu/~ullman/fcdb/oracle/or-plsql.html`

3. M. Fisher, J. Ellis, and J. Bruce, *JDBC API Tutorial and Reference*, Prentice-Hall, Upper Saddle River, NJ, 2003.

4. ISO/IEC Report 9075-4, 2003.

5. J. Melton, *Understanding SQL's Stored Procedures: A Complete Guide to SQL/PSM*, Morgan-Kaufmann, San Francisco, 1998.

6. Microsoft Corp., "Transact-SQL Reference"
   `http://msdn2.microsoft.com/en-us/library/ms189826.aspx`

7. K. Tatroe, R. Lerdorf, and P. MacIntyre, *Programming PHP*, O'Reilly Media, Cambridge, MA, 2006.

第10章　关系数据库的新课题

本章节介绍数据库程序员感兴趣的另外的课题。首先从介绍对数据库元素访问授权的SQL标准开始，然后，考虑允许SQL递归编程（查询用户自己产生的结果）的SQL扩展。最后，讨论“对象关系”模型，以及它在SQL标准中如何实现的问题。

章节的剩余部分讨论“OLAP”，或者说联机分析处理。OLAP涉及复杂查询，自然要花可观的时间执行。因为它们开销如此之高，所以开发了一些专门的技术去高效地解决这些问题。其中，一个重要的方向就是关系的实现，被称为“数据立方”，它与传统的SQL“元组包”方法有很大的不同。

10.1　SQL中的安全机制和用户认证

SQL假定存在*授权*ID（authorization ID），这些ID基本上都是用户名。SQL也有一个特殊的授权ID，称作PUBLIC，它包含了所有用户。授权ID可以被授予权限，很像在操作系统维护的文件系统中的授权。例如，UNIX系统一般可以控制三种权限：读、写以及执行。这些权限是有意义的，因为UNIX系统中受保护的对象是文件，这三种操作已囊括了可以对文件所做的事。但是数据库比文件系统要复杂得多，相应的SQL中权限的种类也要复杂得多。

本节将首先学习SQL允许对数据库元素进行哪些授权，接着学习用户（也即授权ID）怎样获得授权，最后学习如何收权。

10.1.1　权限

SQL中定义了九种类型的权限：SELECT、INSERT、DELETE、UPDATE、REFERENCE、USAGE、TRIGGER、EXECUTE以及UNDER。前四个应用到关系上，这里关系可以是表或者视图。正如这四种权限的名字所示，它们分别赋予了权限拥有者查询关系、向关系中插入数据、删除关系中的数据以及修改关系中元组的权力。

一条SQL语句如果没有相应的权限是不能被执行的。例如，一个select-from-where语句要求对它访问的每个表有SELECT权限。在后面可以看到模块如何获得这些权限。SELECT、INSERT以及UPDATE也可以有一些相关的属性，例如SELECT(name,addr)。这样一来，查询时只有这些属性可以看到，插入时只能指明这些属性的值，修改时也只能修改这些属性。注意，授权的时候，这些权限会和一个特定的关系相联系，因此属性name和addr属于什么关系就很清楚。

关系上的REFERENCE权限是指在完整性约束下引用关系的权力。这些约束可以使用第7章提到的所有形式，像断言、基于属性或元组的检查或引用完整性约束等。REFERENCE权也可以有一些附加的属性，此时，只有这些属性在约束中可以被引用。一个约束只有在它所在模式的拥有者拥有该约束涉及的所有数据的REFERENCE权时才能被创建。

USAGE权限主要应用在关系和断言之外的多种模式元素上（参见9.2.2节）。它给出了在声明中使用这些元素的权利。关系上的TRIGGER权限是定义这个关系上的触发器的权力。EXECUTE是执行如PSM过程或函数之类的代码的权力。最后，UNDER是创建给定类型的子类型权力。类型问题在10.4中介绍。

> **触发器和权限**
>
> 触发器如何处理权限有一点微妙。首先，如果你拥有一个关系的TRIGGER权限，那么就可以在这个关系上创建任何你所喜欢的触发器。可是，由于触发器的条件和动作部分与数据库的查询和/或修改很相似，因此触发器的创建者必须拥有这些操作的权限。当有人执行唤醒触发器的操作时，他不需要具备触发器条件和动作所要求的权限。触发器是在其创建者的权限下执行。

例10.1　考虑执行图6-15的插入语句所需要的权限，该语句再次在图10-1中生成。首先是插入到关系Studio的语句，所以需要Studio的INSERT权限。但是，既然插入指定的只是属性name分量，那么拥有关系Studio的INSERT权限或INSERT（name）权限都是可以的。后一种权限仅仅允许插入指定分量name的Studio元组，元组的其他分量接受的是缺省值或NULL，正如图10-1所完成的那样。

```
1) INSERT INTO Studio(name)
2)     SELECT DISTINCT studioName
3)     FROM Movies
4)     WHERE studioName NOT IN
5)         (SELECT name
6)          FROM Studio);
```

图10-1　加入新电影公司

但是，注意图10-1的插入语句还包括两个子查询，这两个子查询分别开始于第2行和第5行。为了执行这些选择语句，需要具有子查询必需的权限。因此，需要包含在FROM子句中的两个关系Movies和Studio的SELECT权限。要注意的是，仅仅拥有Studio的INSERT权限并不意味着拥有Studio的SELECT权限，反之亦然。由于选择的只是Movies和Studio的某个属性，那么拥有Movies的SELECT（studioName）权限和Studio的SELECT（name）权限或者是拥有包含这些属性的属性列表的权限就足够了。□

10.1.2　创建权限

权限有两个方面需要明确：最初是如何创建的以及如何从一个用户传递到另一个用户。这里只讨论初始化，权限的传递将在10.1.4节讨论。

首先，SQL元素（如模式或模块）都有一个属主。属主拥有其所属事物的所有权限。SQL中有三种建立属主身份的情况：

1. 模式创建时，模式和该模式中所有的表以及其他的模式元素的所有权都属于创建这个模式的用户所有。这样这个用户拥有模式元素的所有可能的权限。

2. 会话被CONNECT语句初始化时，有机会用AUTHORIZATION子句指定用户。例如，连接语句

```
CONNECT TO Starfleet-sql-server AS conn1
    AUTHORIZATION kirk;
```

代表用户kirk创建了一个连接到名字为Starfleet-sql-server的SQL服务器的链路conn1。在SQL的实现中还将验证用户名是否有效，例如通过询问密码。另外，也可以将密码包含在AUTHORIZATION子句中，如9.2.5节所讨论的那样。但是这种方式有点不安全，因为密码可以被别人从kirk的背后看到。

3. 模块创建时，可通过AUTHORIZATION子句选择其属主。例如，模块创建语句中的子句

```
AUTHORIZATION picard;
```

使得用户picard成为该模块的属主。模块也可以不指定属主，这种情况下模块被公开执行，执行模块中的任何操作所必需的权限必须从别处取得，例如在模块执行过程中连接和会话与用户的关联。

10.1.3 检查权限的过程

如上所述，每个模块、模式和会话有一个相关用户。用SQL术语就是，每个都有一个相关的授权ID。任何SQL操作有两部分：

1. 数据库元素，操作将在其上执行。

2. 产生操作的代理。

对代理有效的权限来自一个叫做*当前授权ID*（current authorization ID）的特定授权ID。这个ID可以是

a) 模块授权ID，如果代理正在执行的模块有一个授权ID。

b) 会话授权ID。

只要当前授权ID拥有执行操作所涉及的数据库元素所必需的权限，就可以执行这个SQL操作。

例10.2 为了明白检查权限的机制，重新考虑例10.1。假定所引用的表——Movies和Studio——是用户janeway创建和拥有的模式MovieSchema的一部分。这样，用户janeway拥有这些表和模式MovieSchema的任何其他元素的所有权限。她可以通过10.1.4节描述的机制将一些权限授权给别人，但是目前假定还没有授权给任何人。例10.1的插入有多种执行方式。

1. 用户janeway创建了一个包含AUTHORIZATION janeway子句的模块，这个插入可以作为该模块的一部分来执行。如果有模块授权ID的话，它总是变成当前授权ID。然后，模块和它的SQL插入语句就几乎与用户janeway拥有相同的权限，包括表Movies和Studio的所有权限。

2. 插入可能是一个没有属主的模块的一部分。这时用户janeway在CONNECT语句中使用AUTHORIZATION janeway子句打开一个连接。于是，janeway再次成为当前授权ID，插入语句拥有了所需的所有权限。

3. 用户janeway将表Movies和Studio的所有权限授权给用户archer，或是代表“所有用户”的特殊用户PUBLIC。假定插入语句存在于带有子句

```
AUTHORIZATION archer
```

的模块中。由于当前授权ID是archer，而该用户拥有所需的权限，故插入再次被允许。

4. 同(3)，假定用户janeway已经将所需的权限给了用户archer。同时又假定插入语句存在于没有属主的模块中。插入是在授权ID被AUTHORIZATION archer子句设置的会话中执行。这样，当前授权ID是archer且这个ID拥有所需的权限。 □

例10.2说明了几条准则，将其总结如下：

- 如果数据的属主与当前授权ID的用户是同一个的话，所需的权限通常总是可以得到。上述(1)和(2)说明了这一点。
- 如果数据的属主把这些权限授权给当前授权ID的用户，或者这些权限被授权给用户PUBLIC，那么所需的权限也是可以得到。情况(3)和(4)说明了这一点。
- 数据的属主或者是已经取得数据权限的用户执行该模块使得所需权限可以得到。当然，用户需要模块本身的EXECUTE权限。情况(1)和(3)说明了这点。
- 如果会话授权ID是拥有所需权限的用户的授权ID时，在该会话中执行一个公开可用的模块是合法执行这个操作的另一种方式。情况(2)和(4)说明了这点。

10.1.4 授权

到目前为止，拥有数据库元素权限的唯一方式是成为元素的创建者和属主。SQL提供了GRANT语句以允许一个用户将权限授权给另一个用户。第一个用户仍然保留了所授予的权限。

因此，GRANT被认为是“复制权限”。

权限的授予与复制之间有一个重要的区别。每个权限有一个相关的授权选项（grant option）。也就是说，用户可以拥有一个权限，如带有“授权选项”的表Movies上的SELECT权限。同时第二个用户可以有相同的权限，但没有“授权选项”。于是，第一个用户可以将Movies的SELECT权限授权给第三个用户，甚至授权时还可以（也可以没有）带有授权选项。但是，第二个用户没有授权选项，所以他不可以将Movies的SELECT权限授权给其他人。如果第三个用户得到带授权选项的权限，那么这个用户还可以将权限授权给第四个用户，并同时可以带有或没有授权选项，等等。

授权语句（grant statement）的格式如下：

```
GRANT <权限列表> ON <数据库元素> TO <用户列表>
```

其后可以加上WITH GRANT OPTION。

典型的数据库元素是一个关系、一个基本表或者是一个视图。如果是其他类型的元素，则元素的名字前缀是该元素的类型，例如ASSERTION。权限列表是一个或多个权限，例如SELECT 或者INSERT (name)。有选择地，关键字ALL PRIVILEGES可能在这里出现，表示授权者在被讨论的数据库元素上的合法授权的所有权限的一种简写。

为了合法地执行这条授权语句，执行它的用户必须拥有被授予的权限，而且这些权限还必须带有授权选项。但是，授权者可以拥有比授出的权限更通用的权限（带有授权选项）。例如，表Studio的INSERT (name) 权限被授出，同时授权者拥有表Studio的更通用的带有授权选项的权限INSERT。

例10.3 用户janeway是MovieSchema模式的属主，该模式包括表

```
Movies(title, year, length, genre, studioName, producerC#)
Studio(name, address, presC#)
```

将表Studio的INSERT和SELECT权限以及表Movies的SELECT权限授予用户kirk和picard。而且，包括了这些权限的授权选项。该授权语句如下：

```
GRANT SELECT, INSERT ON Studio TO kirk, picard
    WITH GRANT OPTION;
GRANT SELECT ON Movies TO kirk, picard
    WITH GRANT OPTION;
```

现在，picard授予用户sisko相同的权限，但是没有授权选项。picard执行的语句为：

```
GRANT SELECT, INSERT ON Studio TO sisko;
GRANT SELECT ON Movies TO sisko;
```

同样，Kirk也授予sisko图10-1所需的最少权限，即Studio的SELECT和INSERT(name)权限以及Movies的SELECT权限。语句为：

```
GRANT SELECT, INSERT(name) ON Studio TO sisko;
GRANT SELECT ON Movies TO sisko;
```

注意，sisko从两个不同用户处接受了Movies和Studio的SELECT权限。他也接受了两次Studio的INSERT(name)权限：直接从kirk处获得和通过从picard处获得的更广泛的INSERT权限。 □

10.1.5 授权图

由于授权网的复杂以及一系列授权产生的重叠权限，用一个叫做授权图（grant diagram）的图表示授权是有意义的。SQL系统维护这个图的表示，并跟踪权限和它们的起始点（以防权限被收回，见10.1.6节）。

授权图的节点对应一个用户和一个权限。要注意，执行语句（如在关系R上的SELECT）带或者不带授权选项是不同的权限。这两种不同的权限必须用两个不同的节点表示，哪怕它们属于同一用户也如此。同样，一个用户可以拥有两个权限，与另一个相比，其中一个更加通用（如在R上的SELECT与在R（A）上的SELECT）。这两个权限同样用两个不同的节点表示。

如果用户U将权限P授予用户V，这个授权是基于U拥有权限Q（Q可以是带授权选项的P，或是P带有授权选项的泛化），于是从节点U/Q到节点V/P可以画一条弧。正如将要看到的，图中的弧被删除时权限将会丢失。这正是为什么用孤立的节点表示其中一个权限包含另一个权限的一对权限，例如一个带和不带授权选项的权限。如果较强的权限丢失，次强的权限可以继续保留。

例10.4　图10-2显示了例10.3的一系列授权语句产生的授权图。这里使用了一个约定：用户权限组合后的一个*表示该权限带有授权选项。而且，用户权限组合之后的**表明了该权限来自正在讨论的数据库元素的所有权而不是由于别处的权限授予。在10.1.6节讨论收权时将证明这个区别很重要。被标两个星的权限自动包括了授权选项。□

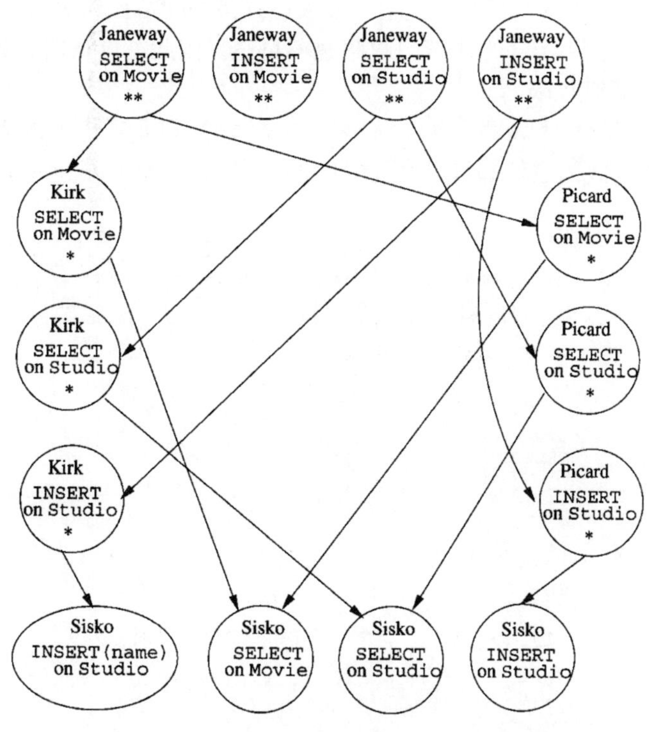

图10-2　授权图

10.1.6　收权

被授予的权限可以随时收回。事实上，权限的收回可能要求级联（cascade）。级联的意思是，当收回已经被传递给其他用户的带授权选项的权限时，可能也要收回那些被此授权选项授予的权限。收权语句（revoke statement）的简单形式始于：

```
REVOKE <权限列表 > ON <数据库元素> FROM <用户列表>
```

并以下面所列的一个选项结束：

1. CASCADE。如果选择此项，那么当收回指定的权限时，也要收回那些仅仅（only）由于要收回的权限而被授予的权限。更严格地说，如果基于属于用户U的权限Q，用户U要从用户

V处收回权限P，那么在授权图中删去从节点U/Q到节点V/P的弧。现在，那些从某个属主节点（被标为两颗星的节点）不能到达的节点也被删去。

2. RESTRICT。在这种情况，如果前一项描述的级联规则由于要收回的权限被传递给其他人而造成了任何权限收回，那么该收权语句将不被执行。

允许用REVOKE GRANT OPTION FOR代替REVOKE，这种情况只保留自身的核心权限，但是将它们授予他人的授权选项被删除。这样将不得不修改节点、重定向弧或创建新的节点来反映受影响的用户的变化。REVOKE的形式也可以与CASCADE 或RESTRICT结合使用。

例10.5　继续讨论例10.3，假定janeway使用下面的语句收回她授予picard的权限：

```
REVOKE SELECT, INSERT ON Studio FROM picard CASCADE;
REVOKE SELECT ON Movies FROM picard CASCADE;
```

删除图10-2中从janeway权限到picard对应权限的弧。既然规定了CASCADE，还要看一下在图中是否存在从标为双星的权限（基于属主的权限）不能到达的权限。检查图10-2，可以看到picard的权限不再能从双星节点到达（如果还有另外的路径到达picard节点，那么也是可以到达）。sisko对于Studio的INSERT权限也不可达。因此不仅从图中删除picard的权限，还要删除sisko的INSERT权限。

注意这里没有删除sisko关于Movies和Studio的SELECT权限或者他关于Studio的INSERT(name)权限，因为它们都可以通过kirk的权限从janeway基于属主的权限处可达。最后的授权图见图10-3。□

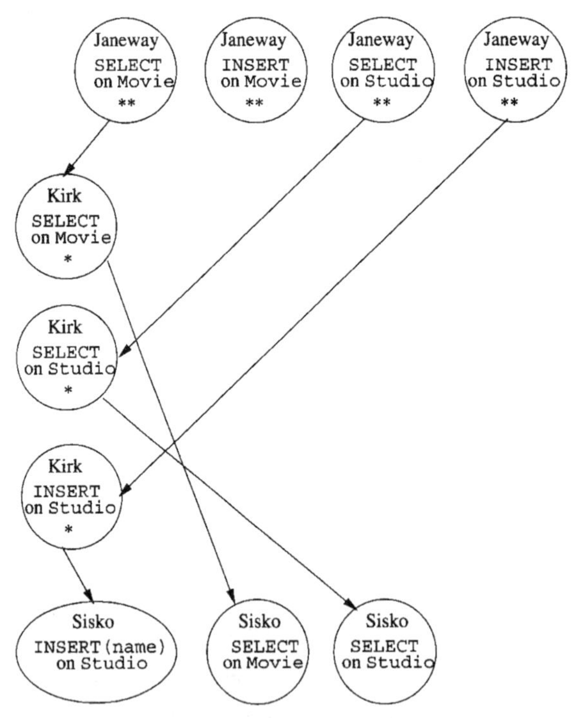

图10-3　删除picard权限后的授权图

例10.6　用抽象的例子阐述一些微妙之处。首先，当删除通用权限p时没有删除p的特例。例如，考虑下面一系列步骤，用户U是关系R的属主，将关系R的INSERT权限授予用户V，而且还授予了R的INSERT(A)权限。

步骤	经由	操作
1	U	GRANT INSERT ON R TO V
2	U	GRANT INSERT(A) ON R TO V
3	U	REVOKE INSERT ON R FROM V RESTRICT

当U从V中删除INSERT权限时，INSERT(A)权限仍被保留。第二步和第三步之后的授权图见图10-4。

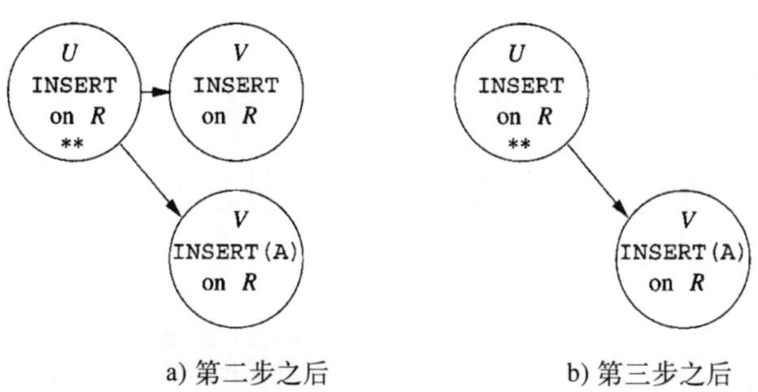

图10-4 收回通用权限保留特定权限

注意，第二步之后，用户V拥有两个相似但不同的权限的独立节点。而且第三步的RESTRICT选项并没有阻止收权，因为V没有将这个选项授予别人。事实上，V不可能授出任何权限，因为V得到它们时没有授权选项。 □

例10.7 现在考虑类似的例子，U授予V带授权选项的权限p*，接着只收回授权选项。假定U的授权是基于它的权限q*。本例中，必须用一条从U/q*到V/p的弧替换从U/q*到V/p*的弧，即相同的权限不带授权选项。如果没有节点V/p，则必须创建该节点。在正常的环境中，节点V/p*变得不可达，并且任何V关于p的授权均不可达。但是，V可能被U之外的用户授予p*，在这种情况下节点V/p*仍然可达。

步骤顺序如下：

步骤	经由	操作
1	U	GRANT p TO V WITH GRANT OPTION
2	V	GRANT p TO W
3	U	REVOKE GRANT OPTION FOR p FROM V CASCADE

第(1)步，U授予V带授权选项的权限p。第(2)步，V使用授权选项将p授予W。此时授权图如图10-5a所示。

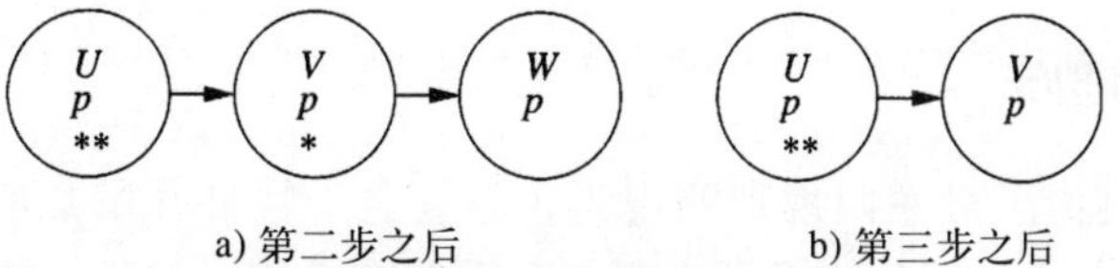

a) 第二步之后 b) 第三步之后

图10-5 收回授权选项保留基本权限

接着第(3)步，U从V处收回权限p的授权选项，但是没有收回权限本身。因为没有节点V/p，所以创建一个。从U/p**到V/p*的弧被删除并被从U/p**到V/p的弧替换。

现在，节点V/p*和W/p从任何**节点都不可达，因此从图中删除这些节点。最后的授权图见图10-5b。 □

10.1.7　习题

习题10.1.1　指出执行下列查询需要何种权限。对于每种情况，说出其满足的最特别的权限以及一般性的权限。

a) 图6-5的查询

b) 图6-7的查询

c) 图6-15的插入

d) 例6.37的删除

e) 例6.39的修改

f) 图7-3中基于元组的检查

g) 例7.11的断言

习题10.1.2　给出图10-6中操作序列步骤(4)至(6)每一步执行以后的授权图。假设A是权限p所涉关系的属主。

步骤	经由	操作
1	A	GRANT p TO B WITH GRANT OPTION
2	A	GRANT p TO C
3	B	GRANT p TO D WITH GRANT OPTION
4	D	GRANT p TO B, C, E WITH GRANT OPTION
5	B	REVOKE p FROM D CASCADE
6	A	REVOKE p FROM C CASCADE

图10-6　习题10.1.2的操作序列

习题10.1.3　如图10-7所示，给出步骤(5)和(6)以后的授权图。假设A是权限p所涉关系的属主。

步骤	经由	操作
1	A	GRANT p TO B, E WITH GRANT OPTION
2	B	GRANT p TO C WITH GRANT OPTION
3	C	GRANT p TO D WITH GRANT OPTION
4	E	GRANT p TO C
5	E	GRANT p TO D WITH GRANT OPTION
6	A	REVOKE GRANT OPTION FOR p FROM B CASCADE

图10-7　习题10.1.3的操作序列

!习题10.1.4　给出经过以下步骤以后最终的授权图，假设A是权限p所涉关系的属主。

步骤	经由	操作
1	A	GRANT p TO B WITH GRANT OPTION
2	B	GRANT p TO B WITH GRANT OPTION
3	A	REVOKE p FROM B CASCADE

10.2　SQL中的递归

SQL-99标准包含了对递归规则的规定。尽管这个特征并不是所有DBMS都希望实现的“核心”SQL-99标准的一部分，但至少有一个重要的系统——IBM的DB2——实现了SQL-99的建议，本节将描述该建议。

10.2.1　在SQL中定义递归关系

SQL中的WITH语句允许定义递归或非递归的临时关系。为定义一个递归关系，可在WITH语句本身使用该关系。一个WITH语句的简单形式是：

```
WITH  R  AS <R的定义> <包含R的查询>
```

也就是说，先定义一个临时关系名为R，接着在某些查询中使用R。临时关系只能在WITH语句的查询中有效。

更一般地，可以在WITH后定义若干关系，定义间用逗号分开。这些定义都可以是递归的。定义过的关系还可以是相互递归的，即每个关系可以定义在其他关系中，甚至可以包含它自身。然而，任何一个在递归中出现的关系之前都必须有关键词RECURSIVE。因此，WITH语句的一个更一般的形式如图10-8所示。

```
WITH
    [RECURSIVE] R1 AS <definition of R1>,
    [RECURSIVE] R2 AS <definition of R2>,
    ...
    [RECURSIVE] Rn AS <definition of Rn>
<query involving R1, R2, ... , Rn >
```

图10-8　WITH语句定义几个临时关系的形式

例10.8　许多关于递归用法的例子可以在图的路径的研究中发现。图10-9示意的是一个表示两个假定的航空公司——Untried航空公司（Untried Airlines，UA)和Arcane航空公司(Arcane Airlines，AA)——在旧金山、丹佛、达拉斯、芝加哥及纽约等城市之间的航线图。图的数据可以用关系

```
Flights(airline, frm, to, departs, arrives)
```

表示，表中的一些元组如图10-9所示。

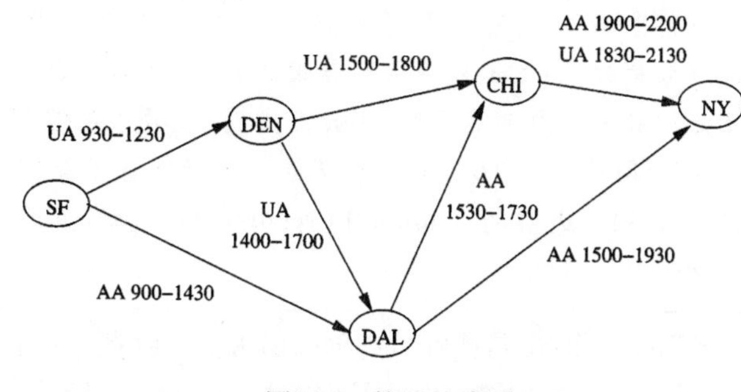

图10-9　航线航班图

airline	*frm*	*to*	*departs*	*arrives*
UA	SF	DEN	930	1230
AA	SF	DAL	900	1430
UA	DEN	CHI	1500	1800
UA	DEN	DAL	1400	1700
AA	DAL	CHI	1530	1730
AA	DAL	NY	1500	1930
AA	CHI	NY	1900	2200
UA	CHI	NY	1830	2130

图10-10　关系Flights中的元组

该例中可以问的最简单的递归问题是：“对于什么样的城市对（x, y），经过一个或多个航班可以从城市x到城市y？”在用递归的SQL写这个查询之前，用5.3节的Datalog规则表示递归是有用的。因为许多涉及递归的概念用Datalog表示比用SQL表示要简单得多，所以你可能希望在继续学习之前复习一下那部分章节的术语。下面的两条Datalog规则描述了包含这些城市对的关系Reaches(x，y)。

```
1. Reaches(x,y) ← Flights(a,x,y,d,r)
2. Reaches(x,y) ← Reaches(x,z) AND Reaches(z,y)
```

第一条规则是说Reaches包含从第一个到第二个有直达航班的城市对；在这条规则中航线a、起飞时间d和降落时间r是任意量。第二条规则是说如果能从城市x到城市z，并且能从z到城市y，那么也可以从x到y。

计算一条递归关系需要反复运用Datalog规则，从假定Reaches中没有元组开始。从规则(1)开始得到Reaches中的配对：(SF，DEN)、(SF，DAL)、(DEN，CHI)、(DEN，DAL)、(DAL，CHI)、(DAL，NY) 和 (CHI，NY)。这就是图10-9中弧所表示的七个配对。

在下一循环，应用递归规则(2)将弧的配对合在一起，使得一条弧的头是另一条弧的尾。这样可以得到另外的配对（SF，CHI)、(DEN，NY) 和 (SF，NY)。第三次循环将所有的一条

弧和两条弧的配对加以合成从而形成四条弧的路径。在这个特定的图中，没有得到新的配对。关系Reaches因此由10个配对(*x*, *y*)组成，其中*y*在图10-9中是从*x*可达的。因为图中的画法，这些配对恰好是这样的(*x*, *y*)，其中*y*在图10-9中是*x*的右边。

从例10.8中Reaches的两条Datalog规则，可以开发产生Reaches关系的SQL查询。这个SQL查询将Datalog规则放在WITH语句中，并且后跟一个查询。在本例中，期望的结果是整个Reaches关系，但是也可以询问一些关于Reaches的查询，例如从城市Denver可到达的城市的集合。

```
1)  WITH RECURSIVE Reaches(frm, to) AS
2)          (SELECT frm, to FROM Flights)
3)      UNION
4)          (SELECT R1.frm, R2.to
5)           FROM Reaches R1, Reaches R2
6)           WHERE R1.to = R2.frm)
7)  SELECT * FROM Reaches;
```

图10-11　可达城市配对的递归SQL查询

图10-11给出了怎样用SQL查询来表示Reaches。第(1)行引入Reaches的定义，而这个关系的实际定义是在第(2)到第(6)行。

这个定义是两个查询的并，它们分别对应于定义Reaches的两条规则。第(2)行是并的第一项，对应第一个或基本规则。它表示对于Flight关系中的每个元组，第二和第三分量(frm和to分量)是Reaches的一个元组。

> **相互递归**
>
> 有一种图论方法可以检查两个关系或谓词是否是相互递归的。建立一个**依赖图**(dependency graph)，它的节点对应关系（如果使用Datalog规则即是谓词）。如果关系*B*的定义直接依赖于关系*A*的定义，则从*A*到*B*画一条弧。如果是用Datalog，则指*A*出现在*B*在头部的规则主体中。在SQL中，A一般是在一条FROM子句中*B*定义中的某处，可能是在子查询中。如果有一个环包含节点*R*和*S*，那么*R*和*S*是**相互递归的**(mutually recursive)。最常见的情况是一个从*R*到*R*的循环，表明*R*递归地依赖于它自己。

第(4)到第(6)行对应Reaches定义中的规则(2)，即递归规则。规则(2)中Reaches两个子目标在FROM子句中由Reaches的两个别名R1和R2表示。R1的第一个分量对应规则(2)的*x*，R2的第二个分量对应*y*。变量*z*由R1的第二个分量和R2的第一个分量表示；注意，这些分量在第(6)行中相等。

最后，第(7)行描述了由整个查询生成的关系。它是关系Reaches的一个拷贝。用另一种方法，可以把第(7)行替换成一个更为复杂的查询。例如：

```
7)  SELECT to FROM Reaches WHERE frm = 'DEN';
```

会产生所有从丹佛（Denver）可到达的城市。□

10.2.2　有问题的递归SQL表达式

SQL的递归标准不允许在WITH语句写任意相互递归关系的集合。有一个小问题，标准只需**线性**(linear)递归支持。而线性递归用Datalog术语是说没有多于一个子目标的规则与头互相递归。注意，在例10.8中规则(2)有两个子目标带有谓词Reaches，它们与头是互相递归的（谓词总是与其本身互相递归，参见互相递归说明框）。因此，从技术上说，DBMS可以拒绝执行图10-11，而且是符合标准的[⊖]。

⊖ 但是，可以用Flights替换图10-11第(5)行中Reaches的任一使用，因此使递归线性化。非线性递归常常可以——尽管不总是——用这种方式被线性化。

在SQL递归上还有一个更为重要的约束。如果违反约束将导致递归不能被查询处理器以任何有意义的方式执行。作为一个合法的SQL递归，递归关系R的定义仅仅只涉及相互递归的关系S（包括R自身）的“单调”运用。S的单调（monotone）运用的意思是，如果向S中添加一个任意的元组，将可能添加一个或多个R的元组，或者可能使R没有变化，但是它绝不能引起任何元组从R中删除。下面的例子显示如果单调性要求没有被满足会发生什么。

例10.9 假设R是一元关系（一个属性），其唯一元组是（0）。R在下面的Datalog规则中被用作一个EDB关系。

1. $P(x) \leftarrow R(x)$ AND NOT $Q(x)$
2. $Q(x) \leftarrow R(x)$ AND NOT $P(x)$

非正式地讲，两条规则说明R中的一个元素x或者在P中或者在Q中，但不会同时在P和Q中。注意，P和Q是相互递归的。

开始时，假定P和Q为空，应用一次规则，得到$P=\{(0)\}$和$Q=\{(0)\}$，即(0)是在两个IDB关系中。再循环一次，对新的P值和Q值应用规则，会发现现在它们均为空。这个循环可以重复无限次，但是总是不能集中到一个解。

事实上，Datalog规则有两个“解”：

a) $P = \{(0)\}$ $Q = \varnothing$

b) $P = \varnothing$ $Q = \{(0)\}$

但是，没有理由让一个取代另一个，并且提出的计算递归关系的简单循环从不集中于其中一个。因此，不能回答诸如“P（0）是否为真？”的这类简单的问题。

该问题并不限定到Datalog。该例的两个Datalog规则可以表示为递归SQL。图10-12给出一种这样做的方法。该SQL没有坚持标准，并且没有DBMS会执行它。 □

例10.9中的问题是图10-12中P和Q的定义不是单调的。例如，第(2)行到第(5)行P的定义，这里P依赖于Q，它是相互递归的，但是给Q添加一个元组可以从P中删去一个元组。注意，如果$R = \{(0)\}$并且Q为空，那么$P = \{(0)\}$。但是，如果添加(0)到Q，那么就将(0)从P中删去。因此，在Q中P的定义不是单调的，并且图10-12中的SQL代码不满足标准。

例10.10 聚集也可以导致非单调性。假设有按如下条件定义的一元（一个属性）关系P和Q：

1. P是Q和EDB关系R的并。
2. Q有一个元组，它是P的成员的总和。

可以用一个WITH语句表示这些条件，尽管这个语句违反了SQL的单调性要求。图10-13给出了求出P的值的查询。

```
1)  WITH
2)      RECURSIVE P(x) AS
3)          (SELECT * FROM R)
4)      EXCEPT
5)          (SELECT * FROM Q),

6)      RECURSIVE Q(x) AS
7)          (SELECT * FROM R)
8)      EXCEPT
9)          (SELECT * FROM P)

10) SELECT * FROM P;
```

图10-12 用非单调行为查询，在SQL中是非法的

```
WITH
    RECURSIVE P(x) AS
        (SELECT * FROM R)
    UNION
        (SELECT * FROM Q),

    RECURSIVE Q(x) AS
        SELECT SUM(x) FROM P

SELECT * FROM P;
```

图10-13 涉及聚集的非单调查询，在SQL中是非法的

假设R由元组(12)和(34)组成，且P和Q的初始值都为空。图10-14汇总了前六个循环中计算出的值。在一次循环中两个关系都由前一循环的值计算出来。于是，P在第一循环计算出的值与R是一样的，而Q为{NULL}，因为在第(7)行中使用了P原有的空值。

Round	P	Q
1)	{(12), (34)}	{NULL}
2)	{(12), (34), NULL}	{(46)}
3)	{(12), (34), (46)}	{(46)}
4)	{(12), (34), (46)}	{(92)}
5)	{(12), (34), (92)}	{(92)}
6)	{(12), (34), (92)}	{(138)}

图10-14　对非单调聚集的迭代计算

在第二次循环，第(3)到第(5)行的并是集合：

$$R \cup \{\text{NULL}\} = \{(12),(34),\ \text{NULL}\}$$

所以它成为P的新值。P的原值是{（12），（34）}，所以在第二次循环Q = {(46)}。也就是说，46等于12与34的和。

在第三次循环，从第(2)到第(5)行得到P = {(12),(34),(46)}，使用P的原值{(12),(34)，NULL}，由第(6)到第(7)行Q再次为{(46)}。需要牢记的是NULL在求和中被忽略。

在第四次循环，P有同样的值{(12), (34), (46)}，但Q的值为{(92)}，因为12+34+46=92。注意，Q失去了元组(46)，尽管它得到了元组(92)。也就是说，添加一个元组(46)到P中会导致Q中一个元组（因为巧合是同一元组）被删除。这个行为具有SQL在递归定义中禁止的非单调性，从而确认图10-13中的查询非法。一般来说，在第$2i$个循环，P包含元组(12)，(34)和($46i$−46)，而Q仅包含元组($46i$)。 □

10.2.3　习题

习题10.2.1　例10.8中的关系

```
Flights(airline, frm, to, departs, arrives)
```

中的起飞和到达时间信息在例子中没有考虑。假定用户感兴趣的不仅是从一个城市到达另一个城市是否可能，而且还考虑旅行线路是否合理。也就是说，当选用多于一个的航班时，每个航班必须至少在下一个航班起飞前一个小时到达。这里可以假设没有旅行会超过一天，于是没必要担心接近午夜到达之后凌晨起飞的情况。

a) 用Datalog方法写出该递归

b) 用SQL方法写出该递归

!习题10.2.2　例10.8中用frm作属性名。为什么不用更明确的名字from?

习题10.2.3　关系

```
SequelOf(movie, sequel)
```

给出了一个电影的直接续集，它有可能多于一个。定义一个递归关系FollowOn，其配对(x, y)表示电影y为x的续集、续集的续集或者如此不断重复的续集。

a) 以递归Datalog规则写出FollowOn的定义。

b) 以SQL递归形式写出FollowOn的定义。

c) 写出一个递归SQL查询，返回配对(x, y)的集合，使得电影y是电影x的后续，但不是续集。

d) 写出一个递归SQL查询，返回配对(x, y)的集合，使得电影y是电影x的后续，但既不是续集，也不是续集的续集。

!e) 写出一个递归SQL查询，返回至少有两个后续的电影x的集合，注意两个后续可以都是续集，而不必一个是续集，另一个是续集的续集。

!f) 写出一个递归SQL查询，返回配对(x, y)的集合，使得电影y是电影x的后续，但y最多有一个后续。

习题10.2.4　假设有关系

```
Rel(class, rclass, mult)
```

它描述了一个ODL类是如何与其他类关联的。具体地说，如果有一个从类c到类d的关系，那么这个关系拥有元组(c, d, m)。如果m =' multi'，那么这个关系是多值的；如果m =' single'，那么这个关系是单值的。可以把Rel看作定义一张图，它的节点是类。当且仅当(c, d, m)是Rel的一个元组时，在图中有一条从c到d的边，标记为m。写出一个递归SQL查询，生成如下配对(c, d)的集合：

a) 在上述的图中有一条从类c到类d的路径。

b) 有一条路径从c到d，该路径上的每条弧都被标记为single。

!c) 有一条路径从c到d，该路径上至少有一条弧被标记为multi。

d) 有一条路径从c到d，但没有一条路径上所有弧都被标记为single。

!e) 有一条路径从c到d，该路径上的弧交替标记为single和multi。

f) 有路径从c到d和从d到c，路径上每条弧都被标记为single。

10.3 对象关系模型

关系模型和ODL为代表的面向对象的模型是两个重要的DBMS模型。很长时间以来，关系模型是商业DBMS的主流。在20世纪90年代，面向对象模型的DBMS有了一定的发展，但从来没能在数据库系统市场上从关系模型中赢得更多的市场份额。相反关系模型的数据库开发商把许多面向对象模型中的概念融入到关系模型中。结果就是，许多过去叫做关系模型的DBMS，现在被称为是对象关系模型的DBMS。

这一节将扩展抽象关系模型以结合几个重要的对象关系观点，之后的相关章节是关于SQL的对象关系扩展。10.3.1节介绍对象关系概念，10.3.2节讨论它最早的一个实现（嵌套关系），对象关系中的ODL类型的引用在10.3.3节讨论，10.3.4节比较对象关系模型与纯面向对象模型。

10.3.1 从关系到对象关系

关系的基本概念没有改变，但在加入了以下的特点之后，关系模型就被扩展成为*对象关系模型*（Object-Relational model）：

1. *属性的结构类型*（structured type for attribute）。对象关系模型系统不再把属性的类型限制在原子类型，它支持一个与ODL相似的类型系统：可以使用原子类型和类型构建器（如结构、集合和包等）来创建类型。其中特别重要的类型是结构的包，这种类型本质上是一个关系，也就是说，一个元组的一个分量值可能就是完整的一个关系，称为“嵌套关系”。

2. *方法*（method）。与ODL或其他面向对象编程系统中的方法有相似之处。

3. *元组的标识符*（identifier for tuple）。在对象关系系统中，元组扮演的角色就是面向对象系统中的对象。所以在某些情况下，让每个元组都有一个能与其他元组甚至是与所有分量值都相同的元组区别开来的唯一ID很有用。这个ID就像ODL中的对象标识一样，对于用户而言一般不可见，不过在对象关系系统中的某些特殊情况下还是可见的。

4. *引用*（reference）。纯粹的关系模型系统没有引用（指向元组）的概念，而对象关系模型的系统可有不同的方式使用引用。

下一节，将详细阐述并举例说明这些对象关系模型系统中新增的特点。

10.3.2 嵌套关系

在*嵌套关系模型*（nested-relational model）中，允许非原子类型的关系属性，典型例子是，属性类型可以是一个关系模式。这样，就可以方便地递归定义属性类型和关系类型（模式）。

基础：属性的类型可以是一个原子类型（如整型、实型和字符串型等等）。

归纳：关系的类型可以是任何包含一个或者多个合法类型属性的名字的模式（schema）。此外，模式也可以是任何属性类型。

在下文中，在不影响讨论的问题时，将省略原子类型。一个模式属性用属性名和用圆括号括起来的属性列表来表示。因为这些属性拥有自己的结构，括号可以被嵌套任意深度。

例10.11 为影星设计一个嵌套的关系模式，其中包含了一个属性movies，它是一个代表所有该影星参演的电影集合的关系。Movies的关系模式包括电影的title、year和影片的长度length。关系Stars的模式包括name、address和birthdate，以及movies中的信息。另外，address属性是一个包含street和city两个属性的关系类型，可以在这个关系中记录影星的多个地址。Stars的模式可以设计为：

```
Stars(name, address(street, city), birthdate,
   movies(title, year, length))
```

图10-15给出了嵌套关系Stars的一个例子，其中有两个元组，一个是Carrie Fisher，另一个是Mark Hamill。为了节省空间简写了元组的分量值，用虚线将元组之间分开，仅仅只是为了阅读方便，没有其他特别的意思。

name	*address*	*birthdate*	*movies*
Fisher	*street* | *city* Maple | H'wood Locust | Malibu	9/9/99	*title* | *year* | *length* Star Wars | 1977 | 124 Empire | 1980 | 127 Return | 1983 | 133
Hamill	*street* | *city* Oak | B'wood	8/8/88	*title* | *year* | *length* Star Wars | 1977 | 124 Empire | 1980 | 127 Return | 1983 | 133

图10-15 一个关于影星以及他（她）出演的电影的嵌套关系

在Carrie Fisher的元组中，可以看到她的名字是原子类型值，接下来是address分量值。address是一个关系，这个关系有两个属性street和city，并有两个元组，每个都对应于她的一个住址。然后是她的birthdate，这是另一个原子类型值。最后是movies属性，它的类型是一个关系，这个关系有title、year和length三个属性，其值包含了Carrie Fisher最著名的三部影片。

第二个元组是关于Mark Hamill的，其结构与上一个元组相同。其中address关系只有一个元组，因为他只有一个住址。Mark Hamill的Movies关系的内容与Carrie Fisher的movies关系的内容很像，因为正巧两位影星的代表作一样。要注意的是，这两个关系（Movies）是元组的不同分量，只不过它们恰好有相同的值，这与两个不同分量恰好有相同的整数值124的情况类似。 □

10.3.3 引用

一部影片（如"Star Wars"）可能在嵌套关系Stars中的多个元组的movies关系中出现，这将导致冗余。实际上，例10.11中的模式就是一个不属于BCNF的嵌套关系模式。但是，即便分解Stars关系也无法避免冗余。于是必须设法令任何电影在Movies关系中只出现一次。

要解决这个问题，对象关系模型需要提供引用元组（如元组t引用元组s，而不是直接合并

t和s）的支持。因此需要为类型系统增加以下的归纳规则：一个属性的类型可以是对另外一个给定关系模式中某个元组的引用。

如果属性A的类型是对名为R的关系的单个元组的引用，在设计模式时将A表示为$A(*R)$。注意，这种情况与ODL中的联系相似：联系名为A，类型为R。也就是说，A属性被连接到一个R类型的对象。类似地，如果属性A的类型是一组对模式R的元组的引用，将它表示为$A(\{*R\})$。这与ODL中联系A的类型是Set<R>的情况相似。

例10.12　消除图10-15中冗余的一种有效方式是使用两个关系：一个用于影星，另一个用于电影。在这个例子中仅仅使用关系Movies，Movies是普通关系，其模式与例10.11中的属性Movies一样。新关系Stars的模式与例中的嵌套关系Stars相近，只是其Movies属性类型是一组对Movies元组的引用。于是，两个关系的模式如下：

```
Movies(title, year, length)
Stars(name, address(street, city), birthdate,
    movies({*Movies}))
```

图10-15的数据填入这个新的模式，就得到图10-16的结果。注意，虽然有许多对电影的引用，但是每部电影只有一个元组，因此消除了例10.11模式中的冗余。　□

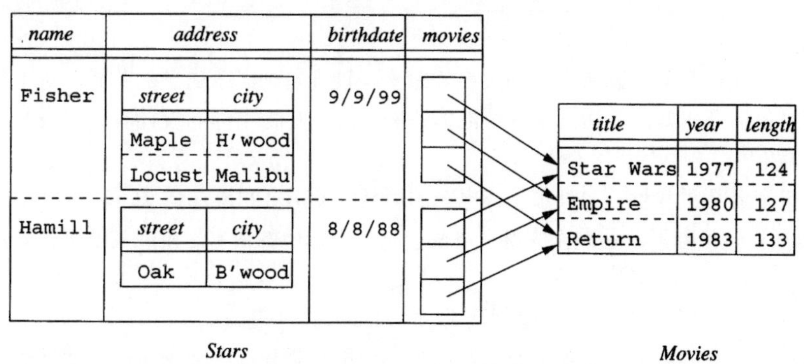

图10-16　引用集合作为属性的值

10.3.4　面向对象与对象关系的比较

面向对象的数据模型（以ODL为典型）和这里讨论的对象关系模型极其相似！下面是几个显著方面的比较：

对象与元组

一个对象的值就是一个带有属性和联系分量的结构，ODL中没有规定联系表示方式的标准，不过可以假设对象之间的连接是通过某些指针集合建立起来。元组也是一个结构，不过在传统的关系模型中，它只包含属性。联系必须通过另一个关系的元组来表示（参见4.5.2节）。但是对象关系模型允许元组中包含引用集合，同样也允许联系直接结合进表示一个“对象”（或实体）的元组中。

方法

对象关系模式中没有讨论方法的使用。不过事实上，SQL-99标准以及面向对象的思想的使用，都使得对象关系模型和ODL一样，具有为任何类或类型声明和定义方法的能力。

类型系统

面向对象和对象关系模型的类型系统相当相似：它们都是在基于原子类型基础上使用结

构、集合类型构建器来创建新类型。集合类型的可选部分可能有些不同，但所有变化都至少包含集合和包。而且，结构类型的集合（或者包）在两个模型中都扮演着特殊的角色，那就是它们是ODL中的类和对象关系模型中的关系类型。

引用和对象标识

一个纯粹的面向对象模型使用一个完全对用户隐藏的对象标识，因此该标识不可见并且不能被查询到。对象关系模型允许类型中包含引用，所以，在有些情况下用户可以见到这些值，甚至可以记住这些值以便在以后使用。这种情况是好是坏，不能一概而论。在实际中，两个模型基本上没有差别。

向下兼容性

既然两种模型的差别微乎其微，那么为什么市场上是对象关系模型而不是纯粹的面向对象的系统占主导地位呢？原因可能在于，当关系DBMS发展为对象关系DBMS时，开发商总是特别注意向下兼容性。也就是说，系统的新版本仍然支持以前版本中使用的代码，并且接受同一个数据库模式，而用户并不关心是否采用了任何面向对象的特性。另一个原因还在于，将一个系统转化为纯面向对象DBMS的工作量巨大。所以，尽管面向对象系统在技术上更有优势，但还不足以使开发商将大量已有的数据库转换到纯粹面向对象数据库系统上。

10.3.5　习题

习题10.3.1　使用嵌套关系和带引用的关系的概念，设计包含以下信息的关系。对于每种情况，判断关系中应当包括哪些属性，请注意参考电影的例子。同时指出你的设计有无冗余？有的话，应当如何修改来避免？

a) 电影：包括通常的属性，另外加上该电影的影星以及影星的通常信息。

!b) 电影公司：包括电影公司制作的所有电影，每部电影中的所有影星以及电影、影星和电影公司的通常信息。

c) 电影和电影的电影公司、电影中的影星以及各自的通常信息。

习题10.3.2　用本节的对象关系模型表示习题4.1.1中的银行信息。要求可以方便地通过顾客的元组得到其账号，同时也可以方便地通过账号的元组来找到该账号的户主。注意避免冗余。

!习题10.3.3　如果习题10.3.2中的数据被修改，每个账号只能有一个户主（像习题4.1.2(a)一样），那么怎样简化你在习题10.3.2中的设计？

!习题10.3.4　用对象关系模型实现习题4.1.3中的队员、球队和球迷。

!习题10.3.5　用对象关系模型实现习题4.1.6中的家谱。

10.4　SQL中的用户定义类型

现在回头看看SQL-99是怎么把10.3节中的多种面向对象的特点结合到一起的。在SQL中，将关系模型扩展到对象关系模型的核心是*用户定义类型*（user-defined type，UDT）。UDT类型有两种截然不同的用法：

1. UDT类型可以是一个表的类型。
2. UDT类型可以是某个表中的某个属性的类型。

10.4.1　在SQL中定义类型

SQL-99允许程序员以几种方式定义UDT，最简单的是重命名现有类型。

```
CREATE TYPE T AS <基本类型>;
```

重命名一个基本类型如INTEGER。其目的是，为了避免即使数据具有相同的基本类型，但是逻辑上不应比较或交换的数据之间进行强制比较或交换所引起的意外错误。下面的例子会清楚地说明这一点。

例10.13 在电影例子中，有几个INTEGER类型的属性，包括Movies的length、MovieExec的cert#和Studio的presC#。它使比较cert#的值与presC#的值变得有意义，甚至可以取这两个属性中的一个值并将它存放到一个元组中作为其他属性的值。然而，比较电影长度与电影执行证书，或者从Movies元组中获取一个length值存放到MovieExec元组的cert#属性中是无意义的。

如果创建类型：

```
CREATE TYPE CertType AS INTEGER;
CREATE TYPE LengthType AS INTEGER;
```

那么，在它们各自的关系声明中，可以声明cert#和presC#为类型CertType而不是INTEGER，并且，在Movies的声明中，可以声明length为LengType类型。如果是那样的话，对象关系DBMS将会阻止一个类型值与另一个类型值进行比较，或者是阻止用一个值代换另一个。 □

SQL中UDT声明的更强大的形式与ODL中类的声明相似（稍有一些差异）。首先，在表定义中使用用户定义类型作为键声明是表声明的一部分，而不是类型定义。也就是说，很多SQL关系可以被声明为拥有相同的UDT，但是键和其他的约束不同。其次，在SQL中，不把联系看成是特征。联系可以用一个独立的关系表示，就像4.10.5节中讨论的一样，或者像10.4.5节中提到的通过引用来表示。UDT的定义格式为：

```
CREATE TYPE T AS (<属性声明>) ;
```

例10.14 图10-17给出两个UDT：AddressType和StarType。AddressType类型的元组有两个分量，其属性是street和city。这两个分量的类型是长度分别为50和20的字符串。StarType类型的元组同样有两个分量。第一个分量的属性是name，其类型为30个字符的字符串；第二个分量的属性是address，它本身的类型就是一个AddressType的UDT类型，也就是一个含有street和city分量的元组。 □

```
CREATE TYPE AddressType AS (
    street  CHAR(50),
    city    CHAR(20)
);

CREATE TYPE StarType AS (
    name    CHAR(30),
    address AddressType
);
```

图10-17 两个类型定义

10.4.2 用户定义类型中的方法声明

方法的声明同9.4.1节中介绍的PSM中的函数类似，但方法没有与PSM中过程类似的东西。也就是说，每个方法都返回某种类型的一个值。在PSM中函数的声明和定义是组合在一起的，而方法既需要一个满足用CREATE TYPE语句定义的带括号属性列表的声明，又需要有一个用CREATE METHOD语句说明的单独的定义。方法的实际代码不必是PSM，尽管可能是这样。例如，方法体可能是利用JDBC的JAVA编写，用来访问数据库。

方法的声明类似于PSM的函数声明，只要用关键字METHOD代替关键字CREATE FUNCTION即可。但是典型的SQL方法都没有参数，方法都作用在表的行上面，就像ODL的方法作用在对象上一样。在方法的定义中，如果需要，SELF可表示该元组本身。

例10.15 假设在图10-17中，类型AddressType的定义中增加一个方法houseNumber，这个方法在住址的street分量中取房屋地址的部分数据。例如，如果street分量是‘123 Maple St.’，那么，方法houseNumber将返回‘123’。声明中并没有给出houseNumber实际上如何工作的过程，其细节描述是在定义部分给出。经过修改的类型定义如图10-18所示：

定义中可见在关键字METHOD后面，紧跟着方法的名字和一个用括号把参数和参数类型括起来的列表。在这个例子中，方法没有参数，但是括号仍然是必需的。如果方法有参数，这些参数会出现在列表中，后面紧跟参数的类型。例如(a INT, b CHAR(5))。 □

```
CREATE TYPE AddressType AS (
    street  CHAR(50),
    city    CHAR(20)
    )
    METHOD houseNumber() RETURNS CHAR(10);
```

图10-18 向UDT中添加一个方法声明

10.4.3 方法定义

我们需要单独定义方法。方法定义的一个简单形式是：

```
CREATE METHOD <方法名称,参数,返回类型>
FOR <UDT 名>
<方法体>
```

也就是说，定义过方法的UDT用FOR语句表示。方法定义不必接近它所属类型的定义（的一部分）。

例10.16 例如，例10.15中的方法houseNumber的定义如图10-19所示。这里，省略了方法体，因为从字符串string中分离出想要的子串并不是一件困难的事，即使使用了通用宿主语言。 □

```
CREATE METHOD houseNumber() RETURNS CHAR(10)
FOR AddressType
BEGIN
    ...
END;
```

图10-19 定义一个方法

10.4.4 用UDT声明关系

在声明了一个类型之后，就可以声明一个或多个关系，这些关系中元组的类型就是刚声明过的那个类型。关系声明的形式类似于2.3.3节中所讲的那样，但是，属性声明从被括起来的元素列表中省略，或用OF子句和UDT名字来代替。也就是说，使用UDT的CREATE TABLE语句的可选形式是：

```
CREATE TABLE <表名> OF <UDT 名>
(<元素列表>);
```

圆括号括起来的元素列表可以包括键、外键和基于元组的约束。需要注意的是，所有这些元素是为一个特殊表声明，而不是为UDT声明。因此，几张表可以用相同的UDT类型作为它们的行类型，这些表有不同的约束，甚至不同的键。如果表中没有约束或键声明要求，则不需要括号。

例10.17 可以通过下面的方式来声明MovieStar是一个元组类型为StarType的关系：

```
CREATE TABLE MovieStar OF StarType (
    PRIMARY KEY (name)
);
```

这样就使得表MovieStar拥有两个属性：name和address。第一个属性name是一个一般的字符串，而第二个属性address的类型本身就是一个UDT，即AddressType类型。属性name是这个关系的键，因此，关系不可能有两个相同名字的元组。 □

10.4.5 引用

关于面向对象语言中的对象标识，SQL是通过引用（Reference）的概念来实现。一个表可以有一个引用列（Reference column）作为它的元组“标识”。如果这个表有主键，该列可以作为该表的主键，或者，该列的值由DBMS产生和维护其唯一性。定义引用列的介绍将推迟到10.4.6节，直到第一次看到引用类型如何被使用为止。

为了引用一个含有引用列的表中的元组，必须有一个属性作为该引用的类型，即另一个类型的引用。如果T是一个UDT，那么REF(T)的类型就是对类型T的元组的引用。此外，可以为引用加上一个作用域（Scope），该作用域就是被引用元组所在的关系的名字。因此，属性A的值是对关系R中元组的引用，而R是一个UDT类型T的表，那么可以声明为：

```
A REF(T) SCOPE R
```

如果没有说明作用域，那么该引用就可以作用于类型T的任何一个关系。

例10.18　在MovieStar对象中记录每个影星的一部最佳的电影。假定已经声明一个适当的关系Movies，并且这个关系的类型是UDT类型MovieType，稍后在图10-21中定义MovieType和Movies。图10-20是StarType的新定义，它包含了一个属性bestMovies来引用一部电影。现在，如果关系MovieStar被定义为含有图10-20中的UDT，那么，每个影星元组有一个分量，这个分量引用Movies元组——影星的最佳电影。□

```
CREATE TYPE StarType AS (
    name      CHAR(30),
    address   AddressType,
    bestMovie REF(MovieType) SCOPE Movies
);
```

图10-20　向StarType中添加一个最佳电影的引用

10.4.6　为表生成对象标识符

为了引用表中的行，比如例10.18中的Movies，该表的元组需要一个"对象标识符"。这样的表称为可引用（Referenceable）的。在UDT类型的表的CREATE TABLE语句中（见10.4.4节），可以包括如下形式的元素：

```
REF IS <属性名> <how generated>
```

"属性名"是赋给该列的名字，用作元组的"对象标识符"。而"how generated"子句可以是下面两个中的一个：

1. SYSTEM GENERATED，表示DBMS负责对该列中的每一个元组维护一个唯一值。

2. DERIVED，表示DBMS将使用该关系的主键为该列产生唯一的值。

例10.19　图10-21说明了怎样声明UDT类型MovieType和关系Movies，以使得Movies可以被引用。第(1)到第(4)行是对这个UDT的声明，第(5)到第(7)行把关系Movies定义为这种UDT类型。注意，在第(7)行声明了title和year，两者一起作为关系Movies的键。

在第(6)行当中可以看到，Movies的"标识(identity)"列的名字是movieID。这个属性将自动成为title、year以及genre之后Movies的第四个属性，和其他任何属性一样，该属性也可以用在查询中。

第(6)行还说明，每当一个新的元组插入到Movies的时候，DBMS都负责生成一个movieID的值。如果用DRIVED代替SYSTEM GENERATED，那么在产生新的元组时，系统将从该元组的主键属性title和year的值计算出一个新值，把它赋给新元组的movieID。□

```
1)  CREATE TYPE MovieType AS (
2)      title   CHAR(30),
3)      year    INTEGER,
4)      genre   CHAR(10)
    );

5)  CREATE TABLE Movies OF MovieType (
6)      REF IS movieID SYSTEM GENERATED,
7)      PRIMARY KEY (title, year)
    );
```

图10-21　创建可被引用的表

例10.20　现在，看看怎样使用引用来表示电影和影星之间的多对多联系。以前，用关系来表示这种联系。例如StarsIn，它包含以Movies和MovieStar作为键的元组。作为一个替换，重新定义StarsIn，使它可以引用这两个关系中的元组。

首先，需要重新定义MovieStar，使它成为一个可引用的表。因此改为：

```
CREATE TABLE MovieStar OF StarType (
    REF IS starID SYSTEM GENERATED,
    PRIMARY KEY (name)
);
```

然后，可以声明关系StarsIn包含两个属性，即两个引用，其中一个引用电影的元组，另一个引用影星的元组。下面是这个关系的直接定义：

```
CREATE TABLE StarsIn (
    star    REF(StarType) SCOPE MovieStar,
    movie   REF(MovieType) SCOPE Movies
);
```

也可以选择另一个方式，定义一个上述的UDT类型，然后把StarsIn声明成这个类型的表。□

10.4.7 习题

习题10.4.1 对于电影例子中每个关系的属性选择其类型名字。如果属性的值可以合理地比较或交换则使用相同的UDT，如果属性的值不能比较或交换，则使用不同的UDT。

习题10.4.2 写出以下类型的类型声明：

a) NameType，包含姓、名和中间名字分量，还有一个头衔。

b) PersonType，包含人名和对其父亲、母亲对象的引用。在声明中必须使用(a)中的类型。

c) MarriageType，包含结婚日期和对丈夫、妻子对象的引用。

习题10.4.3 在适当的地方使用类型声明和引用属性，重新设计习题2.4.1中产品数据库的模式。特别是要在关系PC、Laptop和Printer中，把model属性改为对该模型Product元组的引用。

!习题10.4.4 在习题10.4.3中，假定表PC、Laptop和Printer中的型号属性是对表Product中元组的引用。请问是否也可把Product中的model属性改为对该类型产品关系元组的引用？为什么？

习题10.4.5 在适当的地方使用类型声明和引用属性，重新设计习题2.4.3中战舰数据库的模式。找出多对一联系，并用一个具有引用类型的属性来表示它们。

10.5 对象关系数据上的操作

从前面的章节中看到，所有正确的SQL操作都可以运用在用UDT声明的表或含有UDT类型属性的表上。也还有一些全新的操作，如引用跟随。但是，我们熟悉的某些操作，特别是那些访问或者修改UDT类型的列的操作，将涉及新的语法。

10.5.1 引用的跟随

假设x是类型REF(T)的一个值，那么x引用类型T的某个元组t。通过以下两种方法，可以获得元组t本身或者t中的分量：

1. 操作符‘->’本质上和C语言中的这种操作符有相同的含义。也就是说，如果x是对元组t的一个引用，且a是t的一个属性，那么x->a就是元组t中属性a的值。

2. DEREF操作符作用于一个引用，并且生成所引用的元组。

例10.21 使用例10.20中的关系StarsIn查找Brad Pitt主演的电影。回顾一下，该关系模式如下：

StarsIn(star, movie)

其中，star和movie分别是对MovieStar和Movies元组的引用。可能的查询如下：

```
1)  SELECT DEREF(movie)
```

```
2) FROM StarsIn
3) WHERE star->name = 'Brad Pitt';
```

在第(3)行中，表达式star->name生成MovieStar元组中的name分量的一个值，而这个MovieStar元组是被任意给定的一个StarsIn元组分量star所引用。因此，WHERE子句标识这样一些StarsIn元组，它们的分量star都是对Brad-Pitt的MovieStar元组的引用。第(1)行则生成那些相应的StarsIn元组中movie分量所引用的电影元组。所有这三个属性——title、year和genre——都将出现在输出结果中。

注意，可能会用下面的语句代替第(1)行：

```
1) SELECT movie
```

但是，如果这样做的话，将会得到一些无用的数据。这些数据由系统产生，被用作这些元组的唯一的内部标识符。在被引用的元组中，不会看到这些信息。 □

10.5.2 访问UDT类型的元组分量

当定义一个含有UDT类型的关系时，必须把元组看作是单独的对象，而不能看作是以UDT属性作为分量的列表。作为一个恰当的例子，考虑图10-21中声明的关系Movies。这个关系有一个UDT类型MovieType，它有三个属性：title、year和genre。但是，Movies当中的元组t只有一个分量，而不是三个。这个分量就是这个对象本身。

如果“深入”到这个对象内部，可以从中取得类型MovieType的三个属性的值，并且可以使用该类型定义的任何方法。但是，必须正确地访问这些属性，因为它们不是这个元组本身的属性。这样，UDT类型都为自己的每一个属性隐含地定义一个*观测方法*（Observer Method）。属性x的观测方法的名字是$x()$。可以像使用该UDT类型的任何其他方法一样使用这个方法，用点号把它接到计算该类型对象值的表达式后面。因此，如果t是类型T的变量，x是T的一个属性，则$t.x()$就是t代表的元组（对象）中x的值。

例10.22 从图10-21的关系Movies中找出电影King Kong的年份。一种解决方案是：

```
SELECT m.year()
FROM Movies m
WHERE m.title() = 'King Kong';
```

尽管元组变量m没必要在这里出现，但是需要一个变量，它的值是类型MovieType的对象——关系Movies的UDT。WHERE子句的条件表达式把常量‘King Kong’与m.title()的值进行比较，后者是类型MovieType的对象m的属性title的观测器方法。同样地，SELECT子句中的值用m.year()来表示，这个表达式把属性year的观测器方法作用到对象m上。 □

事实上，对象关系DBMS不用方法句法从对象提取属性，而是按下述方法去掉括号。例如，例10.22中的查询可以写为：

```
SELECT m.year
FROM Movies m
WHERE m.title = 'King Kong';
```

但是，元组变量m仍然是必需的。

点操作符可以被用来应用方法，同时也可以在对象中查找属性值。这些方法要有括号，即使它们没有参数。

例10.23 假定关系MovieStar已经声明有UDT类型StarType，需要回顾例10.14中含有类型AddressType的属性address。该类型有一个方法houseNumber()，它从类型为AddressType（见例10.15）的对象中抽取房子号码。那么查询是：

```
SELECT MAX(s.address.houseNumber())
FROM MovieStar s
```

从StarType类型的对象s中抽取address分量，然后对那个AddressType对象应用houseNumber()方法，结果返回任一影星的最大的房子号码。 □

10.5.3　生成器和转换器函数

为了生成符合UDT的数据，或者改变UDT对象的分量，可以使用两类方法。每当一个UDT被定义的时候，这些方法连同观测器方法一起会被自动地创建。这两类方法是：

1. 生成器方法（Generator Method）。这个方法的名字就是类型名，并且没有参数。它还有一个特别的性质是，其调用不需要作用到某个具体的对象上。也就是说，如果T是一个UDT，那么$T()$将返回一个类型为T的对象，而该对象的各个分量没有值。

2. 转换器方法（Mutator Method）。UDT类型T的每个属性x都有一个转换器方法$x(v)$。当这个方法作用到类型T的一个对象上时，它把该对象的属性x的值改为v。注意，属性的转换器方法和观测器方法的名字都是该属性的名字，区别仅在于转换器方法有一个参数。

例10.24　写一段PSM过程，取街道、城市和名字作为参数，调用正确的生成器函数和转换器函数来构造一个对象，并把它插入到关系MovieStar（依照例10.17，类型是StarType）中。回顾一下例10.14，类型StarType中的对象有一个字符串类型的分量name，但分量address本身就是类型AddressType的一个对象。过程InsertStar如图10-22所示。

```
1)  CREATE PROCEDURE InsertStar(
2)      IN s CHAR(50),
3)      IN c CHAR(20),
4)      IN n CHAR(30)
    )
5)  DECLARE newAddr AddressType;
6)  DECLARE newStar StarType;

    BEGIN
7)      SET newAddr = AddressType();
8)      SET newStar = StarType();
9)      newAddr.street(s);
10)     newAddr.city(c);
11)     newStar.name(n);
12)     newStar.address(newAddr);
13)     INSERT INTO MovieStar VALUES(newStar);
    END;
```

图10-22　创建和存储StarType对象

第(2)到第(4)行引入参数s、c和n，分别提供街道、城市和影星名字的值。第(5)和第(6)行声明了两个局部变量，两者的类型都是关系MovieStar中的对象所涉及的UDT类型。在第(7)和第(8)行，创建了这两个类型的空对象。

第(9)和第(10)行从过程的参数中取得两个真正的值，并赋给对象newAddr，这些参数提供街道和城市名。类似地，第(11)行把参数n作为对象newStar中分量name的值。而第(12)行把整个newAddr对象作为newStar中分量address的值。最后，第(13)行把构造好的对象插入到关系MovieStar中。注意，与通常一样，一个以UDT作为自己类型的关系只有一个单独的分量，即使这个分量有多个属性（比如这个例子中的name和address）也是如此。

为了将一个影星插入MovieStar中，可以调用InsertStar过程。

```
CALL InsertStar('345 Spruce St.', 'Glendale', 'Gwyneth Paltrow');
```

是一个例子。 □

如果DBMS提供或者自己创建一个生成器函数，使该生成器函数以UDT属性作为输入，并返回一个合适的对象，那么把对象插入含有UDT的关系中将变得更简单。例如：如果已经有函数AddressType(s,c)和函数StarType(n,a)，它们返回指定类型的对象，那么就可以在例10.24的末尾使用如下的INSERT语句进行插入操作：

```
INSERT INTO MovieStar VALUES(
    StarType('Gwyneth Paltrow',
        AddressType('345 Spruce St.', 'Glendale')));
```

10.5.4 UDT上联系的排序

某些UDT类型的对象本质上是抽象的。在这个意义上，没法对同一个UDT的两个对象进行比较，不管是测试它们是否“相等”，还是测试其中一个比另一个小。即使两个对象的所有分量都相同，也不会认为这两个对象相等，除非告诉系统把它们看作相等。类似地，也无法对一个含有UDT的关系的元组进行排序，除非定义一个函数，指明该UDT的两个对象中哪一个先于另一个。

然而，SQL中有许多操作需要相等关系测试，或同时需要相等关系测试和小于关系测试。例如，如果不能指出两个元组是否相等，那么将无法排除重复的元组。如果无法对一个UDT做相等关系测试，那么就不能对一个UDT类型的属性进行分组。除非能对两个元素进行比较，否则在WHERE子句中不能使用ORDER BY子句或比较符‘<’。

为了说明一个排序或比较操作，SQL允许用CREATE ORDERING语句来声明任一UDT。其中有许多种声明的格式，这里仅列出最简单的两种：

1. 语句

```
CREATE ORDERING FOR T EQUALS ONLY BY STATE;
```

指明UDT类型T的两个成员，如果它们相应的分量一样，那么就可以认为相等。这里在UDT类型T的对象上没有定义‘<’操作。

2. 下列语句

```
CREATE ORDERING FOR T
ORDERING FULL BY RELATIVE WITH F;
```

指明了6种比较(<、<=、>、>=、=和<>)都可以作用到UDT类型T的对象上。为了说明对象x_1和x_2是怎样比较的，把函数F作用到这些对象上。函数F的实现必须这样写：如果$x_1 < x_2$，那么$F(x_1, x_2) < 0$；而$F(x_1, x_2) = 0$表示$x_1 = x_2$；$F(x_1, x_2) > 0$表示$x_1 > x_2$。如果将ORDERING FULL换为EQUALS ONLY，那么$F(x_1, x_2) = 0$表示$x_1 = x_2$，而$F(x_1, x_2)$的其他值则表示$x_1 \neq x_2$。在这种情况下，不能用‘<’符号进行比较。

例10.25　考虑例10.14中UDT类型StarType的一个可能的排序。如果仅要进行相等操作，可以如下声明：

```
CREATE ORDERING FOR StarType EQUALS ONLY BY STATE;
```

该语句指明如果两个StarType类型的对象相等，当且仅当它们的名字是相同的字符串，而且地址是相同的UDT类型AddressType对象。

这里的问题在于，除非定义了AddressType的排序，否则该类的对象甚至不能等于自身。因此，至少需要对于AddressType的相等测试。一个简单的做法是：声明两个AddressType对象相等，当且仅当这两个对象的street和city是相同的。做法如下：

```
CREATE ORDERING FOR AddressType EQUALS ONLY BY STATE;
```

另一种做法是：也可以定义AddressType对象的一个完整排序。一个合理的地址排序是，先以城市的字母序进行排序，有相同城市的地址再通过街道名的字母序进行排序。为此，必须定义一个函数AddrLEG，该函数以两个AddressType对象作为参数，比较后返回一个负值、零或正值，分别表示第一个对象小于、等于或大于第二个对象。可以做如下声明：

```
CREATE ORDERING FOR AddressType
ORDER  FULL BY RELATIVE WITH AddrLEG;
```

图10-23给出了函数AddrLEG。注意，如果可以到达第(7)行，那么两个city分量相同，因此可以接着比较street分量。同样地，如果到达第(9)行，那么剩下的唯一可能就是两个city相同，而且在字母序上，第一个street排在第二个的前面。□

```
1)  CREATE FUNCTION AddrLEG(
2)      x1 AddressType,
3)      x2 AddressType
4)  ) RETURNS INTEGER

5)  IF x1.city() < x2.city() THEN RETURN(-1)
6)  ELSEIF x1.city() > x2.city() THEN RETURN(1)
7)  ELSEIF x1.street() < x2.street() THEN RETURN(-1)
8)  ELSEIF x1.street() = x2.street() THEN RETURN(0)
9)  ELSE RETURN(1)
    END IF;
```

图10-23　地址对象的一个比较函数

事实上，每个商业DBMS都有它们自己的方法允许用户定义UDT上的比较。除了上面提到的两个方法，还提供如下一些功能：

a) *严格对象相等*（Strict Object Equality）。两个对象相等当且仅当它们是相同的对象。

b) *方法定义相等*（Method-Defined Equality）。一个函数被应用到两个对象，其返回true（真）还是false（假）取决于这两个对象是否被认为相等。

c) *方法定义映射*（Method-Defined Mapping）。一个函数被应用到一个对象并返回一个实数。对象通过返回的实数进行比较。

10.5.5　习题

习题10.5.1　使用例10.20中的StarsIn关系以及通过StarsIn可以访问到的Movies和MovieStar关系，写出以下的查询：

a) 查找电影Dogma中所有影星的姓名。

!b) 查找至少有一个影星住在Malibu的所有电影的片名和年份。

c) 查找影星Melanie Griffith演过的电影（MovieType类型的对象）。

!d) 查找至少有5位影星出演的电影（包括名字与年份）。

习题10.5.2　使用习题10.4.3中采用的模式，写出以下的查询，切记随时使用引用。

a) 查找生产硬盘大于60 GB的PC机的制造商。

b) 查找生产激光打印机的制造商。

!c) 创建一张表，对每一款笔记本电脑，给出同一个制造商生产的具有最快处理器速度的笔记本电脑的型号。

习题10.5.3　使用习题10.4.5中的模式，写出以下的查询。切记随时使用引用，并避免含有连接操作（即子查询或FROM子句中含有不止一个元组变量）：

a) 查找排水量大于35 000吨的舰船。

b) 查找至少有一艘舰船沉没的战役。

!c) 查找在1930年之后下水的舰船的类别。

!!d) 查找至少有一艘美国船舰损毁的战役。

习题10.5.4　假设图10-23的AddrLEG函数可用，写一个适当的函数来比较StarType类型的对象，并把该函数声明为StarType对象排序的基准。

!习题10.5.5　写一个过程，使该过程以影星名字为参数，并且删除StarsIn与MovieStar中含有该影星的元组。

10.6　联机分析处理

数据库的一个重要应用是样本或趋势数据检查。这种行为被称作*联机分析处理*OLAP（On_Line Analytic Processing的简称，发音为“oh_lap”），一般包括高度复杂的查询，该查询使用一个或多个聚集。这些查询经常称为OLAP *查询*（OLAP queries）或*决策－支持查询*（decision-support queries）。在10.6.2节中将给出一些例子。一个典型的例子是为某公司查找那些在全部的销量中明显上升或下降的产品。

决策－支持查询专门检查繁杂庞大的数据，即使它的查询结果很小。相反，一般数据库操作（如银行存款或航班预定）每个只接触数据库的很小一部分；后者通常称为*联机事务处理*OLTP（On-Line Transaction Processing, 读作“oh-ell-tee-pee”）。

10.6.1　OLAP和数据仓库

在主数据库的独立副本中发生OLAP应用是很常见的，这个独立的数据库副本称为*数据仓库*（data warehouse）。多个独立数据库中的数据可以整合到数据仓库中。通常情况下，仓库仅仅在夜里更新，而在冻结副本上的分析工作则在白天进行。仓库中的数据因此有多达24小时的延误，这就限制了OLAP查询答案的时限，但是，在许多决策－支持应用中，这个延时可以容忍。

数据仓库在OLAP应用中扮演重要角色有几个理由。第一，在某种程度上，仓库是组织和集中数据来支持OLAP查询所必须的；这些数据开始可能是交叉分散在多个不同的数据库中。但是，常常更为重要的是OLAP查询，它复杂而且涉及许多数据，这样在一个高吞吐量的事务处理系统中要花费太多的时间去执行。回顾6.6节中关于串行事务的讨论。运行一个需要涉及许多与其他事务串行的数据库的长事务，将使普通的OLTP操作超过可以忍受的延迟。例如，如果存在一个并发的OLAP查询计算平均销量，当新的销售发生时将可能不允许记录它们。

10.6.2　OLAP应用

一个常见的OLAP应用使用一个关于销售数据的仓库。主要的零售连锁商店将积累数以万亿字节代表每个商店的每宗交易的数据。将销售信息聚集成组并区分重要组的查询对于公司预见未来问题和机遇有很大好处。

例10.26　假设Aardvark Automobile公司建立一个数据仓库来分析其汽车销量。仓库的模式可以是：

```
Sales(serialNo, date, dealer, price)
Autos(serialNo, model, color)
Dealers(name, city, state, phone)
```

一个典型的决策－支持查询可能检查2006年4月1号及其以后的销量，以查看各州近来每种车辆的平均价格怎样。这样的查询如图10-24所示。

```
SELECT state, AVG(price)
FROM Sales, Dealers
WHERE Sales.dealer = Dealers.name AND
      date >= '2006-01-04'
GROUP BY state;
```

图10-24　查询各州的平均销售价格

注意图10-24中的查询是如何涉及数据库中大多数数据的，它通过各州的经销商对近来Sales事实进行分类。相反，倘若在序列号上有索引，诸

如“查找销售的序列号为123的汽车价格”这样的典型OLTP查询仅涉及数据的单个元组。 □

另外一个OLAP例子，考虑一个信用卡公司试图决定申请者是否有信用价值。公司创建一个所有现有客户和他们支付历史的仓库。OLAP查询查找诸如年龄、收入、家庭关系和邮编等因素，有助于预测客户是否按时支付账单。相似地，医院可能使用一个关于病人信息（入院、检查、结果、诊断、治疗等）的仓库来分析病情并选择最好的治疗方案。

10.6.3 OLAP数据的多维视图

在典型的OLAP应用中，有一个中心关系或数据集合，称为*事实表*（fact table）。一个事实表表示感兴趣的事件或对象，如例10.26中的sales。通常，排列成多维空间或”立方体”有助于对事实表中对象的思考。图10-25表示三维数据，用立方中的点表示；与前面的汽车销售的例子相对应，立方体的三维分别称为car、 dealer和date。因此，在图10-25中,可以把每个点看作是单独一辆汽车的销售，而维表示该销售的特性。

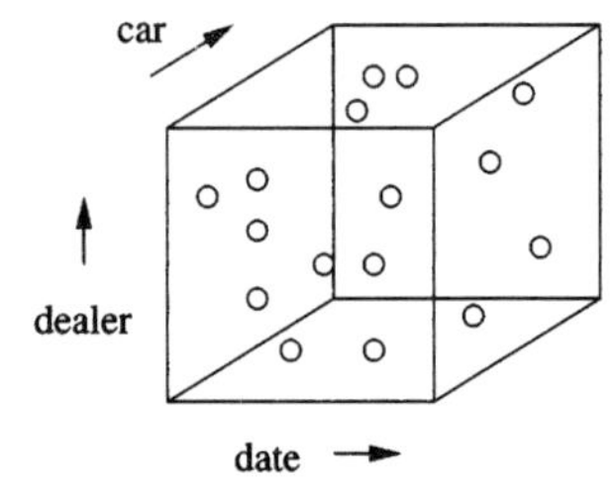

图10-25 在一个多维空间中组织数据

诸如图10-25的数据空间被非正式地称为“数据立方体”，或者当想要与10.7节中更复杂的“数据立方体”进行区分时，将之更精确地称为*原始数据立方体*（raw-data cube）。当必须与原始数据立方体区分时，后者被称为*形式化*（formal）数据立方体，有两种方式与原始数据立方体不同：

1. 除了包含它自身的数据外，还包含所有维的子集中的数据聚集。

2. 在形式化数据立方体中的点代表原始数据立方体中的点的一个初始聚集。例如：“car”维可能是仅用模型聚集，而不是表示每个汽车个体（像为原始数据立方体设定的一样）。形式化数据立方体中有一些点表示给定某天某个给定的经销商的某个给定模型的所有汽车的总销量。

原始数据立方体和形式化数据立方体之间的差别在两个更大的方向上反映出来，这两个方向已经被支持OLAP上的立方体结构数据的专门系统采用：

1. RLOAP，或者*关系*OLAP（relational OLAP）。在这个方案中，数据被存储在含有一个被称为“星型模式”（在10.6.4节中描述）的专门结构的关系中。这些关系中的一种是“事实表”，包括*原始*的或非聚集的数据，对应于原始数据立方体。其他关系给出每个维上的值信息。查询语言、索引结构和系统的其他能力可以适应数据按这种方式进行组织的假定。

2. MOLAP，或者*多维*OLAP（multidimensional OLAP）。这里，上面提到的一个专门的结构形式“数据立方体”被用来控制数据，包括它的聚集。非关系操作符可以被系统用来支持对这种结构数据的OLAP查询。

10.6.4 星型模式

星型模式（star schema）由事实表的模式组成，这个事实表链接到其他几个被称为“维表”的关系。事实表在“星”的中心，星上的点是维表。一个事实表通常由几个代表*维*（dimensions）的属性和一个或多个代表点的总体利益性质的*依赖*（dependent）属性组成。例如，销售数据的维可以包括销售日期、销售地点（商店）、销售物品类型和支付方法（如现金或信用卡）等等。依赖属性可以是销售价格、销售成本或税收等。

例10.27 例10.26中的Sales关系

```
Sales(serialNo, date, dealer, price)
```

是一个事实表，维是：

1. serialNo，表示汽车销售，也就是可能的汽车空间中的点的位置。

2. date，表示销售日期，也就是时间维上事件的位置。

3. dealer，表示可能的经销商空间上事件的位置。

一个依赖属性是price，它是数据库上典型的要求聚集的OLAP查询。但是，查询要的是计数而不是价格的总和或价格的平均，如“列出2006年5月每个经销商销售的总数目”。 □

补充事实表的是描述沿每个维的值的*维表*(dimension table)。典型地，事实表的每个维属性是一个引用相应维表的键的外键，如图10-26所示。维表的属性也描述SQL中GROUP BY查询得到的可能的分组。为更好地理解这一点，我们通过举例说明。

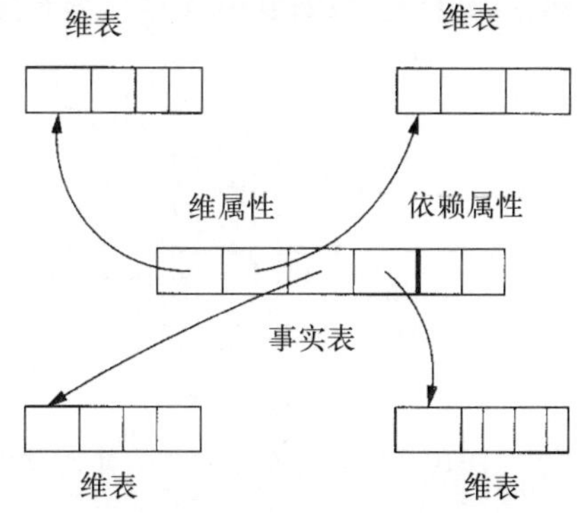

图10-26 引用维表的键的事实表中的维属性

例10.28 对于例10.26中的汽车数据，可能的三个维表中的两个是：

```
Autos(serialNo, model, color)
Dealers(name, city, state, phone)
```

事实表Sales中的属性serialNo是一个外键，引用维表Autos中的serialNo[⊖]。属性Autos.model和Autos.color给出给定汽车的特征。如果将维表Autos与事实表Sales连接，那么属性model和color可能被用来以令人感兴趣的方式为销售分组。例如，可以用颜色来查找未完成的销售，或者利用月份和经销商来查找Gobi模型的未完成的销售。

类似地，Sales的属性dealer是一个外键，引用维表Dealers的name。如果Sales和Dealers结合在一起，那么有另外的选择分组数据；例如，除了可以通过经销商外，还可以通过州或城市查找一个未完成的销售。

你可能惊讶时间维（Sales的date属性）在哪里。既然时间是一个物理特性，它对数据库中关于时间的存储事实没有影响，因为不能改变诸如“2007年7月5日出现在哪一年？”这样的答案。但是，因为根据不同的时间单位的分组（如周、月、季度和年）经常被分析者采用，它有助于在数据库中建立一个时间概念，就像有一个诸如下列形式的时间”维表”：

```
Days(day, week, month, year)
```

这种假想的“关系”的一个典型的元组可能是（5,27,7,2007），代表2007年7月5日。可以解释为这一天是2007年的第7个月的第5天；它恰巧也是2007年的第27周。由于周是通过其他三个属性计算出来的，所以有一定的冗余。但是，周不是严密地与月相当，所以通过周的分组得不到通过月的分组。因此，设想在“维表”中同时用周和月表示是有意义的。 □

10.6.5 切片和切块

可以认为原始数据立方体上的点是在一些粒度级别上的基于每个维上的分割。例如，在时间维上，可以依照日、周、月、年来分割（在SQL中的术语是“group by”），或者根本不分割。对于汽车维，可以依照模型、依照颜色、同时依照模型和颜色来切割，或不切割。对于经销商，可以依照经销商、依照城市、依照州进行分割或不分割。

如图10-27所示，这种分割是一种对每个维将立方体“切成小方块”的切割。结果是立方

⊖ 恰巧serialNo也是关系Sales的键，但是并不必是一个属性，它是事实表的一个键同时也是一些维表的外键。

体被分为更小的立方体，这些小的立方体代表利用GROUP BY子句执行这样分割的点的统计汇总。通过WHERE子句，查询也可以选择集中于沿一个或多个维（如在立方体的一个特殊的“切片”上）的特定分割。

例10.29 图10-28给出的是一个查询，要求切片在一维上（数据data），分块在另外两个维上（汽车car和经销商dealer）。数据被分为四组，或许数据已经积累了四年以上。图中阴影部分指出用户只对其中这些年感兴趣。 □

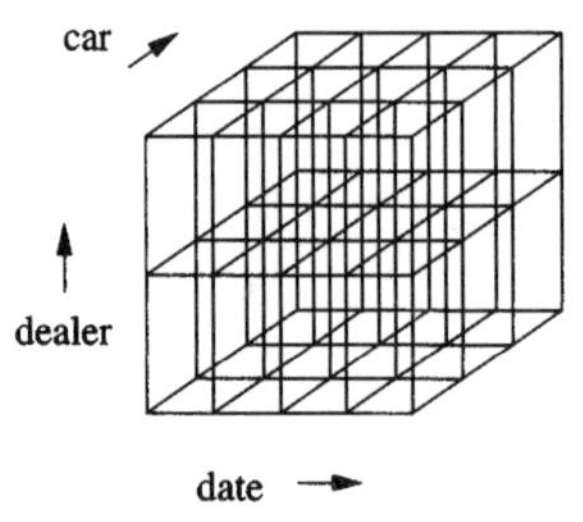

图10-27 对每个维将立方体切成小方块

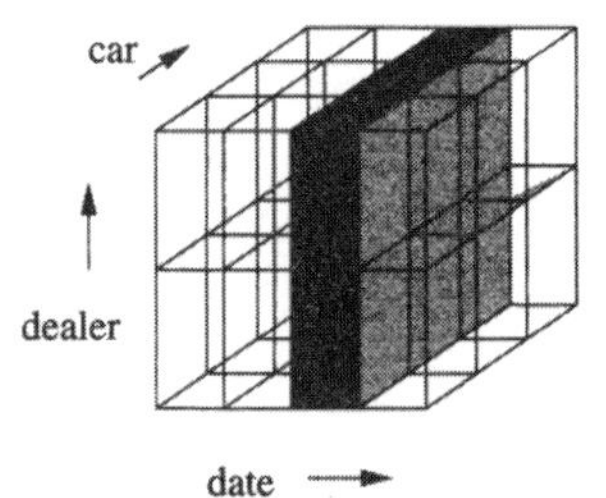

图10-28 选择一个被切成小块的立方体的一个切片

一个所谓的“切片与切块”查询的一般形式是：

```
SELECT <分组属性和聚集>
FROM <事实表与某个维表连接>
WHERE <某些属性是常量>
GROUP BY <分组属性>;
```

例10.30 继续汽车的例子，但是将例10.28中讨论的关于时间的Days维表的概念包含进来。如果Gobi不像预期的那样好卖，可能会试图找出哪种颜色的车卖得不好。这个查询仅仅利用Autos维表，可以用SQL如下写出：

```
SELECT color, SUM(price)
FROM Sales NATURAL JOIN Autos
WHERE model = 'Gobi'
GROUP BY color;
```

这个查询根据颜色分块，然后根据模型切片，集中到一个特定模型Gobi，并且忽略其他数据。

假设查询获取的信息不多，每种颜色产生大约同样的收入。由于查询不在时间维上分割，因此看到的只是每种颜色在全部时间上的总量。可以假设最近的趋势是一个或多个颜色销售疲软。这样可能会因此发出修订后的查询，该查询也把时间按月分割。该查询是：

```
SELECT color, month, SUM(price)
FROM (Sales NATURAL JOIN Autos) JOIN Days ON date = day
WHERE model = 'Gobi'
GROUP BY color, month;
```

下钻与上卷

例10.30阐述了对数据立方体切片与切块查询序列中两种较常见的模式。

1. 下钻（Drill-Down）是在某些维上划分更精细和/或侧重于具体价值的过程。例10.30中除了最后一步，每一步都是向下钻取的一个实例。

2. 上卷（Roll-Up）是划分更粗糙的过程。在最后一步我们按年分组代替按月分组以消除数据随意性的影响，是上卷的一个实例。

记住Days关系不是传统的存储关系非常重要，尽管可以认为它好像有模式

```
Days(day, week, month, year)
```

能够使用这样的一个“关系”是系统专门为OLAP查询区别于传统DBMS设计的一种方法。

可以发现最近红色Gobi的销售情况不好。接着可能会问的是这个问题是否存在于所有的经销商，或者是否仅仅存在于这些红色Gobi销售较低的经销商。因此，进一步集中于查询，只看红色Gobi，同样沿经销商维分区。该查询是：

```
SELECT dealer, month, SUM(price)
FROM (Sales NATURAL JOIN Autos) JOIN Days ON date = day
WHERE model = 'Gobi' AND color = 'red'
GROUP BY month, dealer;
```

这时，我们发现红色Gobi的每月销售量太小，以致根本不能轻易地观察到趋势。因此，我们认为按月分组是错误的。一个更好的想法是仅仅按年来分组，并且只看最后两年（在这个假设的例子中只看2006和2007年）。最终的查询如图10-29所示。 □

```
SELECT dealer, year, SUM(price)
FROM (Sales NATURAL JOIN Autos) JOIN Days ON date = day
WHERE model = 'Gobi' AND
      color = 'red' AND
      (year = 2006 OR year = 2007)
GROUP BY year, dealer;
```

图10-29 关于红色Gobi销售量的最终切片与切块查询

10.6.6 习题

习题10.6.1 一个联机计算机销售商希望维持预定信息。顾客可以根据处理器、主存量、磁盘机数、CD或DVD读取器数来预定PC。这样一个数据库的事实表为：

```
Orders(cust, date, proc, memory, hd, od, quant, price)
```

应当理解属性cust作为一个ID是关于顾客维表的外键，类似地来理解属性proc、hd（hard disk）和od（optical disk，CD或DVD）。例如，hd ID 在一个维表中可能被精心制作表示磁盘和几个磁盘特征的制造商。属性memory只是一个整数，表示预定的内存大小。属性quant是顾客预定此类机器的数量，属性price是每台预定的机器的总花费。

a) 哪些是维属性（dimension attribute），哪些是依赖属性（dependent attribute）?

b) 对于某些维属性，可能需要一个维表。为这些维表提出适当的建议。

!习题10.6.2 假设想要测试习题10.6.1中的数据以发现趋势，从而预测公司应该更多地预定哪些组件。描述一系列可能导致客户开始喜欢DVD驱动器甚于CD驱动器的结论的下钻与上卷（drill-down and roll-up）查询。

10.7 数据立方体

在本节中将考虑“形式化”数据立方体和在这种形式上的特定数据操作。回顾10.6.3节，形式化的数据立方体（在本节是数据立方体）预先系统地计算所有可能的聚集。令人吃惊的是，需要一定数量的额外容量通常可以忍受，并且只要库存的数据不改变，那么试图保持所有的聚集处于更新状态将不会招致处罚。

在数据立方体中，事实表中的原始数据进入数据立方体或进一步聚集计算之前存在一些

聚集是正常的。例如，在汽车例子中，认为是系列星型模式中的维可能被汽车的模型所替代。然后，数据立方体的每个点变成一个模型、一个经销商和日期以及在这一天由该经销商关于这一模型的销售总量的一种描述。这里仍然称（形式化的）数据立方体上的这些点为“事实表”，尽管这些点的解释与从原始数据立方体建立起来的星型模式中的事实表有些许不同。

10.7.1　立方体算子

给定事实表F，可以定义一个增量表CUBE(F)，它为每个维添加一个额外值，用“*”表示。“*”有直观的意义：“任何”，并且它代表沿它出现的维的聚集。图10-30给出了为立方体的每个维添加一条边的过程，表示“*”值和聚集值。在图中看到三个维，阴影颜色最浅的表示一维上的聚集，较深的阴影是二维聚集，在角上的最深的立方体是所有三维的聚集。注意，如果沿每个维上的数据合理地大，那么“边”只表示对立方体体积的很小的增加（也就是事实表中的元组数）。如果是那样的话，存储数据CUBE(F)的大小并不是远大于F本身的大小。

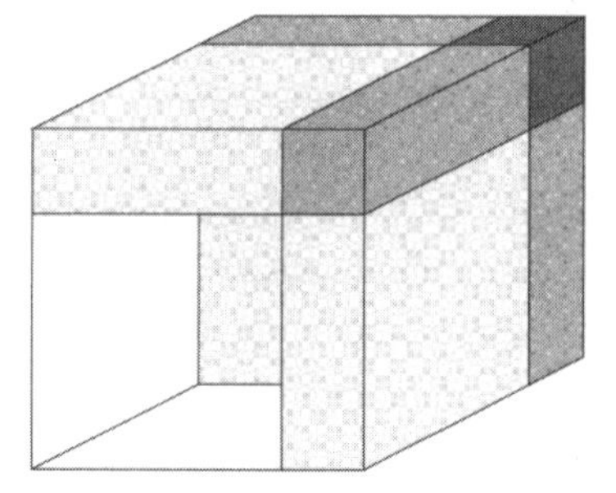

图10-30　为立方体的每个维添加一条边

表CUBE(F)中在一维或多维上含有*的元组将会对每个依赖属性在所有可以用真实值代替*值所得到的元组上对该属性的值进行求和（或其他聚集函数）。实际上，是沿着任何维的集合建立到数据的聚集结果。注意，该立方体算子并不支持在基于维表中的值的粒度的中间层次上的聚集。例如，可以要么按天（或任何最好的时间粒度）分开数据，要么完全地聚集时间，但是不能独立地应用立方体算子依据周、月或者年来聚集。

例10.31　根据CUBE算子提供的东西，重新考虑例10.26中的Aardvark数据库。回顾例子中的事实表是：

```
Sales(serialNo, date, dealer, price)
```

不过，产品序列号（serialNo）代表的维并不能很好地适合立方体，因为序列号是Sales的一个键。因此，保持序列号固定不变，对所有日期或所有经销商的价格求和并无影响；我们仍然能够得到该序列号的一辆汽车的“和”。一个更为有用的数据立方体将用两个属性（model和color）来替换序列号，序列号通过维表Autos与Sales相连。注意，如果用model和color替换serialNo，那么该立方体在它的维之间不再有键。因此，立方体的一个入口将有给定的一种模型、一种颜色、由一个给定的经销商在某一给定日期卖出的所有汽车的总销售价格。

另外，还有一个变化对数据立方体Sales事实表的实现有用。由于立方体算子通常对依赖变量求和，因此用户可能想要得到某些类别销售的平均价格，这就需要每一种类汽车（在某一天某一给定经销商售出的某一给定颜色的给定模型的汽车）价格的总和与相应种类汽车销售的总数。因此，应用立方体算子的关系Sales是

```
Sales(model, color, date, dealer, val, cnt)
```

属性val是给定模型、颜色、日期和经销商的所有汽车的总价格，而cnt是该类别汽车的总数量。

现在，考虑关系CUBE（Sales）。CUBE（Sales）中一个假定的元组是：

```
('Gobi', 'red', '2001-05-21', 'Friendly Fred', 45000, 2)
```

意思是在2001年5月21日，经销商Friendly Fred卖出两辆红色Gobi，共计45 000美元。在Sales中，该元组可能也会出现，或者在Sales中有两个元组，每个元组的cnt为1，它们的val相加为45 000。

元组

```
('Gobi', *, '2001-05-21', 'Friendly Fred', 152000, 7)
```

是说在2001年5月21日，Friendly Fred售出7辆包含全部颜色的Gobi，共计$152 000。注意这个元组是在CUBE（Sales）中，而不是在Sales中。

关系CUBE（Sales）也包含多于一个属性的聚集的元组。例如：

```
('Gobi', *, '2001-05-21', *, 2348000, 100)
```

是说在2001年5月21日，所有的经销商卖出100辆Gobi，这些Gobi的总价格是$2 348 000。

```
('Gobi', *, *, *, 1339800000, 58000)
```

是说所有的时间、所有经销商、所有的颜色，Gobi共卖出58 000辆，总价格为$1 339 800 000。最后，元组

```
(*, *, *, *, 3521727000, 198000)
```

是说所有颜色的所有Aardvark模型，在全部时间内所有的经销商共卖出总价格为$3 521 727 000的汽车198 000辆。□

10.7.2 SQL中的立方体算子

SQL为在查询中运用立方体算子提供了一种方法。如果添加术语WITH CUBE到一个group-by子句中，那么不仅能得到每个分组的元组，而且还能得到表示根据已经分组的一个或多个维的聚集的元组。在使用“*”的地方，这些元组出现结果为NULL。

例10.32　可以如下构造一个物化视图，即在例10.31中称之为CUBE(Sales)的数据立方体：

```
CREATE MATERIALIZED VIEW SalesCube AS
    SELECT model, color, date, dealer, SUM(val), SUM(cnt)
    FROM Sales
    GROUP BY model, color, date, dealer WITH CUBE;
```

视图SalesCube不仅包含被group-by操作蕴涵的元组，例如

```
('Gobi', 'red', '2001-05-21', 'Friendly Fred', 45000, 2)
```

也会包含CUBE(Sales)的元组，其中，CUBE(Sales)是通过上卷GROUP BY中列出的维来构造。这些元组的一些例子是：

```
('Gobi', NULL, '2001-05-21', 'Friendly Fred', 152000, 7)
('Gobi', NULL, '2001-05-21', NULL, 2348000, 100)
('Gobi', NULL, NULL, NULL, 1339800000, 58000)
(NULL, NULL, NULL, NULL, 3521727000, 198000)
```

记得NULL是用于指明一个上卷的维，等价于在抽象立方体算子结果中的*。□

立方体算子的一个变量ROLLUP只有当元组聚集分组属性的一个尾部序列时，才会产生额外的聚集元组。通过附加WITH ROLLUP到group-by子句来指明这种选择。

例10.33　我们可以得到Sales的部分数据立方体，Sales是用ROLLUP算子构造的：

```
CREATE MATERIALIZED VIEW SalesRollup AS
    SELECT model, color, date, dealer, SUM(val), SUM(cnt)
    FROM Sales
    GROUP BY model, color, date, dealer WITH ROLLUP;
```

视图SalesRollup将包含元组

```
('Gobi', 'red', '2001-05-21', 'Friendly Fred', 45000, 2)
('Gobi', 'red', '2001-05-21', NULL, 3678000, 135)
('Gobi', 'red', NULL, NULL, 657100000, 34566)
('Gobi', NULL, NULL, NULL, 1339800000, 58000)
```

```
(NULL, NULL, NULL, NULL, 3521727000, 198000)
```

因为这些元组代表某个维和所有维上的聚集，如果有的话，在SalesRollup后续的分组属性列表中。

但是，SalesRollup不会包含诸如

```
('Gobi', NULL, '2001-05-21', 'Friendly Fred', 152000, 7)
('Gobi', NULL, '2001-05-21', NULL, 2348000, 100)
```

这样的元组。这些元组每个在一个维（两种情况中的color）中都有NULL，但是在一个或多个后续的维属性中没有NULL。 □

10.7.3 习题

习题10.7.1　如果事实表F有如下的特征，CUBE(F)与F的大小之比是多少？

a) F 有10个维属性，每个都有10个不同的值。

b) F 有10个维属性，每个都有2个不同的值。

习题10.7.2　用例10.32中的物化视图SalesCube回答下列查询：

a) 查找每个经销商售出的蓝色汽车的总量。

b) 查找经销商Smikin' Sally.售出的绿色Gobi的总数。

c) 查找每个经销商在2007年3月的每一天售出的Gobi的平均数量。

!习题10.7.3　如果有帮助的话，例10.33中的上卷SalesRollup可以是习题10.7.2中的每个查询吗？

习题10.7.4　在习题10.6.1中，PC预定数据由属性cust、proc、memory、hd和od的维表组织成事实表。即，事实表Orders的每个元组有这些属性每一个的ID，指向预定的PC的信息。写一个产生这个事实表的数据立方体的SQL查询。

习题10.7.5　用习题10.7.4中的数据立方体回答下列查询。如果必要，也可以使用维表。你可以为维表确定合适的名字和属性。

a) 对于每个处理器的速度，查找2007年每月预定的计算机的总数。

b) 列出每种类型的硬盘（如SCSI或IDE）和每种处理器类型的计算机的预定数量。

c) 查找从2005年6月以来处理器为3.0GHZ的计算机每个月的平均价格。

!习题10.7.6　例10.32中提到的立方体元组不在例10.33的rollup中。是否有其他的rollup可以包含这些元组？

!习题10.7.7　如果应用立方体算子的事实表F是稀疏的（即在F中有很多比在各维上的可能数量的产品少的元组），那么，CUBE(F)与F的大小之比可以很大，它可以有多大？

10.8 小结

- *权限*（Privilege）：出于安全性的考虑，SQL系统允许对数据库元素拥有多种不同的权限。这些权限包括选择（读）、插入、删除或修改关系的权力，还包括引用关系的权力（在约束条件下引用它们），以及创建触发器的权力。
- *授权图*（Grant Diagram）：权限可以被其属主传授给其他用户或者一般用户PUBLIC，如果授权的时候带有授权选项，那么，这些权限可以传递给其他用户。权限也可以收回。授权图是一种非常有用的方法，用以记住足够多的授权和收权的历史纪录，并跟踪谁拥有何种权限以及他们是从何处获得的这些权限。
- *SQL递归查询*（SQL Recursive Query）：在SQL中，可以递归地定义一个关系，即由它自身定义。或者，几个关系可以相互递归地定义。
- *单调性*（Monotonicity）：一个SQL递归中的否定和聚集必须是单调的——在一个关系中插入元组不会引起任何关系（包括它自身）中的元组的删除。直观地，一个关系可能不

会被直接或间接地由于它自身的否定或聚集而定义。

- *对象关系模型*（the Object-Relational Model）：另一种纯粹的面向对象数据库模式，和ODL一样是对关系模型进行扩展以包含主要的面向对象特征。这些扩展包括嵌套关系，即关系属性的复杂类型包括关系作为一种类型。另外的扩展包括为这些类型定义的方法和一个元组通过引用类型引用另外元组的能力。
- *SQL中的用户定义类型*（User-Defined Type in SQL）：SQL中的面向对象关系功能都是围绕着UDT（用户定义类型）展开。这些类型的声明与表声明类似，是通过列出它们的属性和其他信息进行。此外，对UDT类型可以声明方法。
- *有UDT类型的关系*（Relation with a UDT as Type）：可以声明一个关系含有某个UDT类型，而不是声明该关系的各个属性。如果这样做，那么该关系的元组将有一个UDT对象的分量。
- *引用类型*（Reference Type）：一个属性的类型可以是一个对UDT的引用，这些属性实质上是指向该UDT对象的指针。
- *UDT的对象标识*（Object Identity for UDT's）：当创建一个类型为UDT的关系时，将为每个元组声明一个属性作为该元组的"对象标识"。该分量是对元组本身的引用。与面向对象系统不同，用户可以访问该OID列，尽管它没有什么意义。
- *访问UDT中的分量*（Accessing Component of UDT）：SQL为UDT的每一个属性提供了观测器和转换器函数。当它们作用于UDT的任何对象时，这些函数将分别返回或修改给定的属性值。
- *UDT的排序功能*（Ordering Function for UDT's）：为了比较对象，或者为了使用SQL中诸如`DISTINCT`、`GROUP BY`或`ORDER BY`之类的操作，UDT的执行者有必要提供一个功能来分辨两个对象是否相等或一个是否领先于另一个。
- *OLAP*：联机分析处理涉及复杂的在同一时间接触全部或大部分数据的查询。通常，一个单独的数据库（称为数据仓库）被建造用来运行这样的查询，而实际的数据库则用于短期交易（OLTP，或者联机事务处理）。
- *ROLAP和MOLAP*：对于OLAP查询，经常有用的是认为数据存在于多维空间，并且有维与数据代表的独立方面相对应。支持这一数据观点的系统要么采取关系的视图（ROLAP，或者关系型OLAP系统），要么采用专门的数据立方体模型（MOLAP，或者多维OLAP系统）。
- *星型模式*（Star Schema）：在星型模式中，每个数据元素（如出售物品）被表示在称为事实表的关系中，而有助于解释各维的值的信息（如产品项目为1234的产品是什么类型？）则为每个维存放在一个维表中。
- *立方体算子*（the Cube Operator）：称为立方体的专门操作符沿着维的所有子集预聚集事实表。它可能会很少地增加事实表所需的空间，却大大提高OLAP查询的速度。
- *SQL中的数据立方体*（Data Cube in SQL）：通过为group-by子句附加上`WITH CUBE`，可以将一个查询的结果转变到数据立方体中。其中也可以用`WITH ROLLUP`创建立方体的一部分。

10.9 参考文献

SQL授权机制的构思来源于文献[4]和[1]。

SQL中对象关系特性的材料可以从第6章的书目附注的描述得到。

SQL-99的递归方案源于文献[2]。这套方案以及其单调性要求建立在发展多年且涉及

Datalog中的递归和否定的基础上。参见文献[5]。

立方体算子在文献[3]中提出。

1. R. Fagin, "On an authorization mechanism," *ACM Transactions on Database Systems* **3**:3, pp. 310–319, 1978.

2. S. J. Finkelstein, N. Mattos, I. S. Mumick, and H. Pirahesh, "Expressing recursive queries in SQL," ISO WG3 report X3H2–96–075, March, 1996.

3. J. N. Gray, A. Bosworth, A. Layman, and H. Pirahesh, "Data cube: a relational aggregation operator generalizing group-by, cross-tab, and subtotals," *Proc. Intl. Conf. on Data Engineering* (1996), pp. 152–159.

4. P. P. Griffiths and B. W. Wade, "An authorization mechanism for a relational database system," *ACM Transactions on Database Systems* **1**:3, pp. 242–255, 1976.

5. J. D. Ullman, *Principles of Database and Knowledge-Base Systems, Volume I*, Computer Science Press, New York, 1988.

第三部分 半结构化数据的建模和程序设计

第11章 半结构化数据模型

现在转向一种不同的数据模型。该模型称为“半结构化的”，其模式被隐含在数据中，而不是独立于数据进行声明（如关系模型和所有到目前为止所学的其他模型那样）。在概括讨论半结构化数据后，我们转向该思想最重要的表现形式：XML。接下来还将讨论描述XML数据的方法，实际上是为这一“无模式”的数据强加了一种模式。这些方法包括DTD（Document Type Definition，文档类型定义）和XML语言模式。

11.1 半结构化数据

半结构化数据（semistructured-data）模型在数据库系统中有着独特的地位：

1. 它是一种适于数据库*集成*（integration）的数据模型，也就是说，适于描述包含在两个或多个数据库（这些数据库含有不同模式的相似数据）中的数据。

2. 它是一种标记服务的基础模型，用于在Web上共享信息。11.2节要讨论的XML就是这样的一个例子。

这一节将介绍“半结构化数据”的基本思想，以及它为何比以前讨论过的模型可以更灵活地表示信息。

11.1.1 为何需要半结构化数据模型

到目前为止所见到的模型——E/R、UML、关系模型、ODL——每个都是以模式开始。模式是一种放置数据的严格框架。这种严格性提供了某些优点。特别地，关系模型的成功在于它的高效实现。这种高效性来自于关系数据库中的数据必须符合其模式并且该模式为查询处理器所知这一事实。例如，像8.3节所讨论的那样，固定其模式可以使数据组织成能支持有效查询响应的数据结构。

另一方面，对半结构化数据模型感兴趣的动机主要是它的灵活性。特别地，半结构化数据是“无模式”的。更准确地说，其数据是*自描述*（self-describing）的。它携带了关于其模式的信息，并且这样的模式可以随时间在单一数据库内任意改变。

人们可能很自然地想知道无模式地创建数据库是否存在优点，在这样的数据库中，可以随意地输入数据，并且访问该数据时你感觉到的模式信息就是适合它的模式。实际上有一些小规模的信息系统，如Lotus Notes，它们就采用了自描述数据的方法。这种灵活性可能使查询处理更加困难，但它给用户提供了显著的优势。例如，可以在半结构化模型中维护一个电影数据库，并且能如用户所愿地添加类似“我喜欢看此部电影吗?”这样的新属性。这些属性不需要所有电影都有值，或者甚至不需要多于一个电影有值。同样地，可以添加类似“homage to”这样的联系而不需要改变模式，或者甚至表示不止一对的电影间的联系。

11.1.2　半结构化数据表示

半结构化数据的数据库是节点（node）的集合，每个节点都是一个叶子节点（leaf）或者是一个内部节点（interior）。叶子节点与数据相关，数据的类型可以是任意原子类型，如数字和字符串。每个内部节点至少都有一条向外的弧。每条弧都有一个标签（label），该标签指明弧开始处的节点与弧末端的节点之间的关系。一个名为根（root）的内部节点没有进入的弧，它代表整个数据库。每个节点都从根可达，尽管这个图结构未必是一棵树。

例11.1　图11-1是一个关于电影与影星的半结构化数据库。顶部的节点名为Root，该节点是指向数据的入口，可以认为这个节点表示了数据库中的所有信息。中心对象或实体——此例中为影星和电影——是Root节点的子节点。

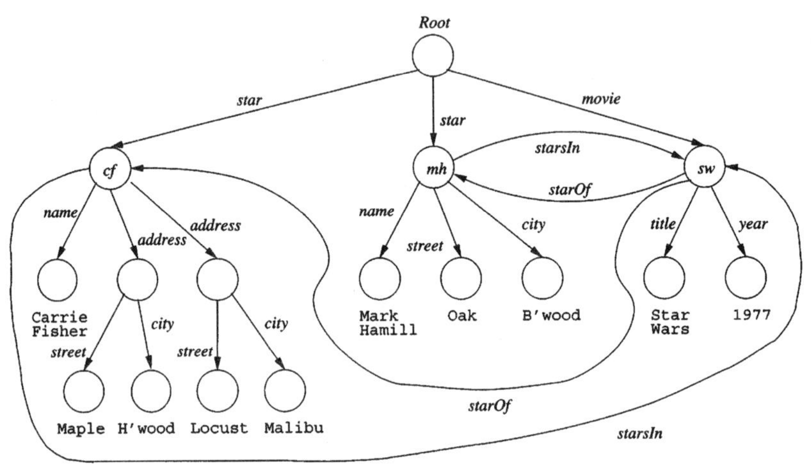

图11-1　代表一部电影和其中影星的半结构化数据

图中还看到许多叶子节点。例如，最左边的叶子节点旁边写着`Carrie Fisher`，最右边的叶子节点旁边写着1977。还有许多内部节点，有三个特别的节点分别标着*cf*、*mh*和*sw*，分别代表“Carrie Fisher”、“Mark Hamill”和“Star Wars”。这些标签并不是模型的一部分，在这里给出只是为了能够方便地在正文中引用这些节点，否则它们将没有名字。例如考虑节点*sw*，它代表了概念“Star Wars”：该电影的名称和年份在此给出，而其他信息（如长度和出演该部影片的影星）没有给出。 □

从节点*N*出发到达节点*M*的弧上的标签*L*可担任下面两个角色之一：

1. 可认为*N*表示的是一个对象或实体，而*M*表示*N*的一个属性，那么*L*表示该属性的名字。

2. 可认为*N*和*M*都是对象或实体，*L*就是从*N*到*M*的一个联系的名字。

例11.2　再看图11-1。*cf*代表的节点可以看作是代表Carrie Fisher的`Star`对象。从这个节点出发的一条弧的标签是`name`，它表示属性`name`并且连接到拥有正确名字的叶子节点。另外还有两条弧，其标签都是address。这两条弧连接到表示Carrie Fisher的两个地址的未命名节点。这里没有模式告诉我们影星是否可以有多个地址，如果感觉合适就可以简单地把两个地址节点放入图中。

注意，图11-1中两个节点都标着street和city的向外的弧。而且，这些弧都连接到带有适当原子值的叶子节点。可以认为address节点是带有名为street和city两个域的结构或对象。但是，在半结构化模型中，它完全可以适当地添加其他分量，例如给某些地址加入邮编，或者有一个或两个域缺失。

在图11-1中还出现了另一种弧。例如有一个从*cf* 节点出发到*sw*节点、其标签名为starsIn的弧。节点*mh*（代表Mark Hamill）有一个类似的弧，节点*sw*有两个分别到节点*cf*和*mh*且都标着starOf的弧。这些弧代表的是电影和影星之间的联系（stars-in）。 □

11.1.3 信息集成与半结构化数据

半结构化数据的灵活性和自描述性使其在两个应用中显得很重要。它在数据交换中的应用将在11.2节讨论，这里考虑它作为信息集成工具。因为数据库已经遍布各处，所以一个很普遍的要求就是希望像在一个数据库中一样访问两个或者更多数据库中的数据。例如公司可能会合并，被合并的公司都有各自的人事、销售、库存、产品设计以及许多其他方面的数据库。如果相应的数据库有相同的模式，那么要合并它们就很容易。例如，可以合并两个模式相同的关系中的元组，它们在两个数据库中的角色相同。

但是，事情没有那么简单。独立开发的数据库不太可能有相同的设计模式，即便它们讨论的是相同的事情，如人事信息。例如，一个雇员数据库中可能记录配偶姓名，而另一个不记录。一个数据库可能允许包含雇员的多个地址、电话或电子邮件，而另一个可能只允许记录雇员的一个地址、电话或电子邮件。一个数据库可能把顾问视为雇员，而另一个则不会。一个数据库可能是关系型的，而另一个则是面向对象的。

问题可能更复杂，数据库一般都是持续运行在许多不同的应用中，即使可以得出从某一模式到另一模式数据转换的最有效的途径，也不可能将它关闭并复制或转移它的数据到另一个数据库。这种情况通常被称作*遗留数据库问题*（legacy-database-problem）；一旦数据库存在了，就不可以将其与应用分开，不允许它中途退役。

遗留数据库问题的一种可能的解决方案见图11-2。图中显示了两个遗留数据库外加一个接口，它也可包含多个遗留数据库。这两个数据库都没有改变，这样它们就可以支持日常应用。

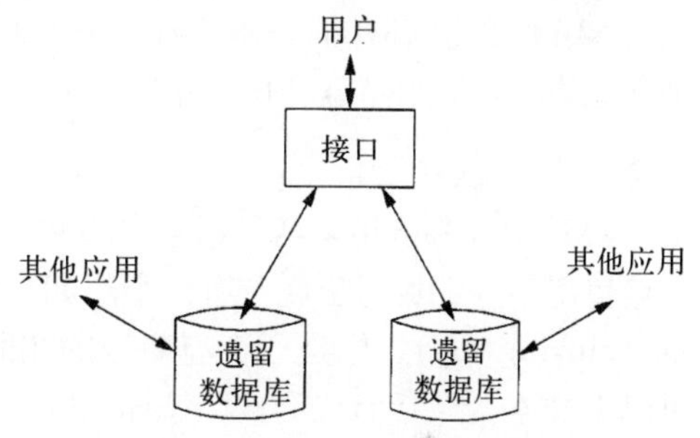

图11-2 通过一个支持半结构化数据的接口集成两个遗留的数据库

为了集成上的灵活性，接口支持半结构化数据，用户可以使用适于该数据的查询语言查询接口。半结构化的数据可以通过翻译源数据来创建，使用一个称作*包装器*（wrapper）或者叫做"适配器"（adapter）的组件，它们是为把源数据翻译成半结构化数据而设计的。

或者，根本就不存在接口处的半结构化数据。但是用户查询接口时仿佛有半结构化数据存在，而接口通过把查询传递给数据源来响应查询，每个查询引用在数据源中找到的模式。

例11.3 在图11-1中可以看见从几个数据源收集关于影星信息的可能结果。注意Carrie Fisher的地址信息有一个地址概念，于是该地址被分成street和city两部分。这种情况与`Stars(name,address(street, city))`这样的嵌套关系模式的数据大体相符。

另一方面，Mark Hamill的地址信息根本没有地址概念，仅是street和city。这样的信息可能源于类似`Stars(name, street, city)`的设计模式，这样的模式仅仅表示每个影星的一个地址。有一些在图11-1中没有反映出来但可能存在的模式上的其他变化，假设电影信息来自几个数据源，包括：可选的胶片类型、导演、制片人（可能有多个）、所属电影公司、税收和该电影当前放映地点的信息等。 □

11.1.4 习题

习题11.1.1 由于在半结构化数据模型中不用设计模式，所以不要求你设计模式来描述不同的情况。不过在下面的习题中，将要问你为了表现某种现实情况，应当如何组织特定的数据：

a) 在图11-1的基础上增加信息：影片“Star Wars”是由George Lucas导演并由Gary Kurtz制作。

b) 在图11-1的基础上增加关于Empire Strikes Back和Return of the Jedi这两部影片的信息，其中Carrie Fisher和Mark Hamill参演了这些影片。

c) 在(b)的基础上增加这些电影的电影公司（Fox）的信息和该电影公司地址（Hollywood）。

习题11.1.2 如何将习题4.1.1中银行与客户的典型数据用半结构化模型表示。

习题11.1.3 如何将习题4.1.3中队员、球队和球迷的典型数据用半结构化模型表示。

习题11.1.4 如何将习题4.1.6中家谱的典型数据用半结构化模型表示。

!习题11.1.5 UML模型和半结构化模型实际上都是“图形化的”，它们都使用了节点、标签以及节点间的连接作为表达媒介。但是这两个模型有一个本质的区别，请指出这个区别。

11.2 XML

XML（Extensible Markup Language，*可扩展标记语言*）是一种基于标签的、最初是为“标记”文档而设计的符号语言，很像大家都熟悉的HTML。现在，可以用多种方式表示有XML“标记”的数据。但是，在本节中所指的XML数据表示在一个或多个文档中。HTML标签说的是包含在文档中的信息的表示方式（例如，哪部分信息用斜体显示或列表的项是什么），而XML标签想要说的是该文档各部分的含义。

本节将介绍XML的基本原理。它与11.1节给出的半结构数据的图形有相同的结构。特别是其标签的功能与半结构化数据图中弧上的标签的功能相同。

11.2.1 语义标签

XML中标签是用尖括号括起来的文本（即<…>），这与HTML中一样。而且，如同HTML，一般情况下标签成对出现：有一个形如`<FOO>`的*开始标签*（opening tag）和一个配对的*结束标签*（closing tag），它是一个有斜线的相同词，形如`</FOO>`。在匹配对`<FOO>`和`</FOO>`之间，可以有文本，包括有嵌套HTML标签的文本和任意数目的其他嵌套XML标签的匹配对。一对匹配标签和出现在它们之间的一切内容称为*元素*（element）。

XML还允许没有配对的结束标签的单一标签。在这一形式中，该标签在右尖括号前有一条斜线，例如，`<FOO />`。这样的标签不能有任何其他元素或内嵌文本。但是，它可以有属性（见11.2.4节）。

11.2.2 有模式和无模式的XML

XML可以应用于两种不同的模式：

1. *格式规范*（well-formed）的XML允许用户自定义标签，就好像半结构化数据中的弧标签一样。这个模式与半结构化数据十分相符，因为没有预定义模式，并且每个文档自由使用其作者想要的标签。当然标签必须遵守嵌套规则，否则该文档不是格式规范的。

2. *合法*（valid）的XML包括一个DTD，或“文档类型定义”（见11.3节），它指定了允许使用的标签并给出了如何嵌套它们的语法。这种形式的XML是严格模式模型（如关系模型）与半结构数据的完全无模式模型之间的一个折中。在11.3节将看到DTD通常比传统的模式更加灵活，比如DTD常常允许可选的或者丢失的域。

11.2.3 格式规范的XML

对格式规范的XML的最小要求是该文档以一个XML声明开始，同时有一个*根元素*（root

element)，它是文本的整个主体。因此，格式规范的XML文档有一个外部结构，形式如下：

```
<? xml version = "1.0" encoding = "utf-8" standalone = "yes" ?>
<SomeTag>
   ...
</SomeTag>
```

第一行表明文件是XML文档。编码UTF-8（UTF 是Unicode Transformation Format的缩写形式）是文档中常见的字符编码，因为它兼容ASCII，并且每个ASCII字符仅使用一个字节。属性standalone ="yes"说明本文档没有DTD，即本文档是一个格式规范的XML。注意，这个初始声明用一个特殊的标记<?...?>来描述。该文档的根元素被标注为<SomeTag>。

```
<? xml version = "1.0" encoding = "utf-8" standalone = "yes" ?>
<StarMovieData>
    <Star>
        <Name>Carrie Fisher</Name>
        <Address>
            <Street>123 Maple St.</Street>
            <City>Hollywood</City>
        </Address>
        <Address>
            <Street>5 Locust Ln.</Street>
            <City>Malibu</City>
        </Address>
    </Star>
    <Star>
        <Name>Mark Hamill</Name>
        <Street>456 Oak Rd.</Street>
        <City>Brentwood</City>
    </Star>
    <Movie>
        <Title>Star Wars</Title>
        <Year>1977</Year>
    </Movie>
</StarMovieData>
```

图11-3 一个关于电影和影星的XML文档

例11.4 图11-3是一个与图11-1中数据基本对应的XML文档。特别地，它与半结构化数据的树形部分对应——根、所有节点和除节点*cf*、*mh*、*sw*之间的“侧”弧之外的所有的弧。在11.2.4节中将看到它们是如何表示的。

根元素是StarMovieData。在这一元素内可见两个元素，每个都是以标签<Star>开始并以它的配对标签</Star>结束。在每个元素内是给出该影星名字的子元素。对于Carrie Fisher这一元素，也有两个子元素，每个子元素给出了她家的一个地址。这些元素都由<Address>开始标签和与它配对的结束标签来描述。对于Mark Hamill这一元素，仅有一个街道子元素和一个城市子元素，而且没有使用<Address>标签来组合它们。这一差别也出现在图11-1中。还有一个有开始标签<Movie>和与其配对的结束标签的元素。这一元素有电影的名称和年份

```
<Star>
    <Name>Mark Hamill</Name>
    <Street>Oak</Street>
    <City>Brentwood</City>
    <Movie>
        <Title>Star Wars</Title>
        <Year>1977</Year>
    </Movie>
    <Movie>
        <Title>Empire Strikes Back</Title>
        <Year>1980</Year>
    </Movie>
</Star>
```

图11-4 在影星内嵌入电影

的子元素。

注意，图11-3所示的文档并不表示电影和影星之间的Stars-In联系。另外可以通过在影星元素内包含他们电影的名称和年份来指出一个影星的电影。图11-4是这种表示的一个例子。 □

11.2.4 属性

像在HTML中一样，一个XML元素可以在它的开始标签中有*属性*（名称-数值对）。属性是另一种表示半结构化数据叶子节点的方法。类似标签，属性可以在半结构化数据图中表示成被标注的弧。属性还可以用于表示像图11-1中的“侧”弧。

例11.5 标注为*sw*的电影节点的子节点title和year可以在`<Movie>`元素中直接表示，而不用嵌套元素表示。也就是说，可把图11-3的`<Movie>`元素替换为：

```
<Movie year ="1977"> <Title>Star Wars</Title></Movie>
```

还可以把两个子节点都当成属性：

```
<Movie title = "Star Wars" year ="1977"></Movie>
```

或

```
<Movie title = "Star Wars" year ="1977"/>
```

注意，这里使用了没有配对的结束标签的单一标签，这已在结尾处用斜线指明。 □

11.2.5 连接元素的属性

属性的一个重要用途是在一个非树形的半结构化数据图中表示连接。在11.3.4节中将看到如何将某些属性声明为它们元素的标识符，还会看到如何声明其他属性引用这些元素标识符。现在，仅来看一个如何使用这些属性的例子。

例11.6 图11-5可以认为是图11-1的半结构化数据图在XML中的准确表示。但是为了理解，还需要有足够的模式信息，以确定属性starID是它所在元素的标识符。也就是说，cf是第一

```
<? xml version = "1.0" encoding = "utf-8" standalone = "yes" ?>
<StarMovieData>
    <Star starID = "cf" starredIn = "sw">
        <Name>Carrie Fisher</Name>
        <Address>
            <Street>123 Maple St.</Street>
            <City>Hollywood</City>
        </Address>
        <Address>
            <Street>5 Locust Ln.</Street>
            <City>Malibu</City>
        </Address>
    </Star>
    <Star starID = "mh" starredIn = "sw">
        <Name>Mark Hamill</Name>
        <Street>456 Oak Rd.</Street>
        <City>Brentwood</City>
    </Star>
    <Movie movieID = "sw" starsOf = "cf mh">
        <Title>Star Wars</Title>
        <Year>1977</Year>
    </Movie>
</StarMovieData>
```

图11-5　添加stars-in信息到XML文档

个<Star>元素（Carrie Fisher）的标识符，而mh是第二个<Star>元素（Mark Hamill）的标识符。同样地，必须确定<Movie>标签内的属性movieID为该元素的标识符。因此，在图11-5中sw是单独的元素<Movie>的标识符。

此外，该模式还必须说明<Star>元素的属性starredIn和<Movie>元素的属性starsOf是对一个或更多ID的引用。也就是说，对于starredIn在每个<Movie>元素中的值sw说明Carrie Fisher和Mark Hamill都出演了Star Wars。同样地，ID的列表cf和mh，即在<Movie>元素中的starOf值说明这些影星都是Star Wars中的影星。□

11.2.6 命名空间

现实中可能存在这样的一些情况：XML数据包括来自两个或多个不同的数据源的标签，并可能因此有不一致的名字。例如，文本中使用的HTML标签和表示该文本意思的XML标签不能混淆。在11.4节中，将看到XML模式如何需要来自两个不同词汇表中的标签。为了在同一文档中区分不同词汇表中的标签，可以为一组标签使用一个*命名空间*（namespace）。

为了说明一个元素的标签为某一命名空间的一部分，可在该元素的开始标签中使用属性xmlns。这一属性使用一个特殊形式：

```
xmlns:name="URI"
```

在含有这一属性的元素中，name可以修改任意一个标签来说明该标签属于这一命名空间。也就是说，可以创建形式name:tag的合法名字，这里name是标签tag所属的那个命名空间的名字。

URI（Universal Resource Identifier，统一资源标识符）是一个典型的指向一个文档的URL，该文档描述了命名空间中的标签含义。该描述不必形式化，它可以是一个非形式的关于期望的文章。它甚至可以什么都不是，而仍服务于区分具有相同名字的不同标签的目的。

例11.7　假定想说明图11-5的元素StarMovieData中某些标签属于文档infolab.stanford.edu/ movies中定义的命名空间。通过使用开始标签：

```
<md:StarMovieData xmlns:md=
    "http://infolab.stanford.edu/movies">
```

为命名空间选择一个类似md的名字。其含义是StarMovieData自身是这一命名空间的一部分，所以它获得前缀md:，它的结束标签/md:StarMovieData也是一样。在这一元素内部，通过用md:在它们的开始标签和结束标签加前缀，从而获得判定子元素的标签是否属于这一命名空间的选项。□

11.2.7 XML和数据库

在XML中编码的信息不总是想保存在数据库中。对于计算机来说，通过Internet使用XML元素的形式传递消息来共享数据已成为普遍现象。尽管可能是使用来自数据库的数据生成消息，并且在接收结束时将它们作为数据库中的元组存储，这些消息的存在时间还是非常短。例如，图11-5中的XML数据可能被转换为一些元组插入到正在运行的电影数据库实例的关系MovieStar和StarsIn中。

但是，传统关系数据库应用中使用XML的现象正变得逐步普遍。例如，在11.1.3节中讨论过企业数据集成系统如何产生多个数据库的整合视图。XML正在成为一个重要的表示这些视图的方法，以此作为由关系或对象类所组成视图的另一方法选择。然后整合的视图使用一种专门的XML查询语言来访问，这将在第12章中讨论。

当在数据库中存储XML时，必须讨论访问信息的效率需求，尤其是对于非常大的XML文档或非常大的小文档集合[⊖]。关系DBMS提供索引和其他工具使访问有效，这是在8.3节中讨论过的话题。有两种提供有效性的XML存储方法：

1. 以解析形式存储XML数据，并提供一个工具库以该形式导航数据。两个通用标准被称为SAX（Simple API for XML）和DOM（Document Object Model）。

2. 把文档和它们的元素表示为关系，并使用传统关系DBMS来存储它们。

为了把XML文档表示为关系，首先应该为每个文档和那些文档的每个元素分配一个唯一的ID。对于文档，ID可以是它的URL或在文件系统中的路径。一个可能的关系数据库模式是：

```
DocRoot(docID, rootElementID)
SubElement(parentID, childID, position)
ElementAttribute(elementID, name, value)
ElementValue(elementID, value)
```

这一模式适合遵守每个元素仅包含文本或仅包含子元素这一约束的文档。给元素提供文本和子元素的混合内容（mixed content）留下作为一个习题。

第一个关系DocRoot把文档ID和它们根元素的ID联系起来。第二个关系SubElement把元素（“父”）和每个它紧挨着的子元素（“子”）连接起来。SubElement的第三个属性给出该父元素的所有子元素中该子元素的位置。

第三个关系ElementAttribute把元素和它们的属性联系起来；每个元组给出元素的一个属性的名字和值。最后，ElementValue与那些没有子元素的元素相关，这些元素如果有子元素，则子元素被包含在那个元素中。

有一个小问题，属性和元素的值可以有不同类型，例如，整数或字符串，而每个关系属性有唯一类型。可以将两个名为value的属性看作字符串，然后当处理数据时适当地说明这些字符串是整数还是其他类型。或者把最后两个关系分割成有不同数据类型的多个关系。

11.2.8 习题

习题11.2.1 使用XML重新做习题11.1.1。

习题11.2.2 证明任意一个关系都可以用XML文档表示。*提示*：为每个元组创建一个元素，同时为该元组的每个分量创建子元素。

!习题11.2.3 怎样表示11.2.7节数据库模式中的空元素（它既没有文本也没有子元素）？

!习题11.2.4 在11.2.7节中给出了表示没有混合内容（mixed content）的文档的数据库模式——包含文本（#PCDATA）和子元素混合的元素。当元素可以有混合内容时，指出应怎样修改该模式。

11.3 文档类型定义

为了让计算机自动处理XML文档，让文档有类似于设计模式的信息很有帮助。知道哪些种类的元素可以出现在文档集中以及标签如何被嵌套是很有用的。这种模式的描述由称为*文档类型定义*（document type definition）或称为DTD的类似于语法的规则集给出。使用DTD的主要意图是，想要共享数据的公司或者团体可以各自创建描述他们共享数据格式的DTD，从而建立其元素语义的共享视图。例如，可以使用一个DTD来描述蛋白质结构，也可以使用一个DTD来描述汽车部件的采购和销售，等等。

11.3.1 DTD的格式

DTD的总体结构是：

⊖ 回顾XML数据根本不需要采用文档的形式（即带根元素的头）。例如，XML数据可以是没有头的元素流。但是，本书中将继续将“文档”说成是XML数据。

```
< !DOCTYPE根标签[
       <!ELEMENT 元素名 (分量)>
           更多元素
   ]>
```

开始的根标签和与其配对的结束标签之间包括符合该DTD定义规则的整个文档。由！ELEMENT引入的元素声明给出用于括起表示该元素的文档部分的标签，同时还给出一个圆括号括起的“分量”列表。圆括号中的分量是所描述的元素中可以或者必须出现的元素。对每个分量有确切要求的定义方式将很快介绍。

有两个重要的分量特例：

1. 元素名字后面的（#PCDATA）（“parsed character data”，解析过的字符数据）意指该元素有一个文本值，并且其中没有嵌套元素。解析过的字符数据可被认为是HTML文本。文本中可以有格式化信息，特殊字符如 < 必须用<替换，这与HTML编码相似。例如：

```
<!ELEMENT Title (#PCDATA)>
```

说明在标签<Title>和</Title>之间可出现字符串。但是，任何嵌套的标签不是XML的一部分，例如，它们可以是HTML。

2. 没有用圆括号的保留字EMPTY表示元素是无配对结束标签的元素之一。它既没有子元素，也没有文本值。例如：

```
<!ELEMENT Foo EMPTY>
```

说明标签Foo可以出现的唯一方式是<Foo/>。

例11.8 图11-6中是关于影星的一个DTD[⊖]。DTD的名字和根元素是Stars。第一个元素定义是说在标签对<STARS>...</STARS>之间可发现零个或多个Star元素，每个Star元素表示单独一位影星。其中(Star*)中的*号代表“零或多个”，也就是任意多个。

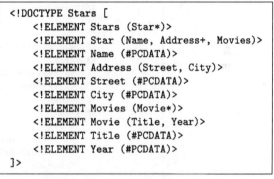

```
<!DOCTYPE Stars [
    <!ELEMENT Stars (Star*)>
    <!ELEMENT Star (Name, Address+, Movies)>
    <!ELEMENT Name (#PCDATA)>
    <!ELEMENT Address (Street, City)>
    <!ELEMENT Street (#PCDATA)>
    <!ELEMENT City (#PCDATA)>
    <!ELEMENT Movies (Movie*)>
    <!ELEMENT Movie (Title, Year)>
    <!ELEMENT Title (#PCDATA)>
    <!ELEMENT Year (#PCDATA)>
]>
```

图11-6 影星文档的DTD

第二个元素是STAR，声明它由三种子元素组成：Name、Address和Movies。这些子元素必须出现，并且必须以这个次序出现。Address后面的+号表示”一个或多个”，也就是说，对于一位影星，可以有任意数量的地址存在，但必须至少有一个。Name元素被定义为解析过的字符数据。第四个元素说明地址元素是由street和city按序出现的两个子元素构成。

Movies元素被定义为在其内部可以有零个或者多个Movie类型的元素，这里*也表示“任意多个”。Movie元素由title和year两个元素组成，这两个元素都是简单文本类型。图11-7是与图11-6中的DTD相符合的文档例子。 □

*E*元素的分量通常是一些其他元素，这些元素必须按列出的次序在标签对<*E*>和</*E*>中出现。可是，有一些操作符号可以控制元素出现的次数。

1. 元素后的“*”号表示该元素可以出现任意多次，包括零次。

2. 元素后的“+”号表示该元素可以出现一次或者多次。

3. 元素后的“?”号表示该元素只可以出现零次或一次。

⊖ 注意，图11-3的影星与电影 XML 文档并不符合这个DTD。

```
<Stars>
    <Star>
        <Name>Carrie Fisher</Name>
        <Address>
            <Street>123 Maple St.</Street>
            <City>Hollywood</City>
        </Address>
        <Address>
            <Street>5 Locust Ln.</Street>
            <City>Malibu</City>
        </Address>
        <Movies>
            <Movie>
                <Title>Star Wars</Title>
                <Year>1977</Year>
            </Movie>
            <Movie>
                <Title>Empire Strikes Back</Title>
                <Year>1980</Year>
            </Movie>
            <Movie>
                <Title>Return of the Jedi</Title>
                <Year>1983</Year>
            </Movie>
        </Movies>
    </Star>
    <Star>
        <Name>Mark Hamill</Name>
        <Address>
            <Street>456 Oak Rd.</Street>
            <City>Brentwood</City>
        </Address>
        <Movies>
            <Movie>
                <Title>Star Wars</Title>
                <Year>1977</Year>
            </Movie>
            <Movie>
                <Title>Empire Strikes Back</Title>
                <Year>1980</Year>
            </Movie>
            <Movie>
                <Title>Return of the Jedi</Title>
                <Year>1983</Year>
            </Movie>
        </Movies>
    </Star>
</Stars>
```

图11-7　与图11-6中DTD对应的文档例子

4. 用“或者”符号 | 连接选项列表来表示仅能有一个选项出现。例如，如果<Movie>元素有<Genre>子元素，可用表达式

```
<!ELEMENT Genre (Comedy|Drama|SciFi|Teen)>
```

声明，表明每个<Genre>元素为这四个子元素之一。

5. 圆括号可用来组合分量。例如，如果声明地址具有格式

```
<!ELEMENT Address(Street, (City|Zip))>
```

那么每个<Address>元素可有一个<Street>子元素，后面跟着<City>或<Zip>子元素，但不能两个都有。

11.3.2 使用DTD

若要一个文档与一个特定的DTD相一致，可以使用如下的任一种方法：

a) 在文档之前包含DTD。

b) 在开始行引用DTD。DTD必须在文件系统中分开存放，处理文档的应用程序应当可以访问到该DTD。

例11.9 下面是图11-7中的文档要引用图11-6中DTD时，必须增加的内容。

```
<?xml version = "1.0" encoding = "utf-8" standalone = "no"?>
<!DOCTYPE Stars SYSTEM "star.dtd">
```

属性standalone = “no”表示使用了DTD。回顾当不想为文档指定DTD时，将这个属性设置为“yes”。DTD文件的位置可以在!DOCTYPE子句中给出，其中保留字SYSTEM后面的文件名就是DTD的位置信息。 □

11.3.3 属性列表

DTD还可指定元素可有的属性及这些属性的类型。声明格式为：

```
<!ATTLIST 元素名 属性名 类型>
```

该格式说明命名属性可以是一个命名元素的属性，该属性的类型为被指明的类型。一个ATTLIST语句中可以定义多个属性，但没必要这样做，因为ATTLIST语句可以出现在DTD中的任意位置。

属性中最常用的类型是CDATA。该类型本质上是带有类似于#PCDATA中的特殊字符<的字符串数据。注意，CDATA不像#PCDATA那样带一个重击符号。另一选择是枚举类型，它是可能字符串的列表，由圆括号括起来，字符串间用“|”隔开。数据类型后可以是保留字#REQUIRED或#IMPLIED，分别表示该属性是必须存在的，或是可选的。

例11.10 将名称和年份作为属性，而不是让它们作为<Movie>元素的子元素，图11-8展示了可能的属性-列表声明。注意，Movie现在是一个空元素。指定它有三个属性：title、year和genre。前两个的类型是CDATA，而genre有来自枚举类型的值。注意在该文档中，值（例如comedy）同引号一起出现。因此，

```
<Movie title = "Star Wars" year = "1977" genre = "sciFi" />
```

是一个与该DTD相符的文档中可能的电影元素。 □

```
<!ELEMENT Movie EMPTY>
    <!ATTLIST Movie
        title CDATA #REQUIRED
        year CDATA #REQUIRED
        genre (comedy | drama | sciFi | teen) #IMPLIED
    >
```

图11-8 与电影相关的数据将作为属性出现

11.3.4 标识符和引用

在11.2.5节中已讨论过，某些属性可以被用作元素的标识符。在DTD中，定义这些属性为ID类型。其他属性可以有引用这些元素ID的值；这样的属性被声明为IDREF类型。IDREF属性的值必须是某个元素的某个ID属性的值，所以IDREF实际上是一个指向ID的指针。另一种方法是定义一个属性为IDREFS类型。如果那样的话，该属性的值是由ID列表组成并由空格分隔的字符串。其结果是IDREFS属性把它的元素和一个元素集合链接起来——这组元素由列表上的ID标识。

例11.11　图11-9展示了一个影星和电影的地位相同的DTD。ID-IDREFS对应用于描述图11-1的半结构数据中提到的电影和影星之间的多对多联系。该结构不同于图11-6中的DTD结构，因为影星和电影有着相同的地位，两者都是根元素的子元素。也就是说，这个DTD根元素的名字是StarMovieData，它的元素为一系列的影星加上一系列的电影。

```
<!DOCTYPE StarMovieData [
    <!ELEMENT StarMovieData (Star*, Movie*)>
    <!ELEMENT Star (Name, Address+)>
        <!ATTLIST Star
            starID ID #REQUIRED
            starredIn IDREFS #IMPLIED
        >
    <!ELEMENT Name (#PCDATA)>
    <!ELEMENT Address (Street, City)>
    <!ELEMENT Street (#PCDATA)>
    <!ELEMENT City (#PCDATA)>
    <!ELEMENT Movie (Title, Year)>
        <!ATTLIST Movie
            movieId ID #REQUIRED
            starsOf IDREFS #IMPLIED
        >
    <!ELEMENT Title (#PCDATA)>
    <!ELEMENT Year (#PCDATA)>
]>
```

图11-9　一个使用ID和IDREF的关于影星和电影的DTD

影星不再有表示电影集合的子元素，如图11-6中DTD的例子所示。更确切地说，它唯一的子元素是名字和地址，并且在开始的<STAR>标签中可以找到一个类型为IDREFS的属性starredIn，它的值是该影星出演电影的ID列表。

<Star>元素还有一个属性starID。由于它被声明为ID类型，因此该属性的值可以被<Movie>元素引用，以表示该影片中的影星。也就是说，当看图11-9的Movie属性列表时，可看到有一个类型为ID的movieId属性；就是在列表上出现的ID，它们是starredIn元素的值。对称地，Movie的starsOf属性类型为IDREFS，是影星的ID列表。 □

```
<?xml version = "1.0" encoding = "utf-8" standalone = "yes" ?>
<StarMovieData>
    <Star starID = "cf" starredIn = "sw">
        <Name>Carrie Fisher</Name>
        <Address>
            <Street>123 Maple St.</Street>
            <City>Hollywood</City>
        </Address>
        <Address>
            <Street>5 Locust Ln.</Street>
            <City>Malibu</City>
        </Address>
    </Star>
    <Star starID = "mh" starredIn = "sw">
        <Name>Mark Hamill</Name>
        <Address>
            <Street>456 Oak Rd.</Street>
            <City>Brentwood</City>
        </Address>
    </Star>
    <Movie movieID = "sw" starsOf = "cf mh">
        <Title>Star Wars</Title>
        <Year>1977</Year>
    </Movie>
</StarMovieData>
```

图11-10　添加stars-in信息到XML文档

11.3.5　习题

习题11.3.1　将以下情况增加到图11-10中：

a) Carrie Fisher和Mark Hamill同样出演了电影The Empire Strikes Back（1980）和Return of the Jedi（1983）。

b）Harrison Ford 同样出演了Star Wars、(a）中提到两部影片和电影Firewall（2006）。

c) Carrie Fisher同样出演了影片Hannah and Her Sisters（1985）。

d) Matt Damon 同样出演了影片The Bourne Identity（2002）。

习题11.3.2　为习题4.1.1中描述的银行和客户的典型数据设计一个DTD。

习题11.3.3　为习题4.1.3中描述的队员、球队和球迷的典型数据设计一个DTD。

习题11.3.4　为习题4.1.6中描述的家谱的典型数据设计一个DTD。

!习题11.3.5　使用习题11.2.2的表示，设计一个对任意关系模式（关系名和属性名列表）产生一个描述表示该关系的文档DTD的算法。

11.4 XML模式

XML模式（XML Schema）是另一种为XML文档提供模式的方法。它的功能比DTD更强大，给模式设计者提供了更多的性能。例如，XML模式允许对子元素值的数量给以限制。对于简单元素，它允许声明类型，如整型或浮点型，并且还给予声明键和外键的能力。

11.4.1 XML模式的格式

XML模式的模式描述本身是一个XML文档。它使用的命名空间在URL：

```
http://www.w3.org/2001/XMLSchema
```

该URL由World-Wide-Web Consortium（万维网联盟）提供。因此每个XML模式文档有格式：

```
<? xml version = "1.0" encoding = "utf-8" ?>
<xs:schema xmlns:xs="http://www.w3.org/2001/XMLSchema">
    ...
</xs:schema>
```

第一行表明是XML，并使用了特殊括号“<?”和“?>”。对于该模式文档，第二行为根标签。属性xmlns（XML 命名空间）使变量xs代表上述提到的XML模式的命名空间。该命名空间使标签<xs:schema>被认为是XML模式命名空间中的schema。如同在11.2.6节中讨论过的，限定每个XML模式术语都带有前缀xs:，这将使每个这样的标签都被按照XML模式规则理解。在开始标签<xs:schema>和与它匹配的结束标签</xs:schema>之间会出现一个模式。在下文中，将学习XML模式命名空间中最重要的标签和它们的含义。

11.4.2 元素

模式的一个重要分量是*元素*（element），它与DTD中的元素定义相似。在接下来的讨论中应当注意，因为XML模式定义是XML文档，所以这些模式本身由“元素”组成。但是，模式本身的每个元素都有一个以xs开始的标签，它们不是由该模式定义的元素[⊖]。在XML模式中元素定义的格式为：

```
<xs:element  name = 元素名  type = 元素类型>
约束和/或结构信息
</xs:element>
```

元素名字是为正在定义的模式中的元素选择的标签。类型可以是简单类型或复杂类型。简单类型包括常用的基本类型，如xs:integer、xs:string和xs:boolean。简单类型的元素

⊖ 为了进一步帮助区分作为模式定义部分的标签和被定义的模式标签，将被定义的模式标签以大写字母开头。

可以没有子元素。

例11.12　下面是在XML模式中定义的title和year元素：

```
<xs:element name = "Title" type = "xs:string" />
<xs:element name = "Year" type = "xs:integer" />
```

每个<xs:element>元素本身都为空，所以它可以用没有配对的结束标签/>来结束。第一个定义的元素名为Title，它是字符串类型。第二个元素名为Year，它是整型。在有<Title>和<Year>元素的文档（也许是讨论电影的文档）中，这些元素将不但不为空，反而后面将跟随着字符串（title）或整数（year）和一个匹配的结束标签，分别为</Title>和</Year>。 □

11.4.3 复杂类型

XML模式中的复杂类型（complex type）可以有多种格式，但最常用的格式是序列元素。这些元素要求出现在给定的序列中，但每个元素的重复数量由出现在元素自身定义中的属性minOcurrs 和maxOccurs来控制。这些属性的含义可想而知，即没有比minOccurs出现次数更少的元素可以出现在该序列中，同时也没有比maxOccurs出现次数更多的元素可以出现在该序列中。如果出现次数大于1，则它们都必须连续出现。如果这些属性中的一个或两个都缺失，则默认是出现一次。为了说明出现次数没有上界，对maxOccurs使用值“unbounded”。

序列元素复杂类型定义的格式如图11-11所示。该复杂类型的名字是可选的，但如果正在定义的模式的一个或多个元素的类型使用这一复杂类型，则它需要有名字。另一种方法是把复杂类型定义放在开始标签<xs:element>和与它配对的结束标签之间，使该复杂类型为元素的类型。

```
<xs:complexType name = type name >
   <xs:sequence>
      list of element definitions
   </xs:sequence>
</xs:complexType>
```

图11-11　定义序列元素复杂类型

例11.13　写一个完整的XML－模式文档，该文档为电影定义了一个非常简单的模式。电影文档的根元素为<Movies>，同时根有零个或多个<Movie>子元素。每个<Movie>元素按次序有两个子元素：名称和年份。该XML－模式文档如图11-12所示。

```
<? xml version = "1.0" encoding = "utf-8" ?>
<xs:schema xmlns:xs = "http://www.w3.org/2001/XMLSchema">

   <xs:complexType name = "movieType">
      <xs:sequence>
         <xs:element name = "Title" type = "xs:string" />
         <xs:element name = "Year" type = "xs:integer" />
      </xs:sequence>
   </xs:complexType>

   <xs:element name = "Movies">
      <xs:complexType>
         <xs:sequence>
            <xs:element name = "Movie" type = "movieType"
                minOccurs = "0" maxOccurs = "unbounded" />
         </xs:sequence>
      </xs:complexType>
   </xs:element>

</xs:schema>
```

图11-12　有关电影的XML 模式

第(1)行和第(2)行是一个典型的XML模式定义的导言。第(3)到第(8)行定义了一个复杂类型，它的名字是movieType。这一类型由两个名为Title和Year的元素组成序列；它们是在图11-12中见到的元素。类型定义自身不创建任何元素，但注意在第12行中如何使用名字movieType从而使其类型成为Movie元素的类型。

```
<!DOCTYPE Movies [
    <!ELEMENT Movies (Movie*)>
    <!ELEMENT Movie (Title, Year)>
    <!ELEMENT Title (#PCDATA)>
    <!ELEMENT Year (#PCDATA)>
]>
```

图11-13　一个有关电影的DTD

第(9)到第(15)行定义了元素Movies。虽然能为这一元素创建复杂类型，就像为Movie一样，但却选择了在其元素自身定义中包括该类型。因此，在第(9)行定义了无类型的属性。而且，在第(9)行的开始标签<xs:element>和第(15)行中它的配对结束标签之间出现了元素Movies的复杂类型定义。该复杂类型没有名字，但它在第(11)行被定义为一个序列。在这种情况下，该序列仅有一种元素，即Movie，如第(12)行说明的那样。这一元素定义为movieType类型——即在第(3)到第(8)行定义的类型。它还被定义有零到无穷的出现次数。因此，图11-12的模式说明了与图11-13中所示的DTD一样的事情。□

有一些其他构建复杂类型的方法。

- 可使用xs:all代替xs:sequence，这意味着在开始标签<xs:all>和它的配对结束标签之间的每个元素必定以任意顺序出现一次。
- 另外，可用xs:choice替换xs:sequence。于是，在开始标签<xs:choice>和它的配对结束标签之间发现的元素之一必定出现。

在一个序列或选择中的元素可以用minOccurs和maxOccurs属性来管理它们出现的次数。在选择的情况下，尽管仅有一个元素可以出现，但如果maxOccurs值大于1，则它可以出现不止一次。xs:all的规则不同，它不允许有非1的maxOccurs值，但minOccurs可以是0或1。在maxOccurs为0的情况下，元素根本不可能出现。

11.4.4　属性

复杂类型可以有属性。也就是说，当定义一个复杂类型*T*时，可以包含元素<xs:attribute>的实例。当使用*T*作为元素*E*的类型时，*E*可以有（或必须有）这一属性的实例。属性定义的格式是：

```
<xs:attribute  name = 属性名  type = 类型名
关于属性的其他信息 />
```

“其他信息”可以包括像默认值和用法这样的信息（需要的或可选的——后者是缺省）。

例11.14　语句

```
<xs:attribute name = "year" type = "xs:integer"
    default = "0" />
```

定义year为整数类型的属性。这里不知道year是什么元素的属性；它取决于上述定义被放置在什么地方。year的默认值为0，意思是如果在文档中的元素没有给出year属性值，那么year的值取0。

另一个例子：

```
<xs:attribute name = "year" type = "xs:integer"
    use = "required" />
```

这是属性year的另一种定义。而将use设置为required的意思是，任何正在定义的类型元素必须有一个year属性值。□

属性定义放置在复杂类型定义中。在下个例子中，改写例11.13使名称和年份是类型movieType的属性，而不是子元素。

```
 1)  <?xml version = "1.0" encoding = "utf-8" ?>
 2)  <xs:schema xmlns:xs = "http://www.w3.org/2001/XMLSchema">

 3)     <xs:complexType name = "movieType">
 4)        <xs:attribute name = "title" type = "xs:string"
              use = "required" />
 5)        <xs:attribute name = "year" type = "xs:integer"
              use = "required" />
 6)     </xs:complexType>

 7)     <xs:element name = "Movies">
 8)        <xs:complexType>
 9)           <xs:sequence>
10)              <xs:element name = "Movie" type = "movieType"
                    minOccurs = "0" maxOccurs = "unbounded" />
11)           </xs:sequence>
12)        </xs:complexType>
13)     </xs:element>

14)  </xs:schema>
```

图11-14　用属性代替简单元素

例11.15　图11-14展示了修改后的XML模式定义。在第(4)行和第(5)行，属性title和year定义为movieType类型元素的需要的属性。当在第(10)行定义元素Movie为该类型时，每个<Movie>元素必须有title和year值。图11-15显示了与图11-14类似的DTD。　□

11.4.5　受限的简单类型

通过限制类型的取值可以创建像整型或字符串等简单类型的受限版本。然后这些类型可以被用作属性或元素的类型。这里考虑两种限制：

1. 通过使用minInclusive声明下界并使用maxInclusive声明上界来限制数字的值[⊖]。
2. 限制值为枚举类型。

图11-16中显示了一个范围限制的格式。该限制有一个基准，它可以是一个基本类型（例如，xs:string）或其他简单类型。

```
<!DOCTYPE Movies [
    <!ELEMENT Movies (Movie*)>
    <!ELEMENT Movie EMPTY>
        <!ATTLIST Movie
            title CDATA #REQUIRED
            year  CDATA #REQUIRED
        >
]>
```

图11-15　与图11-14等价的DTD

```
<xs:simpleType name = type name >
   <xs:restriction base = base type >
      upper and/or lower bounds
   </xs:restriction>
</xs:simpleType>
```

图11-16　范围限制的格式

例11.16　假定想要限制电影的年份不早于1915年。代替图11-12第(6)行中元素Year或图

⊖ "inclusive"的意思是值的范围，包括所给定的边界。另外用Exclusive来代替Inclusive，意思是声明的边界恰好在所允许的范围之外。

11-14第(5)行中属性year的类型xs:integer，可以如图11-17中那样定义一个新的简单类型。然后在上述引用的两行中用类型movieYearType来替代xs:integer。 □

另一种限制简单类型的方法是提供枚举值。单一枚举值的格式为：

```
<xs:enumeration value = 某个值 />
```

限制可由任意数量的这些值组成。

例11.17　设计一个适合电影流派的简单类型。在例子中，假定仅有四种可能的流派：喜剧、戏剧、科幻剧和儿童剧。图11-18展示了如何定义类型genreType，它可以作为表示电影流派的元素或属性的类型。 □

```
<xs:simpleType name = "movieYearType">
    <xs:restriction base = "xs:integer">
        <xs:minInclusive value = "1915" />
    </xs:restriction>
</ xs:simpleType>
```

图11-17　限制整数值为大于等于1915的类型

```
<xs:simpleType name = "genreType">
    <xs:restriction base = "xs:string">
        <xs:enumeration value = "comedy" />
        <xs:enumeration value = "drama" />
        <xs:enumeration value = "sciFi" />
        <xs:enumeration value = "teen" />
    </xs:restriction>
</ xs:simpleType>
```

图11-18　XML模式中的枚举类型

11.4.6　XML模式中的键

元素可以有键声明，这是说当考虑某些C类元素时，在这些元素内的一个或多个给定的域（fields）值唯一。“域”这一概念实际上十分普通，但最常用的情况是一个域为一个子元素或一个属性。C类元素用“选择器”定义。像域一样，选择器可以是复杂的，但最常用的情况是一个或多个元素名字的序列，每个元素的子元素都在该元素之前。使用半结构化数据树术语，类是所有那些从一个给定节点出发通过跟随特定弧标签序列可到达的节点。

例11.18　关于图11-1中的半结构化数据，假定想说明在从根出发通过跟随star标签可到达的所有节点之中，跟随较远的name标签找到一个唯一值。那么“选择器”是star，“域”是name。声明这个键的含义是在所示的根元素内，不可以有两个同名的明星。如果用电影名字来代替标题（title），那么键声明将不会阻止电影和明星有相同的名字。此外，如果实际上在一个文档中有许多类似图11-1的树的元素（在该图中每个称为“Root”的对象实际上都是单个电影和其影星），那么不同的树可有相同影星名字而不违反键约束。 □

键声明的格式为：

```
<xs:key name = 键名 >
    <xs:selector xpath = 路径描述>
      <xs:field xpath =路径描述>
</ xs:key>
```

如果需要几个域来组成键，那么可以有不止一个带有xs:field元素的行。另一种方法是使用元素xs:unique来代替xs:key。不同点是如果使用“键”，那么对于每个由选择器定义的元素，其域必须存在。但是，如果使用“唯一性”，那么其域可以不存在，并且这一约束仅是说如果域存在，域才唯一。

选择器路径可以是任意的元素序列，每个元素是前一个元素的子元素。元素名由斜线分开。域可以是选择器路径上最后一个元素的任意一个子元素或该元素的一个属性。如果它是一个属性，那么“at-sign”在它之前。还有其他选项，事实上，选择器和域可以是任意Xpath表达式。在12.1节中将开始学习Xpath查询语言。

例11.19　在图11-19中可看到图11-12的详尽细节。为了使电影有一个非键子元素，在movieType定义中添加了元素Genre。第(3)到第(10)行像例11.17中一样定义了genreType。在第(15)行添加movieType的子元素Genre。

第(24)到第(28)行通过添加键改变了Movies元素的定义。键的名字为movieKey；如果它被外键引用，则使用该名字，这将在11.4.7节中讨论。否则，该名字是不相关的。选择器路径就是Movie，它有两个域Title和Year。这个键声明的意思是，在任一Movies元素内，在所有它的Movie子元素之中，没有两个子元素可以有相同的名称和相同的年份，这些值也不可以缺失。注意，因为在第(13)行和第(14)行定义的movieType中，对于Title或Year没有给minOccurs或maxOccurs定值，所以使用默认值1，因此每个必须仅仅出现一次。　□

```
1)  <? xml version = "1.0" encoding = "utf-8" ?>
2)  <xs:schema xmlns:xs = "http://www.w3.org/2001/XMLSchema">

3)  <xs:simpleType name = "genreType">
4)     <xs:restriction base = "xs:string">
5)        <xs:enumeration value = "comedy" />
6)        <xs:enumeration value = "drama" />
7)        <xs:enumeration value = "sciFi" />
8)        <xs:enumeration value = "teen" />
9)     </xs:restriction>
10) </xs:simpleType>

11)    <xs:complexType name = "movieType">
12)       <xs:sequence>
13)          <xs:element name = "Title" type = "xs:string" />
14)          <xs:element name = "Year" type = "xs:integer" />
15)          <xs:element name = "Genre" type = "genreType"
                minOccurs = "0" maxOccurs = "1" />
16)       </xs:sequence>
17)    </xs:complexType>

18)    <xs:element name = "Movies">
19)       <xs:complexType>
20)          <xs:sequence>
21)             <xs:element name = "Movie" type = "movieType"
                    minOccurs = "0" maxOccurs = "unbounded" />
22)          </xs:sequence>
23)       </xs:complexType>
24)       <xs:key name = "movieKey">
25)          <xs:selector xpath = "Movie" />
26)          <xs:field xpath = "Title" />
27)          <xs:field xpath = "Year" />
28)       </xs:key>
29)    </xs:element>

30) </xs:schema>
```

图11-19　XML模式中的电影模式

11.4.7 XML模式中的外键

还可以声明元素有一个或多个引用其他元素的键的域，也许深深地嵌套在它的内部。这种能力和DTD中的ID和IDREF相似（参见11.3.4节）。但是，后者是无类型的引用，而在XML

模式中的引用是对元素的特殊类型的引用。XML模式中的外键定义的格式为：

```
<xs:keyref  name = 外键名 refer = 键名>
        <xs:selector xpath = 路径描述>
          <xs:field xpath =路径描述>
</xs:keyref>
```

模式元素是xs:keyref。外键自身有一个名字，它引用某个键或唯一值的名字。选择器和域就是键。

例11.20　图11-20显示了元素<Stars>的定义。我们已经使用XML模式风格在使用复杂类型的元素内部定义了每个复杂类型。因此，在第(4)到第(6)行上一个<Stars>元素由一个或多个<Star>子元素组成。

```
1)  <? xml version = "1.0" encoding = "utf-8" ?>
2)  <xs:schema xmlns:xs = "http://www.w3.org/2001/XMLSchema">

3)  <xs:element name = "Stars">

4)     <xs:complexType>
5)        <xs:sequence>
6)           <xs:element name = "Star" minOccurs = "1"
                   maxOccurs = "unbounded">
7)              <xs:complexType>
8)                 <xs:sequence>
9)                    <xs:element name = "Name"
                         type = "xs:string" />
10)                   <xs:element name = "Address"
                         type = "xs:string" />
11)                   <xs:element name = "StarredIn"
                            minOccurs = "0"
                            maxOccurs = "unbounded">
12)                      <xs:complexType>
13)                         <xs:attribute name = "title"
                               type = "xs:string" />
14)                         <xs:attribute name = "year"
                               type = "xs:integer" />
15)                      </xs:complexType>
16)                   </xs:element>
17)                </xs:sequence>
18)             </xs:complexType>
19)          </xs:element>
20)       </xs:sequence>
21)    </xs:complexType>

22)    <xs:keyref name = "movieRef" refers = "movieKey">
23)       <xs:selector xpath = "Star/StarredIn" />
24)       <xs:field  xpath = "@title" />
25)       <xs:field  xpath = "@year" />
26)    </xs:keyref>

27) </xs:element>
```

图11-20　带有外键的影星

在第(7)到第(11)行可见每个<Star>元素有三种子元素。它恰有一个<Name>子元素、一个<Address>子元素和任意数量的<StarredIn>子元素。在第(12)到第(15)行中，<StarredIn>元素没有子元素，但它有两个属性：title和year。

第(22)到第(26)行定义了一个外键。在第(22)行中这一外键约束的名字是movieRef，它引用图11-19中定义的键movieKey。注意，这一外键是在<Stars>定义内定义的。选择器是Star/StarredIn。也就是说，应该查看<Stars>元素的每个<Star>子元素的每个<StarredIn>子元素。从那个<StarredIn>元素中抽取出两个域title和year。@表示这些是属性而不是子元素。这一外键约束所作的断言是，以这种方式发现的任何名称-年份对将作为它的子元素<Title>和<Year>的值对出现在某个<Movie>元素中。 □

11.4.8　习题

习题11.4.1　给出一个符合图11-12的XML模式定义的文档例子和一个具有所有提到的元素但不符合该定义的文档例子。

习题11.4.2　重写图11-12使其有一个命名的Movies的复杂类型和无命名的Movie的类型。

习题11.4.3　将图11-19和图11-20的XML模式定义写成一个DTD。

11.5　小结

- *半结构化数据*（Semistructured Data）：这种模型中，数据使用图形来表示。节点类似于对象或属性的值，带标签的弧可以将对象与它的属性值和由联系连接的其他对象相连接。
- XML：可扩展标记语言是一个线性表示半结构化数据的WWW Consortium（万维网联盟）标准。
- XML*元素*（XML Element）：元素由一个开始标签<Foo>、一个配对的结束标签</Foo>和它们之间的一切内容组成。出现的内容可以是文本或嵌套到任意深度的子元素。
- XML*属性*（XML Attribute）：标签中可以有属性-值对。这些属性提供与其相关元素的附加信息。
- *文档类型定义*（Document Type Definition）：DTD是一个定义XML元素和属性的简单语法格式，因此为那些使用DTD的XML文档提供基础模式。元素被定义为含有子元素序列，这些元素可被要求仅出现一次、最多一次、最少一次或任意次数。元素还可以被定义为有一个必需的和/或可选的属性的列表。
- DTD*中的标识符和引用*（Identifier and Reference in DTD's）：为了表示非树形结构的图，DTD允许声明ID和IDREF（S）类型的属性。因此元素可被给予一个标识符，该标识符可以被其他的元素引用，以建立一个连接。
- XML*模式*（XML Schema）：是为某些XML文档定义模式的另一种方法。XML模式定义用XML本身编写，使用由WWW Consortium（万维网联盟）提供的命名空间中的标签集。
- XML*模式中的简单类型*（Simple Type in XML Schema）：提供像整型和字符串型等常用的基本类型。另外的简单类型可以通过约束一个简单类型来定义，如为值提供值域或枚举所允许的值。
- XML*模式中的复杂类型*（Complex Type in XML Schema）：元素的结构类型可以被定义为带有最小出现次数和最大出现次数的元素序列。元素的属性也可在它的复杂类型中定义。
- XML*模式中的键和外键*（Key and Foreign Key in XML Schema）：一组元素和/或属性可定义为在某封闭元素范围内有唯一值。其他组元素和/或属性可定义为有一个在其他类元素内作为键出现的值。

11.6 参考文献

[5]和[4]首先将半结构化数据作为数据模型研究。LOREL是在[3]中描述的该模型的查询语言原型。有关半结构化数据的工作综述包括[1]、[7]和书[2]。

XML是由WWW Consortium开发的标准。有关XML信息的主页是[9]。关于DTD和XML模式的参考文献也可在那儿找到。对于XML解析器，DOM的定义在[8]中而SAX的定义在[6]中。有关这些主题的快速指南参见[10]。

1. S. Abiteboul, "Querying semi-structured data," *Proc. Intl. Conf. on Database Theory* (1997), Lecture Notes in Computer Science 1187 (F. Afrati and P. Kolaitis, eds.), Springer-Verlag, Berlin, pp. 1–18.

2. S. Abiteboul, D. Suciu, and P. Buneman, *Data on the Web: From Relations to Semistructured Data and XML*, Morgan-Kaufmann, San Francisco, 1999.

3. S. Abiteboul, D. Quass, J. McHugh, J. Widom, and J. L. Weiner, "The LOREL query language for semistructured data," In *J. Digital Libraries* **1**:1, 1997.

4. P. Buneman, S. B. Davidson, and D. Suciu, "Programming constructs for unstructured data," *Proceedings of the Fifth International Workshop on Database Programming Languages*, Gubbio, Italy, Sept., 1995.

5. Y. Papakonstantinou, H. Garcia-Molina, and J. Widom, "Object exchange across heterogeneous information sources," *IEEE Intl. Conf. on Data Engineering*, pp. 251–260, March 1995.

6. Sax Project, `http://www.saxproject.org/`

7. D. Suciu (ed.) Special issue on management of semistructured data, *SIGMOD Record* **26**:4 (1997).

8. World-Wide-Web Consortium, `http://www.w3.org/DOM/`

9. World-Wide-Web Consortium, `http://www.w3.org/XML/`

10. W3 Schools, `http://www.w3schools.com`

第12章 XML程序设计语言

现在讨论半结构化数据程序设计语言。这种类型的所有广泛应用的语言都适用于XML数据，也可以用于用其他方式表示的半结构化数据。本章将学习三种这样的语言。第一种，XPath，这是在半结构化数据图中描述相似路径集的一种简单语言。XQuery是XPath的一种扩展语言，它仿照SQL风格设计。XQuery允许在集合和子查询上迭代，很多其他特征与SQL中学习到的相似。

本章第三个主题是XSLT。该语言最初是作为一种转换语言开发，它能够重新构造XML文档，或者把它们转换为可打印（HTML）文档。事实上，它的表达能力和XQuery表达式十分相似，而且它能够生成XML结果。因此，XSLT可以作为XML的查询语言。

12.1 XPath

本节介绍XPath。XPath的最新版本是XPath 2.0，首先讨论的是用于这个版本的数据模型；该模型也用于XQuery中。此模型的作用类似于“基本类型分量的元组包”，它是在关系模型中用作关系的值。

以后的章节中，学习XPath路径表达式和它们的含义。通常，这些表达式允许从一个文档的元素转移到它们的部分或全部的子元素。使用“轴”，还可以用多种方法在文档里面移动，并且能够得到元素的属性。

12.1.1 XPath数据模型

如同关系模型，XPath假设所有值——那些它生成的和那些在中间步骤中构成的——有相同的通用“形式”。在关系模型中，这种“形式”是一个元组包。在一个给定包中的元组都含有相同数目的分量，且每个分量有一个基本类型，如整型或者字符串。在XPath中，类似“形式”是*项的序列*（sequence of item），一个*项*（item）是如下二者之一：

1. 基本类型的一个值：例如，整型、实数型、布尔型或者字符串类型。

2. 一个*节点*（node）。有多种类型的节点，但是本书只讨论三种：

a) *文档*（document）。是包含一个XML文档的文件，可能由它们的本地路径名或URL表示。

b) *元素*（element）。是XML元素，包括它们的开始标签、配对的结束标签以及在开始标签和配对的结束标签之间的所有内容（例如，在描述一个XML文档的半结构化数据的树的下面）。

c) *属性*（attribute）。可以在开始标签中找到，这在第11章中讨论过。

尽管序列中的项往往有相同的类型，但实际上一个序列中不必所有项都是相同的类型。

例12.1 图12-1是五个项的一个序列。第一个项是整数10；第二个项是字符串；第三个项是实数。这些都是基本类型的项。第四项是一个节点，该节点的类型是“元素”。注意，该元素含有一个属性的标签Number和含有标签Digit的两个子元素。最后一项是一个属性节点。□

```
10

"ten"

10.0

<Number base = "8">
    <Digit>1</Digit>
    <Digit>2</Digit>
</Number>

@val="10"
```

图12-1 五个项的一个序列

12.1.2 文档节点

虽然应用XPath的文档可以来自于不同源，但通常应用XPath的文档是文件。可以通过使用下面的函数把一个文件生成为一个文档节点：

```
doc(文件名)
```

指定的文件应该是一个XML文档。可以通过用本地名或者URL（如果是远程文件）来指定该文件。因此，文档节点的例子包括：

```
doc("movies.xml")
doc("/usr/sally/data/movies.xml")
doc("infolab.stanford.edu/~hector/movies.xml")
```

每个XPath查询引用一个文档。在很多情形下，从上下文显示可知道该文档。例如，回顾11.4.6节中XML−模式键的讨论。使用XPath表达式来指示一个键的选择器和字段。在那个上下文中，文档是“正在使用模式定义的任何文档”。

12.1.3 路径表达式

典型地，一个XPath表达式从一个文档的根节点开始，且给出标签和斜线（/）的一个序列，即$/T_1 / T_2 / \cdots /T_n$。通过从一个节点（即文档）组成的项的序列开始计算这个表达式的值。然后依次处理$T_1, T_2, \cdots$。为了处理T_i，考虑由先前标签产生的项的序列（如果有的话）。依次检查那些项，并且找出标签是T_i的所有子元素。按它们在文档中的出现顺序，把那些项追加到输出结果序列中。

作为特殊情形，把文档的根标签T_1看作是文档节点的“子元素”。因此，表达式$/T_1$生成含有一个项的序列，该序列是由文档整个内容组成的一个元素节点。差异可能是细微的；在应用表达式$/T_1$之前，用一个文档节点表示文件，在那个节点应用$/T_1$后，用一个元素节点表示文件中的内容。

例12.2 假设文档是包含图11-5的XML文本的一个文件，这里复制其作为图12-2。路径表达式/StarMovieData生成了一个元素的序列。当然，该元素含有标签<StarMovieData>，它由图12-2中除去第(1)行的所有内容组成。

现在，考虑路径表达式

```
/StarMovieData/Star/Name
```

```
1)  <? xml version="1.0" encoding="utf-8" standalone="yes" ?>
2)  <StarMovieData>
3)      <Star starID = "cf" starredIn = "sw">
4)          <Name>Carrie Fisher</Name>
5)          <Address>
6)              <Street>123 Maple St.</Street>
7)              <City>Hollywood</City>
8)          </Address>
9)          <Address>
10)             <Street>5 Locust Ln.</Street>
11)             <City>Malibu</City>
12)         </Address>
13)     </Star>
14)     <Star starID = "mh" starredIn = "sw">
15)         <Name>Mark Hamill</Name>
16)         <Street>456 Oak Rd.</Street>
17)         <City>Brentwood</City>
18)     </Star>
19)     <Movie movieID = "sw" starsOf = "cf mh">
20)         <Title>Star Wars</Title>
21)         <Year>1977</Year>
22)     </Movie>
23) </StarMovieData>
```

图12-2 应用路径表达式的一份XML文档

当由文档组成的序列使用StarMovieData标签时，如上所讨论的那样，可得到由根元素组成的序列。下一步，对该序列使用标签Star，得到含有标签Star的StarMovieData元素的两个子元素。它们分别是从第(3)到第(12)行的影星Carrie Fisher和从第(14)到第(18)行的影星Mark Hamill。因此，路径表达式/StarMovieData/Star的结果是按上面顺序排列的这两个元素的序列。

最后，对序列使用标签Name。在第(4) 行，第一个元素有一个Name子元素。在第(15)行，第二个元素有一个Name子元素。因此，序列

```
<Name>Carrie Fisher</Name>
<Name>Mark Hamill</Name>
```

是对图12-2的文档使用路径表达式/StarMovieData/Star/Name的结果。□

12.1.4　相对路径表达式

在一些上下文环境中，可使用相对于（relative to）当前节点或者节点序列的XPath表达式。

- 11.4.6节中，讨论了为选择器和字段值定义一个键，选择器和字段值是真正的相对于一个节点或者节点序列的XPath表达式。
- 例12.2中，讨论了在由整个文档组成的元素中使用XPath表达式Star，或者在Star元素的一个序列中使用表达式Name。

相对表达式不是以斜线开始。每个这样的表达式必须应用在一些上下文环境中，并且从它的使用中可以清楚是哪个上下文。与UNIX文件系统中指定文件名和目录的方法相似并非偶然。

12.1.5　路径表达式中的属性

路径表达式从根节点开始，沿着一条具体路径（标签的序列）找到文档里的所有元素。有时候，用户想找的不是这些元素，而是那些元素的一个属性的值。这样的话，可以通过前面有一个@符号的属性名来结束路径表达式，也就是说，路径表达式的形式是$/T_1/T_2/\cdots/T_n/@A$。

这个表达式结果的计算如下：首先使用路径表达式$/T_1/T_2/\cdots/T_n$得到元素的一个序列，然后依次检查每个元素的开始标签，找出属性A。如果有属性A，那么把那个属性的值追加到形成结果的序列中。

例12.3　路径表达式

```
/StarMovieData/Star/@starID
```

应用于图12-2的文档，找到两个Star元素，然后在第(3)行和第(14)行浏览它们的开始标签，找到它们的starID属性的值。这两个元素都有starID属性，所以结果序列是“cf mh”。□

12.1.6　轴

到目前为止，仅仅只用了两种方法导航半结构化数据图：从一个节点到达它的子节点或者到达一个属性。事实上，XPath提供了大量的轴（axes），它们是导航的方式。其中两种轴是child（默认轴）和attribute，@是attribute的缩写形式。在路径表达式的每一步中，可以在标签或者属性名前加一个轴的名字和两个冒号作为前缀。例如，

```
/StarMovieData/Star/@starID
```

是下面表达式的缩写形式：

```
/child::StarMovieData/child::Star/attribute::starID
```

其他一些轴是父亲、祖先（实际上是一个适当的祖先）、后继（一个适当的后继）、后兄弟（右边的任一个兄弟）、前兄弟（左边的任一个兄弟）、自身和后继或自身(descendant-orself)。后继或自身轴用缩写形式//，且在嵌套的任一层次都可以从元素的一个序列访问到那些元素和它们所有的子元素。

例12.4　图12-2的文档中，看似很难找到影星居住的所有城市。问题是Mark Hamill居住的城市没有嵌套在Address元素中，所以沿着找到Carrie Fisher居住城市的相同路径是不可能找到Mark Hamill的居住城市。但是，路径表达式

```
//City
```

找到任一嵌套层次的所有City子元素，并且按它们在文档中出现的次序返回。于是，该路径表达式的结果是序列：

```
<City>Hollywood</City>
<City>Malibu</City>
<City>Brentwood</City>
```

分别从第(7)、(11)和(17) 行获得。

也可以在路径表达式中使用//轴。例如，文档含有与影星无关的城市信息（如工作室和它们的地址），那么确定城市是Star元素的子元素时，可以限制路径。对给定的文档，路径表达式

```
/StarMovieData/Star//City
```

生成相同的三个City元素作为结果。□

其他一些轴也有缩写形式。例如，..表示父亲，.表示自身。另外已经知道@代表属性，/代表子。

12.1.7 表达式的上下文

为理解一个轴的含义，如父亲，需要进一步探讨XPath中的数据视图。表达式的结果是元素或者基本值的序列。然而，XPath表达式和它们的结果不是独立存在的。假设它们是独立存在的，那么寻找一个元素的“父亲”就没有意义。更准确地说，通常有一个上下文，表达式在上下文中求值。在上述所有例子中，都是从单一文档中抽取元素。如果认为某一XPath表达式结果中的一个元素是作为文档中元素的一个引用，那么在序列的元素中使用轴（如父亲、祖先或者后兄弟）就有意义。

例如，在11.4.6节中提到通过一对XPath表达式定义XML模式中的键。键约束适用于XML文档，这遵从包含约束的模式。在模式本身中，每一个这样的文档为XPath表达式提供上下文。因此，允许在这些表达式中使用所有XPath轴。

12.1.8 通配符

不用沿着一条路径的每一步骤指定一个标签，可以使用一个*来表示“任何一种标签”。同样地，不用指定一个属性，用@*表示“任何一个属性”。

例12.5　考虑路径表达式

```
/StarMovieData/*/data(@*)
```

应用于图12-2的文档。首先，/StarMovieData/*得到根元素的每个子元素，有三个：两个影星和一部电影。因此，该路径表达式的结果是从第(3)到第(13)行、第(14)到第(18)行和第(19)到第(22)行中的元素的序列。

可是，表达式是寻找这些元素的所有属性的值。因此，在这些元素每一个的最外面的标签中寻找属性，并且按它们在文档中出现的顺序返回它们的值。因此，序列

```
"cf sw mh sw sw cf mh"
```

是XPath查询的结果。

第(19)行中starsOf属性的值是它自身项的一个序列——字符串cf和mh。XPath扩展其他序列的一部分的序列，所以，如上所示，所有的项是在“顶层”。也就是说，项的序列不是它本身的一个项。 □

12.1.9 路径表达式中的条件

如同计算路径表达式的值那样，可以严格遵循路径的一个子集，它的标签匹配表达式中的标签。为此，标签后跟着一个由方括号括起来的条件。该条件可以是布尔值的任意条件。值可用比较操作符，如“=”或者“>=”。和C中一样，用“!=”表示“不相等”。用操作符or或者and连接比较操作符可构成复合条件。

比较的值可以是路径表达式，这种情况下，比较的是由表达式返回的序列。比较隐含有“存在判断”的意义；如果来自每个序列的任一项对与给定的比较操作符相关，那么说这两个序列相关。下面给出一个例子来解释这个概念。

例12.6 下面的路径表达式：

```
/StarMovieData/Star[Address/City = "Malibu"]/Name
```

返回在Malibu至少拥有一个家的电影影星的名字。开始，路径表达式/StarMovie Data/Star返回所有Star元素的序列。对于序列中每一个元素，需要判断条件Address/City = “Malibu”的真假。这里，Address/City是一个路径表达式，但是，如同条件中的任何一个路径表达式一样，它是相对于使用条件的元素计算表达式的值。也就是说，当解释该表达式时，假定元素是整个文档，即在该文档中应用路径表达式。

从图12-2的第(3)到第(13)行的Carrie Fisher元素开始，表达式Address/City寻找嵌套0层或更多层含有City标签的所有子元素。在第(7)行和第(11)行有两个这样的子元素。Carrie Fisher元素中应用路径表达式Address/City的结果是序列：

```
<City>Hollywood</City>
<City>Malibu</City>
```

该序列中的每一项都与值"Malibu"比较。元素类型是一个基本值时，如字符串，该元素可以与那个字符串做相等比较，因此第二项符合比较要求。结果是第(3)到第(13)行的整个Star元素满足该条件。

当对第(14)到第(18)行的第二项（Mark Hamill）应用条件时，找到一个City子元素，但是它的值与"Malibu"不匹配，该元素与条件不符。这样，就只有Carrie-Fisher元素是在如下路径表达式的结果中。

```
/StarMovieData/Star[Address/City = "Malibu"]
```

为完成例子给出的XPath查询，需要对上述含有一个元素的结果序列继续路径表达式/Name的查询工作。该阶段中，寻找Carrie-Fisher元素的Name子元素，并在第(4)行找到。从而，查询的最终结果是含有一个元素的序列，<Name>Carrie Fisher</Name>。 □

其他几个常用的条件形式是：

- 整型[i]自身为真，仅当应用到它的父节点的第i个子节点时。
- 标签[T]自身为真，仅是对其有一个或多个子元素含有标签T的元素。
- 类似地，属性[A]自身为真，仅是对其含有属性A值的元素。

例12.7 图12-3是电影例子的另一种形式，其中用一个共同片名把所有电影归为一组，作为一个Movie元素，其子元素含有标签Version。片名是电影的一个属性，年份是版本的一个属性。版本有Star子元素。考虑在该文档中应用XPath查询：

```
/Movies/Movie/Version [1]/data(@year)
```

这是找到每部电影第一版拍成的年份，结果是序列"1933 1984"。

```
1)  <? xml version="1.0" encoding="utf-8" standalone="yes" ?>
2)  <Movies>
3)      <Movie title = "King Kong">
4)          <Version year = "1933">
5)              <Star>Fay Wray</Star>
6)          </Version>
7)          <Version year = "1976">
8)              <Star>Jeff Bridges</Star>
9)              <Star>Jessica Lange</Star>
10)         </Version>
11)         <Version year = "2005" />
12)     </Movie>
13)     <Movie title = "Footloose">
14)         <Version year = "1984">
15)             <Star>Kevin Bacon</Star>
16)             <Star>John Lithgow</Star>
17)             <Star>Sarah Jessica Parker</Star>
18)         </Version>
19)     </Movie>
20) </Movies>
```

图12-3 应用路径表达式的一份XML文档

更为详细地说，共有四个Version元素匹配路径

```
/Movies/Movie/Version
```

这些元素分别在第(4)到第(6)行、第(7)到第(10)行、第(11)行和第(14)到第(18)行。这些元素中，第一个和最后一个是它们各自父节点的第一个子节点，它们的year属性分别是1933和1984。 □

例12.8 XPath查询：

```
/Movies/Movie/Version[Star]
```

应用到图12-3的文档，返回三个Version元素。条件[Star]解释为"至少含有一个Star子元素"。该条件对第(4)到第(6)行、第(7)到第(10)行和第(14)到第(18)行的Version元素为真；对第(11)行的元素为假。 □

12.1.10 习题

习题12.1.1 图12-4和图12-5分别是含有产品习题部分数据的XML文档的开始和结尾。写出下面的XPath查询，并回答每个查询的结果是什么。

a) 找出每台PC上RAM的大小。

b) 找出任一种类型的各个产品的价格

c) 找出所有打印机元素

!d) 找出激光打印机的制造商

!e) 找出PC和/或笔记本电脑的制造商

f) 找出硬盘至少是200G的PC的型号

!!g) 找出至少有两种PC的制造商

习题12.1.2 图12-6的文档包含了类似于战舰习题中使用的数据。在该文档中，关于舰船的数据嵌套在它们的类元素中，并且关于战斗的信息出现在每个舰船元素内。用XPath写出下面的查询。回答每个查询的结果是什么。

```
<Products>
    <Maker name = "A">
        <PC model = "1001" price = "2114">
            <Speed>2.66</Speed>
            <RAM>1024</RAM>
            <HardDisk>250</HardDisk>
        </PC>
        <PC model = "1002" price = "995">
            <Speed>2.10</Speed>
            <RAM>512</RAM>
            <HardDisk>250</HardDisk>
        </PC>
        <Laptop model = "2004" price = "1150">
            <Speed>2.00</Speed>
            <RAM>512</RAM>
            <HardDisk>60</HardDisk>
            <Screen>13.3</Screen>
        </Laptop>
        <Laptop model = "2005" price = "2500">
            <Speed>2.16</Speed>
            <RAM>1024</RAM>
            <HardDisk>120</HardDisk>
            <Screen>17.0</Screen>
        </Laptop>
    </Maker>
```

图12-4　产品数据的XML文档——开始

```
    <Maker name = "E">
        <PC model = "1011" price = "959">
            <Speed>1.86</Speed>
            <RAM>2048</RAM>
            <HardDisk>160</HardDisk>
        </PC>
        <PC model = "1012" price = "649">
            <Speed>2.80</Speed>
            <RAM>1024</RAM>
            <HardDisk>160</HardDisk>
        </PC>
        <Laptop model = "2001" price = "3673">
            <Speed>2.00</Speed>
            <RAM>2048</RAM>
            <HardDisk>240</HardDisk>
            <Screen>20.1</Screen>
        </Laptop>
        <Printer model = "3002" price = "239">
            <Color>false</Color>
            <Type>laser</Type>
        </Printer>
    <Maker name = "H">
        <Printer model = "3006" price = "100">
            <Color>true</Color>
            <Type>ink-jet</Type>
        </Printer>
        <Printer model = "3007" price = "200">
            <Color>true</Color>
            <Type>laser</Type>
        </Printer>
    </Maker>
</Products>
```

图12-5　产品数据的XML文档——结尾

a) 找出所有舰船的名字。
b) 找出排水量大于35 000的类的所有Class元素。
c) 找出在1917之前下水的船的所有Ship元素。
d) 找出已沉没舰船的名字。
!e) 找出和它们的类有相同名字的舰船的下水年份。
!f) 找出参与战斗的所有舰船的名字。
!!g)找出曾在两场或两场以上的战斗中打仗的所有舰船的Ship元素。

12.2　XQuery

XQuery是XPath的一种扩展，它已成为包含XML格式数据的高级数据库查询的标准。本节将介绍XQuery的一些重要特性。

> **XQuery的大小写敏感性**
>
> XQuery是大小写敏感的。因此，像let或者for这样的关键词需要小写，就像C或Java中的关键词一样。

```
<Ships>
    <Class name = "Kongo" type = "bc" country = "Japan"
            numGuns = "8" bore = "14" displacement = "32000">
        <Ship name = "Kongo" launched = "1913" />
        <Ship name = "Hiei" launched = "1914" />
        <Ship name = "Kirishima" launched = "1915">
            <Battle outcome = "sunk">Guadalcanal</Battle>
        </Ship>
        <Ship name = "Haruna" launched = "1915" />
    </Class>
    <Class name = "North Carolina" type = "bb" country = "USA"
            numGuns = "9" bore = "16" displacement = "37000">
        <Ship name = "North Carolina" launched = "1941" />
        <Ship name = "Washington" launched = "1941">
            <Battle outcome = "ok">Guadalcanal</Battle>
        </Ship>
    </Class>
    <Class name = "Tennessee" type = "bb" country = "USA"
            numGuns = "12" bore = "14" displacement = "32000">
        <Ship name = "Tennessee" launched = "1920">
            <Battle outcome = "ok">Surigao Strait</Battle>
        </Ship>
        <Ship name = "California" launched = "1921">
            <Battle outcome = "ok">Surigao Strait</Battle>
    </Class>
    <Class name = "King George V" type = "bb"
            country = "Great Britain"
            numGuns = "10" bore = "14" displacement = "32000">
        <Ship name = "King George V" launched = "1940" />
        <Ship name = "Prince of Wales" launched = "1941">
            <Battle outcome = "damaged">Denmark Strait</Battle>
            <Battle outcome = "sunk">Malaya</Battle>
        </Ship>
        <Ship name = "Duke of York" launched = "1941">
            <Battle outcome = "ok">North Cape</Battle>
        </Ship>
        <Ship name = "Howe" launched = "1942" />
        <Ship name = "Anson" launched = "1942" />
    </Class>
</Ships>
```

图12-6 含有战舰数据的XML文档

12.2.1 XQuery基础

XQurey使用和在12.1.1节中介绍的XPath相同的值模型。也就是说，XQuery表达式生成的所有的值是项的序列。项是基本值或者各种类型的节点，节点包括元素、属性和文档。如同在12.1.7节中讨论的那样，假定序列中的元素是存在于某一文档的上下文中。

XQuery是一种*函数语言*（functional language），这意味着任何一个XQuery表达式可被用于任何一个期待使用表达式的地方。这个特性的功能非常强大。举例来说，SQL在很多地方允许使用子查询；但是SQL不允许任一子查询是where子句中任一比较算符的任意算子。函数特性是一把双刃剑，当应用于多个项的列表时，它要求XQuery的每个操作符有意义，这样导致了一些意外的结果。

最简单的情况下，每个XPath表达式都是一个XQuery表达式。但XQuery有更多的表达式，包括FLWR（发音为“flower”）表达式，某种程度上，这与SQL的select-from-where表达式相似。

12.2.2 FLWR表达式

除XPath表达式之外XQuery表达式最重要的形式包括四种类型的子句：for、let、where、和return（FLWR）子句[⊖]。下面将依次介绍每种子句的类型。但是，应该知道这些子句的出现和顺序有选择权。

1. 查询是以0个或多个for子句和let子句开始的。这两种类型的子句可以有多个，且能以任何次序出现，例如，for，for，let，for，let。
2. 然后是一个可选择的where子句。
3. 最后是一个return子句。

例12.9　最简单的FLWR表达式可能是：

```
return <Greeting>Hello World</Greeting>
```

该表达式没有数据可检查，只生成一个值，该值是一个简单的XML元素。　□

let子句

let子句的简单形式是：

```
let 变量:= 表达式
```

这个子句的含义是，计算表达式的值，并将表达式赋值给FLWR表达式提及的变量。XQuery中的变量必须以$符号开头。注意，赋值符号是:=，而不是等于符号（等于符号在比较中使用，如在XPath中那样）。更一般地，给变量赋值可以采用用逗号分割的列表。

例12.10　let子句的一个用处是指定一个变量引用一个文档，该文档数据将被查询使用。例如，如果想查询文件stars.xml中的文档，可以如下所示开始查询：

```
let $stars := doc("stars.xml")
```

这种情况下，$stars的值是一个单一的doc节点。它可以用在XPath表达式的前面，并且那个表达式将用于包含在文件stars.xml中的XML文档。　□

for子句

for子句的简单形式是：

```
for 变量in 表达式
```

目的是计算表达式的值。任何一个表达式的结果是项的序列。依次将变量赋值给每一项，并且对变量的每一个值执行一次查询中的for子句。如果你画出XQuery中for子句和C中for语句之间的类似图，你将不会失望。更一般地，在一个for子句中可以设置几个变量覆盖项的不同序列。

例12.11　本节很多例子中都将使用图12-7中提到的数据。数据由两个文件即图12-7a中的stars.xml和图12-7b中的movies.xml组成。这些文件中的每一个数据和12.1节中使用的数据相似，但所列出的只是这些文件真正内容的一个小的样本。

假设开始一个查询：

```
let $movies := doc( “movies.xml” )
for $m in $movies/Movies/Movie
    ... 每个Movie元素的处理
```

⊖ 还有一个将在12.2.10节介绍的order by子句。为此，FLWR是比FLOWOR较少用的XQuery查询的基本格式的首字母缩写词。

```
<? xml version="1.0" encoding="utf-8" standalone="yes" ?>
<Stars>
    <Star>
        <Name>Carrie Fisher</Name>
        <Address>
            <Street>123 Maple St.</Street>
            <City>Hollywood</City>
        </Address>
        <Address>
            <Street>5 Locust Ln.</Street>
            <City>Malibu</City>
        </Address>
    </Star>
          ... more stars
</Stars>
```

a) 文档stars.xml

```
<? xml version="1.0" encoding="utf-8" standalone="yes" ?>
<Movies>
    <Movie title = "King Kong">
        <Version year = "1933">
            <Star>Fay Wray</Star>
        </Version>
        <Version year = "1976">
            <Star>Jeff Bridges</Star>
            <Star>Jessica Lange</Star>
        </Version>
        <Version year = "2005" />
    </Movie>
    <Movie title = "Footloose">
        <Version year = "1984">
            <Star>Kevin Bacon</Star>
            <Star>John Lithgow</Star>
            <Star>Sarah Jessica Parker</Star>
        </Version>
    </Movie>
        ... more movies
</Movies>
```

b) 文档movies.xml

图12-7 XQuery例子的数据

XQuery中的布尔值

$x = 10这样的比较值是true或者是false（严格来说，它们是XML模式命名空间中的名字xs:true或者xs:false之一）。可是，几个其他类型的表达式也能被解释为true或者false，于是可以在where子句中出现来作为条件的值。要记住的重要几点是：

1. 如果值是项的序列，那么空序列解释为false，非空序列为true。
2. 数字中，0和NaN（“不是一个数字”，是一个无穷数）为false，其他数字为true。
3. 字符串中，空串为false，其他串为true。

注意，$movies/Movies/Movie是XPath表达式，它告诉我们从文件movies.xml中的文档开始，然后到达根Movies元素，构成所有Movies子元素的序列。要执行“for循环”体，首先$m等于

图12-7中第(17)到第(26)行的元素，然后$m等于第(27)到第(33)行的元素，接着是文档中每一个剩余Movie元素。□

where子句

where子句的形式是：

```
where 条件
```

该子句被用于一个项，*条件*（condition）是一个表达式，其值为true或者false。如果值是true，那么返回子句被用于查询中任何变量的当前值。否则，变量的当前值没有结果产生。

return子句

这个子句的形式是：

```
return 表达式
```

FLWR表达式的结果和XQuery中任何表达式的结果一样，是项的序列。return子句中表达式生成的项的序列被附加到目前为止已经生成的项序列。注意，虽然只有一个return子句，但该子句在“for循环”中可被执行多次，所以查询的结果可以是分期构成。不要把return子句当作一个“return语句”，因为return子句没有结束查询的过程。

例12.12 通过寻找在所有电影版本中找到的所有影星元素的列表，完成例12.11中开始的查询。查询是：

```
let $movies := doc("movies.xml")
for $m in $movies/Movies/Movie
return $m/Version/Star
```

“for循环”中$m的第一个值是图12-7中第(17)到第(26)行的元素。由那个Movie元素可知，XPath表达式/Version/Star生成三个Star元素的序列，分别在第(19)、(22)和(23)行。这个序列是查询结果的开头。

$m的下一个值是第(27)到第(33)行的元素。现在，return子句表达式的结果是第(29)、(30)和(31)行中元素的序列。因此，结果序列的开头如图12-8所示。□

```
<Star>Fay Wray</Star>
<Star>Jeff Bridges</Star>
<Star>Jessica Lange</Star>
<Star>Kevin Bacon</Star>
<Star>John Lithgow</Star>
<Star>Sarah Jessica Parker</Star>
   ...
```

图12-8 例12.12查询结果序列的开头

12.2.3 通过变量的值置换变量

考虑修改例12.12的查询。这里，不是要生成<Star>元素的序列，而是生成Movie元素的序列，每一个元素都包含了给定片名的电影的所有影星，而不管他们主演的版本。片名是Movie元素的一个属性。

图12-9给出了看起来是正确的一个尝试，但事实上是*不正确的*（is not correct）。为每个$m值返回的表达式看起来是一个<Movie>开始标签，跟着的是那部电影的Star元素序列，最后是</Movie>结束标签。<Movie>标签有一个title属性，它是文件movies.xml中Movie元素相同属性的一个副本。然而执行这个程序时，出现的是：

序列中的序列

应该提醒读者，项的序列没有内在结构。因此，图12-8中，在Jessica Lange和Kevin Bacon之间，或者前三个影星的任何分组和最后的三个之间，没有分隔符，即使这些分组是由return-子句的不同执行生成也如此。

```
<Movie title = "$m/@title">$m/Version/Star</Movie>
<Movie title = "$m/@title" $m/Version/Star</Movie>
   ...
```

```
let $movies := doc("movies.xml")
for $m in $movies/Movies/Movie
return <Movie title = "$m/@title">$m/Version/Star</Movie>
```

图12-9　生成Movie元素的错误尝试

问题是，在标签之间，或者作为一个属性的值，任何文本字符串都是允许的。与例12.9的返回相比，该返回语句看起来和XQuery处理器没有区别，真正生成的是匹配标签里面的文本。为得到作为标签里面的XQuery表达式解释的文本，需要用大括号把文本括起来。

满足要求的方法如图12-10所示。在该查询中，括号里面的表达式$m/title和$m/Version/Star更适于解释为XPath表达式。正如所期望的，文本字符串替换了第一个表达式，而Star元素序列替换了第二个。

```
let $movies := doc("movies.xml")
for $m in $movies/Movies/Movie
return <Movie title ="{ $m/@title}">{$m/Version/Star}</Movie>
```

图12-10　加上大括号解决问题

例12.13　这个例子不仅进一步说明了大括号的使用促进了表达式的解释，也强调了在允许任何种类表达式的情况下，XQuery表达式该如何使用。本例的目标是复制例12.12的结果，得到Star元素的序列，而且还要使影星的整个序列在Star元素中。这里不能使用图12-10中的技巧用Stars代替Star，因为那将在分开的影星组周围放置许多Stars标签。

```
let $starSeq := (
    let $movies := doc("movies.xml")
    for $m in $movies/Movies/Movie
    return $m/Version/Star
)
return <Stars>{$starSeq}</Stars>
```

图12-11　在序列周围放置标签

图12-11完成了这个工作。我们将例12.12查询产生的Star元素序列赋值给局部变量$starSeq，然后返回那个由标签包围的序列，变量被仔细地装入括号中，这样它被计算求值而不需逐字处理。□

12.2.4 XQuery中的连接

XQuery中可以连接两个或者多个文档，这与SQL中连接两个或者多个关系的方法相同。每种情形下都需要变量，变量的取值范围分别是文档之一的元素或者关系之一的元组。SQL中，使用from子句引进所需要的元组变量（这可能只是表名本身）；XQuery中使用for子句。

然而，怎样在连接中做比较必须非常小心。首先，存在比较操作符的问题，如序列上的“=”或者“<”操作，其含义如同在12.1.9节中讨论的“存在进行比较的元素”的意思。12.2.5节中将继续讨论这一点。另外，元素的相等是通过“元素恒等”(与“对象恒等”类似)。也就是说，即使每个字符看起来是一样，一个元素也不一定等于另一个元素。幸运的是，通常不是要比较元素，而真正比较的是作为它们的属性和子元素值出现的基本值，如字符串和整型。比较操作符如预期的那样在基本值上比较；对于字符串，<是“在字典序中是在前的”。

内置函数data(E)抽取元素*E*的值。可以使用这个函数从元素中抽取文本，该元素是具有匹配标签的一个字符串。

例12.14　假设要找到图12-7b的movies.xml文件中提到的影星的居住城市。为得到城市信息需要参考图12-7a的stars.xml文件。因此，设定在movies.xml的Star元素范围取值的变量和在stars.xml的Star元素的范围取值的变量。当movies.xml的Star元素中的数据匹配stars.xml的Star元素的Name子元素中的数据时，则得到一个匹配，并且抽取后者的City元素。

图12-12显示了一个解决方案。let子句引入代表两个文档的变量。和前面一样，这个缩写形式不是必需的，可以使用后两行的XPath表达式中的文档节点自身。for子句引入了双重嵌套循环。变量$s1取值范围是movies.xml的每个Star元素，$s2取值范围是stars.xml的每个Star元素。

where子句使用内置函数data来抽取字符串，字符串是元素$s1和$s2的值。最后，return子句产生一个City元素。 □

12.2.5 XQuery比较操作符

现在考虑另一个难题，其中事情并不是如预期的那样完全执行。我们的目标是找到图12-7a的stars.xml中住在123 Maple St.，Malibu的影星。第一个尝试如图12-13所示。

```
let $movies := doc("movies.xml"),
    $stars  := doc("stars.xml")
for $s1 in $movies/Movies/Movie/Version/Star,
    $s2 in $stars/Stars/Star
where data($s1) = data($s2/Name)
return $s2/Address/City
```

图12-12　寻找影星的城市

```
let $stars := doc("stars.xml")
for $s in $stars/Stars/Star
where $s/Address/Street = "123 Maple St." and
      $s/Address/City = "Malibu"
return $s/Name
```

图12-13　找到住在123 Maple St.，Malibu的影星的一个错误尝试

where-子句中，用字符串比较Street元素和City元素，可以如预期的那样进行比较，因为其值是字符串的元素被强制转换到那个字符串，比较如期望的那样是成功的。当用图12-7的第(3)到第(13)行的Star元素作为$s的值时，问题出现了。然后，XPath表达式$s/Address/Street生成第(6)行和第(10)行的两个元素序列作为它的值。因为对于等于操作符，如果任一项对（等号两边的项）相等，=操作符返回true，则第一个条件的值是true；在强制转换后，第(6)行等于字符串“123 Maple St.”。类似地，第二个条件与有字符串“Malibu”的第(7)行和第(11)行的两个City元素的列表作比较，发现第(11)行相等。结果是返回Carrie Fisher[第(4)行]的Name元素。

但是Carrie Fisher不住在123 Maple St.，Malibu。她住在123 Maple St.，Hollywood，和Malibu不是一个地方。比较的存在型本质使得查询失败于从不同地址得到了街道和城市。

XQuery提供了一组比较操作符集，它们仅仅只比较由一个单项组成的序列，如果任一操作数是多个项的序列，则比较失败。这些操作符是比较的两个首字母的缩写词：eq、ne、lt、gt、le和ge。当将一个字符串与几个街道或城市真正做比较时，可以使用eq代替“=”。修正过的查询如图12-14所示。

```
let $stars := doc("stars.xml")
for $s in $stars/Stars/Star
where $s/Address/Street eq "123 Maple St." and
      $s/Address/City eq "Malibu"
return $s/Name
```

图12-14　找到住在123 Maple St.，Malibu影星的又一个错误尝试

该查询中，Carrie-Fisher元素不能通过where子句的测试，因为eq操作符的左边不是单一的项，因此比较失败。不幸的是，它将不能给出任何有两个或多个地址的影星，即使这些地址中有一个是123 Maple St.,Malibu。不管使用比较操作符的哪一个版本，写一个正确的查询都是棘手的事情，在此将写一个正确的查询留作为习题。

12.2.6 消除重复

通过使用内置函数distinct-values，XQuery可以在任何种类的序列中消除重复。可是，必须注意到有一微妙之处。严格来说，distinct-values适用于基本类型。它将去除标记为文本-字符串元素中的标签，但它不会把标签加回去。因此，distinct-values的输入可以是元素列表和字符串列表。

例12.15 图12-11从所有电影集合中收集所有Star元素，并作为序列返回。然而，在几部电影中出演的影星在序列中多次出现。若子查询的结果是变量$starseq的值，则对该值使用distinct-values几乎可以消除所有Star元素的副本，仅保留一个Star元素。新的查询如图12-15所示。

注意，该查询生成的是一连串由Stars标签包围的的影星名字，如：

```
<Stars> Fay Wray   Jeff Bridges  ··· </Stars>
```

比较图12-11中版本产生的结果

```
<Stars><Star>Fay Wray</Star> <Star>Jeff Bridges</Star> ···
                        </Stars>
```

可见这里有重复生成。 □

12.2.7 XQuery中的量词

事实上有“所有”和“存在”表达式。它们的形式分别是：

every *variable* **in** *expression1* **satisfies** *expression2*
some *variable* **in** *expression1* **satisfies** *expression2*

这里，expression1生成项的序列，变量依次采用每项作为它的值。对每个这样的值，计算expression2（通常包含那个变量）的值，并且生成一个布尔值。

在“every”版中，如果expression1生成的某一项使expression2值为false，则整个表达式的结果为false；反之，如果expression1生成的所有项使expression2值为true，则结果为true。在“some”版中，如果expression1生成的某一项使expression2值为true，则整个表达式的结果为true；反之，如果expression1生成的所有项使expression2值为false，则结果为false。

```
let $starSeq := distinct-values(
    let $movies := doc("movies.xml")
    for $m in $movies/Movies/Movie
    return $m/Version/Star
)
return <Stars>{$starSeq}</Stars>
```

图12-15 消除重复的影星

```
let $stars := doc("stars.xml")
for $s in $stars/Stars/Star
where every $c in $s/Address/City satisfies
    $c = "Hollywood"
return $s/Name
```

图12-16 找出仅住在Hollywood的影星

例12.16 使用图12-7a的stars.xml文件中的数据，找到那些仅仅住在Hollywood且无其他住处的影星。也就是，不管他们有多少个地址，其城市都是Hollywood。图12-16显示了如何写这个查询。注意，$s/Address/City生成影星$s的City元素序列。当且仅当那个列表上的每个元素都是<City>Hollywood</City>时，where子句才满足。

顺便说一下，可以将“every”换成“some”，并找到在Hollywood至少有一所房子的影星。然而，很少需要使用“some”版，因为XQuery中大多数测试都是存在量词的意思。例如，

```
let $stars := doc("stars.xml")
for $s in $stars/Stars/Star
where $s/Address/City = "Hollywood"
return $s/Name
```

将生成在Hollywood有房子的影星，这里没有使用“some”表达式。回顾12.2.5节中讨论的比较，例如=，其一边或者两边是多个项的序列，如果两边的任何一项匹配时，比较为true。 □

12.2.8 聚集

XQuery提供内置函数来计算常用的聚集，例如计数、求和或者最大值。它们采用任何一个序列作为参数；也就是说，可以在任何XQuery表达式的结果中使用它们。

例12.17 检查图12-7b的movies.xml文件中的数据，并生成那些有多个版本的Movie元素。图12-17做了这样的工作。XPath表达式$m/Version为电影$m生成Version元素序列。计数序列中项的数目。如果计数超过1，则满足where子句，并且将电影元素$m追加到结果中。

```
let $movies := doc("movies.xml")
for $m in $movies/Movies/Movie
where count($m/Version) > 1
return $m
```

图12-17 查找多个版本的电影

□

12.2.9 XQuery表达式中的分支

XQuery中有if-then-else表达式，形式如下：

if (*expression1*) **then** *expression2* **else** *expression3*

为计算这个表达式的值，首先计算expression1的值。如果它是真，计算expression2的值，这也是整个表达式的结果。如果expression1的值为假，整个表达式的结果是expression3。

这个表达式不是语句——XQuery中没有语句，只有表达式。因此，它类似C中的?:表达式，而不是if-then-else语句。和C中的表达式一样，决不可以省略“else”部分。然而，可以使用空序列作为expression3，用()表示。当测试-条件不满足时，这种选择使条件表达式生成空序列。

例12.18 本例的目标是生成King Kong的每一个版本，标记最新版本Latest和较早的版本Old。在第(1)行，设定变量$kk为King Kong的Movie元素。注意，该行中已经使用一个XPath条件，以确定只生成那一个元素。当然，如果有几个含有标题King Kong的Movie元素，那么这几个元素全部会在项的序列中，该序列是$kk的值，而这个查询没有意义。可是，因为已经显式地聚集了相同片名的电影版本，所以可以假定这个结构中片名是电影的键。

```
1)  let $kk :=
          doc("movies.xml")/Movies/Movie[@title = "King Kong"]
2)  for $v in $kk/Version
3)  return
4)      if ($v/@year = max($kk/Version/@year))
5)      then <Latest>{$v}</Latest>
6)      else <Old>{$v}</Old>
```

图12-18 标记King Kong的版本

第(2)行引起$v在 King Kong的所有版本上迭代。对每一个这样的版本，返回两个元素之一。为了知道是哪一个元素，计算第(4)行条件的值。等号右边是King Kong任一版本的最大年份，左边是版本$v的年份。如果它们相等，那么$v是最新版本，并且生成第(5)行的元素。如果不相等，那么$v是一个旧版本，并且生成第(6)行的元素。 □

12.2.10 查询结果排序

如果在return子句前加order子句，就可以对FLWR查询的部分结果排序。事实上，这里一直关注的查询形式通常称为FLWOR（仍然发音为“flower”），通知order子句是可选项。这个子句的形式是：

```
order by 表达式列表
```

排序是基于第一个表达式的值，链带被第二个表达式的值打破，等等。默认排序是升序，但给表达式后加关键字descending则使结果降序排列。

这里的排序与SQL中的类似。仅在到达查询处理输出的阶段之前（SQL中SELECT子句；XQuery中return子句），先前子句的结果被汇总和排序。就SQL而言，中间结果是一组元组的绑定集，这些元组是FROM子句中涉及的每个关系的元组变量。特别是，它们是能通过WHERE子句测试的元组绑定。

XQuery中，可认为中间结果是变量到值的绑定。变量是在order子句之前的for子句和let子句中定义，序列是由所有通过where子句测试的绑定组成。每个这样的绑定被用来计算order子句中表达式的值，而那些表达式的值支配了该绑定在所有绑定序中的位置。一旦得到绑定的顺序，就依次使用它们来计算return子句中表达式的值。

例12.19 考虑所有电影的所有版本，按年份给它们排序，并且生成有片名和年份作为属性的Movie元素序列。数据照常是从图12-7b中movies.xml文件中得到。查询如图12-19所示。

```
let $movies := doc("movies.xml")
for $m in $movies/Movies/Movie,
    $v in $m/Version
order by $v/@year
return <Movie title = "{$m/@title}" year = "{$v/@year}" />
```

图12-19 构造片名-年份对的序列，按年份排序

当到达order子句时，绑定为三个变量$movies、$m和$v提供值。值doc(“movies.xml”)被限定到每一个这样绑定的$movies。然而$m和$v的值不同；对电影和那部电影版本组成的每一对，对这两个变量将有一个绑定。例如，第一个这样的绑定关联图12-7b的第(17)到第(26)行中的$m元素，与$v元素关联的是第(18)到第(20)行中的元素。

通过$v被绑定到的元素中的属性year的值，将绑定排序。可能有很多相同年份的电影，怎样排序这些电影并不确定。结果是，一个给定年份的电影-版本对将以某种顺序一起出现，每个年份的分组将是按年份的升序排序。如果要确定绑定的总体顺序，举例来说，可以在order-子句中给列表添加另一个项，例如：

```
order by $v/@year, $m/@title
```

从而打破原来所有相同年份值组合在一起的现象。

在绑定排序后，每个绑定按选择的顺序传递给return子句。通过替换return子句中的变量，从每个绑定中生成一个单一的Movie元素。 □

12.2.11 习题

习题12.2.1 使用图12-4和图12-5的产品数据，用XQuery写出下面的查询。

a) 找出价格小于100的Printer元素。

b) 找出价格小于100的Printer元素，并且生成一个由标签<CheapPrinters>包围的元素序列。

!c) 找出生产打印机和笔记本电脑的制造商名字。

!d) 找出那些生产至少两种3.00或3.00以上速度的PC的制造商名字。

!e) 找出生产的每种PC的价格不高于1000的制造商。

!!f) 产生如下形式的元素序列：

```
<Laptop><Model>x</Model><Maker>y</Maker></Laptop>
```

其中x是模型序号，y是笔记本电脑制造商的名字。

习题12.2.2　使用图12-6的战舰数据，用XQuery写出下面的查询。

a) 找出至少有十门炮的类的名字。

b) 找出至少有十门炮的战舰的名字。

c) 找出已沉没的船的名字。

d) 找出有至少3艘战舰的类的名字。

!e) 找出那些类中没有战舰参加过战斗的类的名字。

!!f) 找出至少有两艘战舰在同一年下水的类的名字。

!!g) 生成如下形式的项序列

```
<Battle name = x><Ship name = y />···</Battle>
```

其中x是战斗的名字，y是战斗中舰的名字。序列中可能有多个Ship元素。

!**习题12.2.3**　解决12.2.5节中的问题；找出居住在给定地址的影星（即使他们有多个其他地址），要求所写的查询不会找出没有住在那个地址的影星。

!**习题12.2.4**　是否存在这样的表达式E和F，使得表达式every $x in E satisfies F为真，但some $x in E satisfies F为假？给出一个例子或者解释为什么不存在。

12.3 扩展样式表语言

XSLT（转换扩展样式表语言）是万维网联盟的一个标准。它的最初目的是把XML文档转换成HTML或者相似的格式，使得文档可视或者可打印。然而，实际上XSLT是另一种XML查询语言。像XPath或者XQuery一样，可以使用XSLT从文档中抽取数据，或者把一种文档格式转换成另一种格式。

12.3.1 XSLT基础

像XML模式一样，XSLT规范是XML文档；这些规范通常称为*样式表*（stylesheets）。XSLT使用的标签可以在http://www.w3. org/ 1999/XSL/Transform命名空间中找到。因此，在最高层上，样式表看起来类似图12-20。

```
<? xml version = "2.0" encoding = "utf-8" ?>
<xsl:stylesheet xmlns:xsl =
        "http://www.w3.org/1999/XSL/Transform">
    ...
</xsl:stylesheet>
```

图12-20　XSLT样式表的形式

12.3.2 模板

一个样式表有一个或多个模板（template）。为在XML文档中使用样式表，沿着模板的列表向下直到找到匹配根节点的一个模板。随着处理的继续，常常需要找到嵌套在文档里的元素的匹配模板。如果是这样的话，通过匹配规则为一个匹配再次搜索模板列表。本节中将学习匹配规则。最简单的模板标签形式是：

```
<xsl:template matc = "XPath 表达式">
```

XPath表达式或是根的（以斜线开始）或是相对的，都是描述使用该模板的一个XML文档元素。如果表达式是根的，那么和路径相匹配的文档的每个元素使用模板。当模板T中有标签<xsl:apply-templates>时，使用相对表达式。这种情形下，在元素的子节点中看使用哪个T。这样，可以按深度优先方式遍历XML文档树，在文档上执行一个复杂的转换。

模板的最简单内容是文本，典型的是HTML。当模板匹配一个文档时，生成那个文档里的文本作为输出。在正文里能够调用模板应用于子节点和/或者从文档本身获得值，例如，从当前元素的属性获得值。

```
1)    <? xml  version = "2.0" encoding = "utf-8" ?>
2)    <xsl:stylesheet xmlns:xsl =
3)            "http://www.w3.org/1999/XSL/Transform">
4)        <xsl:template match = "/">
5)            <HTML>
6)                <BODY>
7)                    <B>This is a document</B>
8)                </BODY>
9)            </HTML>
10)       </xsl:template>
11)   </xsl:stylesheet>
```

图12-21 打印输出任一文档

例12.20 图12-21里是一个非常简单的样式表。它适应于任何文档，并且生成相同的HTML文档，而不管它的输入是什么。这个HTML文档用黑体字表示“这是一个文档”。

第(4)行引入样式表中的一个模板。match的属性值是“/”，它只匹配根节点。模板体，即第(5)到第(9)行，是简单的HTML。当生成这些行作为输出时，结果文件可以看作HTML，并且通过一个浏览器或者其他HTML处理器来显示。 □

12.3.3 从XML数据中获取值

像例12.20那样不依赖转换的输入生成文档的方式并不常见。从输入中抽取数据的最简单方法是用value-of标签。这个标签的形式是：

```
<xsl:value-of select = "表达式"/>
```

表达式是一个XPath表达式，它应该生成一个字符串作为值。其他值（如包含文本的元素）以显式的方式强制转换成字符串。

例12.21 图12-22重新生成了在12.2节中作为例子使用过的文件movies.xml。在这个样式表的例子中，将使用value-of来获得电影的所有片名，并且打印它们，一个一行。样式表如图12-23所示。

```
<? xml  version="2.0" encoding="utf-8" standalone="yes" ?>
<Movies>
    <Movie title = "King Kong">
        <Version year = "1933">
            <Star>Fay Wray</Star>
        </Version>
        <Version year = "1976">
            <Star>Jeff Bridges</Star>
            <Star>Jessica Lange</Star>
        </Version>
        <Version year = "2005" />
    </Movie>
    <Movie title = "Footloose">
        <Version year = "1984">
            <Star>Kevin Bacon</Star>
            <Star>John Lithgow</Star>
            <Star>Sarah Jessica Parker</Star>
        </Version>
    </Movie>
          ... more movies
</Movies>
```

图12-22 文件movies.xml

```
1)    <? xml  version = "2.0" encoding = "utf-8" ?>
2)    <xsl:stylesheet xmlns:xsl =
3)            "http://www.w3.org/1999/XSL/Transform">
4)        <xsl:template match = "/Movies/Movie">
5)            <xsl:value-of select = "@title" />
6)            <BR/>
7)        </xsl:template>
8)    </xsl:stylesheet>
```

图12-23 打印电影的标题

在第(4)行，模板匹配每一个Movie元素，所以一次一个处理它们。第(5)行使用带有XPath表达式@title的value-of操作。也就是说，定位到每个Movie元素的title属性并采用那个属性的值。生成的这个值作为输出，紧接着第(6)行的是HTML换行标签，所以下一个电影片名将在下一行打印。 □

12.3.4 模板的递归应用

最有趣且最有力的转换需要对输入的各种元素递归地应用模板。已经选出一个模板来适用于输入文档的根节点，通过使用apply-templates标签，可以要求它的每一个子元素使用模板。如果想要某一模板仅对子元素的某一子集使用，例如具有某一标签的那些子元素，那么可以使用select表达式：

```
<xsl:apply-templates select = "表达式"/>
```

当在模板里面遇到这种标签时，找出当前元素（模板正在被应用到的元素）的匹配子元素集。对每一个子元素，找出匹配的第一个模板并在子元素中使用它。

例12.22 该例将使用XSLT把一个XML文档转换成另一个XML文档，而不是转换成一个HTML文档。检查图12-24。图中有四个模板，它们一起处理图12-22格式中的电影数据。第一个模板，第(4)行到第(8)行，匹配根节点。输出文本<Movies>，然后在根元素的子节点中使用模板。本来要指定仅有标记为<Movie>的子节点使用模板，但是因为子节点中没有其他标签，所以没有指定：

```
6)        <xsl:apply-templates select = "Movie" />
```

注意，<Movie>子节点（它将导致许多元素的打印）应用模板后，使用第(7)行合适的结束标签在输出中结束<Movies>元素。同时还可以看出输出文本中的标签（如第(5)行和第(7)行）和XSLT标签的差别，因为所有XSLT标签必须来自xsl命名空间。

现在看看<Movies>元素中使用模板都做了些什么。匹配这些元素的第一个（且仅有的）模板是第二个，即在第(9)到第(15)行。该模板开始于第(10)行的输出文本<Movie title ="。然后，第(11)行获得电影的片名，并且发送给输出。第(12)行在输出中结束括起的属性值和<Movie>标签。第(13)行应用模板到电影的所有子节点，这应该是版本。最后，第(14)行发出匹配的</Movie>结束标签。

当第(13)行要求应用模板到电影的所有版本时，唯一的匹配模板是第(16)到第(18)行的模板，它除了应用模板到版本的子节点外没有做任何事情，这应该是<Star>元素。因此，每个开始<Movie>标签和它的匹配结束标签之间生成的内容是由第(19)行到第(23)行的最后一个模板决定。这个模板被应用到每个<Star>元素。

```
1)    <?xml version = "2.0" encoding = "utf-8" ?>
2)    <xsl:stylesheet xmlns:xsl =
3)            "http://www.w3.org/1999/XSL/Transform">

4)        <xsl:template match = "/Movies">
5)            <Movies>
6)            <xsl:apply-templates />
7)            </Movies>
8)        </xsl:template>

9)        <xsl:template match = "Movie">
10)           <Movie title = "
11)           {data(@ title)}
12)           ">
13)           <xsl:apply-templates />
14)           </Movie>
15)       </xsl:template>

16)       <xsl:template match = "Version">
17)           <xsl:apply-templates />
18)       </xsl:template>

19)       <xsl:template match = "Star">
20)           <Star name = "
21)           {data(.)}
22)           " />
23)       </xsl:template>

24)   </xsl:stylesheet>
```

图12-24 转换movies.xml文件

输入的影星元素在输出中被转换。代替作为文本的影星的名字（如同它在图12-22中一样），第(19)行开始的模板生成用名字作为属性的一个<Star>元素。第(21)行表示选择<Star>元素本身（和XPath表达式一样，点代表“自身”）作为输出的一个值。然而，所有的输出是文本，所以元素的标签不是输出的部分。这个结果正是想要的，由于属性name的值应该是一个字符串，而不是一个元素。第(22)行完成了空的<Star>元素。例如，给定图12-22的输入，输出将如图12-25所示。

```
<Movies>
    <Movie title = "King Kong">
        <Star name = "Fay Wray" />
        <Star name = "Jeff Bridges" />
        <Star name = "Jessica Lange" />
    </Movie>
    <Movie title = "Footloose">
        <Star name = "Kevin Bacon" />
        <Star name = "John Lithgow" />
        <Star name = "Sarah Jessica Parker" />
    </Movie>
            ... more movies
</Movies>
```

图12-25 图12-24转换的输出

□

12.3.5 XSLT中的迭代

可以在模板里面安置循环，从而可以自由访问正在应用模板的元素的某些子元素的顺序。for-each标签创建循环，其格式是：

```
<xsl:for-each select = "表达式">
```

表达式是XPath表达式，它的值是项的序列。在<for-each>开始标签和它匹配的结束标签之间的任何内容依次执行每一项。

例12.23　图12-26是文档stars.xml的一个副本。需要将其转换成影星所有名字的HTML列表，紧接着的是影星居住的所有城市的HTML列表。图12-27中显示了完成这个工作的模板。

```
<?xml version="2.0" encoding="utf-8" standalone="yes" ?>
<Stars>
    <Star>
        <Name>Carrie Fisher</Name>
        <Address>
            <Street>123 Maple St.</Street>
            <City>Hollywood</City>
        </Address>
        <Address>
            <Street>5 Locust Ln.</Street>
            <City>Malibu</City>
        </Address>
    </Star>
            ... more stars
</Stars>
```

图12-26　文档stars.xml

```
1)    <? xml version = "2.0" encoding = "utf-8" ?>
2)    <xsl:stylesheet xmlns:xsl =
3)            "http://www.w3.org/1999/XSL/Transform">
4)        <xsl:template match = "/">
5)            <OL>
6)            <xsl:for-each select = "Stars/Star" >
7)                <LI>
8)                <xsl:value-of select = "Name" />
9)                <LI>
10)           </xsl:for-each>
11)           </OL><P/><OL>
12)           <xsl:for-each select = "Stars/Star/Address" >
13)               <LI>
14)               <xsl:value-of select = "City"/>
15)               </LI>
16)           </xsl:for-each>
17)           </OL>
18)       </xsl:template>
19)   </xsl:stylesheet>
```

图12-27　打印影星的名字和城市

有一个匹配根节点的模板。首先在第(5)行发生，其中HTML标签<OL>被发送出去以开始一个有序列表。然后，第(6)行开始一个循环，它在每个<Star>子元素上迭代。第(7)到第(9)行发出有那个影星名字的项的列表。第(11)行结束名字列表并且开始城市列表。第二个循环，即第(12)到第(16)行，在每个<Address>元素中进行，并为城市发出列表项。第(17)行结束第二个列表。□

12.3.6　XSLT中的条件

通过使用if标签，可以引入分支到模板中。该标签的形式是：

```
<xsl:if test = "布尔表达式">
```

当且仅当布尔表达式为真时，无论在这个标签和它匹配的结束标签间出现什么都会执行。这里没有else子句，但是，通过紧跟在这个表达式后的另一个if（它有相反测试条件）可以获得希望的要求。

```
1)   <?xml version = "2.0" encoding = "utf-8" ?>
2)   <xsl:stylesheet xmlns:xsl =
3)           "http://www.w3.org/1999/XSL/Transform">
4)       <xsl:template match = "/">
5)           <TABLE border = "5"><TR><TH>Stars</TH></TR>
6)           <xsl:for-each select = "Stars/Star" >
7)               <xsl:if test = "Address/City = 'Hollywood'">
8)                   <TR><TD>
9)                   <xsl:value-of select = "Name" />
10)                  </TD></ TR>
11)              </xsl:if>
12)          </xsl:for-each>
13)          </TABLE>
14)      </xsl:template>
15)  </xsl:stylesheet>
```

图12-28 找出住在Hollywood的影星名字

例12.24 图12-28是一个样式表，它打印单列的表，表头是“Stars”。有一个模板，它匹配根节点。该模板首先做的是，打印第(5)行的表头。第(6)到第(12)行的for-each循环在每个影星上迭代。第(7)行的条件测试是否影星至少有一栋房子在Hollywood。记住，如果左边的任何项等于右边的任何项，则等号表示比较为true。由于要查询影星拥有的房子中的任何一个是否是在Hollywood，因此等号比较正是题目想要的。第(8)到第(10)行打印表的行。 □

12.3.7 习题

习题12.3.1 假设输入的XML文档有图12-4和图12-5的产品数据的格式。为生成下列各项文档，写出其XSLT样式表。

a) 由一个后接所有制造商的名字的枚举列表的表头“Manufacturers”组成的HTML文件。其中制造商的名字都是输入列表中的名字。

b) 由一个有表头“Model”和“Price”以及每台PC的一行的表组成的HTML文件。该行应该有PC的适当型号和价格。

!c) 由所有笔记本电脑的一个表头是“Model”、“Price”、“Speed”和“Ram”的表，跟着另一个有相同表头的PC的表组成的HTML文件。

d) 有根标签<PCs>和含有标签<PC>的子元素的XML文件。这个标签有属性model、price、speed和ram。在输出中，对于输入文件的每个<PC>元素应该有一个<PC>元素，并且属性的值应该从相应的输入元素获得。

!!e) 有根标签<Products>的XML文件，根标签的子元素是<Product>元素。每个<Product>元素有属性type、maker、model和price，其中类型是"PC"、"Laptop"或者"Printer"之一。对于输入文件中每台PC、笔记本电脑和打印机，在输出中应该有一个<Product>元素，且可以从输入数据中适当地选择输出值。

!f) 重复(b)部分，但是使输出文件为Latex文件。

习题12.3.2 假设输入的XML文档有图12-6的舰船数据的格式。为生成下列各项文档，写出其XSLT样式表。

a) 对于每个类有表头的HTML文件。每个表头下面是一个表，其列头为“Name”和“Launched”，类的每艘舰船有适当的进入点。

b) 有根标签<Losers>和子元素<Ship>的HTML文件，它的每一个值是已沉舰船之一的名字。

!c) 对于每艘船有根标签<Ships>和子元素<Ship>的XML文件。每一个元素应该有属性name、class、country和numGuns，它从输入文件中获得适当的值。

!d) 重复(c)，但是只列出那些至少参加一场战斗的船。

e) 除了<Battle>元素应该为空外，与输入等同的XML文件，其结果和战斗的名字作为两个属性。

12.4 小结

- XPath：这种语言是表达关于XML数据的许多查询的简单方法。通过标签序列从文档的根节点描述路径。路径可以属性结束而不是以元素结束。
- XPath数据模型（XPath Data Model）：所有XPath值是项的序列。项是一个基本值或者是一个元素。一个元素是开始XML标签、它配对的结束标签以及在开始标签和配对的结束标签之间的所有内容。
- 轴（Axes）：在一条路径中，不再是沿着树向下处理，可以沿着另一条轴处理，包括跳到任一后继节点，即一个父节点或者一个兄弟节点。
- XPath条件（XPath Condition）：一条路径中任何一步可以由一个条件来约束，该条件是一个布尔值的表达式。该表达式出现在方括号中。
- XQuery：这种语言是XML文档查询语言的一种更先进的形式。它使用和XPath相同的数据模型。XQuery是一种函数语言。
- FLWR表达式（FLWR Expression）：XQuery中的很多查询由let、for、where和return子句组成。let引入变量的临时定义；for创建循环；where提供要被测试的条件；return定义查询的结果。
- XQuery和XPath中的比较操作符（Comparison Operators in XQuery and XPath）：常规的比较操作符（如<）应用于项的序列，并有“存在判断”的含义。如果来自每个列表中的项对之间的关系成立，那么它们为真。为确保对单一的项进行比较，对于操作符可以使用字母编码，如`lt`代表“less than”。
- 其他XQuery表达式（Other XQuery Expression）：XQuery中有许多类似于SQL的操作。这些操作符包括存在的通用量词、聚集、消重复和结果排序。
- XSLT：尽管这种语言可用做查询语言，但它是为XML文档的转换设计的。该语言中的“程序”是XML文档格式，有特殊的命名空间以允许使用标签来描述转换。
- 模板（Template）：XSLT的核心是模板，它匹配输入文档的某些元素。模板描述了输出文本，且为输出中的内容从输入文档中抽取值。模板也可以调用模板，递归地应用到元素的子节点。
- XSLT设计组件（XSLT Programming Construct）：模板也可以包括XSLT组件，像迭代的程序设计语言进行运转。这些组件包括for循环和if语句。

12.5 参考文献

[2]是定义XPath的万维网联盟（World-Wide-Web Consortium）的站点。[3]是定义XQuery的站点，[4]是定义XSLT的站点。

[1]介绍XQuery语言。[5]给出了XPath、XQuery和XSLT的指南。

1. D. D. Chamberlin, “XQuery: an XML Query Language,” *IBM Systems Journal* **41**:4 (2002), pp. 597–615. See also `www.research.ibm.com/journal/sj/414/chamberlin.pdf`
2. World-Wide-Web Consortium `http://www.w3.org/TR/xpath`
3. World-Wide-Web Consortium `http://www.w3.org/TR/xquery`
4. World-Wide-Web Consortium `http://www.w3.org/TR/xslt`
5. W3 Schools, `http://www.w3schools.com`

推荐阅读

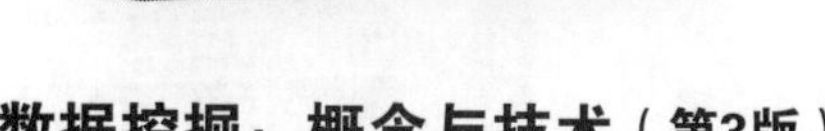

数据挖掘：概念与技术（第3版）

作者：Jiawei Han 等 译者：范明 等 ISBN：978-7-111-39140-1 定价：79.00元

数据挖掘与R语言

作者：Luis Torgo 译者：李洪成 等 ISBN：978-7-111-40700-3 定价：49.00元

R语言与数据挖掘最佳实践和经典案例

作者：Yanchang Zhao 译者：陈健 等 ISBN：978-7-111-47541-5 定价：49.00元

社交网站的数据挖掘与分析

作者：Matthew A. Russell 译者：师蓉 ISBN：978-7-111-36960-8 定价：59.00元

推荐阅读

算法导论（原书第3版）

作者：Thomas H.Cormen 等 ISBN：978-7-111-40701-0 定价：128.00元

算法基础：打开算法之门

作者：Thomas H. Cormen ISBN：978-7-111-52076-4 定价：59.00元

算法心得：高效算法的奥秘（原书第2版）

作者：Henry S. Warren ISBN：978-7-111-45356-7 定价：89.00元

算法设计编程实验：大学程序设计课程与竞赛训练教材

作者：吴永辉 ISBN：978-7-111-42383-6 定价：69.00元

算法与数据结构考研试题精析 第3版

作者：陈守孔 ISBN：978-7-111-50067-4 定价：69.00元

数据结构编程实验：大学程序设计课程与竞赛训练教材

作者：吴永辉 ISBN：978-7-111-37395-7 定价：59.00元